U0189712

[全新修订版]

中小学生阅读文库

物种起源

[英]达尔文◎著　赵娜◎译

北京联合出版公司
Beijing United Publishing Co.,Ltd.

目　录

绪　论

　　在我作为博物学者搭乘"贝格尔号"皇家军舰环游世界时，我曾被在南美洲看到的一些事实深深打动，这些事实和生物地理分布、现存的和古代的生物的地质关系有关。这些事实，似乎可以对物种的起源提供某些说明，本书在以后的各章将会对此有所论述。物种起源的问题曾被一位伟大的哲学家看做是极其神秘的。回国之后，在1837年，我便想到假如我能细心地搜集和思索所有与这个问题相关的各种事实，或许可得到一些结果。经过五年的研究、思考，我记录了一些简短的札记。在1844年，这些札记被我扩充为一篇纲要，以表述一些我当时认为确实的结论。我从那时直至现在，都没有动摇过探讨这个问题的决心。希望读者可以原谅我的这个琐碎的陈述，因为这些可以证明我并非轻率地作出这些结论。

　　到现在（1859年），虽然我的工作即将结束，但是全部完成它尚且需要很长时间，然而我的身体状况越来越糟，在朋友们的劝说下，我决定先发表这个摘要。之所以这么做的直接原因是，华莱士先生当时正在研究马来群岛自然史，他所作的关于物种起源的一般结论，基本上与我的吻合。在1858年，他将一份关于物种起源问题的论文寄给我，嘱我转交查尔斯·莱尔爵士，这篇论文被莱尔爵士推荐给林纳学会，并在该会第三卷会报上刊登出来。莱尔爵士与胡克博士对于我所从事的工作都有所了解，胡克也曾读过我于1844年写的纲要。因此他们建议我从我的原稿中摘取一些提要，与华莱士先生的优秀论文一起发表。

　　我发表的这个提要并不十分完善。目前对于有些论断，我还无法提出参考资料和依据,然而我期望读者能信任我的论述。尽管我向来力求审慎,并且只采用可靠的依据,但仍不能避免错误的出现。我只能用少数事实来做事例,说明我得到的一般结论,希望这样已经足够了。当然,在今后我一定要把我所依据的所有事实和参考文献资料详尽地发表出来,没有人比我更能体会这种必要性,我希望在将来某部论著中能实现这个愿望。这是因为我确切地意识到,本书所讨论的几乎所有问题都有事实证明,而这些事实又经常会引出与我的论述直接相反的结论。只有叙述和比较每一问题的正反两面的事实和论据,才可得出公平的结论,可是在这里还没有办法做到这一点。

有许多博物学者曾慷慨地给予我帮助,有些甚至是不曾相识的,但由于篇幅有限,我无法对他们逐个表达谢意,这点令我感到十分遗憾。但是我却不能失掉这个向胡克博士表达我深切谢意的机会。最近十五年来,他凭借渊博的知识和精湛的论断,尽一切可能地在诸多方面给我以帮助。

关于物种起源,假如一位博物学者对生物的相互亲缘关系、胚胎关系、地质演替、地理分布,以及其他与此类似的事实进行思索,那么我们可以想象到,他或许会得出这样的结论:物种同变种一样,是从其他物种传下来的,而非独立创造出来的。尽管如此,一个结论即使很有根据,也无法令人满意,除非我们可以科学地解释这个世界的无数物种如何产生了变异,以获得让人称赞的这般完善的构造与相互适应性。博物学者们常认为变异的唯一可能原因是诸如气候、食物等之类的外界条件。就某种意义上来说,就像以后将要讨论的,这是正确的;然而,如果把能巧妙地取食树皮下的昆虫的啄木鸟,它的脚、尾、嘴等固有构造,也只是归因于外界条件,这会是多么的荒谬。再如槲寄生,需要从其他树木中汲取养分,通过某几种鸟来传播种子,更因它是雌雄异花,必须依靠某几种昆虫才能实现异花授粉。所以,如果用外界条件、习性或植物本身的倾向,说明这种寄生生物的构造以及它和若干不同生物之间的关系,也同样是不合理的。

所以,弄清生物变异与相互适应的途径,尤为重要。在探讨本题初期,我就发现对家养动物和栽培植物的研究为这个问题提供了较好条件。结果证明这是正确的,我发现在其他错综复杂的情况下,有关家养状况下变异的知识有时即使尚不完善,但总能提供最好最可靠的线索。尽管这类研究,通常会被博物学者们忽略,但我仍敢于相信它所具有的高度价值。

出于以上原因,我用本书第一章来讨论家养状况下变异的原因。由此,我们发现大量的遗传变异至少是有可能的;同时也将发现,人类具有强大的选择力量使连续的细微变异得以积累。接下来,我就要探讨在自然状况下物种的变异。然而遗憾的是,我只能非常简略地对这个问题加以讨论,因为要妥当处理这个问题,必须依靠长篇的大量事实。不管怎样,我们仍可以讨论对变异最有利的环境条件。之后的一章要讨论马尔萨斯学说于整个动物植物界的应用,即世间所有生物的生存斗争是它们以几何等级高度繁殖的必然结果。由于任何物种产生的个体,超过其所能生存的个体,遂产生了生存的斗争,那么任一生物的变异,无论多么细微,只要在复杂且多变的生活条件下对自身有利,就会获得较好的生存机会,因而被自然选择了。由于遗传学原理,所有被选择下来的变种都倾向于繁殖已变异的新类型。

在第四章里我将对自然选择的基本问题详细论述,至此我们便可看到自然选择如何促使改进较少的生物大量灭绝,并引发我所说的"性状分歧"。在第五章我将讨论复杂的、不甚明了的变异法则。接下来的五章中,将会对最明显、最重要的难点进行讨论:第一,转变的困难,即一个简单的生物或器官,经过怎样的变异,可以改进为高度发展的生物或精密的器官。第二,关于本能,也就是动物的精神能力。第三,杂交问题,异种杂交的不育性和变种间杂交的可育性。第四,地质记录不完全。第十一章中,我要考察的是生物在时间上的地质演替。第十二章和第十三章则是论述生物在空间上的地理分布。第十四章中,将讨论生物分类或相互之间的亲缘关系,包括成熟时期和胚胎时期。我将在最后一章,对全书进行扼要的复述并附简短的结语。

如果我们承认自身对那些生活在我们周围的生物之间关系的高度无知,那么,也就不会有人奇怪为何我们至今还不能解释一些关于物种和变种的起源的问题。为什么某个物种分布广泛且数量大,而另一近缘种却分布狭小且数量稀少,这些问题有谁可以解释呢。但是这些关系都是高度重要的,因为它们决定着这个世界上现在所有生物的繁盛,并且我确信也决定着这些生物以后的成功与变异。在地质历史时期里,生存在世界上的无数生物之间的关系又如何,我们所了解的就更少了,尽管许多问题至今隐晦不明,而且在以后相当长的时间里也不十分清楚,但通过我能力范围之内的审慎研究和冷静判断,我非常肯定,至今许多博物学家仍旧坚持的,也就是我以前所坚持的观点——任何物种都是独立创造出来的——是错误的。如今我确信,物种并非不变的,那些所谓同属的物种一般看来都是另一个已经灭绝的物种的直系后代,就像任一物种的变种都是这个物种的后代一样,并且我还相信自然选择在变异过程中发挥了最重要的作用,虽然这种作用不是唯一的。

第一章　家养状况下的变异

变异的原因——习性和器官的使用和不使用的效果——相关变异——遗传——家养变种的性状——区别变种和物种的困难——家养变种起源于一个或一个以上的物种——家鸽的种类、差异和起源——古代所依据的选择原理及其效果——家养生物的未知起源——有计划的选择和无意识的选择——人工选择的有利条件。

变异的原因

比较早期的栽培植物和家养动物的同一变种或亚变种的诸个体，有个要点最值得我们注意，即相比于自然状况下的任一物种或变种的个体间的差异，它们之间的差异更大。各种各样的栽培植物和家养动物长期在极不相同的气候和人类管理下生活，从而发生变异，倘若我们对此进行思考，一定会得出如下的结论：即这种巨大的变异性，是因为家养生物所处的生活状况，与自然条件有些不同，并且不像亲种那样在自然状况下处于一致的生活条件中。按照奈特提出的观点，这种变异性也许在一定程度上与食料过剩有关，这种观点有几分可能性。很明显，生物必须在新条件下生活数代以后方能产生诸多变异；同时，变异一旦开始，通常能够在好几代中持续下去。在记载中我们尚未发现一种能变异的有机体在培育过程中停止变异的例子。世界上最古老的栽培植物，如小麦，直到现在还有新变种；而最古老的家养动物，直到现在还能不断改进、变异。

对于本题，我已经研究了较长时间，得出以下结论：生活条件显然是通过两种方式发生作用：一是直接对整个体制或某些部分发生作用；二是间接地对生殖系统发生作用。我们务必谨记,在各种情形下,直接作用包含两种因素,即生物的性质和条件的性质,就如最近魏斯曼教授所说,以及我在《家养状况下的变异》中所提及的一样。生物的性质似乎更为重要:因为据我们所知,相似的变异能在不同的条件下发生,相反的,不相似的变异亦能发生在相似的条件下。这些效果对于后代的影响有的是确定的,有的是不定的。假如生活在一定条件下的个体的所有后代或几乎所有后代,在一些世代中都以相同的方式产生变异,这样看来效果就可视为是确定的。但是要对这种一定的诱发出来的变化的范畴下结论是十分困难的一件事,但是很多微小的变化,如食物量的大小,食物的性质和色泽,还有气候与皮肤和毛的厚度之间的关系等,都是不可置疑的。必定有一个有效的原因,引起了在鸡毛中我们所观察到的大量变异中的每个变异;若同样的原因作用于很多个体,经历许多世代,连续发生作用,则会以同样的方式引起许多变异。某种昆虫,将微量的毒液注射到植物体内,则会产生一种复杂且异常的树瘿,这一事实说明:化学作用改变了植物中树液的性质,从而发生奇特的变异。

对于一定变异性来说,不定变异性更常是变化了的条件的结果,同时在我们家养品种的形成上起到更为重要的作用。我们在无数细小的特征中观察到不定变异性,这些细小特征对同种的各个个体进行了区分,而且并非遗传自亲代或更久远的祖先。因为即使在同胎甚至同蒴所产生的幼体中,也都能体现出这种极其显著的差异。在同一地区,长期用几乎一样的食料来饲养的数百万个体中,也会出现极为显著的构造上的差异即畸形,但是畸形和其他较为细微的变异之间并没有明显的界线。所有这些构造上的变化,不管多细微或多明显,只要见于一起生活的许多个体之中,就可看成是生活条件对于个体所引起的不定效果,就好像寒冷对不同的人产生不同的影响一样。因为人们的身体状况或体质存在差异,寒冷能够引发咳嗽或感冒,风湿症或一些器官发炎的症状。

我所说的关于变化了的外部条件的间接作用,即对生殖系统所起的作用,之所以可以诱发出变异性,一方面,是因为生殖系统对外部条件的任何变化都很敏感;另一方面,如开洛鲁德所说,在新的或不自然的条件下饲养的动植物所发生的变异与异种杂交所产生的变异是类似的。许多事例说明生殖系统对于周围环境的细微变化非常敏感。驯养动物并不难,然而要使它们在幽闭环境内自由繁殖,即便是雌雄交配,也是很难的。即使在原产地饲养,在几乎完全自由的状态下,有很多动物也不能生育。这种情形通常都认为是由于本能受到损害,可是这是错误的。许多栽培得极为茁壮的植物,却极少或从不结实。在少数场合中,发现了植物一些很微小的变化,如在生长的某一个特殊时期内,植物得到的水分多少,决定了植物结实与否。关于这个奇异的问题,我已在他处发表了所搜集的详细事实,在此不再赘述。但为了说明决定槛中动物生殖的法则是何等奇妙,我想说一说食肉动物即便是来自热带,也可以非常自由地在英国槛内生育。几乎不能生育的蹠行兽即熊科动物不在此列。相反的,食肉鸟,除极少数外,基本上都无法产出受精卵。很多外来的植物的花粉常常没有作用,好像最不能生育的杂种一样。因此,一方面可以看到,许多体弱多病的家养动植物,能在槛内自由生育;另一方面也可以看到,一些自幼从自然界中取来、已完全驯化的个体,虽然长命和健康(关于这点,可举出很多事例),但是它们的生殖系统因为未知因素而受到严重影响,最终失去作用;由此,生殖系统在槛中发生某种不规则作用,使得繁殖的后代与其双亲多少不相像,这就没有什么好奇怪的了。我还要补充说明的是,某些生物可以在最不自然的条件下(比如养在箱内的兔及貂)自由繁殖,这就表示它们的生殖器官不易受影响;某些动植物经得起家养或栽培,并产生细微的变化,并不比在自然状况下产生的变化大。

某些博物学者认为,所有的变异都与有性生殖的作用有关,但这种说法是不正确的;我在另一本著作中,将被园艺家称做"芽变植物"的植物,列成长表——这种植物会突然冒出一个芽,不同于同株的其他芽,表现出新的、有时是明显不同的性状。它们被称为芽的变异,可通过嫁接、插枝等方式来繁殖,有时也可通过播种来繁殖。这种情形,在自然状况下很少发生,但在栽培状况下却不少见。在相同条件下的同一株树上,在每年生长出来的数千个芽中,突然会冒出一个包含新性状的芽;而且,不同条件下生长在不同树上的芽,偶尔也会产生几乎相同的变种——例如,桃树上的芽能繁殖出油桃,普通蔷薇的芽能繁殖出苔蔷薇,所以我们能够清楚地看出,在决定每一变异的特殊类型方面,外界条件性质的重要性,与生物的本性相比,处于次要地位;——在决定火焰的性质上来说,可能并没有使可燃物燃烧的火花性质来得重要。

习性和器官的使用与不使用的效果;相关变异;遗传

习性的变化可以产生遗传效果,例如植物从某种气候迁移到另一气候,它的开花期会有所变化。对于动物而言,身体各部分的常用或不常用的影响更为明显;例如,在占全身骨骼的比例上,家鸭的翅骨轻于野鸭,但腿骨却重于野鸭;这种变化明显是由于家鸭较它野生的祖先少飞多走。母牛和母山羊的乳房,相比不挤奶的地方,惯于挤奶的地方发育得更好,并且此种发育是可遗传的,这或许是使用效果的另一个例子。有些地方常常可以见到长有下垂耳朵的家养动物,有人认为这是由于动物很少受惊而不常使用其耳朵肌肉,此种观点或许是成立的。

对于诸多支配着变异的法则,我们只能模糊地理解为数不多的几条,在以后的篇幅中再略加讨论。在此处,我只打算说一说所谓相关变异的法则。胚胎或幼体若发生重大变化,也许会引起成熟动物的变化。在畸形生物中,相异部分之间的相互作用是十分奇妙的,小圣·提雷尔在著作中记载了许多相关事例。饲养者们都确信,长的头几乎总是伴有长的四肢。有一些十分奇怪的相关的例子,比如毛色全白而蓝眼的猫通常都是聋的;然而近来泰特先生说,这种情形仅适用于雄猫。在动植物中,有很多体色与体质特性相关联的显著例子。依据霍依兴格搜集的事实,白毛的绵羊和猪食用某些植物,会受到损伤,而深色的个体却可以避免这种损伤。最近怀曼教授,告诉我一个关于这种现象的好例子:一些维基尼亚地方的农民养的猪都是黑色的,农民告诉他,这是因为一旦猪食用赤根,骨头就会变成淡红色,而且除了黑色变种之外,猪蹄也会脱落;此地的放牧者又说,"在一胎猪仔中,我们常选黑色的来养育,因为只有它们才有较好的存活机会"。其他如没毛的狗,牙齿不全,长毛和粗毛动物,往往有长角或多角的倾向;毛脚的鸽,外脚趾间有皮膜;短嘴的鸽,脚比较小;长嘴的鸽,脚比较大。因此人们如果选择一种特性,就会由此增强这种特性,同时由于神奇的相关法则,几乎一定会在无意中获得身体其他部分构造上的改变。

各类未知的，或不甚了解的变异法则的结果是非常复杂的、各式各样的。仔细研究几种古老栽培植物，如风信子、马铃薯以及大丽花等的论文，是十分必要的。变种和亚变种之间在构造和体质上所表现出的无数细微差异，的确会令人感到惊异。生物的整个体制，好像成为可塑的，并且与其亲类型的体制相比具有十分细微的差异。

各种不遗传的变异对我们来说并不重要，然而可以遗传的构造上的差异，不论是细微的或是在生理上占有重要地位的，其数量和多样性确实是无法估量的。关于这个问题，最完善与最优秀的论文便是卢卡斯博士的两大卷著作了。几乎所有的饲养者都确信遗传倾向是非常有力的，类生类是其基本的信念：只有理论家们才对这个原理产生怀疑。当任何构造上的偏差总是出现，并且出现在父子之间时，我们无法判断这是否是由于相同原因对二者产生作用的结果；然而，在数百万个个体中，因为环境条件的某种奇异结合，任何十分罕见的偏差，偶然在父代身上出现并且又在子代身上重现，这时这种纯机会主义的重现几乎迫使我把它归因于遗传了。但是很罕见的偏差，在环境条件异常结合的作用下，在几百万个个体中，偶然地发生于母体，之后又重现于子代，这时纯机会主义就会使我们将其归于遗传。想必我们都听说过，在同一家庭中某些成员身上出现变白症、刺皮及多毛等状况。假如奇异的和罕见的构造偏差确是遗传的，那么不大奇异而较常见的偏差，当然也同样可看做是遗传的。因此，观察这个问题的正确途径，乃是把不同性状的遗传当成规律，不遗传当成例外。

支配遗传的法则，很多都是未知的。没有人可以说明同种异体间或者异种间的同一特性，有时候能遗传，有时候不能遗传的原因；祖父母甚至是更久远祖先的某些性状会重现于其子孙上的原因；又是什么原因使某种特性经常由一性传给雌雄两性，或只传给一性，一般而非绝对地传给同性。有一个十分重要的事实值得我们注意，即雄性家畜的特性，仅仅或者大多数传给雄性。此外还有一个更重要的规律，即一种特性第一次出现，不管出现在生命的哪个时期，都会在相同时期重现于后代，有的时候可能会提早一些。这一规律在许多场合中都得到了验证，例如，牛角的遗传性状，出现在后代即将成熟的时期；蚕的性状，在一定的幼虫期或蛹期出现。然而，依据遗传病例和其他一些事实，我相信这种规律可应用的范围很广，即某种性状虽然没有明显的理由出现在特定年龄，但它出现在后代的时期，一般倾向于和在父代第一次出现的时期相同。此外，我认为这一规律对于解释胚胎学的法则来说，是相当重要的。上述说法，显然仅限于性状的第一次出现这一点，而非对于胚珠或雄性生殖质所起作用的最初原因而言；例如，短角母牛与长角公牛交配后，其后代角的长度有所增加，虽然比较缓慢，但这显然是雄性生殖质在发挥作用。

之前已经提到过返祖问题，这里我要谈一谈博物学家们常常提到的一点，即我们的家养变种，当回到野生状态后，必然逐渐重现其原始祖先的性状。因此，有人曾说，不能以演绎法由家养品种来推论自然状况下的物种。虽然人们频繁且大胆地作出以上结论，但我始终找不到任何相关的事实依据。要证明它的正确性确实十分困难；我们可以确切地说，许多异常显著的家养变种，也许不能再在野生状况下生活。许多场合下，由于我们不确定它的原始祖先究竟是什么样子，所以我们也就无法判断是否发生了几乎完全的返祖现象。为了预防杂交的影响，只需把单独一个变种养在新的地方即可。虽然如此，家养变种有时确实会重现祖代类型的若干性状，由此我认为以下情形或许是可能的：假如我们可以顺利地在诸多世代里使某些族，例如在瘠土上（这种瘠土对某些影响可以起到一定的作用）归化或栽培甘蓝的某些品种，它们之中的大部分甚至全部也许会重现野生原始祖先的某些性状。由于试验已经改变了生活条件，所以无论成功与否，对我们的论点而言并不十分重要。如果能指出，当我们把家养变种置于同一条件下，并大片地养在一起，让它们自由杂交，通过互相混合以防止一切构造上细微的差异，假如它们还呈现强大的返祖倾向——也就是失掉其获得性，那么在此情形下，我会同意不能从家养变种来推论自然界中的物种。但是我们却无法找到有利于这个观点的事实证据，要断定我们不能让驾车马和赛跑马、长角牛和短角牛、各种家禽以及各种食用蔬菜，无限地繁殖下去，是违反一切经验的。

家养变种的性状；区别变种和物种的困难；家养变种起源于一个或一个以上的物种

如果我们观察家养动植物的遗传变种即族，并将它们与近缘种进行比较时，通常就会发现各个家养族的性状不如真种那么一致，常带有畸形；也就是说，它们彼此之间、和同种的其他物种之间，在若干方面的差异较小，但是当它们互相比较时，往往身体的某一部分会呈现出较大程度上的差异，尤其是将它们和自然状况下的亲缘最近的物种进行比较时。除了畸形特征之外（以及变种杂交的完全能育性——这点以后将要讨论到），同种的家养族之间的差异，与自然状况下同属的近缘种之间的差异类似，然而前者在大多数情况下，差异程度较为细微，我们应当承认这个问题的真实性，因为许多动植物的家养族被某些有能力的鉴定家看做是不同物种的后代，另一些有能力的鉴定家却只将它们看做是一些变种。假如在一个家养族和一个物种之间，呈现非常明显的差异，那就不会经常出现这样的疑问。有人常说，家养族彼此之间的性状差异不存在属的价值，我不赞同这种看法，但当确定究竟何种性状才具备属的价值时，博物学家们也是各有见解，这些意见也都是根据个人经验而来。当我们明白属是如何在自然界里起源时，就会知道，我们没有理由期望在家养族中找到像属那样的差异量。

由于不确定近似的家养族之间的构造差异量是由一个还是多个亲种所传来，因而在试图估计这种构造差异量时，我们不免会有很多疑惑。如果能弄明白这一点，应当是有趣的。例如，如果可以证明纯系繁殖后代的长躯跑狗、长耳猎狗、嗅血警犬和斗牛狗都是某一物种的后代，那么就会使我们对在全世界栖息的许多密切相似的自然种——比如很多狐的种类——是不改变的说法，产生极大疑惑。我并不认为，这几类狗的全部差异都是在家养状态下才产生的，这一点以后将会提到；我相信小部分差异，是传自不同物种。但有一些特性明显的家养族，却有假定的或者有力的证据，说明它们传自一个野生亲种。

有人曾设想，人类选择的家养动植物都带有极大的遗传变异倾向，且能适应各种气候。我不否定这些性质较大地提高了大部分家养生物的价值，可是,未开化人早期驯养动物时,根本不可能知道这种动物在持续的世代中是否发生变异,更不可能知道它能否适应其他气候。而且驴和鹅的变异性弱,驯鹿耐热力不强,普通骆驼的耐寒力较弱,难道这些性质会阻碍它们被家养吗?我毫不怀疑,假如从自然界中取来一些动植物,其数目、产地及分类纲目都相当于家养动植物,并且假设它们在家养状态下繁育到同样多的世代,那么它们平均产生的变异,就会与现有家养生物的亲种所曾产生的变异一样大。

我们至今仍无法明确,大部分从古代就被家养的动植物,到底是传自一个还是几个野生物种。那些认为家养动物是多源的人们的论点,主要根据我们在上古时代,在瑞士的湖上居所里和在埃及的石碑上所发现的繁杂的家畜种类,并且其中许多种类与存在至今的种类极为相像,甚至相同。但这只不过证明了人类文明历史的久远,同时证明了动物在比人们设想的更为悠久的遥远年代里就被家养。瑞士的湖上居民曾经栽培过几个品种的小麦和大麦、罂粟(制油用)、豌豆以及亚麻,并且还拥有多种家养动物。此外他们还与其他民族有贸易往来。这些都表明:如希尔所说的,即使在这么早的时期,他们已有很先进的文明;同时也表明人们在此之前还存在过一个长久的文明较落后的时期,那时在各地各部落所养的动物大概已产生变异而产生不同的族。自从在许多地方的表面地层发现燧石器具以来,地质学者们都确信未开化人的存在已有十分久远的历史。我们知道,事实上,今日几乎不存在连狗也不会饲养的未开化种族。

关于大多数家养动物的起源问题,也许人们永远也搞不清。但我在此可以说明,我搜集了全世界的家狗的相关事实,得到如下结论:狗科的数个野生品种曾被驯养,它们的血曾在某些情形下混合在一起,在家养品种的血管中流着。关于绵羊与山羊,我还没有得出关键性的意见。根据布莱斯先生来信中告诉我的有关印度瘤牛的习性、声音、体质及构造的事实,似乎可以确定它们和欧洲牛的原始祖先不同;还有一些有能力的鉴定家认为,欧洲牛有两个甚至三个野生祖先,但我们不知道能否将它们称为物种。其实卢特梅耶教授那令人称赞的研究已经确定了上述结论,同时也确定了关于普通牛和瘤牛的种间区别的结论。关于马,我与几位著者意见相反,我确信一切马族都属于同一物种,但无法在这里提出理由。我几乎饲养过所有英国鸡的品种,并使它们交配和繁殖，研究它们的骨骼，似乎可以确切地说，它们都是野生印度鸡的后代，这也是布莱斯先生和别人在印度研究这种鸡时得出的结论。关于鸭和兔，有些品种存在很大差异，可是有证据清楚地表明，它们都传自普通的野生鸭和野生兔。

某些著者关于家养族起源于几个原始祖先的学说，是极端荒谬的。他们认为任何纯系繁殖的家养族，即使可区分的性状十分微小，也都有自己的野生原型。照此来看，在欧洲就至少有过野绵羊种二十个，野牛种二十个，以及数个野山羊种，即便是英国一地也肯定各有好几个物种。甚至有一位学者相信，先前英国特有的绵羊的野生种竟多达十一个。现在英国已不存在一种特有哺乳动物，法国也只存在少数与德国不同的哺乳动物，西班牙、匈牙利等亦是如此，但各国却都有数种特有的牛羊品种。所以我们必须承认，许多家畜品种必定起源于欧洲；不然它们从何而来？在印度也是如此。此外全世界的家狗品种，我承认是从几种野狗传下来的，它们都存在极大的遗传变异，这点无可置疑。因为意大利长躯猎狗、逗牛狗、嗅血警犬、巴儿狗或者布莱尼姆长耳猎狗等，和所有野生狗科动物如此不同，有谁会相信与它们相似的动物曾经在自然界生存过？有人经常随意说，所有的狗族都产生于少数原始物种的杂交；但我们只能从杂交中获得某种程度上介于两亲之间的一些类型；如果我们用杂交来说明这些品种的起源，就应承认一些极端类型，如意大利长躯猎狗、逗牛狗、嗅血猎犬等，曾是野生品种。何况我们过分夸大了杂交产生不同族的可能性。许多记载的事例表明，如果人工选择具有所需要性状的个体，通过杂交的方法就有可能使一个族发生变异；但是要想在两个不同的族中，得到一个中间性的族，将有很大困难。西布赖特爵士为了这一目的特意做过实验，结果以失败告终。两个纯系品种首次杂交所产生的子代，其性状相当的一致（如我在鸽类中发现的一样），那么一切情形似乎很简单了。然而这些杂种经过数代杂交之后，其后代之间就呈现出很大差别，于是工作的困难就表现出来了。

家鸽的种类、差异和起源

我认为用特殊类群做研究是最好的方法，经过慎重考虑，决定选取家鸽作为研究对象。我饲养了能买到的或得到的每一个品种的鸽子,并且从世界各地得到了热心惠赠的各种鸽皮,尤其是令人尊敬的埃里奥特从印度、默里从波斯寄赠给我的。关于鸽类的论文,曾用不同文字发表过许多,有些十分古老,因而非常重要。我曾与几位著名的养鸽家联系过,并加入了伦敦的两个养鸽俱乐部。家鸽品种繁多,使人惊奇。对英国传书鸽和短面翻飞鸽进行比较,从中能够看出它们喙的很大差异,以及由此引发的头骨的差异。传书鸽,尤其是雄性,头部四周的皮有奇特的肉突,与此相伴的还包括长长的眼睑、大大的外鼻孔和阔大的口。短面翻飞鸽的喙,外形与鸣鸟类极为相像;普通翻飞鸽有一种特别的遗传习性,它们通常密集成群地在天空飞翔、翻筋斗。侏儒鸽的身体巨大,喙粗长,足也很大;其中某些亚品种,有的颈颇长,有的翅与尾很长,有的尾巴特别短。巴巴利鸽与传书鸽接近,但喙短而阔。突胸鸽的身体、翅膀、足都特别长,嗉囊非常发达,当它得意地膨胀时,尤其让人觉得怪异而发笑。浮羽鸽的喙短,呈圆锥形,胸部下方长有倒生的一道羽毛,它具有使食管上部持续地微微胀起的习性。毛领鸽颈背的羽毛,向前倒竖成兜状,就身体的大小比例来说,它的翅羽和尾羽较长。喇叭鸽和笑鸽的叫声,就像它们的名字所示,与其他品种很不一样。鸽科所有成员的尾羽的正常数目是十二或十四支,而扇尾鸽竟有三十支甚至四十支尾羽;它们的尾部羽毛时常竖立展开,若是优良的品种,头尾可互相接触,脂肪腺却十分退化。除此之外,还可举出一些差异较小的品种。

这几个品种,其面骨的长度、阔度、曲度的发育有巨大的差异。下颚的支骨形状、长度和阔度,区别最为明显。尾椎和荐椎的数目各不相同,肋骨的数目,它们的相对阔度与有无突起,也存在变异。胸骨上孔的形状与大小有很大差异,叉骨两支的相对长度与开度也一样。它们的一切构造都极易变异,例如口裂的相对阔度,嗉囊及其上方食管的大小,鼻孔、眼睑、舌(并不永远严格相关于喙的长度)的相对长度;脂肪腺的发达和消退;第一列翅羽和尾羽的数目,翅和身体的相对长度及其与尾的彼此相对长度;腿和脚的相对长度;脚趾上鳞板的数目,脚趾间皮膜的发达程度。羽毛长齐所需时间存在变异,孵化雏鸽的绒毛状态也是这样。卵的大小和形状存在变异。飞翔的姿势以及某些品种的性情和声音都存在明显差异。此外,有些品种中,雌雄之间也有微小差异。

至少可以选出二十种鸽给鸟学家看，并告诉他都是野鸟，这些鸽一定会被他区别为界限明确的不同物种。另外，我不明白在此情形下鸟学家是如何将短面翻飞鸽、英国传书鸽、巴巴利鸽、侏儒鸽、突胸鸽以及扇尾鸽列入同类的；尤其是将每一个品种中的几个纯粹遗传的亚品种（这些他会看成物种）指给他看时，他怎么还能将其列为同类。

　　鸽类品种间虽然差异很大，但我深信博物学家们的一般意见是正确的，即它们都是从岩鸽传下来的。这种岩鸽包括几个有细微差异的地方族，即亚种。使我相信此说的理由，一定程度上也可应用在其他的情形中，所以在这里将略加讨论。如果认为这些品种并非变种，也不是传自岩鸽，那么它们必定来源于七种或八种原始祖先；因为比较少数目的原种进行杂交，不可能出现如此多的家养品种。如果让两个品种进行杂交，亲代之一没有嗉囊，怎么可能繁殖出突胸鸽来？所以只有岩鸽才是这些假定的原始祖先，它们既不在树上生育，也不喜欢栖息在树上。然而，除去这种岩鸽及其地理亚种外，所知道的野岩鸽只有二三种，而且都不具有家鸽的任何性状。因此，所假设的那些原始祖先存在两种可能：要么它们仍在最初家养化的地方生存着，只不过鸟学家不知道而已，然而就它们的大小、习性和显著的性状而论，这一点似乎不可能；要么它们都已经灭绝在野生状态下。可是，繁殖在岩崖上的并且善飞的鸟，好像是不会灭绝的；即使在地中海的海岸上或在一些英国的较小岛屿上，具有家养品种相同习性的普通岩鸽也都没有灭绝。所以，推测与家养品种习性相似的许多物种都已灭绝，实在是太轻率了。另一方面，上述某些家养品种曾出现在全世界，因而肯定会有一部分被带回原产地。可是，只有鸠鸽（稍微改变的岩鸽）在一些地方成为野生的，其他的品种都没有变为野生的。此外，最近的所有实验都表明，野生动物在家养状态下很难自由繁殖；然而，按照家鸽多源说，可以推测在古代至少有七八个物种已被半开化人完全家养，并在笼养状态下大量繁殖。

　　有一种有说服力的论点，也可运用于其他几种情形，即上述各品种在体制、习性、声音、颜色及大部分构造方面与野生岩鸽大致相符，可其他部分必定存在诸多变化；在鸠鸽类的整个大科中，有一些特性我们是无法找到的，例如，像英国传书鸽、巴巴利鸽、短面翻飞鸽那样的喙；像突胸鸽的嗉囊；像毛领鸽那样的倒羽毛;像扇尾鸽那样的尾羽。因此可以假定,半开化人不但成功地完全驯化了几类物种,而且在有意或无意中选出了十分畸形的物种,而这些物种以后都不再出现。这些奇怪偶然的事,是完全不可能的。

有关鸽类的颜色也很值得研究。岩鸽是石板青色的,腰部呈白色;可其印度的亚种——斯特里克兰的青色岩鸽,腰部却呈青色;岩鸽的尾部附有一条暗色的横带,外侧尾羽基部是白色的外缘,翅膀上生有两条黑带。只有一些半家养和纯野生的品种,翅膀上除生有两条黑带之外,还有黑色方斑杂列其中,全科的一切其他物种都不同时生有这几种斑纹。任何一只饲养得较好的鸽子,都有十分深的斑纹,以及非常发达的外尾羽白边。而且,当两个或多个不同种的鸽子杂交后,虽然不具备青色斑纹或上述斑纹,可是其杂种后代却很容易获得这些性状。我举几个曾经观察过的例子来说明这类情况:用几只纯系繁殖的白色扇尾鸽和黑色巴巴利鸽杂交(巴巴利鸽极少有青色变种,我在英国也从未见过此类例子),它们一般的杂种是杂色、黑色和褐色的。我又用一只巴巴利鸽同一只纯系繁殖的斑点鸽(白色的、尾呈红色、额头有一红色斑点)杂交,而它们繁殖的后代却呈暗黑色并带有斑点。之后我用巴巴利鸽和斑点鸽之间的一个杂种,同巴巴利鸽与扇尾鸽之间的一个杂种杂交,结果它们繁殖了一只杂种鸽,这只鸽子具有一切野生岩鸽所具有的漂亮的青色、白色的腰、两条黑色的翼带以及带有条纹和白边的尾羽!假如我们按照熟知的返祖遗传原理,对这种认为一切家养品种都是传自岩鸽的看法进行分析就能够理解了。然而,如果持否定的态度,我们就必须采用如下两个完全不可能的假设当中的一个。第一,我们想象的几个原始祖先同样具有岩鸽那样的颜色和斑纹。所以同样的斑纹和颜色都倾向于在各个品种中重现,然而不存在一个别的现存物种具备这样的斑纹与颜色。第二,即便是最纯粹的,各品种也曾在十二代或至多二十代以内与岩鸽进行过交配,这是由于不曾找到一个例子能够表明二十代以上消失了的外来血统的祖代性状在杂种后代身上能够重现。在只进行过一次杂交的品种里,由于在此后各代里外来血统将不断减少,重现在此次杂交中获得的任何一种性状的倾向,自然会变得越来越小;但是,如果在这个品种里不曾杂交过,那么前几代中已经消失了的性状就有重现的倾向。因为我们能够看出,这一倾向与前一倾向刚好彻底相反,它能遗传无数世代却毫不减弱。这两种不同的返祖情形经常被论述遗传问题的人所混淆。

最后，据我对差异最大的品种的观察，一切鸽的品种杂交所生的后代都是绝对能育的。可是几乎不存在一个例子能够确切地证明，两个差异最大的动物种的种间杂种是绝对能育的。一些著者确信，长时间持续的家养可以消除种间不育性的强烈倾向。根据狗以及其他家养动物的历史来看，这一结论若是应用于彼此密切相似的物种，应该是非常正确的。但是，假如引申过远，来假设那些本来就具备像现在的翻飞鸽、传书鸽、扇尾鸽和突胸鸽那样明显差异的物种，而说它们之间还可以产生完全能育的后代，未免过于草率。

人类不可能之前就能使七个或八个假定的鸽种在家养状态下自由繁殖；这些假定的物种从来没有在野生状态下被发现过，它们也并没有在任何其他地方变异为野生的；虽然这些物种在诸多方面如此类似于岩鸽，但和鸽科的其他物种相比，却呈现出某些极其奇特的性状；不论是在纯系繁育还是在杂交的情况下，青色与各种黑色斑纹有时都会重现于所有品种中；最终，杂种后代具备完全能育性；综合起上述这些理由，我们可以稳妥地推断，一切家养品种都是从岩鸽及其地理亚种传衍下来的。

为了证明上述观点的准确性，我需要作一些补充：第一，野生岩鸽在欧洲和印度都已发现可以家养；并且在习性和大多数构造的特性上与所有家养品种一样。第二，虽然短面翻飞鸽或英国传书鸽在某些性状上与岩鸽完全不同，可是如果比较这两个族的几个亚品种，特别是从远地带来的亚品种，我们可以在它们和岩鸽之间建立一条几乎完整的系列；在其他情形下也可以这样，但并非在所有品种里都能这样。第三，每一品种的显示差别的性状都极易变异，如传书鸽的肉垂和喙的长度，扇尾鸽的尾羽数目，翻飞鸽的短喙等；等我们论及"选择"时便会明了这一事实。第四，鸽类曾受到许多人极细心的看护饲养，在世界的某些地方它们被饲养了几千年；最早关于鸽类的记载，出现在埃及第五皇朝，大约公元前3000年时，这是来普修斯教授向我指出的；然而伯奇先生对我说，在其前一朝的菜单上已记载有鸽名。在罗马时代，根据普利尼所说，鸽的价值很高，"而且，他们已达到这种地步，他们已经可以核计鸽类的谱系和族"。大约在公元1600年，印度亚格伯汗在宫中饲养的鸽多达两万只以上，由此可见他十分重视鸽。宫廷史官写道："伊朗王和都伦王都曾赠送他一些极罕见的鸽"；又写道："陛下让各种类杂交以改良这些鸽的种类,前人从未试过如此。"差不多同一时期,荷兰人对鸽子的喜爱并不亚于古罗马人。这些考察对于解释鸽类的大量变异非常重要,以后我们讨论"选择"时就会明了。同时我们还可以了解这几个品种经常具有畸形性状的原因。产生各类品种的最有利条件是家鸽配偶终身不变;这样就可以在一个鸟槛里饲养不同品种了。

我已对家养鸽的可能起源作了一些论述,但还是不充分的。因为当我最初饲养并观察几种鸽子时,很清楚地知道了各品种可以多么纯粹地进行繁育,同时也觉得很难相信它们自从家养以来都出于一个共同祖先。就像要博物学者们对自然界中的各种雀类或其他鸟类,作出同样的结论,存在同样的困难。令我印象深刻的是几乎所有饲养动物或栽培植物的人,都确信他们所养育的几个品种都传自许多不同的原始物种。我想请你向一位有名的赫里福德的饲养者请教,就像我曾询问过的,他的牛是否传自长角牛,或是二者是否都来自同一个祖先,结果你会像我一样受到嘲笑。我从未碰到过一位鸽、鸡、鸭或兔的饲养者,不完全相信各个主要品种都是传自一个特殊物种。凡蒙斯在其关于苹果与梨的论文里,根本不相信几个种类,如考得林苹果或立孛斯东·皮平苹果,是从同一株树上的种子长出来的。其他例子还有很多。我认为解释此种现象是非常简单的:他们经过长期不间断的研究,对几个族间的差异有了清晰的认识;他们深知各族略有变异,所以他们选择如此细微差异而获得了奖励,然而在他们的头脑里是不会把许多连续数代积累起来的细微差异综合起来的,因为这种一般论点对他们来说十分陌生。如今一些博物学者对遗传法则,知道的还不如饲养者多,对于悠长系统中的中间环节的知识懂得的也不比饲养者多。可是他们承认许多家养族都是传自同一祖先。当他们嘲笑自然状态下的物种是其他物种的直系后代这个观点时,也许他们应当学习一下"谨慎"这门课。

古代所依据的选择原理及其效果

现在我们简略地讨论一下家养族从一个或几个近似物种中产生出来的步骤。有些效果是由于外界生活条件的直接和一定的作用,有些效果是因为习性;可是如果有人用这些来解释嗅血警犬与长驱猎狗、翻飞鸽与传书鸽、赛跑马与驾车马之间的差异,未免太草率了。家养族的确不是与动物或植物自身的利益相适应,而是与人的使用与爱好相适应,这是我们的家养族最显著的特性之一。对人类有用的变异发生得很快,有时会突然发生;例如,许多植物学者都相信起绒草生有任何机械装置所不及的刺钩,仅仅是野生川续断草的一个变种,并且这种变化可能是在一株实生苗上突然发生的。安康羊和矮脚狗大概也是如此起源的。可是,当我们把双峰骆驼和单峰骆驼、赛跑马和驾车马、适于山地牧场和适于耕地的,以及毛的用途各不相同的不同品种的绵羊进行比较时;当我们把用于满足人类不同需求的很多狗类进行比较时;当我们把顽强争斗的斗鸡与很少争斗的品种进行比较时,把斗鸡和从来不孵卵的卵用鸡以及娇小美观的矮鸡进行比较时;当我们把大量的农艺植物、果树植物、蔬菜植物以及花卉植物的族进行比较时,它们均在不同季节和不同目的上适用于人类,或者使其赏心悦目。我认为除变异性之外,有必要进一步观察。我们无法想象,突然产生的众多品种,在产生之初就已如此完美有用;在许多场合,我们知道它们的历史并非这样。关键在于人类的积累选择;自然导致了连续的变异,人类积累了这些对自己有用的变异,也就是说人类在为自己创造有用的品种。

我们无法臆想这种选择原理的强大力量,确实存在一些优秀的饲养者,他们在一生之中,极大地改变了自己的绵羊和牛的品种。要想彻底了解他们所做的一切,就必须阅读有关论文并实际观察那些动物。他们习惯认为动物的体制似乎具有可塑性,甚至能够任意塑造。要不是篇幅有限,我很想从具有权威的著作中引述相关记载。尤亚特几乎比任何人都了解农艺家们的工作,他本人也是一位非常优秀的动物鉴定者,他认为选择的原理“不仅使农学家改良畜群的性状,而且使之完全改变。这是魔术家的魔杖,可以随心所欲地把生物塑造成任何类型与模式”。萨默维尔勋爵论及饲养者养羊的成就时,曾说:“仿佛他们在墙上用粉笔画了一个完美的模型,然后把它变成活羊。”在撒克逊,人们已充分认识选择原理对于美利奴羊的重要性,甚至兴起一种选择行业:像鉴赏家鉴定绘画作品那样,人们把绵羊放在桌子上,然后对它进行研究;为了最终能够选出最优良的品种,作为繁衍之用,在几个月之内,接连进行三次选择,每一次都在绵羊身上标上记号并进行分类。

那些价格昂贵的谱系优良的动物,能够证明英国饲养者取得的实际成果,这些优良品种,曾经输出运送到世界各地。这种改良,通常并非由于相异品种的杂交,所有最杰出的饲养者都不赞成相异品种的杂交,密切相似的亚品种偶尔进行的杂交除外。并且在进行杂交之后,严密的选择甚至比在普通场合更为重要。如果这种选择只是为了分离出一些很独特的变种来进行繁殖,那么这一原理显然就不值得注意了;但其重要性却在于,使未经训练过的眼睛绝对察觉不出的若干差异(这些差异我也不能察觉出来),在连续的世代里,朝一个方向积累起来并产生巨大的效果。在一千人当中,发现一个具有精确眼力和判断力、能够成为一个卓越的饲养家的人,也相当困难。假如他具备这种品质,并热衷于研究他的课题,还能始终如一地从事这一工作,成功就会属于他,并且能作出巨大改进;如果这些品质他不具备,他必定会失败。很多人都怀疑,要成为一个熟练的养鸽者,还需要具备天赋的才能以及多年的经验。

园艺家也根据同样的原理,不过植物的变异突发性更强。没有人会认为我们最精选的生物,是由原始祖先一次变异而产生的。某些情况下,我们有正确的记录可以证明,如普通醋栗的大小是慢慢增加的。我们将现在的花与二十年前或三十年前所画的花进行比较,便会惊叹花卉栽培家对很多花所做出的改进了。一旦一个植物的族很好地稳定下来以后,种子繁育者只是对苗床进行巡视,清除那些"无赖汉"(那些偏离固有标准型的植株被他们称为无赖汉),而并不是选取那些最好的植株。对于动物,也采用这种同样的选择方法;事实上,无论什么人,都不会用最劣等的动物去进行繁育,如果是那样就太离谱了。

可以通过另一种方法来观察植物选择的积累效果——就是比较花园里同种但有不同的变种的花所表现出的多样性;菜园里植物的叶、荚、块茎或任何其他有价值的部分,在和同一变种的花进行比较时所表现的多样性;以及果园里同种的果实与其变种的叶和花进行比较时表现出的多样性。观察甘蓝的叶是何等迥异,而它的花又是如何相似;三色堇的花是如此不同,而叶却是如此相似;果实的大小、形状、颜色、茸毛迥然不同的各类醋栗,它们的花却只表现出极其细微的差别。这并不是说,在某一点上差异显著的变种,在其他各点上就毫无差别；经过慎重观察之后，我才敢说这种情形是独一无二的。决不能忽视相关变异法则的重要性，它可以保证发生某些变异；然而，根据一般法则，不管是对叶、花还是对果实的细微变异进行连续选择，最终都会产生主要在这些性状上存在差异的族，这是不容置疑的。

选择原理成为有计划的实践不过是近七十五年来的事，也许会有很多人对此说法持反对意见。近年来人们的确比以前更加注意选择了，发表了许多相关论文，因此成效也相当迅速而重要。但是，如果说这个原理是近代的发现，就难免与事实相差太远。我可以引用一些古代著作中的例子来证明人们在较早时期就已认识到这一原理的重要性。英国在蒙昧未开化时期，常输入精选的动物，而且制订了防止输出的法律；明文规定，要消灭体格在一定尺度之下的马，这与园艺者清除植物的"无赖汉"类似。在一部中国古代的百科全书中明确记述了这种选择原理。非常明确的选择规则已经被某些罗马古代著作家们拟定出来了。从创世纪的记录中，可知在这样的早期，人类已经注意对家养动物的颜色进行选择了。人类早期有时把狗和野生狗类进行杂交，以此来对狗的品种进行改进，普利尼的文章证实了他们从前曾经这样做过。南非洲的未开化人按照挽牛的颜色使其交配，某些爱斯基摩人对其驾车狗也如此做。利文斯登说，非洲内地的未曾接触过欧洲人的黑人对优良的家畜非常重视。虽然某些事实不能全部证明实际的选择。但在古代，家养动物的繁育问题就已引起了密切的关注，即使今天最顽固的人也注意到了这一点。好品质和坏品质的遗传，既然这样明显，要是还不注意动、植物的繁育问题，那将是一件十分奇怪的事。

无意识的选择

当今杰出的饲养者们通常以明确的目的，试图通过有计划的选择，形成优于国内所有种类的新品系或亚品种。然而，还有一种更为重要的选择方式，被称为无意识的选择，这是由于人们通常希望得到优良的动物，而又常将最好的个体用来繁殖的结果。例如，要养向导狗的人自然会竭尽全力寻求优良的狗种，用其进行繁殖，但这一品种的要求或期待并没有得到持久地改变。但是，我们能够推论，假如这一程序持续若干世纪，将会使一切品种得到改变并有所改进,正如贝克韦尔、科林斯等等进行着同样的程序,只要更有计划些,便能在他们一生的时间内极大地改变他们的牛的品质与体型。除非在很久之前,通过对问题中的品种进行正确的计量或者细心的描绘来进行比较,否则缓慢而不容易察觉的变化就再也不能被辨识出来了。但是,在某些情形下,文明落后的地区也存在同一品种的没有变化的或稍有变化的个体,品种在那里很难得到改进。因此,应该相信自从那一朝代以来查理斯王的长耳猎狗已在无意识中极大地被改进了。一些极有才能的权威家确信,侦犬直接从长耳猎狗而来,并且产生于逐步的改变中。我们知道英国的向导狗在上个世纪因与猎狐狗杂交而发生了重大变化;但是与我们的讨论相关的是:这种变化是无意识的慢慢地进行着的,可效果却显而易见,据说以前的西班牙向导狗确实传自于西班牙,但据鲍罗说,他从未看见一只西班牙本地狗和英国的向导狗相像。

英国赛跑马经由相同的选择程序和细心的训练,其速度和体格都已超过亲种阿拉伯马,因此,遵循古特坞赛马的规则,阿拉伯马的载重量被大大地减轻了。斯潘塞勋爵及其他人曾说,英格兰的牛比起之前养在这个国家的原种来,其早熟性和重量都大幅度地增加了。把论述印度、不列颠、波斯的翻飞鸽、传书鸽的过去和现在的状态的早期论文加以比较,我们便可以探寻出它们极其缓慢地经过的诸阶段,经由这些阶段,它们达到了和岩鸽如此迥然不同的地步。

尤亚特举了一个极好的例子,以说明一种选择过程的效果。这可以视为无意识的选择,因为产生了饲养者没有预期过的、甚至根本没有希望过的结果。也就是说,产生了两个不同的品系。尤亚特先生说,伯吉斯先生和巴克利先生所饲养的两群莱斯特绵羊都是由贝克韦尔先生的原种绵羊纯正繁殖的,从时间上来说已经超过五十年了。任何熟悉这一问题的人绝对都不会质疑,贝克韦尔先生的羊群的纯粹血统曾被以上任一所有者在任意情况下搞乱,然而,这两位先生的绵羊之间的差异竟如此之大,以致仅看它们的外貌就像完全不同的变种。

假如现在有一种十分野蛮的未开化人,从来不考虑家养动物后代的遗传性状,可是当他们面临饥馑或其他灾害时,他们会出于某种目的小心保存起那些对他们有用的动物。如此选择出来的动物与劣等动物相比，通常会留下较多的后代；从而也就进行了一种无意识的选择。我们知道，火地岛的未开化人也十分看重他们的动物，发生饥荒的时候，他们甚至杀死一些年老的妇女来充饥，因为他们认为狗的价值比这些年老妇女的价值还要高。

在植物方面，通过最优良个体的偶然保存，可以逐渐改进物种。不论最初它们出现时是否存在十分明显的差异，使其可被列入独特的变种；也不论是否由于杂交将两个或两个以上的物种或族混合在一起，我们都可以清楚辨识这种改进过程。现在我们所看到的诸如蔷薇、大理花、天竹葵、三色堇以及其他植物的一些变种，与旧的变种或其亲种相比，在美观和大小方面都有所改进。没有人会期望从野生植株的种子得到上等的三色堇或大理花等植物，也没有人期望野生梨的种子能培育出上等的软肉梨，假如这梨苗本来是来自栽培系统的，他也可能将野生的贫弱梨苗培育成上等品种。在古代，虽然对梨进行过栽培，但从普利尼的描述来看，其果实品质是低劣的。我曾看到园艺著作中对园艺者的惊人技巧表示赞赏，因为他们能从如此低劣的材料中生产出如此杰出的成果。不过技术是简单的，就最终结果来说，始终是一种无意识的选择。在此过程中，关键在于永远培植最有名的变种，播下它的种子，当刚好出现略微较好的变种时，就进行选择，并且持续进行下去。然而，在某种程度上，我们的最优良果实，虽依赖于古代园艺者自然地选择和保存其所能找到的最优良品种，但他们在对可能得到的最好梨树进行栽培时，却并未想过什么样的优良果实才是我们最想吃到的。

我确信，如此缓慢并且无意识地积累起来的大量变化，可以解释如下熟知的事，即对于长期栽培在花园和菜园中的植物，我们在很多情况下已无法辨认其野生原种。大多数植物需要数百年或数千年的时间才能改变到或改进到如今对人类有用的标准，所以我们可以明白为什么无论好望角、澳大利亚以及早期未开化人所居住的地方，竟没有一种值得栽培的植物。这些地区物种如此丰富，却没有任何有用植物的原种，这并非出于偶然，而是由于该地的植物未经过持续地选择从而得以改进，以达到像文明古国的植物那样完好的程度。

关于未开化人所养的家养动物，有一点不能忽略，即至少在某些季节里，它们常常要为食物而斗争。在两个环境迥异的地区,构造上或体质上稍有差异的同种个体,在此地区通常会比在彼地区生活得更好;这一"自然选择"的过程(在后面还会更加充分地说明)便会导致两个亚品种的形成。这种情形也许能够部分地说明为何早期人饲养的变种,如某些著作所说,比起在文明国度里饲养的变种来,更多地具有真种性状。

据上述人工选择所起的重要作用看,可以明白为何家养族的习性或构造会适应人类的爱好或需求。此外还可以更深入地认识,为何家养族经常会出现畸形的性状,为何表现在外部性状上的差异如此之大,而相应地表现在内部器官的差异却如此轻微。除了看得见的外部性状外,人类几乎无法选择、或仅能较为困难地选择任何构造上的偏差;其实他们是很少注意内部器官的偏差的。人类无法进行选择,除非自然先在某种程度上为人类提供了一些微小变异。若非有人看到一只鸽子的尾巴在某种细微程度上已有所异常,他决不会想到培育一种扇尾鸽;在他观察到一只鸽的嗉囊的大小有些不同之前,也不会想到培育一种突胸鸽;任何性状,在最初发现时越是寻常,越会引起人类的注意。但我认为,人类培育出一种扇尾鸽这一说法,是完全错误的。最初饲养一只尾巴稍大的鸽子的人,决没有想到那只鸽子的后代经过长期不断的、部分是有计划选择或部分是无意识选择以后,会成为什么样子。所有扇尾鸽的始祖大概只有稍微展开的十四枝尾羽,就像如今的爪哇扇尾鸽那样,或者具有十七枝尾羽,就像其他品种独特的个体那样。现在浮羽鸽食管的膨胀程度,并不会比最初的突胸鸽嗉囊的膨胀程度小,由于它并非此品种的一个主要特点,所以并不是所有养鸽者都能注意到浮羽鸽的这种习性。

养鸽者不仅能注意到某种构造上的较大偏差,还能察觉到某种极小的差异。对自己的所有物的任何新奇的、即便是极其轻微的差异,也会给予重视,这是人类的本性。绝对不可以用如今几个品种已经稳定后的价值标准,去判断从前同一物种诸个体之间的细微差异。我们明白鸽子如今还会产生大量细微的变异,但这些变异却被视作各个品种的缺陷、或偏离完美标准而舍弃了。普通鹅从未产生过任何明显的变种;图卢兹鹅只在颜色上与普通鹅有所差异,并且这种性状非常脆弱,近来它已经在家禽展览会上被当做不同品种展览。

上述观点，似乎可以解释那种经常提起的，即我们几乎从不知道任何家畜的起源或历史的说法了。然而事实上，就像无法说出语言里的某种方言的确切起源一样，也几乎无法说出一个品种的确切起源。人类对构造上稍有偏差的个体进行保存和繁育，并且对它们与优良动物的交配进行了特别注意。如此这般，这些个体便得到了改进，并且它们也渐渐地散布到邻近的地方去。因为它们很少有特定的名称，并且其价值也很少引起人们的重视，所以其历史也被忽略了。当它们经过相同的缓慢而逐渐的过程进一步改进的时候，其散布范围会更远，并且会被看做是有价值的及特殊的品种，此时它们或许才开始获得一个地方名称。在半文明的国家，交通尚不十分发达，因而新亚品种的散布过程非常缓慢，有价值的各点一旦被人发现以后，被我们称为无意识选择的原理就倾向于缓慢地增加这一品种的特性，不管这种特性是什么；品种的盛衰依风气而定，大概在某一时期养得多些，而在另外一个时期就养得少些。然而，与这种不确定的、缓慢的、不易发觉的变化相关的记录，几乎很少有机会能够保存下来。

人工选择的有利条件

这里我要略微谈一下对人工选择的有利或不利条件。由于高度的变异性能够大量地为人工选择提供材料，并使之顺利地发生作用，因而它对选择而言是有利的条件。即便只是个体差异，那也足够了。假如十分细心地观察，也能朝着人类所希望的方向累积起许多变异。但是，一些对人们明显有利的或适应其爱好的变异只会偶然出现，因此饲养的个体越多，出现变异的机会也就越多。所以，数量对成功来说至关重要。根据这个原理，马歇尔曾对约克郡各处的绵羊做过如下叙述："绵羊从来无法改进，因为它通常由穷人饲养，而且数量很少。"正好相反的是，园艺者们大量地栽培同种植物，因而在对有价值的新变种进行培育时，他们就比业余者更容易获得成功。大群的动植物，在有利于其繁殖的条件下才能被培育出来。倘若其个体稀少，无论其品质如何，都让其全部繁殖，这实际上会妨碍有利的选择。最重要的因素是，人类应该高度重视植物或动物的价值，并密切关注它们在构造或品质上的最细微的偏差，要是不加注意，就不会有什么效果了。我曾见到有人严肃地指出，在园艺者开始注意草莓的时候,草莓就开始变异了,这是极大的幸运。草莓被栽培以后,毫无疑问会经常发生变异,只不过园艺者未曾注意这些细小的变异罢了。园艺者选出一些稍微好些的、稍微大些的或稍微早熟些的果实个体植株,而后由它们培育出幼苗,再选出最优良的幼苗进行繁育,于是就培育出许多值得赞美的草莓变种,而这就是近半个世纪以来的成果。

在动物方面,防止杂交是形成新族的重要因素,在已有其他动物族的地方就是这样。因此,圈地饲养是十分有利的。流动量大的未开化人,和居住在开阔平原上的人一样,他们饲养的同一物种几乎没有超过一个品种的。鸽的配偶终身不变,这对养鸽者来说十分便利。因此,尽管它们在一个鸽槛里混养,仍能保持纯种性并能不断改进;这对新品种的产生必定十分有利。要补充的是,鸽的繁殖一般是大量且迅速的,劣等的鸽通常被杀掉以供食用,淘汰率就比较高。相反的是,虽然妇女和小孩都喜欢猫,但猫惯于夜间漫游,因此它们的交配不易控制,所以很少能看到猫的一个独特品种能长时间保存。我们有时看到的独特品种,很多情况下几乎都是由外国输入的。虽然我相信某些家养动物的变异少于另一些家养动物的变异,但是造成鹅、孔雀、驴、猫等独特品种的罕见乃至消失,则主要是因为选择不发生作用:猫,因为其交配难以控制;而驴只有少数由贫农饲养,并且不注意选种,近年来在西班牙和美国等地,由于注意选择,这种动物竟也意外地发生了变化,得到了改进。孔雀,由于很难饲养,而且也不能成群地饲养;鹅,由于只在供食用和取羽毛这两种目的上有价值,尤其是对鹅有无独特的种类不感兴趣;正如我在其他地方所说,鹅在家养条件下,虽有细微的变异,但其体质却不易发生变化。

某些著者认为,家养动物的变异量很快就会达到一定的极限,以后将无法再超越。无论任何场合,如果断定已经到了极限,难免过于轻率;因为所有动植物,近代以来在许多方面都有所改进;这就是说变异并没停止。如果目前就断言那些性状已经达到极限,并且在几百年里保持固定,因而即使在新的生活条件下也无法再变异,这同样十分草率。毫无疑问,华莱士先生所说的,极限最终会达到,是合乎实际的。比如,任何陆栖动物的速度必有一个极限,因为行动速度受到摩擦力,身体重量,以及肌肉纤维的收缩力的影响。但与我们有关的是,同种的家养变种,其受人类注意并被选择的每个性状上的差异,要大于同类异种间的差异。小圣·提雷尔曾通过动物的体型大小证明了这一点，动物的颜色和毛的长度也是如此。而行动速度则决定于身体上的很多性状，比如驾马车需要十分强大的体力，"伊克立普斯"马跑得最快，同一属的任何两个自然种都不可以与这两种性状相比。植物亦是如此，比如，玉蜀黍和豆的不同变种的种子，在大小的差异上，要大于这二科中任一属的不同物种的种子，这种观点同样也适用于李树的几个变种的果实，甜瓜更为显著，而其他类似的场合更是如此。

现在总结一下以上论述的家养动植物的起源问题。生活条件的改变，在引起变异上具有高度重要性，一方面直接作用于体制，另一方面间接地影响生殖系统。变异性在任何条件下都是自然和必然的事实，这个说法是错误的。变异能否继续发生，取决于遗传性和返祖性强弱。很多未知法则支配着变异性，相关生长尤为重要。有一部分能够归结为生活条件的一定作用，至于究竟是多大程度，我们还不清楚。有一部分，或者是相当大的一部分，可以归结为器官的不使用以及增强使用。因此，其结果就变得无限复杂了。某些例子证明，在我们现有品种的起源问题上，不同原种的杂交似乎发挥了重要作用。无论在何处，一些品种形成后，它们的偶然杂交，通过选择作用，大大有助于新亚品种的形成；但对于实生植物和动物，杂交的重要性被过分夸大了。由于栽培者不必顾虑杂种的极度变异性和不育性，所以杂交对于用插枝、芽接等方法暂时繁殖的植物有重大作用；选择的积累作用，不管是有计划地、迅速发生的，还是无意识地、缓慢地但更有效地发生的，都超过了这些变化的原因，它似乎是最突出的力量。

第二章　自然状况下的变异

变异性——个体差异——可疑的物种——分布广且分散大的以及普通的物种变异最多——各地大属的物种与小属的物种相比变异更频繁——如变种那样，大属里的许多物种，有很密切但不均等的相互关系，并有受到限制的分布区域。

在将前一章所得出的各种原理应用到自然界的生物之前，我们必须简要地讨论一下，生物在自然状态下是否容易变异。唯有举出许多枯燥乏味的事实才能充分讨论这个问题，不过我准备留到将来的著作中再发表。在这里，我也不打算讨论加于物种这个名词之上的各种不同定义。一项定义能使一切博物学者都满意是不可能的；然而，在谈及物种时，每个博物学者都有模糊的认识。这个名词通常含有一个未知因素即特殊创造作用。关于"变种"，同样也难以下定义；然而，它几乎普遍地包含系统的共同性的意思，虽然这很难加以证明。此外，难以解释的畸形也是如此，但它们逐渐进入变种的领域。我认为畸形就是指构造上存在某种显著偏差，对于物种通常是不利的或者无用的。有些著者将"变异"作为专有名词使用，它是指因物理生活条件直接产生的一种变化；而这样的变异，通常被假定为不能遗传的。然而生存在极北地区的动物的较厚毛皮、波罗的海半咸水中的贝类的矮化状态以及阿尔卑斯山顶上的矮化植物，在某些场合中，都遗传到数代。我认为，这种情形下的这种生物，应该称为变种。

在家养物（尤其是植物）中，我们偶尔观察到的那些突发的与显著的构造偏差，能否在自然条件下永久传下去，是令人怀疑的。几乎每种生物的每个器官都与它复杂的生活条件紧密相关，很难相信，任何器官会突然地、完美地产生出来,就像人们完美地发明一个复杂的机器一样。有时在家养状态下也会发生畸形,它们的构造类似于那些与它们十分不同的动物的正常构造。例如,有时猪生下来就具有某种长吻,如果同属的其他野生物种也天然地具有这种长吻,那么也许可以认为出现了一种畸形;我经过努力探寻,并未发现畸形相似于极其密切近似物种的正常构造的例子,并且只有这种畸形才与此问题相关。假如在自然条件下,这种畸形类型确实出现过并能够繁殖,那么,因为它们的发生是罕见的和单独的,所以它们要保存下来就必须依靠十分有利的条件。同时,这些畸形在第一代和以后的若干代中,将与普通类型杂交,这样一来,它们的畸形性状几乎无可避免地会消失。下一章将会讨论如何保存和延续单独的或偶然的变异。

个体差异

在同一父母的后代中出现的许多细微差异,或在同一局限地区内栖息的同种诸个体中存在的、并且可以设想为同祖后代的许多细微差异,都可以称做个体差异。没有人会假设同种的所有个体是在一个相同的实际模型里制造出来的。我们要讨论的个体差异十分重要,它们往往是可以遗传的;而且这种变异为自然选择准备了材料,就像人类在家养生物中朝着特定方向积累个体差异那样,供它发挥作用并积累。这种个体差异,通常出现在博物学者们认为并不重要的部分;然而我可以用大量事实说明,不管从生理学还是分类学的观点来看,那些称为重要的部分,偶尔也会在同种诸个体中产生变异。我相信经验最丰富的博物学者也会惊奇地发现变异的事例如此之多;在若干年内,他根据可靠的材料,就像我所搜集到的那样,搜集到大量关于变异的事例,即使在构造的重要部分之中亦能如此。务必记住,分类学家十分不乐意在重要性状中发现变异,而且很少有人愿意辛勤地检查内部的与重要的器官,并且在同种的诸多个体间进行比较。大概没有人能够预料到,在同一物种中,昆虫的接近大中央神经节的主干神经分枝会产生变异;人们一般认为这种性质的变异只能缓慢地发生;但卢伯克爵士曾说,可以用树干的不规则分枝来比拟介壳虫的主干神经的变异过程,而且他还提到某些昆虫幼虫的肌肉很不一致。当著者阐述重要器官决不发生变异时,他们常常是在循环地进行论证;因为这些著者实际上正是把不发生变异的部分当成重要的器官了;受这种观点影响,自然就难以找到重要器官发生变异的例子;但在其他任何观点下,都能在这方面确切地举出许多例子来。

个体差异相关的一点极令人困惑,就是被称为"变形的"或"多形的"那些属,物种在这些属里表现了极大的变异量。在究竟应该把这许多类型列为物种还是变种的问题上,几乎没有哪两个博物学者的意见一致。我们可以举植物里的山柳菊属、蔷薇属、悬钩子属以及腕足类和昆虫类的几属为例。在大部分多形的属里,也有一些物种呈现出稳定的与固定的性状。除了少数例外,一个属如果在一处地方为多形的,那么在别处也是多形的,根据早期腕足类来判断,在古代也是如此的。这些事实令人十分困惑,因为它们表明这种变异似乎与生活条件毫不相关。我猜想,我们所见到的变异,至少在一些多形的属里对物种是无害的或无用的,所以自然选择就无法对它们发生作用,因而无法使其确定下来,这点以后会再说明。

我们知道,同种的个体,除了变异以外,在构造上常呈现巨大差异。如在各种动物的雌雄之间、在工虫(昆虫的不育性雌虫)的二、三职级间,以及许多下等动物处于幼虫和未成熟状态之间时表现出的巨大差异。此外在动植物中,还有二形性和三形性的想象。华莱士先生曾留意到这一点,某种生活在马来群岛上的蝴蝶,其雌性有规律地呈现出两种甚至三种差异显著的类型,这其中并没有任何中间变种相连接。弗里茨•米勒记述的巴西甲壳类的雄性,也出现某些相似情况,但更为异常。例如异足水虱的雄性有规律地呈现出两种不同的类型:一个类型长有嗅毛极多的触角,另一个类型具有强壮的、形状不同的钳爪。在上述大多数例子中,不管动物和植物,都不存在中间类型将两种或三种类型连接起来,但这种连接可能曾经一度存在过。例如华莱士先生曾描绘过同一岛上的某种蝴蝶,它们包含一长系列由中间锁链连接的变种,而处于这条锁链的两极端的类型,却和生活在马来群岛其他部分的一个近似的二形物种的两种类型极其相似。蚁类也是如此,工蚁的几种职级通常是非常不同的,随后我们还要谈到,在某种场合,这些职级是由分得很细的、渐渐改变的变种连接起来的。就像我所观察到的,一些二形性植物也是如此。同一雌蝶具有一种能够在同一时期内产生三个不同的雌性类型与一个雄性类型的能力；雌雄同株的植物能在同一个种子蒴里产生三种不同的雌雄同体的类型，同时包含三种不同的雌性和三种或甚至六种不同的雄性类型。这些例子乍一看来十分奇特，但实际上却只是普通事实的夸大：即雌性产生的雌雄后代之间的差异，有时可以达到惊人的程度。

可疑的物种

在一定程度上，有些类型具有物种的性状；但博物学者们却不愿把它们列为不同的物种，因为这些类型和其他类型密切相似，或通过中间级紧密地和其他类型连接在一起。然而此种类型在某些方面对我们的讨论却是非常重要的。我们有各种理由相信，有很多可疑的与极相似的类型曾长期持久地保有其性状；我们知道，它们与良好的真种一样，长时间保持了自身的性状。事实上，当一位博物学者可以用中间锁链将任何两个类型连接起来时，他就把一个类型当做了另一类型的变种。他将最普通的一个，但往往是最初记载的那个类型作为物种，而将另一个类型作为变种。但是在决定能否把一个类型当做另一类型的变种时，即使这两个类型被中间锁链紧密连接起来，也存在巨大的困难。在这里，我并不预备罗列这些困难，即便中间类型具有一种假定的杂种性质，也是无法解决这类困难的。然而一个类型之所以被列为另一类型的变种，往往并非因为已经找到了中间锁链，而是出于观察者采用类推方法的原因，这使得他们假定这些中间类型现在的确生存在某些地方，或者说从前它们可能曾在某些地方生存过；这样也就打开了疑惑或臆测的大门。

所以，一个经验丰富且有健全判断力的博物学者的意见，似乎是在决定一个类型究竟应列为物种还是变种时应当遵循的唯一准则。然而在很多场合，极少有一个显著而熟知的变种，没有被某些有资格的鉴定者列为物种的，因此我们必须依据大多数博物学者的意见来做决定。

具有这种可疑性质的变种比比皆是，这点无可争辩。比较各植物学者所写的几种大不列颠的、法兰西的、美国的植物志，便可看到有惊人数目的类型，常常被某一位植物学者列为物种，却被另一位植物学者列为变种。沃森先生在许多方面帮助过我，我十分感激他。他告诉我，当前在不列颠植物中一般被视为是变种的有 182 种，然而所有这些植物过去都曾被植物学者列为物种;他在制作这张表时,除去了很多细小的变种,植物学者也曾把这些变种列为物种,此外他还完全除去了几个高度多形的属。在包含着最多形的类型的属之下, 巴宾顿先生列举出了 251 个物种,而本瑟姆先生却只列举出了 112 个物种,二者可疑类型之差竟有 139 个之多。在每次生育必须交配且活动十分频繁的动物中,有些可疑类型,有的动物学者将其列为物种,而有的动物学者则把它列为变种,在同一地区很少出现这些可疑类型,但在隔离地区却很普遍。一位优秀的博物学者,把在北美洲和欧洲的彼此间差异很细微的一些鸟和昆虫列为物种,然而别的博物学者却把它们列为变种,或常把它们叫做地理族。关于生活在大马来群岛的动物,尤其是鳞翅类动物,华莱士先生发表过几篇有价值的论文。文中,他认为该地动物可分为四个类型,即变异类型、地方类型、地理族(地理亚种)以及真正具有代表性的物种。变异类型,在同岛的范围内变化极多。地方类型,十分稳定,但在各个隔离的岛上是有明显的区别的;可是把几个岛的一切类型放在一块比较时,就会发现很难区别和描述它们,因为它们之间存在的差异十分微小并且是渐变的过程,即便是极端类型之间有着明显区别,也是这样。地理族即地理亚种是完全稳定的、孤立的地方类型;至于它们之中何者应被列为物种,何者应为变种,并没有区别的标准,全凭个人的意见去决定。这是因为它们并没有明显且重要的区别特征。最后,具有代表性的物种在各个岛的自然机构中,与地方类型和亚种处于同等地位;但由于它们彼此间的差异量比地方类型和亚种要大,所以它们普遍地被博物学者们列为真种。即便如此,我们依然没有确切的标准来辨认变异类型、地方类型、亚种以及具有代表性的物种。

关于加拉帕戈斯群岛中邻近岛屿的鸟的异同,以及它们和美洲大陆的鸟的异同,在很多年前我就比较过,也曾看到一些他人所做的相关比较,我深切地感到特种与变种的区别,是十分含糊而随意的。在小马得拉群岛的小岛上,有很多昆虫曾被看做变种,但很多昆虫学者一定会把它们列为不同的物种。甚至在爱尔兰,曾被某些动物学者列为物种的少数动物,现在一般被列为变种。不列颠的红松鸡在一些有经验的鸟类学者眼中,只是一个特性显著的属于挪威种的族,然而它却被大多数人毫无疑问地列为大不列颠所特有的物种。博物学者会把原产地相距甚远的两个可疑类型列为不同的物种;但是,到底多少距离才足够呢,如果美洲和欧洲间的距离足够大,那么欧洲和亚佐尔群岛、马得拉群岛或加那利群岛之间的距离,或者诸如此类的小群岛中各岛屿间的距离又是否足够呢?

美国著名的昆虫学者沃尔什先生曾经描述过他所称的植物食性的昆虫变种与植物食性的昆虫物种。大多数植物食性的昆虫以一个种类或一个类群的植物为食;还有一些昆虫取食多种植物而并不因此产生变异。可是,沃尔什先生观察到以不同植物为食的昆虫,在幼虫期或成虫期,或在这两个时期交替的过程中,昆虫的大小、颜色或分泌物性质上都存在着细微的差异。一些例子表明只有雄性表现出了细微差异;另一些例子却表明,这种差异在雌雄二性中均有所表现。昆虫学者会将其中差异明显并且雌雄两性在幼虫与成虫时期都受影响的类型称为良好的物种。但是即使观察者自己可以断定什么样植物食性的类型叫做物种,什么样叫做变种,却无法让他人也做出同样的判定。那些假定可以自由杂交的类型被沃尔什先生列为变种;那些看来已经失去这种能力的类型则被列为物种。由于上述差异形成的原因是昆虫长时间以不同的植物为食,因此连接于若干类型之间的锁链也就无法确定。这样一来,博物学者在决定把可疑类型列为变种还是物种时,便失去了最佳指导。同样的情况一定也会发生于生活在不同大陆或不同岛屿的密切近似的生物之中。另一方面, 当某种动物或植物分布于同一大陆或栖息于同一群岛的许多岛上,却在不同地区表现出不同类型的时候,就常常会发现连接于两极端状态的中间类型的良好机会;于是这些类型就被降为变种的一级。

少数博物学者认为动物决没有变种;于是即便是极轻微的差异也能被这些博物学者当做具有物种的价值。他们会把在两个地区或两个地层中偶尔发现的两个相同类型,看做是同一外衣下藏着的两个不同物种。这样,物种就成为一个无用的抽象名词,仅仅意味并假定分别创造的作用。确有很多被优秀的鉴定者归为变种的类型,在性状上如此完全地类似物种,以至于被另外一些优秀的鉴定者归为物种。在名词定义确定之前,我们讨论什么称为物种、什么称为变种,显然是徒劳无功的。

一些特征明显的变种或有疑问的物种的例子十分值得考虑,因为在试图决定它们的分类级位上,几条有意思的讨论路线已经从地理分布、相似变异、杂交等方面展开了；但由于篇幅限制在这里不能加以讨论。大多数情况下，精密的研究能够使博物学者们在可疑类型的分类上达成一致。然而必须承认，可疑类型数目最多的地方，往往也是研究得最透彻的地方。下列事实引起我的注意：在自然状态下，任何动物或植物的变种如果被普遍地记载下来，往往是因为这些动物或植物是对人高度有用的，或是由于某些原因引起了人们的关注。而且某些著者常常将这些变种列为物种。以被研究得十分精细的栎树为例，一位德国著者竟从其他植物学者几乎都认为是变种的类型中，确定出十二个以上的物种；在英国，在一些植物学的最高权威和实际工作者中，有人认为无梗的和有梗的栎树是良好的特有物种，有人却认为它们仅仅是变种。

我想在这里谈一谈不久前得康多尔发表的著名报告——《论全世界栎树》。在辨别物种上，没有人能与他相比，他热心、敏锐地研究它们，并且握有非常丰富的材料。得康多尔对若干物种在许多构造方面的变异情况进行了详细的列举，并用数字计算出变异的相对频数。甚至对出在同一枝条上发生变异的十二种以上的性状进行了列举。引发这些变异的原因很多，有的是年龄和发育的情况，有的还未找到。阿沙·格雷对这篇报告进行评论时指出，通常这些性状带有物种的定义，然而没有物种的价值。得康多尔说，将物种等级划分出那些绝无中间状态相联系的类型的根据，是在同一株树上决不变异的性状。他辛勤劳动才得到这番理论成果，其后他又强调说："那些认为只有少数可疑物种，绝大部分的物种界限分明的观点是错误的。当我们完全了解还处于少数标本阶段的一个属的物种时，或者假定它们成立时，可能他们的观点才能够成立。在它们被充分了解之后，中间类型就会不断涌出，这样，对物种界限的怀疑就会增加。"他还说，只有在熟知这些物种之后，才能发现数目巨大的自发变种和亚变种。譬如夏栎有二十八个变种，只有六个变种属于例外，其他变种都包含在梗栎、无梗栎及毛栎这三个亚种中。阿萨·格雷认为，目前，这三个亚种之间的连接类型是十分稀少的；假使全部灭绝的话，这三个亚种的相互关系就会与夏栎周围紧密环绕的四五个假定的物种的关系完全相同。得康多尔承认，在"序论"中列举的栎科是不是适用上述的这种定义，他并不十分确定。因为至少有三分之二假定的物种存在于列举的这 300 个物种中。需要补充的是，得康多尔由以前坚持的物种不变的创造物转而确信"转生学说"是最符合自然的学说，"这与古生物学、植物地理学、动物地理学、解剖学以及分类学的所知事实相一致"。在最初研究一个十分陌生的生物类群时，由于青年博物学者对这个生物类群的变异种类和发生的变异量还不是很清楚，所以物种的差异是什么样的差异、变种的差异又是什么，这些是他最难以决定的；这表明生物发生某种变异的常见性。但是，假使他的注意力停留在一个地区里的某一类生物上，他就能在很短的时间内知道排除大多数的可疑类型的方法。一般他会选定许多物种，正如养鸽爱好者和养鸡爱好者一样，我们在前面说到过他们，对自己研究的那些类型的差异量他会留有深刻的印象。另一方面，在其他地区和其他生物类群的相似变异方面缺乏一般的知识，因而他的最初印象是无法转变的。在扩大了观察范围之后，他会遇到越来越多的密切近似类型，因此所遇到的困难会相应增加。但在更进一步扩大观察范围时，他将会发现：如果想在这方面有所成就，只要承认大量变异这个真理就可以了，但这样一来却往往会引起其他博物学者的争辩和反对。倘若想通过从当前已不连续的地区找来的近似类型来研究，是不可能找到中间类型的，除了全部依赖类推的方法之外，别无他法，这样只能使他困难重重。

有些博物学者明确指出，亚种只不过是尚未完全达到物种那一层级，但是已十分接近物种；亚种与物种还没有很确定的界线，此外，界限不明确的还有较不显著的变种与个体差异之间的区别以及亚种和显著的变种之间的区别。这些差异被一个不易觉察的系列彼此混合在一起，并令人觉得这是演变的自然途径。

个体差异是走向轻度变种的第一步，博物学的著作对这些轻度变种的记载也很少，但是它对我们来说十分重要，尽管分类学家对它并不感兴趣。而且我认为，在某种意义上较为永久和显著的变种，最后会进化为更永久、更显著的变种，并且会进一步进化为亚种，而后进化为物种。在多数情形下，从一阶段到另一阶段的差异的原因，是生物长期居于不同物理条件下以及生物的本性。器官是否增强使用的效果以及之后会提及的自然选择的累积作用，常常导致更能适应以及更重要的性状的阶段性差异。因此，初期的物种也可能是一个显著的变种：但这种想法的合理性只能根据本书所列举的论点与各类事实来判断。

并非所有初期物种或者变种都能升高一级,达到物种这一层。它们有可能长期停留在变种阶段,也有可能会灭绝。就像得沙巴达指出的植物和沃拉斯顿先生提到的马得拉地方某些化石陆地贝类的变种。倘若亲种的数目被某一个变种超过,那它会被列为变种,此时变种就被列为亲种;变种和亲种可能会并存,成为两种独立的物种,但是也可能是变种取代并消灭了亲种。以后我们还会重新讨论这个问题。

总结上文我们可以得出这样的结论,在本质上"物种"与"变种"这个名词并没有区别,这样区别叫的目的是为了方便区分一群互相之间关系比较密切的个体,变种是一种区别较少而变化较多的类型。另外,为了与个体差异进行比较时更便利,我们选取了变种这个名词。

分布广且分散大的以及普通的物种变异最多

在理论的指导下,排列几本优秀的植物志中的一些变种,我想也许能从有最多变化的物种的关系和性质中获得一些有意思的结果。我要深深地对沃森先生表示感谢,因为他在这个问题上给了我很多的帮助和宝贵的忠告,他让我明白,这项工作并不如我想象中的那样简单,它充满着重重的困难,而且胡克博士在后来也对这个问题进行了强调。在将来的著作中,我会再一次说明各变异物种的比例数目表和这些难点。胡克博士认为我的论述是可以成立的,但是很有进行补充说明的必要,这是在他认真阅读了我的原稿,并检查了各类表格之后得出的结论。在这里要说得清楚、简单,而实际上整个问题非常复杂,同时还会涉及到今后要讨论的"生存斗争"、"性状的分歧",以及其他一些问题。

得康多尔等人曾认为,通常在不同的物理条件下生长的广泛分布的植物会出现变种,主要由于它们的竞争对手是各类不同的生物(这一条件也是同样或更加重要,在后面的篇章我们会看到)。在任一限定的地区内,最普通、有最繁多的数目的物种以及在它们生存的区域内分布最广的物种(这和"普通"并不同,与分布广的意义也不同),最常发生有足够明显特征的变种,其记载价值是非常确定的(这在我的表中有明确的阐述)。所以,优势的物种,或者说是最繁盛的物种,它们分布的区域最广,而且在其生存的区域内,分散程度呈现最大化,因有着最多的个体数量,也最容易产生显著的变种,或者按照我们前面的说法,叫做初期的物种。预料到这点应该不是很难的,因为变种想要在某种程度上变成永久,就必须经过与这个区域内的其他居住者的斗争。最适宜产生后代的是具有优势的物种,它们有着同地生物不能比拟的优点,而且会遗传给后代,即使这些后代的变异是十分细微的。这里提到的优势,通常在那些相互竞争的类型,尤其是同属的或同纲的生活习性极其相似的那些成员中,表现得比较明显。如果比较同一类群的成员,那么这种优势往往由个体的数目或者物种的普通性体现。如果某一种高等植物比同区域内、相同条件下生活的其他植物的分布更广,而且个体数目也更多,我们就说它是占有优势的。这种植物的优势并不会因为本地水里的水绵或一些寄生菌个体数目的不断增多或者分布的不断变广而减少。但在上述各点中的水绵与寄生菌如果比它们的同类优胜,那么在自己这一纲中它们便是具有优势的。

各地大属的物种与小属的物种相比变异更频繁

假如把任何植物志上记载的任一地方的植物分为相等的两群,一边放包含许多物种的大属的植物,另一边放小属的植物,会看到大属里含有较多的、普通的、极分散的物种或优势物种,这一点是毋庸置疑的。因为,在某种程度上,任一地域内有机的以及无机的条件对某个属有利,那么该地就会有该属的诸多物种生存。因而,比例数目较多的优势物种存在于含有许多物种的大属之中,这一点我们可以由上面的原因中推测出来。可是我十分奇怪的是,我的表中大属这一边的优势物种只稍稍占有多数,因为有诸多原因使这种结果模糊不清。我在这里只想谈一谈两个不明的原因。由于居住地区的性质的影响,通常淡水产的植物和喜盐的植物的分布很广,且极分散,这个就与该物种的属的大小毫无关系或关系不大。还有就是,通常是低级体制的植物比高级体制的植物有着更加广阔的分散地,而且也与属的大小没有关联。在"地理分布"这一章中,我们将探讨低级体质的植物分布广的原因。

我认为特性显著而且界限分明的变种即为物种,所以我得出各地大属的物种比小属的物种更易出现变种的结论;按照一般规律,在已形成众多近似物种(即同属的物种)的地区,将会有许多变种即初期的物种形成。我们有可能在许多生长大树的地方找到幼树。许多的物种是因变异而形成的，但只有在一个属中具备各种有利的条件时，才会出现变异。因而，我们还是期望这些条件会继续有利于变异。反之，假使我们认定各个物种是被分别创造出来的，那就没有办法解释含有多数物种的类群与含有少数物种的类群相比会产生较少的变种的原因。

为了证明这种推想是正确的，我排列了两个地区的鞘翅类昆虫与十二个地区的植物，分为差不多相等的两群，一边排大属的物种，另一边排小属的物种。经过事实的验证，大属一边的物种产生的变种比小属一边的更多。此外，在平均数上，无论是哪一种产生变种的大属的物种，永远比小属的物种产生的变种多。假使换成另外的分群方法，表中不列入只有一个到四个物种的最小属，得到的两种结果还是一样的。对于物种是永久而显著的变种这个观点来说，这些事实的意义是鲜明的。由于在制造物种的工厂曾经活动的地方，或者说在曾经形成同属的许多物种的地方，我们仍然还能见到这些工厂在活动，特别是对于制造新种的过程是缓慢的这一观点，我们已经有充分的理由确定。如果说变种是初期的物种，那么这一点的正确性毋庸置疑；我的表可以作为一般规律，它清楚地证明，在任何一个某一属的许多物种曾经形成的地方，这个属的物种所产生的变种数（即初期的物种数）都会高于平均数。这并非证明所有大属的变异都是很大的，而且它们的物种数量因此而增加，也并非确认小属都不变异而且物种数量没有增加。这样的情况下，我的学说将会受到致命的打击；地质学清楚地指出，小属常常会随着时间的推移而逐步增大；而大属常常衰败，甚至灭亡，因为它到达了顶点。因此我们说：一般说来，曾经形成一个属的许多物种的地区，仍然在继续形成着许多物种，这是合情合理的。

如变种那样，大属里的许多物种，有很密切但不均等的相互关系，并有受到限制的分布区域

大属中的物种和它们已有记载的变种之间，还有其他关系值得注意。我们已经知道，物种和显著变种的区别并无准确标准；当无法在两个可疑类型之间找到中间链锁时，博物学者只能根据它们二者之间的差异量来做决定，依据类推的方法来判断其差异量能否把一方或双方升到物种的等级中去。所以，差异量决定着两个类型到底应该列为物种还是变种。弗里斯曾以植物，韦斯特伍得曾以昆虫为例说明，大属中物种间的差异量一般很小。我曾用平均数验证这种情形，虽然得到不十分完全的结果，但也可以证明这种观点的正确性。此外，我还求教过几位观察力敏锐并有丰富经验的观察家，他们仔细考虑后，也赞同这种意见。因此，从这方面来看，大属的物种比小属的物种更像变种。或者还可用另一种方法来解释这种情况，也就是说某种范围内，在大属里（那里到现在还在制造超过平均数的变种即初期物种），许多已经形成的物种和变种的差别并不大，因为这些物种彼此间的差异远没有普通物种间的差异量大。

此外，大属内物种之间的相互关系，与任何一个物种的变种之间的相互关系都是相近的。每一位博物学者都不会认同，同属内的所有物种有相等的区别的说法。一般来说，可将它们划分为亚属、级或更小的类群。弗里斯清楚地指出，一小群物种好像卫星一般环绕在其他物种的周围。因此，所谓变种，不过是成群的彼此关系不均等的类型，环绕在其亲种的周围。存在于变种和物种之间极重要的不同之处，就是变种相互之间的差异量或者变种与它们亲种之间的差异量，要比同属物种之间的差异量小。然而，我会在探讨称为"性状的分歧"的原理时解释这一点，并对变种之间的小差异如何增大为物种间的大差异做出解释。

还有一点要注意，一般来说变种的分布范围都会受到限制，这点不讲自明。因为，如果我们发现变种的分布范围比它的假定亲种更为广阔，那就应该把它们的名称互换过来。但也有理由说明，与其他物种十分相似并类似变种的物种，在分布范围方面常常受到限制。譬如，沃森先生曾向我指出，精选的《伦敦植物名录》（第四版）将其中的63种植物列为物种，但他怀疑它们的价值，因为它们和其他物种如此的相似。根据沃森先生对大不列颠的区划，这63个可疑物种的分布范围平均为6.9区。在这个《名录》中，记录的53个公认变种的分布范围为7.7区；而这些变种所属的物种，分布到14.3区。由此看出，公认的变种和密切相似类型的平均分布范围同样受到限制，沃森先生告诉我的所谓可疑物种就是指这些密切相似的类型,但是大不列颠的植物学者们几乎普遍地将这些可疑物种列为良好而真实的物种。

提要

最终,变种无法区别于物种,除非,第一,找到中间的锁链类型;第二,它们之间具有某些不定的差异量;因为即便是没有密切关系的两个类型,假如差异极小,通常也会被列为变种;但在这点上我们又无法确定达到怎样程度的差异量,才能把任何两个类型看做是物种。凡是含有超过平均数的物种的属,它们的物种常有超过平均数的变种。大属里的物种,密切却不均等地互相接近,组成小群,并围绕在其他物种周围。和其他物种密切接近的物种的分布范围是有限度的。由以上论点得知,大属的物种类似变种。如果物种曾经是变种,且源于变种,便可理解这些所谓的类似;然若说物种是被独立创造的,那就完全无法解释这种类似性了。

我们已经认识到,在各纲中,大属的极其繁盛的或优势的物种,平均会产出最大数量的变种;我们以后也将看到变种,有变成新的和确切的物种的倾向,大属也将变得更广大;自然界中,现在占优势的生物类型,因为产生了许多变异而占有优势的后代,将会延续这种优势。可是经过一些步骤(以后会有所说明),大属也可能分裂为小属。由此,整个的生物类型就在类群之下重又分为类群。

第三章　生存斗争

生存斗争与自然选择的关系——广义的生存斗争——按几何比例增加——归化的动物和植物的快速增加——抑制增加的性质——斗争的普遍性——气候的作用——个体数目的保存——一切动物和植物在生存斗争中相互间的复杂关系——最剧烈的生存斗争存在于同种的个体间和变种间：同属的物种间的斗争也十分剧烈——生物和生物的关系在所有关系中最为重要。

在未进入本章主题前，我要说几句以表明生存斗争与"自然选择"之间的联系。在前一章中我们已认识到，在自然状况下，生物存在某种个体变异；但对于这一点曾有的争论我确实一无所知。将一群可疑类型称做物种、亚种抑或变种，对我们的讨论来说都是无关痛痒的；因为只要承认某些显著变种存在，便可将不列颠植物中二、三百个可疑类型归入任何一级。知道个体变异和若干少数显著变种的存在，作为本书的基础十分必要，然而对我们理解在自然状况下是如何产生物种的却毫无帮助。体制的这个部分对别的部分，以及其对生活条件的良好适应，还有这一生物对另一个的良好适应，究竟是如何完成的？在啄木鸟和槲寄生之间，我们极明显地看到了这种良好的相互适应；在依附于兽毛或鸟羽上的最下等的寄生物身上，在潜水甲虫的构造上，在微风中飘浮着的带有冠毛的种子上，我们也能略微地看到这种适应；总而言之，可以在任一地方以及生物界的任一部分看到这种良好的适应。

此外，可以这样说，良好的、明确的物种是如何由变种即初期物种转变而来的呢？物种间的差异通常远远超过同种变种间的差异。然而一些组成不同属的种群之间的差异，与同属的物种间的差异相比更大，那么这些种群又是如何发生的呢？我们可以用生活斗争来解释这些结果,在下一章我也将更充分地作进一步说明。正是因为这种斗争的存在,因此无论是什么原因引起的任何的微小变异,只要在一个物种的某些个体与其他生物的以及同生活的物理条件的复杂关系中发挥有利作用,这些个体就会被这些变异保存起来,而且通常会遗传给后代。由于在物种按时产生的大量个体中只有少数得以保存,后代因此就会拥有较好的生存机会。为了显示它与人工选择的关系,我把将每一个有用的细微变异保存下来的理论定义为"自然选择"。然而,斯潘塞先生惯用的"最适者生存",同样也很方便并且更为准确。我们都已知道,一方面人类利用选择式生活产生意想不到的结果,另一方面通过积累"自然"给予的细微而有用的变异使生物适用于自身的需求。但是,我们以后将认识到"自然选择"是一种不断活动的力量,它具备一种超过微弱人力的优越性,就像"自然"的工作同"人工"相比一般。

当前我们将略为详细地讨论生存斗争问题,我会在另一部著作中对这一问题进行具体详细的讨论。渊博的老得康多尔和莱尔已经富于哲理地阐明,一切生物都生长在残酷的竞争中。在植物方面,曼彻斯特区教长赫伯特对这个问题进行了讨论,论点十分精当,这显然是由于他在园艺学方面的极深造诣。至少我认为,人们往往很容易在口头上承认生存斗争普遍存在这一真理,可要想把这一结论常记于脑中,却十分困难。但是,除非对这点有十分深刻的体会,否则我们对于整个自然组成,包括分布、稀少、繁盛、灭绝和变异等事实,会感觉模糊不清或完全误解。我们看到,自然界包含着愉悦和光彩,我们也常常看见丰富的食物;然而当悠闲的小鸟在我们周围唱歌时,我们却忽略了它们大多数取食昆虫或植物的种子,也就是在不断毁灭生命。或者我们会忽略这些鸟、它们的蛋或它们的雏鸟也经常会被食肉鸟与食肉兽吞食;我们也经常忘记并非每年每个季节都会有极为丰富的食物。

广义的生存斗争

首先要明确的是,若以广义和比喻的含意来使用生存斗争这一名词,它的内容则包含了生物彼此之间的相互依赖关系,尤为重要的是,也包含个体生命的保持以及它们是否成功地遗留后代。可以确定,两只狗类动物在饥饿时，彼此争夺食物，为了生存而相互斗争；生长于沙漠边缘的植物，抵抗干燥以求生存，虽然恰当地说它们是依赖湿度的；然若一株植物，每年要结一千颗种子，但其中只有一颗种子能开花结果，所以为了生存它就必须和覆盖在地面上的同类以及异类植物进行斗争；我们也可认为依存于苹果树和少数别的树的槲寄生，是在和这些树相互斗争。因为，假如一株树上过多地依附着这类寄生物，那么这株树便会枯萎而死。可是如果几株槲寄生的幼苗集中依附在同一条枝干上，那它们之间的关系就是相互斗争了。由于鸟类是槲寄生种子的散播者，因此鸟类也是它生存权的决定者；打个比方说，槲寄生利用果实引诱鸟类替它传播种子，在这一点上，它就是在和其他植物作斗争。为图方便，我将这几个彼此相通的例子都概括于"生存斗争"这一名词。

按几何比率增加

所有生物都带有高速增加的倾向，因而必然出现生存斗争。各类生物在自身生长的一生中都会产生或多或少的卵或种子。在它们生命的某时期，某季节，或某年，必然会遭到毁灭，因为按照几何比率增加原理，它们的数目就会急速增加以致没有地方足以容纳它们。因为产生的个体多于其能够存活的数量，所以不免每个地方都发生生存斗争，或者在同种异体中，或者和异种的个体，或者和物理生活条件。这便是马尔萨斯的数倍学说在整个动物界和植物界的应用。因为在这类情况下，人为地增加食料或者谨慎地限制交配都行不通。虽说某些物种目前正多多少少地在迅速增加数量，但并非所有物种都可以这样，因为世界将无法容纳它们。

自然界中存在这样一条规律，各类生物都可以自然地急速增加，以致如果不毁灭他们，那么一对生物的后代就会很快充满地球。纵使是生殖慢的人类，也可在二十五年内增加一倍，以这速率计算，不需一千年，人类的后代将毫无立足之地。林纳曾计算过，假设一株植物一年只生两颗种子，它们的幼株第二年也只生两颗种子，如此类推，二十年之后就会有一百万株。然而事实上，自然界中并没有生殖力如此之低的植物。我曾尽力去计算大象在自然增加方面可能的最小速率，因为它是一切既知的动物中生殖最慢的。保守地假定它在三十岁开始生育，到九十岁结束，这段时间内共生小象六只，并且它们能活到一百岁,若真如此,在 740—750 年之后,仅仅从最初一对象就会传下近一千九百万只象。

关于此题,除了单纯的理论计算,我们还有无数的事例。许多动物在自然状态下,如果遇到连续两三季有利的环境,便会迅速增加。尤其引人注意的是,在世界某些地方,有多种家养动物返归野生的事实。若不是生育慢的牛、马在南美洲以及最近在澳洲的增加率的记载有确实的证据,否则将令人难以相信。植物亦是如此;不到十年的时间,外地移入的植物很快就布满全岛,成为了普通的植物。有些植物原来是从欧洲引进的,如拉普拉塔的刺叶蓟和高蓟,现在在广大的平原上已非常普遍,往往在数平方英里的地面上,它们可以排除几乎一切植物而密布。此外,福尔克纳博士告诉我,在美洲发现后输入至印度的一些植物,已从科摩林角分布到了喜马拉雅。这些以及其他无数例子都表明,动物或植物的生育性是不会以任一可察觉的速度突然地或暂时地增加。对此我们可以解释为,它们具有有利的生活条件。因而,老幼皆少有毁灭,同时几乎所有幼者都可长大且生育。它们在新土壤上会异常快速地增加并广泛分布,其结果永远是惊人的,用按几何比率增加这一观点说明便很简单明了了。

自然状态下,几乎每一充分生长的植株,每年都生产种子。就动物而言,只有极少数不是每年交配。由此我们断言,按照几何比率增加是一切动植物的倾向。只要它们能够在某处生存,就会很快地充满这个地方,当然这种几何比率增加的趋势并非一味向前发展,必定会因生命某时期的毁灭而遭受抑制。因为我们熟悉家养大型动物,从而把我们引入误区,我们没有看到它们的大量毁灭,也忽略了每年都有成千成万只被屠宰以供食用;同时我们也忽略了由于各种原因,也有同等数目在自然状况下被处理掉。

有每年生产数以千计的卵或种子的动物,也有少得可怜的。二者之间的差异仅在于即使在适宜的条件下,生殖慢的生物也需要较长年限才能分布于整个假设的较大区域。一只南美秃鹰生两个卵,鸵鸟生二十个卵,然而在相同地区,南美秃鹰的数目也许比鸵鸟多得多;一只管鼻鹱只生一个卵,但却是世界上最多的鸟,这点毋庸置疑。一只家蝇可生数百个卵,虱蝇却只生一个卵,因此两个物种在同一区域内可以生存多少个体,并非由生卵数量来决定。产生数目较多的卵,对于依靠食物量的变化而变化的物种来说十分重要,因为它们数目能否迅速增多往往由食物的充足与否来决定。然而产生数目较多的卵或种子的真正意义在于弥补生命某时期的严重缺毁;这个时期大多数是生命早期。一个动物如果能够利用任何方式来保护它们的卵或幼崽,那么即使少量生产仍能充分保持平均数量;如果多数的卵或幼崽遭到毁灭,那就必须大量生产,否则物种就会趋于灭绝。假定有一种树平均寿命为一千年,而且在一千年中只生产出一颗种子,而这颗种子决不会被毁灭掉,而且能在适宜的地方萌芽,那这种树的数目就不会减少。所以在一切场合中,对于任何动植物来说,它们的平均数目仅仅是间接地依存于卵或种子的数目。

上述的论点在观察自然时极其重要。我们要记住,每一个生物可以说都在竭尽全力地增加数目;每种生物在生命某些时期,都必须依靠斗争得以存活;每一世代或者间隔周期中,幼的或老的往往都将遭到巨大的毁灭。然而只要减弱抑制作用,即使是缓和毁灭作用,也会使这个物种的数目几乎马上大大增加。

抑制增加的性质

我们难以解释抑制各个物种增加的自然倾向的原因。拿最强健的物种来说,它们的个体数目多且密集成群,自然进一步增加的趋势也会加大。我们并没有确切的事例证明究竟什么原因使抑制增多,在这个问题上我们的认识一片空白。即便我们对人类自身的了解多于其他任何动物,但在这个问题上也是同样无知的,这样想来,就不需大惊小怪了。如今,已有若干著者很好地讨论过抑制增加这个问题,我期望在未来的著作中能更详尽地探讨这类问题,尤其是关于南美洲的野生动物这一部分。我在这里只略微谈一谈,以引起读者注意。受害最多的一般是卵或幼崽,但决非全部如此。植物的种子被大量毁灭,但据我观察所知,在种植物丛生的地域上,正在发芽的幼苗受害最多。此外,幼苗还会被大量敌害毁灭。例如,将一块三英尺长二英尺宽的土地进行耕后除草,这块土地上的植物就不再受到其他植物的抑制,当土著杂草生出之后,我在所有的幼苗上都标注记号,最终由于蛞蝓和昆虫的侵害,357株中被毁灭的至少有295株。长期刈割过的草地也是同样的情况,如果任其自然生长，那么即使有些不强的植物已经充分成长，也会被较强的植物逐渐消灭掉；类似的情形也出现在被四脚兽仔细吃过的草地上；在一小块刈割过的草地（三英尺乘四英尺）上，生长着二十个物种，由于其他物种的自然生长，其中九个物种被排挤而全部死亡。

每个物种所能增加的极限，由食物数量决定。然而，一个物种的平均数并非由食物的获得而决定，而在于被其他动物所捕食的程度。所以毋庸置疑，鹧鸪、松鸡、野兔在任何大块区域内的数目，主要由有害动物的毁灭所决定。如果英国在今后二十年中，不射杀任何一个猎物也不毁灭任何有害动物，到时猎物的数量很可能会比现在还要少，即使现在每年要射杀数十万只。另一方面，象不会被食肉兽所杀害；因为即便印度虎也很少敢于攻击由母象所保护的小象。

气候在决定物种平均数方面也具有重要的作用，其中极寒冷或极干燥的季节起到最有效的抑制作用。1854—1855 年冬季，我估计（主要依据春季鸟巢数目的锐减）在我住处，五分之四的鸟被毁灭，这事实上是一次重大的毁灭。试想假如人类有百分之十的人因传染病死去，就算是极其惨重的事情了。起初看来，气候的作用似乎与生存斗争无关；而它主要的作用便是减少食物，由于同种或异种的个体依靠相同的食物维持生存，因而产生了激烈的斗争。当气候，比如严寒，产生直接作用时，那些较为孱弱的个体，以及在冬季获得食物最少的个体受害最大。如果从南方旅行到北方，或者从湿润地区到干燥地区，肯定会看出某些物种逐渐稀少，甚至灭绝。由此我们会把这个结果归因于变化明显的气候，但这种看法显然是错误的。切记各个物种，即使在其最繁盛的地方，在生命的某一时期也会因为经常受到敌害的侵袭，或居住地和食物的竞争，而大量被毁灭；只要气候稍加改变，从而使这些敌害或竞争者受益，它们的数目就会增加；并且出于各个地区都已布满生物的原因，其他物种也必定减少。倘若我们向南旅行，看见某一物种的数量在减少，我们肯定能觉察是由于别的物种得到了优势而使这个物种受到了损害。同样，我们朝北旅行的话也会碰到这样的情况，只不过程度不明显，因为一切物种的数量往北去都会逐渐减少，这样一来竞争者也必然减少；因此当向北旅行或上山时就会发现，由于气候对植物的有害作用，植物通常比向南旅行或下山时见到的要矮小。我们也会发现在北极区、积雪的山顶、或沙漠之中，生物基本上都是在和自然环境进行生存斗争。

气候是间接有利于其他物种的。例如，花园中数量众多的植物完全能够忍受我们的气候，却永远不能归化，原因在于它们既不能与我们本地的植物进行斗争，又不能抵抗本地动物的侵害。

假如一个物种在一个小范围内，由于十分适宜的环境条件，它们的数目过分增加，这通常会引发传染病，至少我们的生物一般是如此。这是一种同生存斗争毫无关联的限制生物数量的抑制作用。可是，也有一些传染病是由寄生虫所致，这些寄生虫很有可能因为在密集动物中易于传播而变得特别有利；这样就发生了寄生物和寄主之间的斗争。

许多场合中，和敌害相比，同种的个体必须有绝对较多的数量才能得以保存。这样一来，我们很容易就可以在田间收获大量的油菜籽和谷物等，因为它们的种子较吃它们的鸟类数量要多。虽然在这一季中鸟类有十分丰富的食物，但由于在冬季它们会受到抑制，因而不能按照种子供给的比例而增加自身数量。做过试验的人都明白，很难从花园里的几株小麦或其他此类植物中获得种子，因为这样，我曾失去了每一颗种子。同种的大群个体的保存是非常必要的，我确信利用这个观点可以解释自然界中若干奇异的事实；例如为何极稀少的植物有时在它们的少数生存地区长得非常繁盛；为何即使在分布范围的边界，某些丛生性的植物亦能丛生，即它们的个体仍是繁盛的。我们相信，在这种场合，某种植物只有在大多数个体可以共同生存的有利条件下，才可能生存下来，并免于灭绝。另外，杂交的良好效果和近亲交配的恶劣效果，在这些事例中都发挥了作用，我在此就不加详述了。

一切动物和植物在生存斗争中相互间的复杂关系

许多记录在案的例子表明，在同一地方势必进行斗争的生物之间会产生复杂且出人意料的抑制作用和相互关系。我只举一个简单但我很感兴趣的例子。我有充分的机会在我亲戚位于斯塔福德郡的一片领地上进行研究。那有一大块从未有人耕种过且极度荒芜的荒地，但在二十五年前有数英亩性质完全一致的土地曾被圈起来并种上了苏格兰冷杉。这块荒地上种植的部分土著植物群落，发生了比在两块完全不同的土壤上一般所会出现的变化程度更为显著的变化。不仅荒地植物的比例完全改变，而且繁衍出十二个荒地本没有的植物种（不包括禾本草类及莎草类）。昆虫所受影响更大，六种在荒地上没有的食虫鸟，却常见于植树区域内；而在荒地上经常可见的是另外两三种不同的食虫鸟。当时只不过为了防止牛进去而把土地围了起来，并没有做什么其他事，仅仅是引进一种树而已，就产生这么大的影响。我曾在萨里的费勒姆的周边地区看到一些现象，明确了把一处地方围起来这个因素的重要性。那里有一大片荒地，远处山顶上长有数片老龄苏格兰冷杉；在最近十年内，有人将大片区域围了起来，因而通过自然散布的种子，长出很多小枞树，但由于它们密度过大，不能全部成长。让我十分惊异的是数量如此之多的幼树并不是由人工播种或栽植，于是我又到别处观察，发现在数百英亩未被围起的荒地上除了一些旧时种植的老龄冷杉以外，未见到一株幼树。但当我仔细观察荒地灌木的茎干之间时，发现牛吃掉了许多幼苗和小树，导致它们无法生长。在距离一棵老树一百码的地方，有一块一方码的地，我计算过，在地上长有三十二株小树；其中一株有二十六圈年轮，想必经过多年生长，最终树梢也无法伸出荒地灌木的树干之外。因此荒地一经被围起来，幼龄冷杉便密集丛生。不过这片荒地虽极其荒芜却十分辽阔，没有人会想到牛会如此仔细地寻求食物，并有所得。

由此看来，牛在苏格兰冷杉的生存上占有绝对决定权；然而在世界上的某些地方，牛的生存却由昆虫决定。巴拉圭也许可以提供与此相关的最奇特的一个事例：虽然有些动物在野生状态下从南到北成群游行，那里却从未有过野生的牛、马或狗；亚莎拉和伦格曾经提出，巴拉圭的某种蝇过多导致了这一现象的出现。这种蝇会在初生动物的脐中产卵，虽然蝇的数量不断增加，但必定受到某种抑制，极有可能是受其他寄生性昆虫的抑制。因此，如果巴拉圭某类食虫鸟减少，寄生性昆虫就会增加；因而在脐中产卵的蝇的数目也会随之减少，于是牛和马便很有可能成为野生的，而这必定会使植物群落发生较大变化（我的确曾在南美洲一些地方看到过此类现象）；同时植物的改变影响到昆虫；从而影响到食虫鸟，这样一来正如我们在斯塔福德郡所见的那样，复杂关系的范围就不断地扩大。事实上，自然界中各类关系决不可能如此简单。

战争之中更有战争，必然会反复而成败不定，然而从长远看，各种势力是协调平衡的，使自然界在长期内保持一致；即便最细微的差异也可以使一种生物战胜另一种生物，但最终也是如此。可是我们一听到生物的绝迹，就会大惊小怪，又由于不知其中的奥秘，只能祈求用天灾来解释世界的毁灭，或创造出一些解释生物类型的寿命的规则，这是多么的无知和可笑。

在自然界中等级相差甚远的动植物是如何被复杂的关系网联结在一起的呢？我将再举出一个实例来说明这个问题。在我的花园内，长有一种外来植物叫做亮毛半边莲，昆虫从未接触过它，因为它的构造特殊，所以从不结子。如果今后有机会，我会阐明这其中的道理。众所周知，几乎所有兰科植物都得依靠昆虫的接触来带走它们的花粉，以成功受精。从试验中我还发现由于别的蜂类都不喜欢三色堇，所以它们只能依靠土蜂来受精。另外我发现有几种三叶草也只有依靠蜂类才能受精，例如白三叶草约 20 个头状花序结了 2,290 颗种子，被遮盖起来不让蜂接触的另 20 个头状花序就一颗种子也没结。又如，红三叶草的 100 个头状花序结了 2,700 粒种子，但被遮盖起来的同等数目的头状花序，也是一颗种子都没结。除了土蜂外，别的蜂类都不能接触到红三叶草的蜜腺。有人曾说，蛾类可使各种三叶草受精：但我对它们能否使红三叶草受精表示怀疑，因为它们的重量不能压下红三叶草的翼瓣。由此，我们可以断言，一旦英格兰的所有土蜂属都灭绝或者变得十分稀少，三色堇和红三叶草就会随之变得稀少甚至全部灭亡。另一方面，野鼠毁灭土蜂的蜜房和蜂窝，因而在任何地区野鼠的多少基本决定了土蜂的数量。纽曼上校长时间致力于土蜂习性相关的研究，他认为"全英格兰三分之二以上的土蜂都被野鼠所灭"。然而猫的数量又基本决定了鼠的数量；纽曼上校说，"村庄与小镇附近有很多猫在毁灭鼠，因而可以看见的土蜂窝比在其他地方要多"。所以可以确信，某一地区如果猫类动物的数量较多，通过鼠和蜂的干预，就可以决定某些花的数量。

在不同的生命时期、季节或年份，也许每一个物种都会受到多种不同的抑制的影响：其中最有力的当属某一种或少数几种抑制作用；然而只有全部抑制作用共同发挥作用，才能决定物种的平均数甚至它的生存。很多情形都表明，不同地区内同物种所受的抑制作用极不相同。当我们看到岸边密布的植物和灌木时,我们总认为它们的比例数与种类是由偶然的机会引起的。但这是一个错误至极的观点! 想必大家都听说过,美洲的一片森林被砍伐之后,生长出很多不同的植物群落;但是事实是,位于美国南部的印第安的废墟上,树木都被清除掉了,但如今那里同周围的处女林一样,显示了同样多种多样以及同等比例的各类植物。在漫长的几个世纪中,在各自散播成千种子的某些树类之间,进行着激烈的斗争,同样昆虫彼此之间的斗争也非常激烈——昆虫、蜗牛及其他动物和鸟、兽之间也进行着剧烈的斗争——它们都尽力繁殖,彼此相食,有的以树为生、有的以树的种子与幼苗为生,有的甚至以那些早先密布于地面且抑制树木生长的其他植物为生! 若将一把羽毛掷向空中,它们都会以一定的法则落在地上;然而每根羽毛应落在什么地方,相对无数动植物之间的关系来说,就显得十分的简单。数百年来,无数动物的作用和反作用,决定了在古印第安废墟上现今生长的各类树木的比例以及种类。

生物彼此间的依存关系,如寄生物之于寄主,一般发生在系统极远的生物之间。严格来说,系统较远的生物有时彼此之间也有生存斗争,如飞蝗类和食草兽。不过最剧烈的斗争,几乎总是发生在同种的个体之间,因为它们在同一区域内居住,所需食物相同,并且面临同样的危险。此外,剧烈程度与此相等的应该是同种变种之间的斗争,而且我们经常看到争夺马上就能得以解决:例如把若干小麦变种播种在一起,随后将它们的种子再混合到一起播种,那些最适应该地土壤和气候的、或者天生繁殖力最强的变种,通常会击败别的变种,产生更多的种子,几年之后就会将别的变种排斥掉。至于那些极度相近的变种,譬如颜色不同的香豌豆,在混合种植时,每年必须分别采收种子,再以适当的比例混合播种。反之,较弱种类的数量就会不断减少而最终灭绝。绵羊的变种也是如此,有人说假如把某两类山地绵羊变种放养在一起的话,某一类变种会使另外一类变种饿死。把不同变种的医用蛭养在一起,结果也相同。假设在自然状况下,让家养动植物的一些变种进行任意斗争,同时每年都不按适当比例保存它们的种子或幼崽,那我们不免要怀疑,这些变种能否保持完全同等的体力、习性和体质,使得一个混合群(禁止杂交)的原比例持续到六代之久。

最剧烈的生存斗争存在于同种的个体间和变种间

一般来说,同属的物种在习性、体质及构造方面是很相似的(尽管并非绝对如此),所以,异种之间的斗争通常没有同属物种之间的斗争激烈。以下事实向我们说明了这一点:近来在美国的一些地方,有一个燕子种在扩展,导致另一个物种在数量上的减少。最近苏格兰鸣鸫数量的减少是由于一些地方吃槲寄生种子的槲鸫数量的增多。我们也经常听说,在完全不同的气候下一种鼠的出现会替代另一种鼠。在俄罗斯,小型的亚洲蟑螂入境后,大型的亚洲蟑螂不断遭受驱逐。澳洲输入蜜蜂后,小型且无刺的本地蜂随即被灭绝。一类野芥菜种排挤了另一物种;种种类似事例到处可见。我们大概可以理解,为何在自然组成中占有相似地位的近似类型之间的斗争最为剧烈,然而我们却无法明确说明在伟大的生存斗争中一个物种战胜另一物种的原因。

我们可以从上述事实中得到这样一个推论,即每一种生物的构造,以最基本但往往隐蔽的状态,和其他所有生物的构造相关联。这种生物和别的生物争夺食物还有住所,避开或者吃掉其他生物,虎牙或虎爪的构造以及依附在虎毛上的寄生虫的腿和爪的构造都较好地阐明了这一点。起初,以为蒲公英那美丽的羽毛种子与水栖甲虫那生有排毛的扁平腿只与空气和水有关。可是毫无疑问,羽毛类种子的优点和密布着他种植物的地面有着最密切的关系;这样一来,它的种子才能被广泛地散布开去并落于空地上。水栖甲虫那适于潜水的腿部构造,使它能够同别的水栖昆虫相竞争,捕食食物,同时躲避其他动物的捕食。

起初以为很多植物种子中储存的养料,似乎与其他植物毫不相关。但在高大的草类之中播种像豌豆和蚕豆这类种子时,所产生的幼小植株就能茁壮成长。由此推论,种子中的养料是保证了幼苗良好生长,使得种子足以和四周繁茂生长的其他植物相斗争。

在分布范围中央生长的一种植物,它的数量没有增加到二倍或四倍,是什么原因呢?由于它能分布到其他一些稍冷或稍热、稍干或稍湿的地方,所以它能完全抵御这种温度或气候的变化。由此,只有让一些植物具备某种优势以对付竞争者和以它为食的动物,才有可能增加这些植物的数量。如果在它的地理分布范围内,气候使体质发生变化,对它来说即是十分有利的条件;然而很多证据显示,严酷气候所消灭的是那些分布极远的动植物,当然这只是少数。斗争不会停止,除非到达生物分布的极端界限,如北极地区或荒漠的边缘。但是即使在极冷或极干的地方,仍有少数几个物种或同种的个体,为占据最暖最湿的生存地点而相互斗争。

由此,如果把一种植物或动物放置在新的地方,即便是一个气候与它原产地十分相同的地方,它们也总会处于新的竞争者状态,同时它的生活条件通常也发生了本质上的变化。假如要使它的平均数在新地方有所增加,我们就必须因地制宜,使用新的方法取代在其原产地使用过的方法:因为我们必须让它在一群不同的竞争者与敌害面前占有优势。

让任何一个物种比另一个物种占有优势,这种想法固然是好,然而我们可能都不清楚如何实际操作。由此我们要坚信,对于所有生物之间的相互关系人类实在知之甚少;另外我们也一定要牢记,每一生物都以几何比率努力增加;所有生物都必须在生命某时期内,某一季节,每一代或间隔时期,进行剧烈的生存斗争,导致大量毁灭。这种生存间的斗争,我们要坚信如下真理,即自然界的战争并非是无休止的,死亡一般是迅速的,而且感觉不到恐惧,最终强壮、健康且幸运的则能生存并繁衍生息。

第四章　自然选择:即适者生存

自然选择——自然选择与人工选择力量上的比较——自然选择对于不重要性状的力量——自然选择对于不同年龄以及雌雄两性的力量——性选择——论同种的个体间杂交的普遍性——对自然选择的结果有利及不利的条件，即杂交、隔离、个体数目——缓慢的作用——自然选择所引起的灭绝——性状的分歧，与一切小区域生物分歧的关联以及与归化的关联——通过性状的分歧和灭绝，自然选择对一个共同祖先的后代可能产生的影响——解释任何生物的分类——生物体制的进步——下等类型的保存——性状的趋同——物种的无限繁衍——提要。

前一章简单讨论过的生存斗争,对于变异如何发生作用呢？人类令选择原理发挥了巨大的作用,然而这对自然界是否适用？我想这个答案是肯定的,我们完全可以看到它是能够非常有效地发挥作用的。我们应当明确家养生物和自然状态下的生物都有无数轻微变异以及个体差异,只是后者程度略差;同时也不能忽略遗传趋势的力量。可以确切地说,生物的整个体制在家养状况下,某种程度上是可塑的。正如胡克和阿萨•格雷所说,家养生物的变异很普遍,这并非由人力直接作用产生;人类既无法创造变种,也不能防止它们的产生,只能保存并积累已经发生的变种。变异的发生是因为人类无意之中将生物置于新的以及变化中的生活条件中;然而在自然状况下,生活条件的类似变化可以而且确实会发生。我们不应忽略,由于生物之间及其与生活的物理条件之间有着极其复杂而密切的关系,因此分歧极大的构造对于生活在变化条件下的生物有益处。既然肯定发生过对人类有用的变异,那么在纷繁复杂的生存斗争中,难道在一些方面对任一生物有用的其他变异,就不可能出现在连续的世代过程之中吗？如果的确能发生这类变异（产生的个体比可能生存的多），那么比其他个体更为优越（哪怕是轻微程度）的个体一定具有最好的生存和繁育后代的机会，这一点毫无疑问。另一方面，一切有害（即使程度轻微）的变异，也会毁灭严重。这种有利的个体差异与变异的生存，以及有害变异的毁灭，我定义为"自然选择"，或"适者生存"。自然选择对于无用也无害的变异发挥不了任何作用，这些变异要么像我们在某类多形物种里看到的一样呈彷徨的性状，要么最终成为固定的性状，这都是取决于生物的本性和外界的条件。

对于"自然选择"这个名词，一些著者产生了误解或表示反对。有些人自认为自然选择能够诱发变异，事实上它只能对已经产生的，对生物在其生活条件下发挥积极作用的那类变异加以保存而已。对于农学家口中的人工选择的重要性无人反对；但在这类情况下，人类要想按照某种目的进行选择，就必须以自然界产生出来的个体差异为基础。另外一些人之所以反对这一用语，是因为他们认为它包含了变异的动物能够进行有意识地选择这一意义；他们甚至认为自然选择不可以运用于无意志的植物。就自然选择的字面意思来说，这一用语毫无疑问是不确切的；然而化学家们说各种元素具有主动的选择权，谁又曾反对过呢？在严格意义上，确实不能说一种酸自愿选择了它化合的盐基。有人反对我将自然选择解释为某种动力或"神力"；可是却没人反对过一位著者的行星的运行是被万有引力控制的理论。这种比喻的语言的具体含义相信每一个人都知道，所以在研究中使用这类简明易懂的名词是十分必要的。另外，很难避免"自然"一词的拟人化。我所谓的"自然"是指很多自然法则的综合作用及其产物，法则则是指确定了的各类事物间的因果关系。只要对这些内容稍作了解，就不会在乎那些肤浅的反对之声了。

要想明了自然选择的大致过程，那么我们必须对正在经历某种轻微物理变化、如气候变化的地区加以研究。一旦气候发生变化，这个地区的生物比例也会随即发生变化，有些物种极有可能灭绝。我们知道各地生物之间有着密切而复杂的关系，因此即使不考虑气候的变化，生物也会受其他生物比例数变化的影响。如果这个地区的边界是开放的，则必定会迁入新类型，这就会严重地扰乱某些生物间原有的关系。不要忘记从外地引进来一种树或者一种哺乳动物的巨大影响力。然而,在一个岛上,或是某个被障碍物部分环绕的区域,如果无法移入善于适应的新类型,那么这个区域的自然组成中就会留有空位,而这空位一定会被某些依照某种途径发生变化的原有生物所填充。因为一旦那片区域允许自由移入,那么外来生物就会取而代之。在这种情况下,任何轻微的变异,只要能适应已被改变的外界条件并在任一方面有利于任何物种的个体,那它们就有被保存下来的趋势;因而在改进生物的工作上自然选择也就留有余地。

　　我们有充足的理由相信,生活条件的变化可促使变异性的增加。上节所提到的情况说明,外界条件的改变,促使变异发生的机会逐渐增多,从而大大有利于自然选择。当然如果有利变异没有发生,自然选择也就无法发挥作用。值得注意的是,"变异"这一名词包含的仅仅是个体差异。人类将个体差异以任一既定的方向累积起来,这样一来对家养的动植物就可以产生巨大的结果,这一点对自然选择来说也并非难事,因为它具有较长的发挥作用的时间。我不认为自然选择必须借助任何巨大的物理变化,例如利用气候变化或高度隔离来阻碍移入,腾出新的空位,从而改进某些变异的生物,并使它们填充进去。由于各地的所有生物都以十分平衡的力量相互斗争,因此只要一个物种的构造或习性发生极细微的变异,往往就会优越于其他生物;如果这个物种继续生活在同样的生活条件下,并利用同样的生存和防御手段获得利益,那么相同的变异就会不断发生,而其优势一般也会越来越大。世界上没有任一地方的本地生物已完全相互适应,并完全适应于当地的物理条件,因而他们可以逐渐更好地且更多地改进自身,并适应这一切。因为所有地方的本地生物总是被外来生物击败,并被它们占去了自己的土地。既然外来生物可以对某些本地生物造成如此打击,我们就完全可以断定:本地生物为更好地抵御那些入侵者,也会发生有利变异。

　　既然人类利用有计划和无意识的选择方法,得到了良好的结果,那么自然选择为何不能产生效果呢?人类只能对外在的和可见的性状产生作用;"自然"——如果可以将自然保存或适者生存拟人化——却并不留意外貌,除非这些外貌有利于生物。各种内部器官、各种细微的体质差异以及生命的整个构造都受到"自然"的影响。人类进行选择的目的是保障自身的利益,"自然"

进行选择却只是为了被她保护的生物本身的利益。各种被选择的性状，实际上全都经历着自然的锻炼。人类往往会在同一个地方，放置多种生长在不同气候下的生物，用普通平常的方法来锻炼个个被选择出来的性状。饲养长喙和短喙的鸽时用的是一样的食物；也并不用特殊的方法训练长背或长脚的四足兽；将长毛的和短毛的绵羊养在同一种气候中。避免最强壮的诸雄体为占有雌性而进行斗争，也不把所有劣等品质的动物全都毁灭掉，而是在各个不同季节中，在力所能及的范围之内保护所有生物。人类往往从某些半畸形的类型开始进行选择；或者根据若干引起注意的或明显有利的显著变异，开始选择。在自然状况下，由于一些在构造上或体质上的极其细微的差异就可以改变生活斗争之间微妙的平衡，因此这些差异得以保存。然而，人类的生涯如此短暂，而且只能拥有片刻的愿望，付出一时的努力。所以，和"自然"在整个地质时代的累积结果相比，人类所得的结果极为贫乏！由此，相比人类的产物，"自然"的产物必定具有更"真实"的性状，尤其能不断高技巧地适应极其复杂的生活条件，对此我们也就不足为怪了。

可以说，自然选择随时都在仔细检查着世界上所发生的最细微的变异，排斥坏的，积累好的，无论何时何地，只要一有机会，它就安静地、极其缓慢地工作，改进各种生物与有机的和无机的生活条件之间的关系。我们觉察不到这种缓慢变化的进行。可是对于悠久的地质时代，我们所知有限，只是知道现在的生物类型和以前的并不相同罢了。

一个物种只有在变种形成以后的一段时间内，再次发生同样性质的有利变异或个体差异，并将这些变异再度保存下来并如此逐步发展，才能实现任何大量的变异。这种设想是有根据的，因为同种类的个体差异不断出现。但我们只能通过判断它是否符合并且能否解释自然界的普遍现象来验证它正确与否。另一方面，认为变异量是有严格限度的观念也完全是一种设想。

虽然自然选择只能通过保障各生物的利益而发生作用，可是那些在我们看来极不重要的性状和构造，也可以发生同样的作用。某些鸟和昆虫自身特定的颜色是为了避免危险，例如以叶子为食的昆虫是绿色的，靠吃树皮为生的昆虫呈斑灰色；冬季高山上的松鸡是白色的，红松鸡则是石南花色的。我们知道食肉鸟经常侵害松鸡，因为假如一生的某一时期松鸡不被杀害，必定会繁殖到不计其数；我们还知道鹰靠目力捕捉猎物——鹰的目力十分锐利，因而欧洲大陆某些地方的居民因白鸽极易受害而不饲养。因而，自然选择便有如下的效果：一旦松鸡获得了某种适当颜色，在自然选择的作用下这种颜色就变得更纯正并能永久保存。我们不应轻易相信偶然除掉一只颜色特别的动物没什么大不了，我们应牢牢记住，在一群白色绵羊中除掉一只稍显黑色的羔羊是十分重要的。上文中那种由自身颜色来决定生存或死亡，吃"赤根"的维基尼亚的猪，就是明显的例子。至于植物，果实的茸毛和果肉的颜色向来被植物学者们归为极不重要的性状。但是优秀的园艺学者唐宁说过，在美国，象鼻虫对光皮果实的危害要比茸毛果实大得多，与黄色李相比，某种疾病对紫色李有更大危害；比起别种果肉颜色的桃，病害更易侵袭黄色果肉的桃。如果这些细微差异借助于人工选择的一切方法，就会使若干变种在栽培时产生显著差异。那么，一种树在自然状况下势必要和其他树与大量敌害进行争斗，此时，到底哪一个变种——果皮光的或有毛的，果肉黄色的或紫色的——得到成功，则由感受病害的差异决定。

观察物种间的若干细小的差异时（有限的知识使我们认定这些差异极不重要），不可忽略气候、食物等对它们产生的某些直接效果。另外，也不可忽略相关法则的作用，即一旦一部分发生变异，自然选择就会将这些变异累积起来，紧接着也会发生其他具有意想不到的性质的变异。

大家知道，家养状况下的生命，如果在某些特殊时期发生变异，这些变异往往在同一时期重现于后代——例如，蔬菜等农作物中许多变种的种子的大小、形状及风味，家蚕变种的幼虫期和蛹期，鸡蛋和雏鸡的绒毛颜色，绵羊和牛接近成年时长出的角，都是这样。在自然状况下，自然选择同样也能在任何时期对生物产生作用，令其改变。这是因为自然选择可以积累这一时期的有利变异，同时这些有利变异在相应时期得以遗传下去。假设某种植物必须依靠风来传播种子从而繁衍生息，那么通过自然选择这一切必将得以实现。然而其中的困难就好比植棉者用选择法来增长和改进蒴内的棉绒一般。某种昆虫的幼虫可以依靠自然选择发生变异从而适应成虫不曾遇到过的很多偶然事故；通过相关作用，幼虫的这些变异可以影响到成虫的构造，反之亦然；但自然选择在任何情况下都将保证那些变异不是有害的，因为倘若有害，这个物种必定濒临灭绝。

自然选择可以促使字体和亲体的构造互为依据从而发生变异。如果被选择出来的变异有利于整体，自然选择就能在社会性的动物里使诸个体的构造适应整体的利益。自然选择不可为了另一物种的利益去改变一个物种的构造，而不给它一点好处。虽然一些博物学著作提到过这种效果，但目前我仍未找到一个有研究价值的事例。自然选择能使动物一生中仅仅用过一次的但在生活上高度重要的构造，发生很大变异。譬如某些昆虫专门用作破茧的大颚，以及未孵化的雏鸟用来啄破蛋壳的坚硬喙端等。有人曾说：最好的短嘴翻飞鸽有很多死在蛋壳里，真正孵出来的极少，所以养鸽者在孵化时要给予它们帮助。那么，假定"自然"出于鸽子利益的考量，要使成长完全的鸽子长有极短的嘴，那这个变异过程可能非常缓慢。一方面，蛋内的雏鸽要受到严格的自然选择，由于具有弱喙的雏鸽势必都要死亡，因此只有那些具有最坚强鸽喙的雏鸽，才会被选择；或者，选择那些蛋壳较脆弱而易破的，因为蛋壳也像其他各种构造一样，其厚薄都是变异的。

对以下这点的说明，也许会有好处：所有生物都会偶然地遭受大量毁灭，可这很少或者基本影响不了自然选择的过程。譬如，自然界中大量的蛋和种子，只有依靠某种变异才能避免敌人的吞食，才能通过自然选择发生改变。然而如果这些蛋和种子没被吞食而成为个体，相比那些碰巧生存下来的个体来说，也许能更好地适应生活条件。另外，大多数成长的动植物，无论是否善于适应它们的生活条件，也必定每年在偶然的条件下而遭到毁灭。尽管它们的构造和体质发生了一些对物种有利的变化，这种偶然的死亡也不会因此缓和。即便许多成长中的生物都被毁灭掉，但只要在各地区内依然有部分个体没有受到这些偶然因素的影响而继续生存——也就是说即使蛋或种子大量被毁灭，能够发育的只有百分之一或千分之一——那么在生存下来的那些生物中最适应的个体，假设向任何有利方向发生变异，它们繁殖出的后代会比适应较差的个体好得多。倘若所有个体都由于偶然原因被淘汰，那么即使是自然选择也对某些有利方面无能为力。但不能出于这个原因而抹杀自然选择在其他时期和其他方面所有的效果，因为我们无法假设诸多物种曾在同一时期和同一地区都发生了变异且有所改进。

性选择

在家养状态下，有些特性往往只表现于一性，并且只由这一性遗传下去；在自然状况下，也是同样的道理。这样，有时我们就会看到，通过自然选择可使雌雄两性根据不同生活习性而发生变异，或者普通的，这一性根据另一性发生变异。这将使我需要略加阐述我所谓的"性选择"。

性选择的方式通常表现在同性个体间的斗争即雄性为占有雌性而引发的斗争，而不在于一种生物对其他生物或外界环境的生存斗争上。结果是竞争者少留后代，或不留后代，而并非死亡。因此自然选择比性选择更剧烈。一般来说，在自然界中，只有最强壮的雄性最适应自然，且留下最多的后代。但许多情况下，胜利更多的是靠雄性的特种武器而非强壮的体格。无角的雄鹿或无距的公鸡鲜有留下大量后代的机会。残酷的斗鸡者总是仔细选择最会斗的公鸡，某种程度上说性选择和它是类似的。由于性选择总是容许成功者繁殖的，所以勇气、距的长度、翅膀拍击距脚的力量都能得以增强。我不清楚自然界中下降到哪一等级，才会没有性选择；有人描述雄性鳄鱼，当它要占有雌性时通常表现出战斗、叫嚣、环走等，好比印第安人的战争舞蹈；有人观察到雄性鲑鱼整日战斗；雄性锹形甲虫往往被别的雄虫用巨型大颚咬伤，因此它总带着伤痕；杰出的观察者法布尔屡屡看到某些膜翅类的雄虫专门为了一个雌虫而战，雌虫则漠不关心地停留在旁边，最后与战胜者一块儿走开。多妻动物的雄性动物往往生有特种武器，因而它们之间的战斗最为激烈。雄性食肉动物，本就很好地被武装起来了，它之所以能够生出特别的防御武器来，主要是它们和别的动物，受到性选择的作用，比如狮子的鬃毛与雄性鲑鱼的钩曲颚就是这样，因为在获得胜利上，盾牌和剑与矛同样重要。

这种斗争的性质，在鸟类里常常较为缓和。所有研究过这类问题的人都认为，用歌唱引诱雌鸟是很多种鸟的雄性之间最剧烈的竞争。圭亚那的岩鸫、极乐鸟以及其他鸟类，聚集在同一个地方，每只雄鸟都极其精心地展开美丽的羽毛，并且显出最好的风度，此外它们还在雌鸟面前做出各种样子，作为观赏者站在旁边的雌鸟，会选择最有吸引力的作配偶。留心笼中鸟的人们都知道，往往它们对于异性个体有不同的好恶：赫伦爵士曾经描绘过一只斑纹孔雀如何突出,并迷住了所有孔雀。一些细节我在这里不加讨论,可是,假如人类能在短时间内,按照自己的审美标准,使矮鸡获得美丽优雅的姿态,我就没有理由对在成千上万的世代中,雌鸟按照她们的审美标准,把鸣声最好的或最美丽的雄鸟选作配偶,由此而产生显著的效果表示怀疑。性选择对于不同时期内产生的、而且在一定时期内单独遗传给雄性或者遗传给两性的变异的作用,基本可以解释某些著名的关于雄鸟和雌鸟的羽毛不同于雏鸟羽毛的法则;由于篇幅限制我就不再讨论这个问题。

我相信任何动物的两性如果具有相同的一般生活习性,但在构造、颜色或装饰上却有所不同,这一定是性选择引起的差异:这是由于在武器、防御手段或美观方面某些雄性个体比其他雄性略占优势,并且在连续世代中只将这些优越性状遗传给雄性后代。但是把一切性的差异都归因于这种作用我不赞同,因为我们在家养动物里看到若干雄性所专有的特性,很明显不是通过人工选择增大的。谁也说不清在雌火鸡眼中,野生的雄火鸡胸前的毛丛,是否是一种装饰——但在家养状态下,这种毛丛被视为畸形。

自然选择,即适者生存的作用的事例

我想举出一两个想象的事例来阐明自然选择是如何作用的。比如,狼捕食各种动物的方法很多,有的凭狡计,有的凭借体力,也有的利用敏捷的速度。假设在狼捕食极其困难的时期,由于许多变化的发生使得像鹿这样最敏捷的猎物在数量上有所增加或者减少,这样一来,只有速度最敏捷和躯体最细长的狼才能获得最好的生存机会,因而得以保存或被选择——假使它们在某个季节不得不捕食其他动物,仍保持足够的力量制服猎物,我觉得这个结果毋庸置疑。这和人类通过有计划的细密的,或者无意识的选择(人们总想保存最优良的狗但并未想过改变这个品种),就能促使长躯猎狗的敏捷性得到改进是同样道理。我补充一点:皮尔斯先生说过,有两种狼的变种栖息在美国的卡茨基尔山上,一种追捕鹿,像敏捷的长躯猎狗,另一种身体较大,腿较短,常袭击牧人的羊群。

我们要注意的是,上述事例中,只保存了体躯最细长的个体狼,并非保留了任何单独的显著变异。我曾在本书的以前版本中提到过,后一种情形似乎

也经常发生。人类的无意识选择能保存一些多多少少具有价值的个体，并毁灭最坏的个体，因此个体差异的高度重要性也促使我对这种选择的结果的充分探讨。我还发现，在自然状况下，对于像畸形这种某些偶然的构造偏差的保存，是不多见的。最初即使被保存下来了，到后来也会与正常个体杂交直至消失。虽然这样，当我读过《北部英国评论》上刊登的一篇有价值的论文后，才认识到，细微的或显著的单独的变异，鲜有可以长久保存的。这位作者列举了一对一生中共生产了二百个后代的动物，由于各种原因大多数后代被毁灭了，平均只有两个后代得以生存并不断繁殖。对多数高等动物而言，这种估计过高，然而对于众多低等动物来说并非如此。于是他说，倘若有一个产生下来的单独个体在某一方面发生了变异，它生存的机会比其他个体多两倍，然而由于高死亡率，它的生存仍会受到一些因素的强烈阻止。假如它能够生存并且繁殖，而且它自身有利的变异被一半后代遗传了，然而幼者的生存和繁殖机会却仅仅是稍有优势，并且这种优势还会一直减少下去。我十分认同这个论点。例如，假设某种类的一只鸟，喙的钩曲使之获取食物变得较为容易，同时假设有一只生来就具有非常钩曲的喙的鸟，繁盛起来，然而这一个个体要排除普遍类型并延续自身种类的机会仍是罕见的；但是，依据我们在家养状况下所发生的情形，假如在许多世代中我们保存了具有钩曲喙的大多数个体，并把具有最直喙的较大多数的个体加以毁灭，就能够造成以上结果，这一点毫无疑问。

可是要记住一点，相似的作用发生于相似的体制上，某些特别突出的变异——这种变异没人会视为只是个体的差异——就会屡见不鲜。我们可以从家养生物中举出很多有关事实。在这种情况下，只要不改变生存条件，即使目前变异的个体没有把新获得的性状传递给后代，它迟早会把按同样方式变异的并且更强烈的趋势遗传给后代。同样，由于按同一方式进行变异的倾向通常是十分强烈的，因而即便在没有任何选择的帮助下，同种的一切个体同样也会发生改变。我们可以举出若干事例来说明也许只有三分之一、五分之一或十分之一的个体受到这种影响。例如葛拉巴由计算得知非罗群岛上大约有五分之一的海鸠，以前之所以把它们看做一个独立的物种，主要因为它们是由一个有显著特征的变种组成。如果在这种情况下变异是有利的，变异的类型通过适者生存很快就会代替原有的类型。

我们今后会再讨论杂交可以消除一切种类变异的作用这个问题。但这里简单说明,大多数的动植物若非必要,不会在外流动,它们都固守在本乡本土上;就连候鸟也是如此,它们基本上必然要回到原处来。因此,对自然状况下的变种来说,似乎有这么一条普遍的规律:各个新形成的变种,一般最初都仅局限于一个地方。因此发生同样变异的诸个体通常很容易聚集成一个小团体,并在一起繁育。一旦新变种在生存斗争中取胜,就会利用从区域中心逐步向外扩展的方式,不断扩大圈子,并且与边界上未曾变化的个体进行斗争,从而打败它们。

下面列举一个更有用但更为复杂的有关自然选择作用的事例。有些植物为了从体液里排除有害的物质从而分泌甜液:一些荚果科植物在托叶基部的腺中分泌这种汁液,普通月桂树在叶背上的腺中也分泌这种汁液。虽然这种汁液的量不多,但昆虫对它的需求十分贪婪,不过这对植物却没有什么益处。我们现在假设,所有物种都有一定数量的植株,可以从内部分泌出这种汁液即花蜜。花粉就会沾在那些寻找花蜜的昆虫身上,并从这一朵花被带到另一朵花上去。这样,同种的两个不同个体花因而杂交;有充分的理由证明这种杂交,能够产生强壮的幼苗,这些幼苗因而有最好的生存和发展机会。最大的腺体即蜜腺存在于所有植物的花中,它们分泌的蜜汁最多,引来的昆虫也最多,因而进行杂交的可能性最大。所以,长远来看,它具有优势,随之成为一个地方变种。倘若花的雄、雌蕊的位置适应于吸引到的特殊昆虫的身体大小以及习性,这在任何程度上都对花粉的输送有利,这些花也同样会因此得到利益。我们以一个仅仅采集花粉而不吸取花蜜的昆虫为例,由于花粉的形成主要是为了受精,所以对于植物来说它的毁坏绝对是种损失:如果吃花粉的昆虫偶然地将少许花粉从这朵花带到那朵花上,这种偶然逐渐变为习惯,花因而杂交,尽管十分之九的花粉被吃了,但仍有利于那些被盗去花粉的植物。因而自然就会将那些产生越来越多的花粉,以及具有更大花粉囊的个体选择出来。

如果上述过程持续且长久地作用于植物,植物即可高度吸引昆虫,不知不觉地昆虫便会按时在花与花之间传带花粉;大量的事实证明,昆虫是可以有效地从事这一工作的。我只列举一个可以说明植物雌雄分化步骤的例子。

有些只生雄花的冬青树，有四枚雄蕊，产生的花粉不多，并且它还有一个残缺的雌蕊；另外一些只生雌花的冬青树，它们有十分大的雌蕊，然而四枚雄蕊上的花粉囊却都枯缩了，没留有一颗花粉。在离一株雄树六十码远的地方，我发现了一株雌树，然后从不同的枝条上我取下二十朵花，用显微镜观察它们的柱头，所有柱头上毫不例外地都分布了几颗花粉，其中有些柱头上的花粉很多。由于那几日风都是从雌树吹向雄树，因而风不可能是传播者；同时天冷又有狂风暴雨，对于蜂来说也并不有利。尽管如此，往来树间找寻花蜜的蜂还是令每一朵雌花都成功受精。现在我们可以想象：一旦植物高度吸引昆虫，昆虫便会按时将花粉从这朵花传到那朵花。博物学者对所谓"生理分工"的利益都确信无疑。所以可以相信，假如一朵花或一株植物只有雄蕊，而另一朵花或另一株植物只有雌蕊，这有利于这种植物。置于栽培或新的生活条件下的植物，有时是雄性器官，有时却是雌性器官，基本上会变为不稔的。假定这种情况在自然状况下也会发生，无论程度轻微与否，由于这朵花的花粉已按时传到另一朵花上，而且依据分工原则，植物比较完全的雌雄分化是有益的，因而越来越有这种趋向的个体，会继续得到利益而被选择，最终两性完全分化出来。显然各种植物正在依据二型性以及其他途径实现性别分离，至于性别分离所采取的步骤此文中不加赘述。我可以补充的是根据爱萨·葛雷所说，北美洲的某些冬青树正好处于某种中间状态，这基本上属于杂性异株。

接下来我们要谈的是以花蜜为食的昆虫。假设某种普通植物由于不断选择使得花蜜逐渐增多；并且假设那些昆虫主要以其花蜜为食。我们举出的一些事实，可以说明蜂是如何节省时间的：例如，尽管它们花费少许力气就能从花的口部进入以吸食花蜜，但它们仍习惯于在某些花的基部咬个洞。从这些事实我们可以确定，在某种环境状态下，有些我们无法觉察到的细微的个体差异，比如吻的长度和曲度等，或许有利于蜂或其他昆虫，因而同其他个体相比某些个体能够快速地获得食物，这样一来，随着它们所属的这一群的繁盛，产生大量遗传有同样特性的类群。粗略看来，普通红三叶草和肉色三叶草的管形花冠的长度差异并不大；可是蜜蜂可以轻易地从肉色三叶草中吸取花蜜，但除了土蜂外其他蜜蜂都对普通红三叶草无从下手；所以尽管整个田野都布满了红三叶草，蜜蜂也无法得到这珍贵的花蜜。只有在秋季才能看到有许多蜜蜂通过土蜂在花管基部所咬破的小孔吸食花蜜,这说明蜜蜂是非常喜欢这种花蜜的。虽然蜜蜂能否吸食这两种三叶草的花蜜,取决于二者花冠长度的差异,然而其程度却极其细微;因为有人告诉我,在红三叶草被收割之后,就有许多蜜蜂造访略小些的第二茬的花。不知道这种说法准确与否,发表的一种记载是否可靠——听说来自意大利的蜜蜂(普遍认为这仅仅是普通蜜蜂种的一个变种,可以彼此自由交配),可以进入泌蜜处吸取红叶草中的花蜜,因此那些吻略长,即吻的构造稍有差异的蜜蜂在覆盖红三叶草的地区会略有优势。另一方面,只有蜂的造访才能使这种三叶草受精,倘若某一地区的土蜂有所减少,那蜜蜂就可以吸食花茎较短或花茎分裂较大的植物,使这类植物得到较大的利益。这样,我就能明白,花和蜂是如何通过连续保存具有互利的细微构造偏差的所有个体,而逐渐发生变异,并取得相互之间最完善的适应的。

用以上想象的事例来解释自然选择的学说,必定遭到他人的反对,这和以前莱尔珍贵的关于"可用地球近代的变迁来解说地质学"的见解所遭受的反对是相同的;不过很少有人会说"运用现在依然存在的各种作用,解释内陆的长形崖壁的形成或深谷的凿成"是琐碎或不重要的。保存并积累每一个有利于生物的细微的遗传变异就是自然选择的唯一作用;就如近代地质学几乎否定了通过一次洪水就能把大山谷凿成的观点一样,自然选择也将否定不断创造新生物的观念、或生物的构造可发生任何重大或突然的变异的观念。

论个体的杂交

首先要讲一些题外话。很明显地,但凡雌雄异体的动植物生育,其两个个体(不包括奇特而且不太了解的单性生殖),都必须交配;然而这并不适用于雌雄同体的情况。但是有理由认为,任何雌雄同体的两个个体为了繁殖它们的种类,都会偶然地接合,这种接合也可能是种习惯性表现。斯普伦格尔、奈特及科尔路特很久以前就模糊地提出了这种观点。这种观点的重要性不久就会体现出来;虽然我有充分的材料可讨论但我只准备略谈一下。所有脊椎动物,昆虫及其他某些大类的动物,每次必定通过交配达到生育。近代的研究已经更正了之前判定为雌雄同体的数目,但是即便真的雌雄同体生物,其中大多数也必须交配；也就是说，两个个体为了生殖按时进行交配，这是我们所要讨论的重点。但是肯定还有很多雌雄同体的动物不经常进行交配，而且大多数植物属于雌雄同株。那么在这种情况下，如何假定两个个体为了生殖而进行交配呢？在这里我只能从一般意义上去考察这个问题。

第一，通过大量的事实以及实验，我发现提高动植物后代强壮性与能育性的方法，是变种间杂交，或者同变种而不同品系的个体间杂交；与此相反，近亲交配则会降低强壮性与能育性，这和饲养家们普遍的观点是一致的。通过这些事实我相信，一种生物若不自营受精，则是为了保存这一族的永久性，这是自然界的一般原则；和其他个体偶然地——或相隔较长时期——进行交配，是必须的。

除了确信这是自然法则外，其他任何观点都不能解释下面所讲的几大类事实。有杂种培养经验的人都知道，如果花暴露在雨下进行受精，那么后果一定难以想象，但是世界上又有那么多花粉囊和柱头完全暴露的花！由于植物自身的花粉囊与雌蕊生得很近，基本上可以保证自花受精，但倘若必须进行偶然的杂交，那么别的花的花粉可以充分并且自由地进入，就可以成为上述雌雄蕊暴露的原因了。另外，也有很多例外，许多花拥有紧闭的结子器官，如蝶形花科即荚果科这一大科；但这些花基本上必定和造访的昆虫产生良好且奇妙的适应。许多蝶形花是非常需要蜂的，因为假如蜂的造访受到阻止，就会大大减弱它们的能育性。一般说来，昆虫从这花飞到那花，多少都会带去部分花粉，这样植物就能获得巨大利益。昆虫就像一个驼毛刷子，只要先触着一花的花粉囊，之后再触到另一花的柱头就足以保证完成受精。可是不能假定蜂这样就能生产出大量的种间杂种；因为，从该特纳曾指出的观点来看，如果植物自身的花粉与从另一物种带来的花粉掉落于同一个柱头上，前者的花粉占有绝对的优势，以致外来花粉不可避免地完全遭到了毁灭。

毫无疑问，当一朵花的雄蕊突然跳向雌蕊，或一枝枝地以缓慢的速度向她弯曲，这种专门适应于自花受精的装置的确有利于自花受精。但常常需要借助昆虫的帮助才能实现这种雄蕊向前的弹跳，科尔路特所阐明的小檗便是如此；这种便于自花受精的特别装置在小檗属里就有，我们都知道，要得到纯粹的幼苗就不能在近处栽培密切近似的类型或变种，这样看来，它们是大量进行自然杂交的。许多其他事例指出，由于特别的装置能有效地阻止柱头接受自花的花粉，所以自花受精很不方便，我可以根据斯普伦格尔和别人的著作以及我自己的观察阐明这一点：例如，亮毛半边莲，在本花柱头还不能接受花中相连的花粉囊里的无数花粉粒之前，就能利用十分精巧美妙的装置把它们全部扫除出去；由于从来没有昆虫来访，所以这种花从不结子，至少在我的花园中是这样。但是我把一花的花粉放在另一花的柱头上却能结子，并培育出许多幼苗。我园中还有另一种半边莲，由于有蜂来访，它们就可以自由结子。在许多其他情况下，虽然没有可以阻止柱头接受同一朵花的花粉的其他机械装置，但是在柱头能受精之前花粉囊就已裂开，或者在花粉未成熟之前柱头已经成熟，因此把这类植物称作两蕊异熟，实际上是雌雄分化的，而且它们必定经常进行杂交。这就是斯普伦洛尔以及希尔德布兰德和其他人最近指出，我也能证实的观点，这也符合以上二形性和三形性交替植物的情形。似乎为了自花受精，同一花中的花粉位置与柱头位置才非常接近，但很多情况下彼此并无用处，对人类来说这简直太奇妙了！如果我们用这种不同个体的偶然杂交是有利且必需的观点来解释这种事实，那就十分简单明了！

我发现如果一些实生苗是由甘蓝、萝卜、洋葱以及其他植物的几个变种在较为接近的地方结子而培育出来的，那其中大部分都是杂种：例如，将几个甘蓝的变种栽培在一块儿，培育出 233 株实生苗，其中纯粹保持这一种类性状的只有 78 株，甚至这 78 株中的一些并非绝对纯粹的。但是每一甘蓝花的雌蕊不仅仅被自身的六个雄蕊围绕，还被同株植物上其他花的雄蕊所围绕；各花的花粉即便没有昆虫的帮助也能轻易落在自己的柱头上，因为我曾把花细心保护起来，发现即使对它们隔离昆虫，也能结出充分数量的子。但是这么多变为杂种的幼苗又是从何处来的呢？这必定因为自身的花粉在作用上没有不同种的花粉的优势大；这是同种的不同个体相互间杂交所能产生良好结果的普通法则的要素。如果不同的物种杂交，就会出现相反的结果，由于这时植物自身的花粉往往要比外来的花粉更有优势，在以后的一章里，我会对此问题展开讨论。

当一株大树开满了花，很少能将花粉从这株树传送到另一株，最多只能在同一株树上从这朵花传送到另一朵；而且只有从狭义来说，同株树上的花才可被认为是不同的个体。我相信这种观点是恰当的，尽管如此，但对于此事，自然已完全有所准备，它赋予树某种可以使它们生有雌雄分化的花的强烈倾向。当雌雄分化，即便雄花和雌花依然生在同株树上，但也必须按时将花粉从这花传到那花，这样，花粉就有较为良好的机会偶然地从这树传送到那树上。较其他植物来说，属于一切"目"的树，在雌雄分化上更为常见，在英国我就看到了这样的情况：胡克博士根据我的请求，将新西兰的树列成表，阿萨·葛雷则把美国的树列成表，结果都在我意料之中。另一方面，在澳洲这一规律并不适用，然而如果多数的澳洲树木都是两蕊异熟的，那和它们具有雌雄分化的花的结果是一样的，这也是胡克博士告知我的。这些简略的关于树的著作，只是为引起大家对这一问题的注意。

下面转而谈谈动物方面：各式各样的陆栖种都是雌雄同体，比如陆栖的软体动物和蚯蚓；但所有的陆栖动物都不能自营受精，因而它们都需要交配。这个事实，提供了和陆栖植物的鲜明对照，这样我们就能够理解采用偶然杂交的必要性。精子不能像植物那样依靠昆虫或风作媒介，因而陆栖动物必须依靠两个个体的交配来完成偶然的杂交。由于水的流动能够为水栖动物做偶然杂交的媒介，因此它们中大多数都是能自营受精的雌雄同体。最高权威之一的赫胥黎教授曾与我探讨过，希望能找到一种生殖器官完全封闭在体内，因而没有通向外界途径且无法接受不同个体的偶然作用的雌雄同体动物，可就像在探讨花时一样，我失败了。长期以来，我因为这种观点而觉得很难解释蔓足类；但十分偶然的是，我竟然证明了它们的两个个体，虽均是自营受精的雌雄同体，但是有时候确实也进行杂交。

虽然从整个体制上来说，在动植物中，同科甚至同属的物种彼此都十分一致，但同时存在雌雄同体和雌雄异体两种情况，大多数博物学者必然对这种情形感到十分奇怪。然而如果事实上一切雌雄同体的生物偶然杂交，那么仅从机能上来讲，它们与雌雄异体的物种之间的差异是很小的。

上述考察以及我搜集的许多无法列举的事实证明，动植物的不同个体间的偶然杂交，即使不普遍，也定是极普通的自然法则。

通过自然选择有利于产生新类型的各类条件

这个问题极为错综复杂。很明显,大量的变异(这一名词通常包含个体差异)是有利的。我相信个体数量大是成功的极其重要的因素,因为个体数量大,同时如果有利的变异在一定时期内发生机会也较多,那么即便每一个体的变异量较少也能得到补偿。自然选择可以长时间地进行选择工作,但这种长时间不是无限期的;因为所有生物都在自然组成中努力夺取位置,任何一个物种,只要没有随着竞争者的变化而发生相应程度的改进或变异,结果就会灭绝。要想使自然选择发挥作用,那么至少得有一部分后代遗传了有利的变异。也许自然选择的作用往往被返祖倾向所抑制或阻止,然而既然这种倾向无法阻止人类用选择方法来形成很多家养族,那它又如何能战胜自然选择而不使其发挥作用呢?

饲养家在有计划选择的基础上,为了一定的目的进行选择,他的工作必须是在不允许个体自由杂交的情况下进行,否则就会完全失败。但是,很多人虽没有改变品种的意图,但关于品种却有一个几乎共同的完善标准。作为一种无意识的选择,他们全都用最优良的动物繁殖后代,这样即使没有分离开选择下来的个体,但定会使品种缓慢地得到改进。自然状况下也是同样的道理;由于在局限的区域中,其自然机构中仍有某些地方未被全部占领,因此可将所有朝正确方向发生不同程度变异的个体保存下来。但假如是在辽阔的地区,那么必然有不同的生活条件呈现于其中的几个区域中,如果同个物种在不同区域内发生变异,那些新形成的变种要想进行杂交就必须在各个区域的边界上。第六章中我将阐明,长久生活在中间区域的中间变种,往往会被附近的诸变种之一所替代。受到杂交影响的往往是每次生育必须交配的、具有较大游动性且繁育较慢的动物。我看到一般具有这种本性的动物,比如鸟,其变种通常仅仅局限于隔离的区域内。偶然进行杂交的雌雄同体的动物,以及每次必须通过交配而生育的、很少迁移而增殖很快的动物,可以在随意一处地方迅速形成新的和改良的变种,并且在那里聚集成群以后,散布开去,因此这个新变种的个体经常会相互交配。依据这一原理,由于其杂交的机会减少了,园艺者通常喜欢从大群的植物中留存种子。

我可以举出许多例子来说明,在同一区域,经过很长的时间,如果同种动物的两个变种仍然区别分明,这是出于不同栖息的地点,或稍有不同的繁殖季节,或者每一变种的个体乐于和各自变种的个体进行交配的原因。因此,在每次生育必须交配而繁殖不快的动物中,自然选择也不会因自由杂交而消除它的效果。

杂交在保持同一物种或变种的个体性状上的纯粹和一致方面,起着极为重要的作用。这种作用对于每次生育必定交配的动物,显然更有效;可是前面已经说过,我们认为任何动植物都会偶然地进行杂交。即使这种杂交是在间隔一段时间后才进行一次。如此生产下来的幼体,与长期连续自营受精生产的后代相比,更为强壮且在能育性方面具有更大的优越性,因而它们就有机会更好地生存并繁殖其种类。这样,即便间隔一段很长的时期,归根到底杂交仍会发挥很大的作用。至于极低等的生物,由于它们不营有性生殖,并且不行接合,所以根本没有杂交的可能性。若将它们放置于同一生活条件下,要想保持一致性状,只有通过遗传原理以及自然选择,消灭掉那些离开固有模式的个体。倘若生活条件以及类型都发生了变异,那么只有依赖自然选择对类似的有利变异的保存,变异了的后代才能在性状上取得一致。

在自然选择所引起的物种变异中,隔离也是一个重要因素。一般来说,在一个范围不是很大的局限的或隔离的地区内,无论生活条件是有机的还是无机的,基本上是一致的;因而自然选择就倾向于使同种的所有个体以同样方式变异,这也就必然会阻止与周围地区内生物的杂交。关于这个问题,瓦格纳最近曾发表过一篇有趣的论文,他说,隔离在阻止新形成的变种间的杂交这一方面的重要性,大大超出了我的设想。但是,我决不同意这位博物学者所说的形成新种的必要因素是隔离和迁徙这一观点。随着气候、陆地高度等外界条件的物理变化,在阻止适应性较好的生物的移入这点上,隔离同样发挥了巨大的作用;于是旧有生物的变异就将这片地区的自然组成中空出的许多新场所填充起来。最终,隔离就为新变种的缓慢改进提供了时间;这一点有时是非常重要的。可是,如果在很小的周围有障碍物,或物理条件较特别的地区进行隔离,生物的总量就会很小;由此,发生有利变异的机会将会降低,所以通过自然选择产生新种就会受到阻碍。

物种起源

有人误以为我曾假设在改变物种上时间这一因素的影响最为重要，好比由于某些内在法则所有的生物类型必定都要发生变化。事实上，时间推移本身并没有什么作用，不会促进也不会阻碍自然选择。时间的重要性表现在：它能够为有利变异的发生、选择、累积和稳定，提供良好机会，同时也能进一步增强物理的生活条件在各生物体质上所起的直接作用。

在自然界这种说法是否正确呢？假设我们所观察的只是任何一处像海洋岛那样被隔离的小区域，我们在《地理分布》一章中将会提到，在那里生活的物种数量不多，但大多数物种都是本地专有的——换句话说，那里的物种独一无二，在世界其他地方根本找不到。表面上看，海洋岛似乎有利于新种的产生。但实际上这种想法是不完全正确的，因为如果要确定有利于产生生物新类型的究竟是一个开放的大地区如一片大陆，还是一个隔离的小地区，我们就应该在相同的时间内进行比较，然而这一点是我们做不到的。

整体上来看，我认为相较于隔离来说，广大的区域对新种的产生更为重要，尤其体现在产生可以保持较长时间并能广阔分布的物种上。因为广大且开放的地区可以维持大量同种的个体生存，因此更利于有利变异的发生，再加上那里已存在许多物种，因此外界条件也极其复杂；倘若这些物种中，有一部分已经变异或改进，那么其他物种必定也要进行相应的改进，否则就会灭绝。当每一新类型得到巨大的改进之后，就会扩展到开放的、相连的区域，因而其他许多类型就会与它发生斗争。另外，即使广大的现在是连续的地区，往往也会因为以前地面的变动，呈现断裂状态；因此，在某种范围内隔离的良好效果一般是发生过的。总之，虽然在某些方面对于新种的产生来说小的隔离地区是极其有利的，然而一般在大地区内变异的过程要迅速很多，尤为重要的是，在大区域内，那些分布得最广最远并且生产出最多新变种与物种的类型，才是产生出来的并已战胜过众多竞争者的新类型。所以在生物的变迁过程中，它们拥有较为重要的地位。

根据这种观点，我们大概就可以理解在《地理分布》一章里将要讲到的某些事实了：例如，较小的大陆——澳洲的生物，和现在较大的欧亚区域的生物比较起来，略为逊色。这样一来，各处岛屿上的大陆生物到处归化。小岛上的生活没有那么剧烈的竞争，变异也较少，灭绝的情况更是少数。所以，完全可以理解希尔所说的,马得拉的植物区系,某种程度上很像已经灭亡的欧洲的第三纪植物区系。总体上看,相较于海洋或陆地,所有淡水盆地都只是一个小小的区域。于是,淡水生物之间的斗争也不再那么剧烈;因此产生新类型就较缓慢,旧类型的消亡也更迟缓。硬鳞鱼类曾是一个占优势的目,它在淡水盆地遗留下来了七个属,而且在淡水中我们还发现了世界上几种形态最奇怪的动物,如鸭嘴兽和肺鱼,它们好比是化石,和当今在自然等级上相距极远的一些目有一定联系。我们把这种形状奇怪的动物称为活化石;它们之所以能够保存至今,主要因为它们生活在局限的地区中,变异较少,斗争也没有那么剧烈。

　　我将在这极为复杂的问题所允许的范围内,谈一谈通过自然选择产生新种的有利、不利条件。我的结论是,经过多次地面变动的广大地区,最有利于陆栖生物生产很多新的生物类型,它们适于广泛的分布以及长期的生存。但如果那片广大的地区是大陆,则会有较多的生物种类和个体,因此斗争也更为严酷。倘若下陷使地面分离成不同的大岛,每个岛上还会生存着很多同种个体;这就会抑制各个新种在边界上的杂交;同样也会在所有种类经历过物理变化之后,阻碍迁入,每一岛上的旧有生物发生变异从而填充了自然组成中的新场所;各岛上的变种也有充分的时间进行变异与改进。如果地面又升高,变回大陆,就会再次发生激烈的斗争;于是就能够将最有利的或最改进的变种分布开去,消灭大部分改进较少的类型,而且新连接的大陆上的各类生物的相对比例数也会随之变化;还有,这里又成为最活跃的自然选择的活动场所,为产生出新种而更进一步地改进生物。

　　确实,一般来说,自然选择的作用极其缓慢。自然选择要想发挥作用必须具备以下条件:在某地区内的自然组成中还留有一些地位,可以让现存生物变异之后更好地占据。缓慢的物理变化决定了这种地位的出现。此外适应较好的类型的迁入受到阻止也是决定因素之一。少数旧有生物的变异常常打乱其他生物的相互关系;从而出现新的地位,等待着适应较好的类型去填充,这一过程也极其缓慢。虽然在某种细微程度上同种的个体互有差异,但往往需要很长时间,才能使生物体制各个部分产生适宜变化。然而这种结果又受到自由杂交的显著延滞。许多人也许认为这几种原因已完全可以降低自然选择的力量。但我仍坚信,自然选择的作用一般是要经过长久时间且极其缓慢的,而且只能作用于同一地区的小部分生物。另外我也坚信如此断续、缓慢的结果，与地质学中世界生物变化的方式和速度是相符的。

运动选择的过程固然缓慢，但如果人类能在人工选择方面多作些努力，相信在相当长的时间内，通过自然选择，也就是通过最适者的生存，生物的变异量将是无休止的。任何生物互相之间以及与它们的物理的生活条件之间那样互相适应的复杂关系，也是无休止的。

自然选择所引起的灭绝

由于它和自然选择密切相关，所以虽然在《地质学》一章中会详细讨论，但在这里也不能避而不谈。自然选择的作用是保存有利的变异，并随即引起它们的存续。由于所有生物的增加都是由几何比率所决定，所以生物填充了每一地区。于是，随着有利类型数目的增加，较不利的类型在数目上就会减少甚至变得稀少。地质学认为稀少预示着灭绝。我们知道，假如季候性质发生大变动，或者敌害数目暂时增多，那么任何类型只要其个体所剩无几，就很有可能完全灭绝。进一步说，要么具有物种性质的类型能够无限增加，否则新类型一经产生出来，许多老类型必然灭绝。地质学理论明白地指出，具有物种性质的类型的数目并非是无限制增加的；接下来我会尝试说明，全世界的物种数目没有无限增加的原因何在。

在任何一定时期内，个体数目最多的物种，具有产生有利变异的最好时机。我们已经证明了这一点，第二章列举的事实指出，占优势（普通且广布）的物种，拥有最多的见于记载的变种。因而在任何一定时期内，个体数目较少的物种产生的变异或改进都是缓慢的；所以，它们在生存斗争中，就要遭遇普通物种的后代的攻击，而这些后代大都是已经变异和改进了的。

从这些论点中必定可以推出以下结论：在时间推移中，在自然选择作用下形成了新物种，这就意味着其他物种会逐渐稀少，最终灭绝。哪些物种和正在进行变异以及改进中的类型斗争最激烈，哪些物种的牺牲也就最大。我们在《生存斗争》一章里已经提到，由于拥有几乎相同的构造、体质和习性，一般彼此间进行斗争最剧烈的是密切近似的类型——同种的某些变种，和同属或近属的某些物种。结果，在形成的过程中，每个新变种或新物种总是会强烈地压迫那些与它最接近的近亲,甚至有消灭它们的趋势。从人类对家养生物改良类型的选择中,也同样存在这类消灭过程。我们有许多奇特的例子,表明那些古老低等的种类是怎样迅速地被牛、羊、其他动物的新品种以及花卉的变种等代替的。在历史长河中,我们也可以知道在约克郡古代的长角牛代替了黑牛,长角牛"又被短角牛如同残酷的瘟疫一般消除地干干净净"(引自一位农业作者)。

性状的分歧

这个术语表示的是一个极其重要的原理,并能为我们解释许多重要的事实。首先,各个变种,包括特征明显的变种,虽说它多少带有物种的性质——在许多场合中,常常很难对它们作出分类——可以肯定,它们相互之间的差异,远小于那些单纯而明确的物种之间的差异。照我看来,在形成过程中的物种就是变种,也就是我之前所说的初期的物种。变种间的较小差异究竟是怎样扩大为物种间的较大差异的呢?而关于这类过程的经常发生,我们可以通过以下事实推论:自然界中的无数的物种都存在明显的差异,而作为未来显著物种的假想原型和亲体的变种,却显现出细微的且不很明确的差异。一个变种在若干性状上与亲体的区别存在一定的偶然性或可能性,之后在同一性状上这个变种的后代又和它的亲体有更大程度上的差异,同属异种间所显示的差异为何如此普遍和巨大,仅凭这一点是无法说明的。

我一向是对家养生物进行研究从而探讨说明这个问题,我们在这里会看到相似的情况。应当承认在许多连续的世代里,像短角牛同赫里福德牛,赛跑马同驾车马,以及某些鸽子的品种等如此相异的族,决不仅仅是由相似变异的偶然累积而产生的。在实践中,某个养鸽者注意到一个具有稍短喙的鸽子;而另一个养鸽者却对具有稍长喙的鸽子感兴趣。我们知道"养鸽者不喜欢中间标准,只喜欢极端类型",因此那些喙愈来愈短、或者愈来愈长的鸽子就会被他们选择和养育(事实上翻飞鸽的亚品种就是如此产生的)。此外可以设想,早期在某个民族或一个地区中,人们需要快捷的马,而另一处的人却需要粗笨但强壮的马。可能起初的差异不易察觉,然而随着时间的推移,快捷的马和强壮的马因各自被人们连续选择而显出明显的差异,从而形成了两个亚品种。最终经过若干世纪,这些亚品种就成为稳定的和不同的品种。此外,差异逐渐变大,具有中间性状的既不快捷也不强壮的劣等马,便不被用来育种,从此也就逐步绝种。至此,分歧原理就在人类的产物中发挥了作用,它起初引起的仅仅是微小的差异,之后这些差异慢慢增大,随之从性状上来说,品种之间及其与共同亲体之间的分歧就出现了。

也许有人会问,在自然界中如何应用类似的原理呢?我确信一定可以应用并且应用得十分有效(尽管很久之后我才知道如何应用)。简单地说,不管是哪一个物种的后代,一旦在构造、体质、习性上出现分歧并且不断增大,那么它在自然组成中占有的各种不同的地方也就越多,因而它们的数量也就越来越多。

我们可以从习性简单的动物中清楚地看到这种情形。食肉的四足兽在任何能够维持生活的地方,都已经达到饱和的平均数。假定某个区域的条件没有发生任何变化,并准许它的数量自然增加,那么要想增加它们的数量,就只有让变异的后代去占据其他动物目前所占有的地方:例如,它们之中有些变为能吃新种类的无论死或活的猎物;有些可以在新地方居住,它们爬树、涉水,甚至它们的肉食习性也可以被减少。在习性和构造方面,食肉动物的后代越有分歧,它们所能占据的地点也就越多。某种原理只要能应用于某一种动物,那么必定也能应用于任何时期的任何动物——这就是说倘若它们发生变异——变异如果不发生,自然选择同样也不能发挥作用。植物亦是如此。试验证明,假如在某块土地上仅播种一个草种,而在另一块相似的土地上播种一些不同属的草种,那么显然后者能够长出更多植物并收获更多的干草。另外,在大小相同的两块土地上,如果其中一块播种一个小麦变种,另一块混合播种若干小麦变种,结果同样如此。因此,如果一个草种持续进行变异,而且它的变种被连续选择着,那它们就像异种和异属的草那样显现出程度较小的区别,这样包括变异了的后代在内的这个物种的大多数个体,即可成功地生活在同一块土地上。众所周知,每年草的每一物种和变种都尽力散播无数种子,以此增加它们的数量。结果,数千代之后,任何一个草种的最显著的变种都会得到最好的时机,以获得生存的成功并且保证数目的增加,如此一来那些较不明显的变种就将被排斥;变种在彼此截然分明的时候,就能达到物种的等级。

我们已经在许多自然情况下看到，最大量的生物都是依靠构造的巨大分歧性维持生活的，这一原理是非常正确的。在一块极小的地区内，个体相互之间的斗争尤其在自由迁入开放时，必定是异常剧烈的，生物巨大的分歧性在那里总是有所体现。例如，一块面积为三英尺乘四英尺的草地，多年来都在完全相同的条件下暴露，有属于十八个属和八个目的二十个物种的植物在它上面生长，这些植物彼此的差异由此可见是多么地巨大。在情况相同的小岛上，植物和昆虫也是如此；这种情形同样出现在淡水池塘中。农民们知道，要想收获更多的粮食，就要轮种不同"目"的植物，一般的把自然界中所进行的称作同时的轮种。在一片小土地上，动植物密集地生活着，它们中的大部分都可以在那里生活（假设这片土地只具备普通的性质），换句话说，它们尽自己最大的努力在那里生活。可是很明显，按照一般的规律，在斗争最尖锐的地区，那些属于被我们叫做异属和异"目"的生物是彼此斗争得最剧烈的生物，这是由构造的分歧性的利益，以及与其相伴随的习性和体质的差异上的利益所决定的。

我们也可以根据同样的原理看到，植物是如何通过人类的作用进行异地归化的。有人也许会想，由于将土著植物普遍看做是特别创造而适应于本土的，所以那些在亲缘上和土著植物密切接近的种类，才可以在任何一块土地上变为归化的植物。此外还有人认为，只有少数类群的植物可以归化，并且在新乡土的一定地点有其适应性。然而实际情形却很不一样，得康多尔在他的值得称赞的伟大论著中曾表明，假如和土著的属与物种的数目相比，归化植物的新属要远比新种多。举例子来说，阿萨·格雷博士在《美国北部植物志》的最后一版里，曾经举出属于162属的260种归化的植物。所有这些归化的植物的高度分歧的性质都是很突出的。还有，它们明显区别于土著植物，因为在162个归化的属中，土生的属的数量不足100，这样一来就大大地增加了现今生存于美国的属。

如果考察那些在任一地区内与土著生物斗争并获胜，随后在那里归化了的动植物的本性，大概就可以认识到，一些土著生物应该怎样发生变异，才能战胜它们的同住者；我们至少可以推测出，构造的分歧化能达到新属差异的，对它们是有利的。

米尔恩·爱德华兹曾详细讨论过如下问题，即某个体各器官的生理分工所产生的利益等同于同一地方生物之间构造分歧所产生的利益。所有生理学家都不会怀疑专门用于消化植物物质的胃，或专门用于消化肉类的胃，可以从这些物质中吸收最多的养料这一说法。因此任何一块土地的普通系统中，动植物对于不同生活习性的分歧越大越完善，能在那里生活的个体数量就越大。体制分歧很少的一组动物要想和一组构造分歧更完全的动物相竞争是十分困难的。正如沃特豪斯先生及别人所认为的，将澳洲各类有袋动物分成若干彼此差异不大的群，它们是食肉、反刍、啮齿的哺乳类的代表者，但它们能否与这些发育良好的目成功地竞争呢？我们看到在澳洲的哺乳动物中，分歧过程还处在早期的与不完全的发展阶段中。

通过性状的分歧与灭绝，自然选择对一个共同祖先的后代可能产生的影响

依据上面简短的讨论，可以假定，任何一个物种的后代的构造分歧越大，成功的可能性也就越大，并越能侵占其他生物占据的区域。接下来我们要探讨的是将从性状分歧获得利益的原理，与自然选择的原理和灭绝的原理相结合以后所能发挥的作用。

本书附有一张图表可以让我们图文并茂地理解这个比较复杂的问题。A到 L 表示这一地方的一个大属的所有物种；假设它们的相似度并不相等，就像自然界中的普遍情形，以及图表中用不等距的字母所表示的那样。要强调的是，我所说的是一个大属，因为第二章中曾经提到过，比起小属，大属里平均有更多的物种产生变异，而且在变异的物种中拥有更多数目的变种。此外也显示，罕见的和分布狭小的物种的变异不如最普通的和分布广泛的物种来得多。假定普通而分布广的且变异的物种是 A，并且是属于本地的一个大属。用 A 发出的长度不等的、分散开来的虚线来表示变异的后代。假设这类变异虽然细微却拥有极分歧的性质；另外假设常常并非同时而是间隔较长时间才发生这类变异；并且假设在发生之后它们能存在的时间长度也各不相等。被保存或自然选择下来的就只有那些具有某些利益的变异。这里便体现出由性状分歧而能够得到利益的原理的重要性。因为，通常最差异的或最分歧的变

异(外侧虚线表示)才会受到自然选择的保存与积累。用一个小数字标记一条虚线遇到一条横线的情况,这样就充分地积累了假设中的变异数目,因此形成一个很显著的变种,这个变种在分类工作上被认为具有记载的意义。

在图表中,表示一千或一千以上的世代的是横线之间的距离。假定物种(A)一千代以后,产生两个很显著的变种,分别记作 a^1 和 m^1。由于变异性本身具备了遗传性,所以这两个变种所处的条件往往和它们的亲代发生变异时所处的条件相同。于是它们显然也具有变异的趋势,而且它们的变异方式和亲代非常相似。此外,亲代(A)本身具备了在数量上比本地生物更为繁盛的优点,由于这两个变种只发生了细微变异,因此有遗传此类优点的趋势;它们还遗传了更为普通的亲种所隶属的那一属的优点,这个优点有令其在自身区域内成为一个大属的功能。所有这些条件都有利于新变种的产生。

此时,假如这两个变种依然变异,则在以后的一千代中都会保存下它们变异的最大分歧。这段时期后,图表中的变种 a^1 产生变种 a^2,依据分歧原理,比起 a^1 和(A)之间的差异,a^2 和(A)之间的差异更大。若 m^2 和 s^2 是 m^1 的两个变种,它们彼此不同,但是与它们的共同亲代(A)之间的差异更大。利用相同的步骤,人们可以将这一过程延长到任一久远的时期;每一千代之后,有些变种只可产生一个变种,但当某些变异越来越大,有些则会产生两或三个变种,当然也有些不能产生变种。所以由共同亲代(A)变异了的变种,往往会持续增加它们的数目,而且在性状上也会继续进行分歧。在图表中,这个过程表示到一万代结束,当将其压缩或简单化后,就可到一万四千代。

有一点我必须说明:事实上这种过程的进行并非很规则,也不是连续的,因而我并不是假定它会像图表中所描述的那样有规则地进行(其实图表中或多或少已体现出了一些不规则性),而认为更有可能的是:在一个长时期内每一类型都保持不变,之后才会发生变异。我也不是假定,必然会保存下最分歧的变种:一个中间类型有长期存续下去的可能性,也有产生一个以上变异了的后代的可能性;因为某种极其复杂的关系决定着自然选择通常根据未被其他生物占领或未被完全占据的位置的性质而发生作用。可是,一般的规律表明,只要一个物种在构造上越能产生分歧,地方占得越多,才越能增加它们变异了的后代。我们在图表中,用小写数字标记在有规则的间隔内的系统线上,

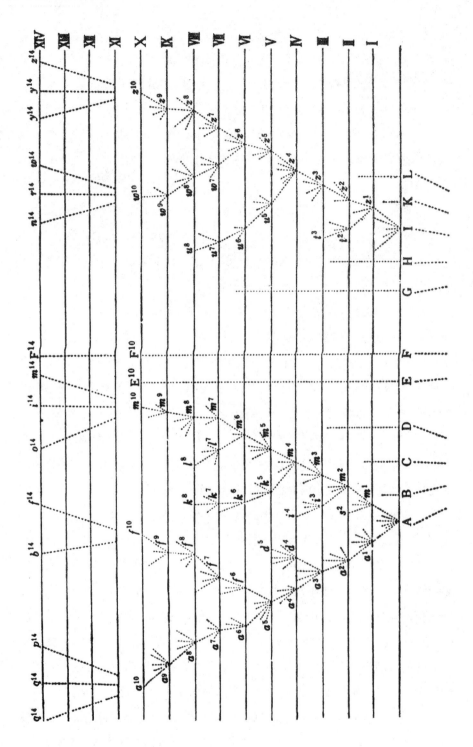

小写数字标志的是连续的已变成十分不同的足以被列为变种的类型。在任何地方都可插入这种想象的中断，只要相当分歧变异量能够被间隔的长度准许而得到积累，就能如此。

图表中，由（A）分出的若干虚线表示的是：一切从一个普通且分布广，并从属同一个大属的物种产生出的后代，它们一般都把亲代成功的优点继承下来，因而它们的数量也就进一步增多，也增加了在形状上分歧的可能性。而图表上，若干较低的没有达到上述横线的分支显示的是：占据较早和改进较少的分支地位往往会被从（A）产生的已变异后代和系统线上更好改进的分枝所代替，从而遭到毁灭。变异过程在某些情况下无疑仅限于一条系统线，于是尽管在量上扩大了分歧变异，然而数量上来说，变异了的后代并未增多。如果去掉图表里从（A）出发的各线，只留 a^1 到 a^{10} 的那一条，便可表示出上述情况。与此相似的是英国的赛跑马和向导狗，它们既无任何新枝，也无任何新族产生，显然它们的性状是从原种缓慢地进行着分歧。

假定经过一万代后，产生 a^{10}、f^{10} 和 m^{10} 三个类型，因为其间经过历代性状分歧，所以它们之间以及和（A）种之间将有很大区别，也许这些区别并不相等。假设图表上两条横线之间只有细微的变化，那这三个类型可能只是非常明显的变种；但假如在步骤上或在量上发生的变化较多或较大，这三个类型就能变为可疑的物种或至少是明确的物种。因此，由区别变种的较小差异，上升至区别物种的较大差异的各步骤都从这张图表上表现出来。如果在更多世代延续同样过程（如压缩和简化的图表所示），我们就可以获得从（A）传衍出来的八个物种，用小写字母 a^{14} 到 m^{14} 所表示，由此我们可以看出物种增多而形成了属。

大属中总要有超过一个以上的物种发生变异。图表中我假定经过一万世代后，第二个物种（I）以相类似的步骤，产生两个明显的变种或是 w^{10} 和 z^{10}，我们要依据假定的横线间的变化量来决定它们到底是变种还是物种。假定一万四千世代之后，产生了六个新物种 n^{14} 到 z^{14}。在任何一个属里，性状已很不相同的物种在自然组成中有最佳机会占据新的且广泛的地方，从而一般会产生出最大量的变异的后代；所以，在从图表中挑选变异最大的并已经产生新变种和新物种的物种时，我选取了极端物种（A）与近极端物种（I）。图中那些不等长的向上的虚线表示的是，在长久但不等的时期内原属里的另外九个物种，有继续产生不变化的后代的可能性。

图表中还显示出，在变异过程中，灭绝的原理也在变异过程中发挥重要的作用。因为在充满生物的地方，自然选择必定只选取在生存斗争中获得成功的类型，任何一物种的改进了的后代，经常有在系统的每一阶段中，逐步消灭和驱逐了它们的先驱者或原始亲种的倾向。剧烈的斗争一般发生在习性、体质与构造最相近的类型之间。所以，一般有灭绝趋势的都是那些处于较早和较晚的状态之间的，也就是处于同种类型中改良少和改进多的状态间的中间类型。系统线上很多整个的旁支由于被后来改进了的支系取代，从而灭绝。然而，如果想要让后代与祖先和平相处，继续生存，那么就要在不同地域中迁入某一物种的变异了的后代，或者让后代很快地适应一个全新的地方。

假设图表中表示的变异量非常大，则物种（A）和所有早期的变种都会灭亡，而由八个新物种 a^{14} 到 m^{14} 代替；并且物种（I）也会被六个新物种 n^{14} 到 z^{14} 代替。

再进一步探讨，假设如自然界中的情况一样，该属的那些原种之间的相似程度并不等同；物种（A）和其他物种的关系没有它和 B、C 及 D 的关系来得近，物种（I）和 G、H、K、L 的关系比较近。进一步设想（A）和（I）很普通且分布很广，因此在同属中它们本来就比大多物种更有优越性。在一万四千世代时，它们变异了的后代共有十四个物种，部分相同优点被它们继承了；它们还以各种不同方式在系统的每一阶段中进行变异和改进，这样就适应了本生活地区的自然组成构造中那些与它们有关的地位。所以，它们很有可能取代或消灭亲种，而且灭绝与亲种最接近的原种。所以，只有极其稀少的原种能够传到第一万四千世代。与其他九个原种关系最远的两个物种（E 与 F）中我们可以假定只有一个物种（F），能够在这一系统的最后阶段仍产生它们的后代。

图表中有十五个新物种从十一个原种遗传下来。在性状方面，相比十一个原种之间的最大差异量，a^{14} 与 z^{14} 之间的极端差异量更大，这是由于自然选择造成了分歧的倾向。此外，新种间的亲缘的远近也不尽相同。在由（A）传下来的八个后代之中，都是刚从 a^{10} 分出来的 a^{14}、q^{14}、p^{14} 三者，亲缘比较相近；b^{14} 和 f^{14} 是在较早时期时从 a^5 分出来的，因而在某种程度上与以上三个物种有所差别;最后,o^{14}、i^{14}、m^{14}有相近的亲缘,但分歧在变异开始时已存在,因此,它们可以成为一个亚属或一个明确的属。与前面的五个物种有很大差别。

两个亚属或两个属将在由(I)传下的六个后代中形成。但是由于原种(I)与(A)差别较大,(I)在原属里几乎处于某个极端,由于遗传的缘故从(I)的六个后代,与(A)传下来的八个后代有很大区别;还有,这两组生物继续分歧的方向是不同的。另一个重要的论点是,连接在原种(A)和(I)之间的中间种,除了(F)之外,也一并灭绝,没留下任何后代。因此,必然会将从(I)传下的六个新种,和由(A)传下的八个新种列为不同的属,甚至是不同的亚科。

因此两个或以上的属,是经过变异繁衍产生于同一属中两个或以上的物种,同时也可以假定这两个或以上的亲种是从更早期一属中某一物种产生的。我们在图表中用大写字母下方的虚线来表示上述情形,其向下收敛的分支,集中于一点;这点代表某物种,也就是假定的几个新亚属或属的祖先。我们应该考虑新物种F^{14}的性状问题,假定它仍然保存(F)的体型,没有什么较大变化,性状分歧不大。这种情况下,它和另外十四个新种有十分奇特且疏远的亲缘关系。由于它是遗传自假定的现已灭亡而鲜为人知的(A)和(I)两个亲种之间的类型,那么在某种程度上它的性状可能处于这两个物种所遗传下来的两群后代之间。而和它们的亲种类型相比,这两群的性状已经有了分歧,因此新物种(F^{14})是介于两群的亲种类型之间,并非直接介于亲种之间,这种情形大概每个博物学者都能料到。

假定这张图表中的每条横线都代表一千代甚至更多代;即使是含有灭绝生物遗骸的地壳的连续地层的一部分它也可以表示。这个问题在《地质学》一章中还要进一步探讨,并且这张图表会启示灭绝生物的亲缘关系——虽与如今生存的生物属于同目、同科,或同属,然而在性状上这种生物常常基本上介于如今生存的各群生物之间。因为在灭绝物种生存的各个不同的辽远时代,系统线只有较小的分歧在分支线上,所以这种事实是可以解释的。

把现在所阐述的变异过程仅限于属的形成是说不通的。如果我们假定在图表中,分歧虚线上各个连续的群表示了巨大的的变异量,那么标着a^{14}到p^{14}、b^{14}和f^{14}、以及o^{14}到m^{14}的类型,会组成三个极其相同的属。还有从(I)传下来的两个相差明显的属,与(A)的后代也大不一样。图表所示的分歧变异量将该属的两个群划分为两个不同的科,或者不同的目。从原属的两个物种传下了这两个新科或新目,而这两个原属的物种又是从某些更古老的且鲜为人知的类型传下的。

我们知道,各个地区的较大属的物种最经常出现变种即初期物种,这种情形是能够被预料的;因为自然选择需要通过在生存斗争中一种类型比其他类型更具优越性而起作用,它主要作用于具有某种优势的类型;然而任一个群成为大群,必定是由于它的物种遗传了某些共同祖先的共同优点。因而,在一切尽力增加数目的大群之间往往发生产生新的变异的后代的斗争。即一个大群迫使另一大群减少数量,也减弱其继续变异和改进的机会,最终使其消亡。在同一个大群里,后来传下的、更好完善的亚群,常常是从自然组成中分歧出来并占据许多新的地位,它们总是带有一种排挤和消灭较早的、改进较少的亚群的倾向。最终,较小的、衰弱的群或亚群都将灭亡。由此,我们预言:现在最少受到灭绝之祸的生物群,将能在未来一段相当长的时期内持续增加。但是却无法预计最后的胜利属于谁。因为从前曾是极发达的许多群,现在都灭绝了。对于更远的未来,我们还可预计:大多数较小群因被不断增多的较大群攻击而终要趋于灭绝,而且不会传下变异的后代;最终,仅有极少数物种能把后代传到遥远的未来。但我在这里再谈一谈,根据这种观点,因为只有极少量较古远的物种的后代被传到今日,并且同一物种的所有后代形成一个纲,因而我们就了解了产生这种在动植物界的每一主要大类中,留存至今的纲是如此之少的现象的原因。虽然只有极少数极古远的物种传下变异了的后代,但在久远的地质时期中,也有很多属、科、目及纲的物种分布在地球上,繁盛程度不比今天差。

论生物体制倾向进步的程度

保存和累积各种变异是"自然选择"作用的全面体现,这些变异对于所有生物来说,有利于它在所有的生活期内的有机与无机条件下的生长。这导致各种生物逐渐改进了和外界条件之间的关系;同时也必然导致世界范围内大部分生物的体制的逐步改进。然而,什么叫做体制的进步,这是一个极复杂的问题,博物学界也都没有一个满意的说法。智慧的程度以及构造接近人类的脊椎动物,它们的进步是很明显的。我们不妨这样设想,似乎可以把从胚胎发育到成熟时期,各部分和器官所经历的变化量的大小作为比较标准;当然也不包括一些情形,例如,一些寄生的甲壳动物,在成长后它的某些部分的构造反而变得不完整,因此,这种成熟的动物可能并不比它的幼虫高等。应用得最广也最好的要数冯见尔所定的标准,这是指同一生物的各部分的分化量——此外我还要说一句,这是指成体状态——以及米尔恩•爱德华所说的生理分工的完全程度即它们不同机能的专业化程度。然而,假如我们观察一下鱼类,就可以知道这个问题并不简单;像鲨鱼这个最接近两栖类的物种,被一些博物学者视为最高等,而呈现鱼形且最不像其他脊椎纲的动物的普通硬骨鱼则被另一些博物学者列为最高等。植物方面也是如此。当然,智慧的标准在植物中当然根本不存在;花的每一器官,如萼片、花瓣、雄蕊、雌蕊完全发育的植物被有些植物学者认为是最高等的;同时,也有人认为最高等的是拥有几种极大变异器官的花而数目减少的植物,这种观点似乎更为合理。

如果我们所说的体制高等与否是以成熟生物的几个器官的分化量与专业化量(含概为智慧目的而产生的脑进步)来判断,那么很明显自然选择会支持这个标准。因为生物学告诉我们器官的专业化有利于生物,之所以说是在自然选择的范围之内以专业化为方向进行变异的积累,是由于专业化能更好地促使机能的执行。另外,努力地进行高速率的增加,并在自然组成中争取各个未被占领或未被完全占据的位置,是一切生物的本能,从这儿我们得知,在自然选择的作用下,一种生物的几种器官很有可能逐渐成为多余或无用的;这样一来,就发生了体制等级退化的现象。在《地质的演替》一章中,我们会讨论,全体生物体制从最远的地质时代到现在是否确有进步。

但我们也可持反对意见:假定所有生物都有等级上的上升倾向,那在世界范围内为何依然有许多最低等类型存在呢?在每个大的纲中,为何某些类型比其他类型更发达?较低等类型的地位为何没有被更高度发达的类型取代或消灭呢?拉马克坚信所有生物在内在上都必然趋向于完善,因而他觉得这个问题十分难解,因此他必须假定能够不断地自然发生新的和简单的类型。现在这种想法的正确性还没有得到证明,将来能否证明也是后话。依据我们的理论,不难解释低等生物的继续存在;因为自然选择即最适者生存,并不一定包含进步性的发展——自然选择只对生物在复杂生活关系中有利的变异起作用。那么就有这样的疑问,对于一种浸液小虫,一种肠寄生虫、甚至对于一种蚯蚓来说,高等构造究竟有什么利益?倘若毫无利益,这些类型就不会通过自然选择有所改进,或几乎很少改进,或者这种低等的状态可能会无限期持续。地质学明确地说明,有些最低等类型,如浸液小虫和根足虫将旧有的状态在极长久的时间中保持到今日。但是,我们也不能轻率地认为至今生存着的大多数低等类型自生命初期以来就丝毫未变,因为没有一个博物学者不被曾经解剖时所看到的最低等生物的奇异而美妙的体制所吸引。

这种论点差不多同样可运用于一个大群的各级不同体制,例如,哺乳动物和鱼类并存于脊椎动物中;人类和鸭嘴兽并存于哺乳动物中;沙鱼和文昌鱼并存于鱼类之中,而文昌鱼的构造非常简单,接近于无脊椎动物。然而,哺乳动物和鱼类互相之间没有什么值得竞争的;当哺乳动物全纲或其中的某些成员进步到最高级时,并不会取代鱼的地位。生理学家认为,必须灌注热血,脑才能高度活动,所以必定要进行空气呼吸;因而,栖息于水中的温血哺乳动物,必须经常浮出水面进行呼吸,这对它们来说并不方便。至于鱼类,不会有文昌鱼被鲨鱼科的鱼所替代的趋势,我曾听弗里茨·米勒说过,在巴西南部较为荒芜的沙岸附近,有一种奇异的环虫是文昌鱼的唯一伙伴和竞争者。哺乳类中三个最低等的目,也就是有袋类、贫齿类与啮齿类,和大量猴子在南美洲某个地方共存,它们之间或许少有冲突。总之,整个世界的生物的体制虽然都有进步,并且这种进步还在持续下去,可是在等级上的完善程度永远是不尽相同的;因为某个纲或每一纲中的若干成员的较高程度的进步,根本没有全部灭绝那些与它们没有密切竞争的群类的必要性。我们以后将会看到,某些情况下,若干体制低等的类型由于在某些局限或特殊的区域内栖息,所以保存至今,在这些区域中它们没有激烈的竞争,而且成员稀少也使得发生有利变异的机会被阻碍了。

最终,我确定有多种原因导致很多低等体制的类型至今仍存活于世界上。某些情形中,从未发生过个体差异或有利性质的变异,因此自然选择发挥不了作用从而加以积累。或许在所有情形中,人没有足够的时间面对最大可能的发展量。体制在某些少数情形中出现退化。但主要是因为:高等体制在极其简单生活的条件下非但没有用处甚至会有害处，因为体制越纤细，就越不容易被调节，也就更容易被损坏。

我们相信所有生物的构造在生命初期都是非常简单的，于是会问：到底是如何发生身体各部分的进步也就是分化的第一步骤的呢？也许赫伯特·斯潘塞先生会说，简单的单细胞生物经过生长或分裂会变化为多细胞的集合体，或者会依附于所有支持物体的表面，在这种情形下，他的关于"任何等级的同型单位，依照和自然力变化的关系，按比例进行分化"的法则就会起作用。但是如果在这一题目上，我们没有事实依据，只是一味空想，基本上是没有用的。然而，如果假定，生存竞争和自然选择在许多类型产生之前根本不存在，那最终一定推论出错误的结论：一个单独物种如果生长在隔离地区中，那它所发生的变异可能是有利的，这样一来，可能所有个体就会发生变异，或者，产生两个不同的类型。可我曾在《绪论》中说明，只要我们承认对于现今存在于世界上的生物之间的关系是无知的，尤其是关于它们过去时期的情形，那么我们就不会奇怪为什么有些关于物种起源的问题迟迟无法解释。

性状的趋同

尽管 H.C.沃森先生本身也相信性状分歧的作用，但他却认为我对于性状分歧的重要性估计过高，同时也认为所谓性状趋同也能发挥一些作用。我们可以设想两个不同属但是近属的物种都产生出许多可能彼此很接近的分歧新类型，那么，就可以将这些类型分类于同一个属。这样，两个不同属的后代就是同一属的。在多数情况下，将完全不同类型的变异了的后代的构造接近与相似归为性状趋同的原因，是极为草率的。只有分子的力量才能决定结晶体的形态，因此，不必对不同的物质偶尔会呈现相同的形态而奇怪。然而关于生物，复杂的关系也就是已经发生的变异是每个类型的决定性因素，同时变异的原因又太过复杂以致难于研究——是由被保存或者被选择的变异的性质来决定的，而周围的物理条件又决定了变异的性质，其中尤其重要的就是和它进行竞争的周边生物——然而最终的决定性因素是来自所有祖先的遗传（遗传是种不定因素），而任何祖先的类型又都由同等复杂的关系决定。所以，从原本极不相同的两种生物遗传下的后代，之后逐渐趋于类似，导致它们的整个体制几乎变得一致,令人难以相信。如果这种事情曾经发生,那么完全没有遗传联系的同一类型就会在隔离较远的地层中重复出现,而衡量证据与这种说法是相反的。

沃森先生认为在自然选择的连续作用下,结合性状分歧,可以产生无数的物种这种说法是极其错误的。大概有许多物种单在无机条件下,能够很快适应各种非常不同的热度与湿度等等。但我完全相信,更具重要性的是生物间的相互关系;有机的生活条件会随着各处物种的持续增加而愈加复杂。结果初看起来,由于构造的有利分歧量表面上是无限的,因此能够产生的物种数目也应当是无限的。甚至我们并不知道生物最繁盛的区域,是否已被物种的类型所充满;已具有惊人数量物种的好望角和澳洲,仍有很多欧洲植物归化。从地质学来看,贝类物种的数量在第三纪的早期,以及哺乳类的数量从同时代中期开始没有大量或根本没有增加。那么,究竟是什么原因抑制了物种数量的无限增加呢?每个地域所能维持的生物数量(并非物种的类型数量)必然是有限的,决定这种限制性的是该地的物理条件。因此,如果某区域内栖息着非常多的物种,则会减少每一个或几乎每一个物种的个体;如果出现敌害数量或季节性质的偶然变化,那么这种物种就极易灭绝。此类情况下,灭绝过程是迅速的,但产生新种的过程永远是缓慢的。我们可以假设这样一种极端情况,英国的物种与个体数量一样多,然而大量物种的灭绝常常是由于出现某个寒冷的冬季或极干燥的夏季。每个地方,倘若限制增加物种的数量,各个物种就会成为个体稀少的物种,并且我们知道在一定时期内,两个稀少物种很少能产生有利的变异;最终阻碍了新种类型的产生。近亲交配会促使较为稀少的物种濒临灭绝,很多研究者将这点作为立陶宛的野牛、苏格兰的赤鹿、挪威的熊等衰颓的原因。我认为其中还有一个极其重要的因素,即一个优势物种,击败原地的很多竞争者,随而散布开去,许多其他物种的地位被它攫取。就像得康多尔曾经说过的,这些广为散布的物种通常还会散布得更广,最终,在某些地区就会取代当地的某些物种,促使它们灭绝,这样,世界范围内物种类型的异常增加就会受到抑制。胡克博士最近阐明,显然在澳洲的东南角有许多从不同地方入侵的侵略者,因而澳洲本地的土著物种大大减少。我还不敢说这些论点究竟有多大价值,但有一点可以肯定,即在各地方它们一定有限制物种无限增加的趋势。

提要

无可非议的是：生物构造的每部分在变化的生活条件下基本上都会显示个体差异；生物是按几何比率增加的，在某一时期里，它们必定经常发生剧烈的生存斗争。由于所有生物互相之间及其与生活条件之间的极为复杂的关系，会引发它们在构造、体质及习性上的有利于它们的无限分歧，那么如果说从未发生过有益于某一生物本身繁荣的变异（就像许多曾经发生的有益于人类的那样的变异），将是难以置信的。但是，假如确实发生过有益于任何生物的变异，那么在生活斗争中具备此等形状的所有个体必然会有保存自己的最好机会。根据确定的遗传原理，拥有同样性状的后代就会产生。这种保存原则，即最适者生存原则，就是我所说的"自然选择"。"自然选择"使生物在有机与无机的生活条件下获得改进；最终在大多数情况下，就会促进体制的进步。然而，如果低等且简单的类型，可以良好地适应它们较为简单的生活条件，也能保持长久不变。

自然选择可以以品质在相应龄期的遗传原则为依据，如改变成体一样容易地来改变卵、种子和幼体。性选择在许多动物中帮助一般选择，为最强健且最适应的雄体产生出最多的后代作保证。同时也可以使雄体获得有利性状，促使其与别的雄体进行斗争或对抗：这些性状会将一般的遗传形式传给雌雄两性或一性。

自然选择是否真的可以发挥上述的作用，从而使各种类生物类型与其某些条件和生活地点相适应呢？我们必须通过以下各章所举的事实来论证。但是我们已经看到生物的灭绝是由自然选择所致，而且地质学也清楚地说明了绝灭有史以来巨大的作用。由于一个区域所能维持的生物是否繁盛取决于生物的构造、习性及体质的分歧状况，所以性状分歧的产生也是通过自然选择——我们只需考察任一处小范围的生物和异地归化的生物，就可以证明这一点。因此，任何物种的后代在变异过程中以及在原物种不断增加个体数量而发生的斗争中，愈是分歧，在生活斗争中它们就愈有成功的良机。如此，就出现逐渐增大属于同一物种的不同变种的细微差异的趋势，直至增大为同属物种间的较大差异的存在、或进而增大为异属间的较大差异。

我们可以看到,每个纲中变异最大的物种是大属的那些普通、分散广且范围大的物种,而且它们倾向于将其在本土成为优势种的某种优越性传给变化了的后代。如上所述,性状的分歧,改进较少的或中间类型的生物的大量灭绝均是自然选择的结果。以这些原理为依据,我们就可以理解世界各纲中任何生物间的亲缘关系以及普遍存在的明显差异。我们感觉奇怪的是,所有时间和空间内的任何动物和植物,都可分为各群,彼此关联,如我们一般所见的那样——关系最密切是同种的各个变种,关系较疏远并且不均等的是各个同属的物种,它们形成了区及亚属;异属物种间的关系更为疏远,而且根据属间关系的远近程度,形成了亚科、科、目、亚纲及纲。无论哪个纲中的若干次级类群均不能列入单一行列,但是都环绕在某些点上,这些点又和其他某些点相环绕,长此以往,就形成了几乎是无穷的环状。倘若物种是独立创造的,就不能解释这样的分类;然而,正如图表中所见,根据遗传及引起灭绝和性状分歧的自然选择的巧妙且纷杂的作用,便可解释这点了。

常常用一棵大树来表示同一纲中所有生物的亲缘关系,这种比喻基本上能反映真实的情况。现存的物种用绿色的、生芽的小枝来表示;长期、连续的灭绝物种可用以往年代生长出的枝条表示。每个生长期中,所有正在生长的小枝都有向各方分枝的意图,并且试图将周围的新枝与枝条遮盖或弄死。同样道理,在巨大的生活斗争中的任何时期,物种和物种的群都在压倒其他物种。巨枝是分大枝,再逐渐分为越来越细的枝,它们在树木未长大时,都一度以生芽的小枝的形象出现;所有灭绝与现存物种的分类都能由这类由分枝来连结旧芽和新芽的情形代表,在群之下它们再分为群。当这棵树还很矮时,许多繁茂的小枝中,其中可以长为大枝、负荷着其他枝条但生存至今的不过两三个。在久远地质时期中生存的物种也是如此,它们当中只有少数的变异了的后代被保存,从这树开始生长以来,已经枯萎而且脱落了很多巨枝与大枝;没有留下生存的后代而仅是化石状态的全目、全科及全属可用枯落的、大小不一的枝条表示。正如我们所见,由于某种有利机会,树的下部某个分叉处生出一根细小且孤立的枝条,并且茂盛地生长至今;由于亲缘关系把鸭嘴兽或肺鱼这类动物的两条大枝联络起来,而且生活地点也对它们保护有加,所以能使它们避免残酷的竞争。由于生长芽生出新芽，如果是强健的新芽，就会分出枝条覆盖四周许多相对较弱的枝条，所以这巨大的"生命之树"在其传代中相信也是如此，地壳被这株大树用它枯落的枝条所填充，并且用它的茁壮而美丽的枝条覆盖了大地。

第五章　变异的法则

外界条件改变后的结果——与自然选择相结合的使用与不使用；飞翔器官与视觉器官——气候驯化——相关变异——生长的补偿和节约——假相关——重复、残留的及体制低等的构造易变异——发育异常的部分易高度变异：物种的性状相比属的性状更易变异：次级性征易变异——同属的物种以相似方式发生变异——长久消失的性状的重现——提要。

以前我偶尔会把变异视作偶然发生的——在家养状态下的生物中变异是十分普遍而且多样的，而在自然状态下的生物中程度则较低。这种看法显然极不正确，但却说明我们对引发各类特殊变异的原因认识不够。某些著者认为，正如孩子长得像他双亲那样，生殖系统的机能是产生个体差异或构造上细微偏差的原因。但在家养状态下比在自然状态下更常发生变异与畸形，而且分布广的物种的变异性大于分布狭窄的物种，那么从这些事实中可以得出一个结论，即变异性通常与生活条件密切相关，而在这样的生活条件下各个物种已经生活了许多世代。我曾在第一章里试图阐明，改变了的外界条件以两种方式产生作用，一种是对体制的某几部分或整体直接地发生作用，一种是通过生殖系统间接地发生作用。两种因素包含在所有情形中，最重要的一种是生物的本性，另一种是外部条件的性质。已经发生改变的外部条件的直接作用产生的效果不定。在后者中，体制在外部条件下似乎可塑，并且还具有很大的彷徨变异性。在前者中，生物的本性是如果它们在一定的条件下容易屈服，那么几乎所有的个体都以相同的方式发生变异。

要判断如气候、食物之类的外界条件的改变在一定方式下发生了多大作用，是个疑难问题。随着时间的迁移，毫无疑问它们的效果比事实所能证明的更大。但我们也有充足的理由认为,不能把我们在自然界各生物间看到的无数构造上复杂适应的现象,仅仅归因于这种作用。外部条件在以下几种情况中,好像产生了一些细微效果:福布斯认为,生长在南方的浅水中的贝类,比生活在北方深水中的同种贝类的颜色更鲜明;但也未必都是这样。古尔德先生确信,与生活在海边或岛上的鸟相比,生活在明朗大气中的同种鸟的颜色更为鲜明;沃拉斯顿确定,在海边生活的昆虫颜色会受海的影响;摩坤—丹顿列出一张植物表,跟别处相比,当表中的植物生长在近海岸处,某种程度上叶多为肉质。这些轻微变异的生物具备的性状,类似于局限在同等外界条件下的同一物种所表现的性状,这个现象十分有趣。

如果一种变异对所有生物都产生细微的作用,那么这一变异是出于自然选择的累积作用,还是受到生活条件的一定影响呢?这一点也无法说清楚。例如,同种动物,越居住在北部,则拥有越厚且越好的毛皮;这种现象的出现有多少是基于毛皮最温暖的个体在数代中获得利益而被保存,又有多少是基于寒冷的气候呢?这些有谁能说得清呢?因为我们家养兽类的毛皮是直接受到气候影响的。

许多事例表明,同一物种在明显不同的外部条件下,能产生类似变种;而外部条件明显相同的同一物种,却产生不相似的变种;还有,虽然有些物种在对比极大的气候下生活,仍能保持纯正,有些则完全不变。每个博物学者对这点都很熟悉。这种论点让我不得不考虑某些我们完全不知道的原因所引发的变异倾向比周围条件的直接作用更加重要。

某种意义上,由于变种能否生存由生活条件决定,因而生活条件,不仅能直接地或间接地产生变异,同样也包括了自然选择。十分明显,当人类掌握选择权时,变化的两个要素差别很明显;人的意志用某种方式把变异性激发起来,并使其朝着一定方向累积;后一作用就与自然状况下最适者生存的作用相一致。

受自然选择所控制的器官使用频繁和不使用的效果

第一章中所讲的事实表明:家养动物的一部分器官因为使用被加强并增大了,另一些因不使用而被缩小了,这是毋庸置疑的,而且这种变化应该是遗传的。在无约束的自然状态下,祖代的类型我们并不知道,因此我们没有判断长久连续使用或不使用的效果的确切标准;但是,不使用的效果往往是许多动物所具有的构造的最好解释。如欧文教授所言,在自然界中,鸟若是不能飞行便是十分异常的,然而若干这样的鸟确实存在。南美洲的大头鸭的翅膀和家养的艾尔斯伯里鸭的几乎一样,因而只能在水面上拍打翅膀。然而值得注意的是,坎宁安先生说,其实它们的幼鸟是会飞的,因为这类大型鸟长大后仅在地上觅食,一般除逃避危险之外很少飞翔,因而失去了飞翔的能力。由此推论,由于海岛上没有食肉兽,所以栖息在此的几种鸟基本上没有翅膀,这可归结于不使用的原因。栖息在大陆上的鸵鸟,并不能用飞翔来逃避危险,然而它却能够有效地用脚踢它的敌人从而保护自己,就像四足兽那样。可以确定,鸵鸟一属的祖先原本与野雁的习性相像,但在连续的世代中它们身体的大小和重量有所增加,因而它用腿的机会远高于用翅膀的机会,最终丧失了飞翔的能力。

科尔比曾经发现,很多以粪为食的雄性甲虫的前趾节,也就是前足,经常会断掉。通过检查采集的十七个标本,发现没有一个留有痕迹。阿佩勒蜣螂的前足跗节经常亡失,导致这一昆虫被定义为不具有跗节。某些其他属虽带有跗节,但也只是处于残留状态。被埃及人视为神圣的甲虫,其跗节全然缺失。目前虽然还无法确定偶然的损伤能否遗传,但是勃隆—税奎认为外科手术在豚鼠中有遗传效果,这一显著事例告诫我们必须严谨地看待这种遗传倾向。因此,对于上述前足跗节完全缺失的神圣甲虫和仅留有跗节残迹的某些其他属,我们最稳妥的态度是最好不把它当做损伤的遗传,而应把这种结果看做是长期持续不使用所导致的。因为一般来说,在许多吃粪甲虫生命的早期,就都失去了跗节;所以,跗节对它们的重要性不是很大,或者说很少被使用到。

某些场合下,我们极易将不使用视作解释主要或全部由于自然选择而发生的构造变异的原因。沃拉斯顿先生曾经指出一件值得注意的事实,就是550种在马得拉栖息的甲虫中,有200种甲虫拥有极为残缺的翅膀,因而不能飞翔;同时在二十九个土著的属中,至少二十三个属的一切物种都与此类似! 世界上很多地方经常有甲虫被风吹到海中溺死;据沃拉斯顿观察,马得拉的甲虫隐蔽得很好,仅在风和日丽的时候才出现;在没有遮拦的德塞塔群岛,无翅甲虫的比例数比马得拉的更大。另外还有一种异常现象受到沃拉斯顿的重视，即在各地非常常见的绝对需要使用翅膀的一些大群甲虫，几乎在这里看不见。这些事实说明，也许是与长期不使用相结合的自然选择的作用导致如此之多的马得拉甲虫没有翅膀。在很多连续的世代中，某些甲虫个体之所以没有被风吹去海里，而得到最好的生存机会，是因为它们当中有的翅膀发育得稍不完全，有的出于懒惰，飞翔较少。反之，海风常常把那些喜爱飞翔的个体送入海中，导致毁灭。

在马得拉有的昆虫不在地面上觅取食物，如鞘翅类和鳞翅类，而是在花朵中觅取食物，为获得食物它们经常使用翅膀。由此沃拉斯顿先生猜想，此类昆虫的翅膀不仅没有缩小，反而会有所增大。这与自然选择的作用完全相符。当一种新的昆虫刚来到这个岛上时，它们的翅膀是增大还是缩小的自然选择趋势，决定大多数个体要么战胜海风，要么少飞或不飞以求生存。这就好比，在近海岸处的船破了，会游泳的船员如果可以游得越远当然越好，不善于游泳的，还是攀住破船更为实在。

鼹鼠和某些穴居的啮齿类动物的眼睛是残缺的，并且由于某些情况，有时完全被皮和毛遮盖掉。眼睛出现这种情况可能是因为不使用而逐渐退化，不过也许还有自然选择的作用。南美洲有一种叫做吐科吐科的穴居啮齿动物，它有比鼹鼠更喜欢深入地下的穴居习性，据一个常捕捉它们的西班牙人说，它们多半是瞎眼。我曾养过一只，它的眼睛的确如此，经过解剖检验，得知是因为瞬膜发炎。眼睛时常发炎，对任何动物来说都是有害的，然而眼睛对于穴居性动物来说根本没有必要，因此，它们的眼睛形状缩小，上下眼睑黏连，而且逐渐在上面生出毛来，似乎反而是有利的，如果有好处，自然选择就会对不使用发生作用了。

众所周知，生活在卡尼鄂拉及肯塔基的洞穴中的那些完全属于不同纲的动物是盲目的。虽然某些蟹已经没有了双眼，却依然存有眼柄；就像望远镜虽然没有了透镜，却依然留有架子。由于眼睛对于生活在黑暗中的动物没有多大用处，也不会有什么害处，因此可将它们的消失归为不使用的结果。西利曼教授在距洞口半英里的地方（并非洞穴最深处），捕捉到两只洞鼠，它们的眼睛大而有光；当它们被放在渐渐加强的光线下，大约只需一个月，就可依稀辨认眼前的东西。

很难想象,还有生活条件和气候几乎相似的石灰岩洞更相似的;因此根据美洲和欧洲的岩洞分别创造出盲目动物的旧观点,可以推测到它们拥有十分相似的体制和亲缘。如果我们仔细观察这两处的所有动物群,就会发现结果明显不是这样的;单就昆虫方面而言,希阿特就曾说过,"所以我们观察全部现象时不能单纯用地方性以外的眼光,马摩斯洞穴和卡尼鄂拉洞穴,二者之间少数类型的相似性,只不过是普遍存在于欧洲与北美洲的动物群之中的类似性的突出表现而已。"在我看来,我们应当在大多数场合下假设美洲动物拥有正常的视力,它们像欧洲动物移入欧洲洞穴那样,一代代地逐渐从外界移入越来越深的肯塔基洞穴的处所。我们有若干证据可证明这种习性的渐变性;希阿特说过:"因此我们将地下动物群看做是受地理限制的邻近地方的动物小分支,一旦它们伸入到黑暗中去,便适应了周围的环境。刚从光明转入黑暗的动物,和普通类型相差不远。此后,不断出现构造适于微光的类型;最后出现构造适于整个黑暗的那些类型,它们的形成十分特别。"我们必须认识到希阿特的这些话只适用于不同物种,并不适用于同一物种。当动物经过无数世代,到达地下最深处时,它们的眼睛由于不使用,几乎全部成为残废,而自然选择通常又会引起其他变化,对盲目作出补偿,譬如增长触角或触须。尽管存在这种变异,欧美洲大陆别种动物与欧美洲洞穴动物的各自之间的亲缘关系,我们还是能够看出来的。达纳教授曾说,美洲的一些洞穴动物确实如此,而欧洲的一些洞穴昆虫与附近的昆虫也极为相似。有种普遍观点是假设它们是被独立创造出来的,果真这样的话,我们就很难解释洞穴动物与这两个大陆的其他动物之间的亲缘关系。从众所周知的新旧两个世界的大多数其他生物间的亲缘关系,我们可料想到存在于这两个世界的若干洞穴动物应当有十分密切的亲缘关系。因为在和洞穴口相距较远的阴暗岩石下藏有许多埋葬虫属里的一个盲目的物种,黑暗中生活可能和这一属里的洞穴物种视觉的亡失没有关系;这是能理解的,既然已经失去眼睛,这种昆虫就易于适应黑暗的洞穴了。默里先生经过观察,发现另一在别处没有见到过的盲目的盲步行虫属,也具有这种明显的特性,它只生活在在洞穴里;但是栖息在欧洲和美洲某些洞穴里的物种与此不同:也许在没有失去视觉之前,这些物种的祖先在这两个大陆上分布较广,后来都灭绝了,只有那些隐居在洞穴里的被保存下来。不需对某些奇特的穴居动物感到奇怪,如阿加西斯提到过的盲目物种,又如欧洲的爬虫——盲目的盲螈,都十分特别,我所奇怪的是,由于只有较少动物住在黑暗处,竞争没有那么激烈,所以没有保存更多的古生物的残余。

气候驯化

植物的习性均可遗传,像开花的时期,休眠的时间,种子发芽所需要的雨量等,因此我要略谈一下气候驯化。同属而不同种的植物通常生长在寒地和热地,假设是从某一单一的亲种传下同属的一切物种,气候驯化则必定极易在这一长期的繁衍过程中发挥作用。我们知道,任何物种都能适应本土气候,但从寒带或者温带来的物种却无法忍受热带的气候,反之亦然。还有很多多汁植物不适应潮湿的气候。但是我们往往对一个物种对它生活的气候的适应程度估计过高,以下事实可以推论出这点:一种新引进的植物,能否适应我们的气候,我们无法预知,从不同地区引进的许多动植物却可以健健康康地生活。我们有确切的证据证明,在自然状况下,由于物种与其他生物竞争,并受到十分严格的分布上的限制,这作用就会类似于或者大于物种对于特殊气候的适应性。然而在多数情况下不管这种对气候的适应性密切与否,我们都可以证明在某种程度上少数植物能适应不同的气温,即气候驯化。在喜马拉雅山上各个高度不同的地点,胡克博士采集了同种的松树和杜鹃花属的种子,栽培在英国,发现它们的抗寒力不同。思韦茨先生对我说,在锡兰他看到过同样事例。H.C沃森先生曾经对从亚速尔群岛带到英国的欧洲种植物作过类似观察,除此之外还可列举别的例子。至于动物,也可以引用若干确实的事例,有史以来,物种的分布范围很快扩展,从较暖的纬度延伸到较冷的纬度,同时也存在反延的现象;尽管在一般情况下,我们认为这些动物严格适应于它们的本土气候,但并不能完全肯定,至于它们后来是否对它们的新家园的气候特别驯化,相比起初它们能否更好地适应这些地方,诸类问题我并不十分清楚。

出于家养动物有用,并且易在幽禁状态下生育,而非后来发现的可以将它们输送到远方去的原因,我们推论出它们最早是经过未开化人选择而得的。由此,我们的家养动物具有共同且优秀的能力,使它们不仅可以抵抗完全不同的气候,而且能在那种情况下生育繁衍(这是非常严格的考验)。以这一点为依据,可以对多数如今生活在自然状态下的动物都具备抵抗不尽相同的气候的能力这个现象进行论证。然而由于我们的家养动物可能源自若干野生祖先,所以不要把前面的理论推得太远。例如,在我们的家犬中,也许混合着热带狼和寒带狼的血统。鼠和鼩鼠不能看做是家养动物,人类却把它们带去世界各个地方。现在它们比其他任何啮齿动物都分布得都要广。它们既能在北方寒冷的气候下生活,也能生活在南方热带的福克兰岛屿上。所以,我们可以把对于任何特殊气候的适应性看做是,极易移植于内在体质的广泛揉曲性中去的一种大多数动物所共有的属性。那么,人类本身和他们的家养动物对于极不相同的气候的忍耐力,以及象和犀牛先前曾能忍受冰河期的气候而今却灭绝了,但它们的现存种类却具有热带与亚热带的习性,这些现象若依照上述论点来看,并非异常,而应认为是在特殊环境条件下的极普通的体质揉曲性发生了作用。

我们很难理解在物种对所有特殊气候的驯化之中,哪些是单纯出于习性,哪些是因为具有不同内在体质的变种的自然选择,又有哪些是上述二者的结合。类推、农业著作甚至中国古代的百科全书再三告诫我们,要小心地把动物运到不同的地方,由此我确信习性或习惯是有一些作用的。因为单纯依靠人类来选择如此多的具备特别适于他们地区的体质的品种和亚品种并不现实,在我看来,一定是习性造成了这种结果。另外,自然选择必定保留了一些生来就具有最适于它们居住地的体质的个体的倾向。有许多关于栽培植物的论文表明,有一些变种比别的变种更能适应某种气候。由美国出版的果树著作阐明,一些变种经常在南方种植,而另一些经常种植在北方,然而这些变种中大部分都起源于近代,因此它们并非因为习性而产生体质差异。在英国从来不用种子来繁殖菊芋,所以它从未产生过新的变种,至今还是娇嫩如昔;曾有人用这个例子证明气候驯化没有什么作用。同样也有人引用菜豆的例子,而且通常更有力;然而只有在极早时间播种菜豆,随后寒霜毁灭了它的极大部分,而后从少量的生存者中采集种子,而且要注意防止它们的偶然杂交,之后再从这些幼苗中小心地采集种子,进行播种,这样的过程持续二十代,才能说做过了这个试验。菜豆实生苗的体质是否产生差异我不能判定,因为有一个报告曾指出，一些实生苗的耐寒力确实强于其他实生苗；我也曾亲眼见过这类显著的事例。

总而言之，我们可以这样下结论，即习性的使用与否，对于某些情形中体质与构造的变异起到十分重要的作用，但这种作用常常与内在变异的自然选择相结合，有时甚至被其支配。

相关变异

相关变异是指，生物的整个体制在生长、发育过程中结合得十分紧密，因而如果任何部分发生微小变异，而被自然选择所累积时，都会导致其他部分的变异。这个问题十分重要，但我们对它的理解并不充分，并且十分容易混淆完全不同的事实。不久之后，我们会看到，在单纯的遗传中常会表现出相关作用的假相。最为明显的事例之一，就是幼龄动物或幼虫在构造上，产生自然倾向于影响成年动物的构造的变异。具备相似的外部条件的、而且是同源的、在胚胎早期构造相等的身体某些部分有按照同样方式进行变异的明显倾向：身体的左右侧，以同样方式发生变异，并且前后脚，以及颚和四肢同时发生变异；在一些解剖学者看来，下颚和四肢是同源的。我对自然选择一定程度上支配着这些倾向并不表示怀疑。例如，一度出现过一群只在一侧生角的雄鹿，然而这点对该品种没有起到任何作用，否则自然选择会使它保留至今。

某些著者认为，合生倾向存在于同源部分；这种状况通常能在畸形的植物中看到：花瓣的管状结合是一种极普通且在正常构造里同源器官的结合。似乎坚硬的部分能够对相连接的柔软部分的形态产生影响。一些著者认为鸟类肾的形状发生明显分歧是由于骨盘形状上的分歧。另一些人相信，就人类而言，胎儿头部的形状基于压力会受到母亲骨盘形状的影响。施来格尔认为，蛇类某些最重要的内脏的形状和位置取决于身体的形态和吞食的状态。

我们并不十分清楚这种结合的性质。小圣·提雷尔先生曾强调说，在畸形中，有些往往可以共存，有些却少有共存现象，我无法证明这一点。虽然无疑同源在下述情况中发挥了一定作用，但在我看来没有比下述关系更奇特的了。例如猫，纯白毛和蓝眼睛与耳聋之间的关系，还有龟壳色的猫与雌性之间的关系；又如鸽，外趾间蹼皮和长有羽毛的脚之间的关系，刚孵出的幼鸽绒毛数量与将来羽毛颜色的关系;以及土耳其裸狗的牙与毛的关系。虽然必定受到同源的影响,但是还有比这更奇特的关系吗?从上述关系的最后一例来看,我认为,哺乳动物中表皮最异常的两目,即鲸类和贫齿类,全都长有最为异常的牙齿,这并非偶然现象。可是,如米伐特先生所说,这一规律存在许多例外,因此它的价值并不大。

没有比某些伞形科和菊科植物的内外花的差异,更适宜阐明与使用无关的、从而与自然选择无关的相关变异法则的重要性的事例了。我们知道,雏菊的中央小花和射出花之间是有差别的,这差别常常伴随着生殖器官的部分或全部退化。然而这类植物中,也有一些的种子在形状和纹路上有差别。有时候人们认为这些的差异是由总苞对小花的压力,或者它们彼此间的压力造成的,某些菊科的射出花的种子形状符合这一观念。但是正如胡克博士告诉我的,在伞形科中,决不是花序最密的那些物种的内外花差异最大。假设射出花花瓣是从生殖器官吸收养料而实现发育,就会使得生殖器官的发育不全;可这并不是唯一的原因,因为某些菊科植物的花冠完全相同,但它们内外花的种子却存在一定差异。大概是养料从不同地方流向中心花和外围花而导致了这一差异:我们至少知道,那些最靠近花轴的不正常花最有可能变为化正花,也就是异常的相称花。我将再补充一个显著事例来说明相关作用:往往许多天竺葵属植物花序的中央花的上方二瓣会失去颜色较浓的斑点,这说明其附着的蜜腺退化得厉害;因而中心花变成了化正花也就是整齐花。若上方二瓣中仅有一瓣失去颜色,那么说明蜜腺仅仅是缩短而非退化。

斯普伦格尔认为花冠的发育应该是这样,射出花用于引诱昆虫,昆虫的参与极其有利于这些植物的受精,这种参与也可能是必需的,我认为他的观点很合理。如果这样,自然选择可能已经发生了作用。但是,种子形状上的差异和花冠的所有差异没有任何关系,因而似乎得不到什么利益。明显地,伞形科植物中这些差异极为重要——有时候外围花的种子的胚珠为直生,中心花的种子胚珠却为倒生——因而这些性状常常是老得康多尔对这类植物分类的依据。因此,被分类学家认作价值较高的构造变异,或许可能全部是由变异和相关法则而致,但据我所知,对于物种来说,这并没有什么用处。

我们通常会错误地把物种的整个群共有的、纯粹由遗传而来的构造,归因于相关变异；通过自然选择，一个古代的祖先也许获得了某种构造上的变异，并且在几千代之后，它们又获得了另一种与上述变异并不相关的变异；如果习性分歧的所有后代都遗传到这两种变异，那么猜想它们在某种方式上的必然相关性是自然而然的事情。另外，由于自然选择的单独作用显然还有其他相关情况发生。得康多尔曾经认为，在不裂开的果实中永远找不到有翅的种子；对于这个规律我们可以这样解释：因为适于被风吹扬的种子，只有在蒴开裂的情况下，才有比那些较不适于广泛散布的种子更占优势的可能性。

生长的补偿和节约

几乎在同时期，老圣·提雷尔和歌德提出了生长的补偿法则即平衡法则。歌德说过："在一边消费，一定会被迫在另一边节约。"我想，这种说法同样在某种范围内适用于我们的家养动物：如果流向某部分或某器官的养料过多，那么就没有过多养料流向另一部分或另一器官。因而使一头牛产乳多而又十分肥胖，是一件困难的事。一个产生茂盛且有营养的叶的甘蓝变种，不可能同时又结出大量的含油种子。种子萎缩的水果，它们的果实本身却在大小和品质方面均可得到改进。头上长有一大丛冠毛的家鸡，肉冠常常都是缩小的，多须的家鸡的肉垂也通常是缩小的。这一法则很难普遍应用于自然状态下的物种；可是很多优秀的观察者，尤其是植物学者，都承认它的真实存在。然而，在这里我不想列举任何例子，因为我觉得辨别以下的效果是很困难的：一方面通过自然选择有一部分发达起来，而另一连接部分因为相同作用或者不使用却萎缩了；另一方面另一连接部分的过分生长，也夺取了一部分的养料。

我认为，可以将某些已提到过的补偿情况，以及其他一些事实，归纳在一个更为一般的原则中，也就是自然选择试图不断地节约体制的每一部分。从前有用而后用处变小的某种构造在已发生变化的生活条件下，如果发生萎缩则是有利的；因为这可避免个体将养料浪费在了一种无用的构造上。考察蔓足类的情形给我留下的印象颇深，因此我理解了一个事实，而且有很多类似事例：当某种蔓足类寄生在另一种蔓足类体内而得到保护时，它的背甲差不多完全消失了。雄性四甲石砌属也会这样，寄生石砌属更是这样。所有其他蔓足类的极其发达的背甲，生有巨大的神经和肌肉，并且是由异常发达的头部前端的极为重要的三个体节组成的；但那些由于寄生而受到保护的石砌，整个头的前部大大退化以致缩小到只留有一丁点儿残余，依附于捕捉它物的触角基部。如果省去多余的大而复杂的构造，对这个物种的各代个体都有决定性的意义。这主要是由于每个动物都处于生存斗争之中，减少养料的浪费，能使它们更好地维持自己。

我认为，当身体的任一部分通过习性的变化而变得多余时，自然选择便会发生作用，最终使它有所减少。而其他部分却没有相应程度逐步增大的必要。相反地，一个器官可能通过自然选择的作用而增大，却不需要以缩小某一连接部分为必要的补偿。

重复、残留的及体制低等的构造易变异

就像小圣·提雷尔所说，无论在物种还是变种中，只要将同一个体的任一器官或部分重复多次（如蛇的椎骨，多雄蕊花中的雄蕊），就极易发生数量上的变化。相反地，如果同样的器官或部分的数量较少，就更具有稳定性，这几乎已成为一种规律。随后，这位著者以及一些植物学家又指出，不仅数目上如此，重复的器官，在构造上也非常容易发生变异。这正是欧文教授所指的"生长的重复"，是机构较低的标示，因而前面所说各点，即在自然系统中处于低等地位的生物比高等的生物更易变异，这符合博物学者们的共同意见。我所说的低等是指体制的某些部分很少趋于专业，从而承担特殊功能。承担多种功能的同一器官十分容易变异，因为当自然选择无论保留还是排斥这种器官形状上的差异时，并非像对专营于一种功能的部分那样严格，而是相对宽松。正如切割东西的小刀，无论什么形状都可以；然而，为了某一特殊目的，就必须制造出一个形状独特的工具。我们不要忘记，自然选择只能在保障物种利益的条件下发挥作用。

就像通常所承认的那样，不完全的器官极易发生变异。我们以后还会讨论这一问题；在这里我仅仅补充一点，那就是似乎是它们的毫无用处引起了变异，所以也是由于自然选择无法阻止它们构造上的缺陷而引起的变异。

任何物种的异常发达的部分，相比近似物种里的同一部分，都有易于高度变异的倾向

几年前，我对沃特豪斯的关于标题的论点深有感触。欧文教授好像也得出过类似的结论。只有通过一一列举我所搜集到的一系列事实，才能证明上述观点的真实性，但是我又不可能在这里把它们介绍出来。我只能说，这个观点是一个相当普遍的规律。我希望我已经避免了我所想到可能发生错误的种种原因。应该牢记，这一规律绝对不能应用于任何身体部分，即使这些部分异常发达；只有在比较它和很多密切近似物种的同一部分时，体现出了它在一个或少数物种里的异常发达性，才可以应用这个规律。例如蝙蝠的翅，在哺乳动物纲中是最明显异常的构造，可是它却不适用于这一规律，因为所有的蝙蝠都长有翅膀。只有当某一物种相较于同属的其他物种来说，具有明显发达的翅膀时，这一规律才可应用。这一规律可以广泛应用于次级性征通过任一特殊方式表现出来的情况。次级性征这个名词是由亨特提出的，是指和生殖作用没有直接关系，仅属于一个性别的性状。这一规律可同时应用于雄雌两性，但由于雌性鲜有明显的次级性征，所以并非常常适用于雌性。毫无疑问，由于无论次级性征是否以异常方式出现，总带有相当大的变异性，所以这一规律对这些性状都普遍适用。然而这一规律的应用并非以次级性征为限，雌雄同体的蔓足类便十分清楚地显示出了这种情况；在我研究这个目的动物时，沃德豪斯的话尤其引起我的注意，我确定，这一规律基本上常常适用。在以后的著作中，我会将所有较明显的事例单独列表，而在此文中我仅举一例来说明这个规律最广泛的应用性。无柄蔓足类（岩藤壶）的盖瓣，无论从哪个方面讲，都是很重要的构造，通常在不同的属里它们也只有很小的差异。但在四甲藤壶属中，某些物种的瓣却存在极大的分歧；有时在异种之中这种同源的瓣的形状竟各不相同，即便是在同种个体之中也有极大的差异，所以如果说这些重要器官，在异属间所呈现的特性差异，没有其在同种各变种间所呈现出来的大，也并不夸张。

我曾特别留意研究关于鸟类的一个现象：居住在相同区域的同种个体的变异相当少，并且发现似乎上述规律也可应用于鸟类。但我还没有发现这一规律也适用于植物,若非由于植物巨大的变异性使得我很难比较它们变异性的相对程度,那我对这一规律真实性的可信程度必然会有疑问。

我们可以通过某物种任一器官或部分异常发达的现象,来假设其对这一物种的重要性,但是也正是在这种情况下,它极易发生变异。何以会这样呢?若是根据任何物种都是被分别创造出(正如它所有部分都与我们今日所见一样)的这个观点,我无法解释。但若是从传自其他某些物种的各个物种群都是经自然选择而发生变异的观点下手,或许可以得到启发。我首先要说明几点:假如我们家养动物的任一部分或整体都不加注意和选择,那么一致的性状将不会再在这一部分或整体中呈现出来,也就是说这个品种将会退化。基本上,我们可以在发育不全的器官方面,那些很少对特殊目的特殊化的器官方面,或者在多形的类群方面看到相似情况。因为自然选择在这种情形下还没有或者不能充分发挥功用,因而体制就处于变动不定的状态。但是我们应该尤其注意的是,家养动物中那些因为继续选择而正在急速变化的构造,也会有明显的变异。目前英国养鸽家们主要关注的几点是:同一品种鸽子的若干个体,譬如翻飞鸽的嘴、传书鸽的嘴及肉垂、扇尾鸽的尾羽及姿态等,具有那么巨大的差异量。即便是同一个亚品种,例如短面翻飞鸽,也很难培育出接近完全标准的纯鸽,因为大多数都与标准距离相去甚远。因而可以肯定,在以下两方面存在着某种经常性的斗争:一方面是为保持品种的纯良性的不断选择的力量,另一方面是回到较不完全的状态的倾向和某种发生新变异的内在倾向。最终还是前者获胜,因此我们无须担心会出现在优良的短面鸽品种中孕育出普通翻飞鸽这类粗劣的鸽子的情况。我们往往可以预料:正在进行变异的部分由于正在迅速进行的选择作用的影响,会具有重大的变异性。

现在我们来讨论自然状态下的情况。当我们看到与同属其他物种相比,某物种的一部分构造明显发达,那么我们就能断定,在物种分离出该属的共同祖先之后,这一构造发生了相当大的变异;然而经过的时期不会十分漫长,这是由于几乎没有物种能够延续生存到一个地质纪以上。相当显著的和具有长期连续性的变异性就是所谓的异常变异量,它经自然选择作用向物种的有利方向继续积累。然而一种极其发达的器官或部分,既然已经具有在并不久远的时期内长期地继续进行着的变异性,因而我们可以用一般规律推断,与在更长久时期内基本上保持稳定的其他部分相比,这些器官具有更大的变异性,这一点我十分肯定。一是自然选择,二是返祖和变异的倾向,两者之间的斗争经过一段时间后会最终停止,而且那些最异常的发达器官最终会固定不变,这一点无可置疑。所以,一个部分或器官,不管它是如何异常,既然已经以同样情况传给许多已变异的后代,那依据我们的学说便可得知,在很长的时间内它一定保持了几乎相同的状态,因而它就没有其他构造那么容易变异了。蝙蝠的翅膀就是最好的例子。只有当变异是较近发生且十分巨大的时候,我们才能发现仍旧存在所谓高度的发育变异性。因为在这种场合中,变异性很少能固定下来,原因在于要对那些按要求的方式和程度发生变异的个体进行自然选择,并且要对返归前很少变异的状态继续进行排除。

物种的性状相比属的性状更易变异

本题也可用上节所讨论的原理来解释。在性状上,物种比属更容易变化,这是大家都知道的。这可以用一个简单的例子说明:假如在一个大属的植物中,某些开蓝花,某些开红花,这些花色只能算作物种的性状之一;谁都不会对蓝花的种开红花,或者红花的种开蓝花感到奇怪。可是,倘若所有物种均生蓝花,这颜色自然成为属的性状,假如发生属性状上的变异,这是不平常的。我之所以选取这个例子,主要因为多数博物学者给出的解释并不能运用于此,他们觉得物种的性状比属的性状更易变异的原因是:决定物种分类的那些部分,一般在生理上没有属的性状来得重要。对于他们的解释,我相信只是间接的,局部的合理,在分类一章里我还要提及这一点。

我们没有必要援引证据来支持物种性状较属的性状更易变异这一观点。我在博物学著作里,经常注意到有人惊奇地谈及关于重要性状的事实:一些重要器官或部分,在物种的大群中普遍比较稳定,然而在亲缘密切的物种中却通常体现出极大的差异,并且在同一个体中也往往会发生变异。这一事实说明,基本上来说,如果那些具有属性的性状,降为种性时,它的生理重要性虽仍跟以前一样,但却通常已十分易变,或许在畸形中也可以应用同样的情况。至少,小圣·提雷尔深信,在同一群的各个物种中,某种器官差异越是大,在个体中就越易发生畸形。

如果按照物种均是被独立创造出来的普遍观点来看，那么同属中被独立创造出的各物种内部之间，为什么构造上十分相似的部分比起相异部分来说没有那么容易变异呢？我无法对此作出什么解释。可是依据物种只是拥有固定和显著特征的变种的观点来看，我们可以看出，在近期内发生变异的且彼此存在差异的那些构造部分，它们的变异仍将继续。也许，可以用另一种形式来说明这种情况：属的性状是指和属内所有物种的构造互相类似的、与近属的物种构造相异的各点。这些性状之所以可看做是由共同祖先传下的，主要因为自然选择几乎难以让一些不同的物种依据完全相同的习性进行改变，从而适于各种生活习性。属的性状在物种最初由共同祖先分离出来之前就已遗传下来，此后每代都并没发生什么变异，或者只发生了少许差异，所以到了现在它们也许就不会发生变异了。另一方面，物种的性状也指同属各物种间不同的各点。因为在物种从共同祖先分离出来后，物种的性状发生了变异而有所差异，所以它们在某种程度上到目前还是会经常性地变异，同那些长期保持不变的体制部分相比，至少变异更为容易。

我想并不需要在第二性征容易变异这点上进行详细讨论，博物学者们大都承认第二性征是高度变异的，同群各物种彼此在第二性征上的差异较身体其他部分上的差异为大。例如，将第二性征十分发达的雄性鹑鸡类之间，与雌性鹑鸡类之间的差异量比较，便一目了然。虽然还不十分清楚这些性状原始变异性的起因，但我们可以看到，由于性征是由性选择积累起来的，而性选择的作用通常没有自然选择作用那样严格，并不会引起死亡，不过是令较为不利的雄性留有较少的后代而已，因此它们不像其他性状那样固定和一致。不论第二性征的变异性的原因何在，由于它们极易变异，性选择就有了广泛的作用范围，从而也就可以使得同群的各物种在第二性征方面的差异量较其他性状为大。

有一个值得注意的事实，即同种两性间第二性征上的差异，一般都出现在同属各物种间差异所在的那一部分上。我将列举表中最前面的两例来说明这一事实——这些事例所表现出的差异，具有特殊的性质，因而它们之间的关系绝非偶然形成的。绝大多数甲虫类长有相同数目的足部跗节，这是它们共有的特征。但如韦斯特伍得所说，在木吸虫科里，甲虫跗节的数目变异极大,即便在同种的两性之间,也有很大的变异。此外,翅脉对掘地性膜翅类来说是一种最重要的性状,因为它们大部分都有这个特征;可是翅脉在某些属里因物种的不同也会出现差异,并且在同种两性间亦是如此。最近卢伯克爵士也指出,一些小形甲壳类动物是说明这一规律的好例子。他指出:"例如,在角镖水蚤属中,第二性征主要是前触角和第五对足,这些器官同时也体现出物种性状上的差异。"这种关系显然可以解释我的观点:同属的所有物种,同任何一个物种的两性一样,都由一个共同祖先传下来。所以,无论共同祖先或早期后代的任何构造上的部分发生变异,这一部分被自然选择或性选择所利用的可能性都极高,使它们在自然组成中适应各自位置,而且还要令雄性之间更适于展开争斗,从而获得雌性,或者让同种的两性相互适合。

最后,可以得出结论:物种的性状(区别物种之间的性状)与属的性状(一切物种所具有的性状)相比,具有较大的变异性;与同属别种的相同部分比较,一个物种的任何异常发达的部分,往往具有高度的变异性;如果某物种所共有的性状不论如何异常发达,它的变异程度都较少;第二性征的变异性大,即使是在近缘物种间,差异也十分大;物种差异和第二性征间的差异通常呈现于体制的相同部分;上述这些原理都是密切相关的。这主要是因为,同类的物种从它们共同的祖先那儿遗传了许多共同的东西;因为与遗传已久已经固定的部分相比,近期发生大量变异的部分,常保有变异倾向,更易变异;因为自然选择随着时间的变化,已多少能克服返祖和再度变异的倾向;因为性选择没有自然选择严格,更因为曾被自然选择与性选择所积累的存在于同一部分的变异,使它们作为第二性征同时又作为普通的特征。

不同的物种会表现出类似的变异,因此一个变种通常会具有它的近似种的性状,或者复现它早期祖代的某些性状。通过观察我们的家养动物,就可以理解这样的主张。一些相差较大的鸽的品种,在相隔甚远的地区内,出现脚生羽毛和头生逆毛(这都是原始岩鸽不具备的性状)的亚变种。因而,这些就是两个或两个以上不同族发生的相似变异。可以将突胸鸽常有的十四根或十六根尾羽看做是一种变异,它代表的是另一族即扇尾鸽的正常构造。毫无疑问,这一切相似变异,均是因为这几个鸽族受到近似的却不可知的影响,从一个共同祖先遗传了相同的体质和变异倾向。相似变异的例子也见于植物界,例如瑞典芜菁与芜菁甘蓝的膨大的茎(俗称为根)。有些植物学者把这两种植物当做一个共同祖先产生出来的两个变种。倘若这个观念是错误的,这就成为了两个不同物种呈现相似变异的例子。除了上述两植物之外,还可加入一种,即普通芜菁。根据一般的观点,会将这三种植物的膨大茎的相似性归因于三种虽然独立但又密切相关的创造作用,而不是共同来源的真实原因或者以相同方式进行变异的倾向。关于相似变异的事例,诺丹曾在葫芦这一大科里观察到很多,其他著者也曾在谷类作物中有所发现。最近沃尔先生曾对自然状态下昆虫的类似情况作出讨论,他将其归于"均等变异性"法则之中。

通常在鸽子中还有另外一种情况,就是在所有品种中,都不时地有石板蓝色的品种出现,它们的翅膀上有两条黑带,尾端也有黑带,腰部及外羽近基部的外缘是白色。我想这可能是一种返祖现象,而非在这些品种中出现新的相似变异,是因为亲种岩鸽具备了所有这些颜色的特征。我认为我们可以相信这个结论,因为如我们所见,这种颜色十分容易出现在两个颜色各异的品种的杂交后代中;由此可见,石板蓝色以及几种色斑的出现,仅仅出于遗传法则受杂交作用的影响,而非出于外界生活条件的作用。

令人惊奇的是,在许多世代甚至数百世代中已经消失得某些性状,现在还能再现。某一品种若与其他品种杂交,即便只有一次,然而在以后很多的世代中(有人说大约是十二代或二十代),它的后代偶尔还会有一种表现外来品种性状的倾向。经过十二世代之后,从同个祖先承继来的血的比例仅为2048:1;但是正如我们所知,普遍认为这种外来血的残留部分保持了返祖的倾向。一个从没有杂交过的品种,它的父母已经失去了祖代的某些性状,此品种重现这些特征的倾向,无论是强还是弱,仍然可以传递给无数世代,这和前文所说的是相符合的,就算我们看到相反的事实,也是一样。一个品种已经失去了的某种性状,在许多世代之后再次出现,那合理的假设便是:这种形状并不会在消失数百代之后突然被某个个体所获得,而是它潜伏在每一个世代中,遇到未知的有利条件后才出现。例如,在很少能够产生蓝色的排孛鸽中,产生蓝色羽毛的倾向或许潜伏于每一世代中。在理论上,这种倾向,较无用的器官即残疾器官的遗传更大。实际上,有时的确是通过这种方式将产生残迹器官的倾向遗传下去。

我们可以预料,同属的一切物种存在偶尔按相似的方式进行变异的可能性,这是因为已经假定它们是从同一个祖先遗传下来的;因而两个或两个以上的物种所产生的变种彼此相似,或者某一物种的一个变种可以和另一物种在某些性状上相似,根据我们的观点来看,这另一个物种只是一个具有显著且固定特征的变种。然而由于任何功用上的重要性状的保存,必须根据这个物种的自身特性而由自然选择决定,所以纯粹由于相似变异而产生的性状,其性质或许不甚重要。并且,存在同属的物种偶尔会重现已长久消失的性状。但是,因为我们对所有自然类群的共同祖先的情况并不了解,所以我们也就无法区分重现的特性与相似的性状。例如,假设我们不知道亲种岩鸽是否有毛脚或倒冠毛,我们就无法判定家养品种中出现如此性状到底是返祖现象还是相似变异。我们可以从很多色斑这一结果推论出,蓝色是一种返祖现象,由于色斑和蓝色是关联的,从一次简单的变异中不可能会一起出现大量色斑。尤其当色彩不同的品种互相杂交时,常常出现蓝色和某些色斑,我们可以依此推出上述结论。因而,自然情形下,我们虽然一般无法判定什么情况是重现先前存在的性状,什么情况又是新的相似变异,可是根据我们的理论,有时会发现一个物种的变异着的后代带有同群异种的相似性状。这点不用怀疑。

　　之所以难以区别变异的物种,主要是因为变种与同属其他物种的相似性。此外,介于两种类型之间的类型有很多,并且处于两端的类型本身能否作为物种,我们也不得而知。如果我们不把所有密切近似类型看做独立创造的物种,那么上述情况就表明在变异中它们已经得到了其他类型的若干性状。然而相似变异的最好证明还在于通常具备稳定性状的部分或器官,只不过它们会不时发生一些变异,导致某种程度上和近似物种的同部分或同器官类似。我搜集到许多相关事例。然而跟先前一样,我很难在文中一一列举。因而我只能不断重复,这类情况确实存在,并且值得注意。

　　接下来我要举一个所有重要性状全都不受影响的复杂且奇特的例子,它发生在家养或者自然状态下的某些同属物种之中———一部分是在家养状况下发生的,一部分是在自然状况下发生的。基本上可以断定这个例子是一种返祖现象。驴的腿上有时明显会有与斑马腿上相似的横条纹,有人认为幼驴腿上的条纹最明显,据我考察得出,这个结论是确实可靠的。有时驴肩上的条纹是成对的,条纹的长度和形状均易发生变异。曾有人描述过一头白驴(并非白肤症)的脊上和肩上没有条纹;在深色驴子中,这种条纹也不明显,甚至实际上已经消失。有人说由帕拉斯命名的驴的肩上有双重条纹。布莱斯先生曾在一头野驴的标本上看到一条明显的肩条纹,然而它本应该是没有的;普尔上校曾告诉我,这个物种的幼驴的腿部通常都长有条纹,但肩条纹却是十分模糊的。斑驴体上长有与斑马相似的明显条纹,然而腿上却没有;但在格雷博士所绘标本图上,极清晰的斑马状条纹出现在后脚踝关节处。

我在英国搜集了许多关于马的例子,这些马品种大不相同、颜色各异,但它们脊上均生有条纹:暗褐色与鼠褐色的马通常在腿上生有横条纹,栗色马也有一例;暗褐色的马,有时在肩上呈现不十分明显的条纹,我还见过一匹带有肩条纹的赤褐色马。我儿子曾对一匹暗褐色的比利时驾车马仔细观察,并为我描绘说在其两肩和腿部都生有条纹;我也曾亲眼见过一匹暗褐色的德文郡矮种马,其两肩各长有三条平行条纹,有人告诉我,有匹小形的韦尔什矮种马的肩上也出现这种现象。

印度西北部的凯替华品种的马,普遍都有条纹。普尔上校曾替印度政府检查过这个品种,标准是,不具备条纹的马就不是纯种马。它们的脊上、腿上均长有条纹,肩上的条纹也十分常见,有时是双重,有时甚至是三重;甚至脸的侧面有时也有条纹。条纹往往在幼时最明显,在老马身上有时甚至完全消失。普尔上校见过灰色和赤褐色的凯替华马,初生时都有条纹。根据 W.W. 爱德华先生给我的材料,我可以推测,英国赛跑马脊上的条纹,在马幼时比成长后来得多。最近我养了一匹小马,它是由一匹赤褐色雌马(是东土耳其马和佛兰德雌马所生)与一匹赤褐色的英国赛跑马杂交所生。这幼驹刚满一周岁时,它的臀部和前额长出很多极狭的暗色条纹,类似于斑马纹,但它的腿部仅有极少量条纹,但很快这些条纹就全部消失了。我不想再详细说明,但可以说我搜集到的许多事例都表明,不同地方的各品种马的腿和肩上都生有条纹,西自英国,东至中国,北到挪威,南及马来群岛,都是这样。在全世界,长有条纹的以暗褐色与鼠褐色的马为常见:暗褐色包括颜色范围很广,自介于黑色与褐色之间的颜色起,直至接近淡黄色为止。

史密斯上校曾就上述问题写过文章,他相信马的某些品种是从一些原种传下来的,这些原种包括一种暗褐色的且有条纹的马,并且他相信上述的现象是由古代与暗褐色的原种杂交引起的。然而我们完全可以反驳这个观点,因为如壮硕的比利时驾车马,挪威矮脚马,韦尔什杂种马,瘦长的凯特华马等,均生存在世界上相隔很远的地方,如果说它们都曾和某个假设的原种杂交,事实上似乎不太可能。

现在让我们来谈一谈马属中几个物种的杂交效果。罗林认为驴与马杂交所生的骡子,一般腿上都极易长有条纹。照戈斯先生所讲,美国一些地方的骡子,十有八九腿部长有条纹。我曾见过一匹骡子,腿上条纹很多,足以令人以为它是斑马的杂种。在 W.C.马丁先生一篇关于马的优秀论文中,绘有一幅与上述情况相似的骡子图。在我曾见过的四张驴与斑马的杂种的彩色图中,相较于身体其他部位,它们腿上的条纹更加明显,而且其中一图中马肩上长有双重条纹。莫顿爵士养了一只有名的杂交种,是栗色雌马与雄斑驴所生,它与后来这栗色雌马和黑色亚拉伯马所繁育的纯种后代,腿部的横条纹都比纯种斑驴明显。此外,还有一个不错的例子,格雷博士曾绘制过驴子与野驴所育杂交种的图(据他所说,他还知道另一个相同例子)。驴的腿上有时会长有条纹,但野驴腿上没有条纹,它们肩上也并不长条纹,可是它们的杂交种的四肢上却长有条纹,而且跟暗褐色的德文郡马与韦尔什马生产的杂交种类似,在肩上有三条短的条纹,并且面部两侧也有一些条纹是斑马状的。我确信不可能有一条带色条纹是像通常所说的出于偶然而产生的,所以,我就面部生有条纹这一现象询问过普尔上校:条纹明显的凯特华马是否也曾有面部的条纹。如前所述,他给予了肯定的回答。

我们要如何解释这些事实呢?马属中几个不同品种,经过简单变异,可以在腿上长出斑马纹,或者在肩上长出和驴相似的条纹。我们可看到,在马中,当接近该属其他物种所具有的颜色的暗褐色出现时,这种倾向表现得最强。条纹的出现,并不会引起形态上的任何变化或其他任何新特性;我们可看到,条纹出现的倾向,在不同物种相互杂交所产生的种中最明显。有这么几个鸽的品种,它们均是传自具有一些条纹及其他标志的某种浅蓝色鸽子(含有两三个亚种或是地方族)。假如鸽子的任何品种经过简单的变异变为浅蓝色时,一定会在所生的杂交种中重现这些条纹与其他标志,但它们的形态或性状不会改变。在最原始和纯粹的颜色不同的品种杂交时,所生的杂交种就会呈现十分明显的重现蓝色条纹及其他标志的倾向。我以前认为,这种古老性状再现的合理解释,是假定每一连续世代的幼鸽,都有重现消失已久的性状的倾向,这种倾向,出于未知因素,有时占优势。就像刚才所说的一样,马属的某些物种中,往往幼马会比老马的条纹来得更明显普遍。假如将鸽品种中保持纯种特性百年的那些称为物种,与马属的某些物种相比较,我们会发现是何等的相似。我敢于回顾到千万代以前,有一种条纹如斑马一般的动物,但构造却很不相同,这就是现在的家养马(无论是由一个或多个野生原种所传下的)、驴、亚洲野驴、斑驴和斑马的共同祖先。

凡是相信马属的各个物种是被独立创造而来的人,必定会有这种主张,任何物种被创造出来时都带有一种,无论在自然条件下还是家养条件下,都有以这种特殊的方式进行变异的倾向,使得它往往和同属的其他物种一样长出条纹;另外任何物种被创造出来时都会带有一种强烈的倾向,使得它与生活在世界各地的物种进行杂交时产出的杂交种长有的条纹,与亲种相异,但却与该属的其他物种相似。我认为如果承认这种观点,不真实的或至少是不可知的原因就代替了真实的原因,同时使得上帝的工作变为模仿和欺骗了。如果接受这一观点,我就得相信,贝类化石从未生活过,只是从石头里被创造出来,以模仿在海边生活的贝类,然而这只是顽固守旧而又无知的天地创成论者们才会相信的。

提要

我们对于变异法则,仍是无知的。可能在一百个例子中只有一个,我们可以用来解释发生变异的原因。我们利用比较法就可以看出,不论是同种变种之间的小差异,还是同属物种间的大差异,同样都受到法则支配。外界条件的改变通常会诱发彷徨变异,但偶尔也会发生直接且一定的效果,并随着时间的变化更为强烈和明显,然而我们没有证明这一点的充分证据。习性在产生体质的特性上,无论是使用在强化器官上,还是使用在减弱和缩小器官上,往往都有强烈的效果。同源的部分,经常按照同一方式产生变异,并具有合生的倾向。有时,柔软的和内在的部分会因坚硬和外面的部分的改变而变化。特别发达的部分,带有向邻近部分吸取养料的趋势;可节约的部分,如果即便节约掉也无大碍,就将被节约掉。早期构造的变化常常会影响后来发育起来的部分;很多相关变异的例子,虽然我们仍无法理解其性质,但仍会发生。重复部分的数量和构造都会发生变异,也许因为它们还没有受到一些特殊机能的影响而专业化,因此它们的变异不受自然选择支配。同样由于上述原因,低等生物相比高等生物来说更易变异,因为后者的整个体制已较为专业化。无用的残留器官不受自然选择的控制,因此也易变异。物种性状较之于属的性状更易变异,物种性状是指一些物种由共同祖先分出以后所呈现的不同性状,而遗传已久的属的性状在同一时期并未发生变异。这些情况都是针对到今天还在变异的特殊部分或器官来说的,因为在近代它们发生了变异并因此有所区别;但在第二章里,我们看到同样的原理也对所有个体适用;这是因为如果在某个区域内,发现某个属的许多物种——也就是说那里曾经发生过大量变异和分化,或者说曾十分活跃地产生新的物种类型——那么,平均来说,在那个地域内和这些物种中会出现非常多的变种。次级性征是高度变异的,并且在同群的物种里彼此间产生很大差异。通常利用同一部分的变异性,可以产生同种两性间的次级性征上的差异,和某些同属物种彼此的种间差异。相较于近缘物种同一部分或器官,假如任何部分或器官已经异常发达,那么从该属产生以来它们一定已经经历了极多的异常变异;由此也不难解释它到现在还会产生比其他部分更大的变异的原因;由于变异是一种长期的、持续不断的、较为缓慢的过程,因此自然选择没有充裕时间来克服变异的倾向,以及抑制重现较少变异状态的倾向。然而,如果一个物种生有异常发达的器官,随之产生许多变异了的后代(这是一个长期的且极为缓慢的过程),那不管这个器官是通过怎样的方式而异常发达的,自然选择都会给予其固定的性状。向一个遗传了几乎与共同祖先同样体质的物种施加相似的作用,必定会有呈现相似变异的趋势,或者说它们有时会复现他们古老祖先具有的若干性状。虽然并非由于返祖和相似变异而产生了重要的新变异,然而这类变异在增加自然界的美妙和协调的多样性的过程中,也发挥了极大的作用。

不管后代与亲代间的每个轻微差异是何原因造成的(每一差异都必定有它的起因),我们可以相信:任何构造上,与习性相关联且较为重要的变异,都是有利变异逐步经过缓慢的积累出来的。

第六章　学说的难点

伴随着变异的生物由来学说的疑难——过渡变种的不存在或缺少——生活习性的过渡——同一物种中的分歧习性——具有与近似物种极其不同习性的物种——极完善的器官——过渡方式——疑难的事例——自然界没有飞跃——重要性小的器官——器官并不在一切情形的大部情况下都是绝对完善的——自然选择学说所包括的模式统一法则和生存条件法则。

我想读者在读到本书这一章节之前，必定已经遇到不少难点。其中有些是如此之难，以致我至今都一筹莫展；但是，我认为大多数难点都只是表面的，至于那些较深的难点，也并不妨碍我对这一学说的探讨。

上述难点和异议可分为以下几类：第一，如果物种逐步地从其他物种演变而来，那缘何没有看到无数的过渡类型？为什么物种之间区别分明，而整个自然界也并非混沌不清？

第二，某种动物，例如，一种具有和蝙蝠类似的构造和习性的动物可否由其他习性和构造极其不同的动物变化而来呢？我们是否可以相信，一方面自然选择能够产生出一些不十分重要的器官，就好像仅用作拂蝇的长颈鹿的尾巴，另一方面，也可以产生如眼睛那般奇妙的器官？

第三，本能可否依靠自然选择获得并得到改变？蜜蜂筑造蜂房的本能出现在学识渊博的博物学家发现之前，对此我们将如何解释呢？

第四，我们又如何来说明物种杂交时具有的及其后代具有的不育性，对于变种杂交的能育性没有损害呢？

我们在这里要讨论的是前两项，其他难点将在下一章进行讨论；关于本能和杂种状态将在接下来的两章中有所讨论。

论过渡变种的不存在或缺少——由于自然选择只是在保存有利变异方面起作用，因而在有各种生物生活的区域中，任何新类型都呈现出一种倾向，即最终会将某些改进细微、不如它自身多的原种类型和某些与它竞争而受到不利影响的类型替代并消灭掉。所以灭绝与自然选择是并进的。由此，假设每个物种都传自某些未知类型，则通常在这个新类型形成以及不断完善的过程中，其亲种和所有过渡变种就已然被消灭。

可是，以这种理论来看，必定曾经存在过不计其数的过渡类型，然而为什么在地壳里没有发现它们的大量存在呢？我们将在《论地质纪录的不完全》一章中讨论这个问题，关于这一问题的答案，在这里我仅仅可以说，这主要是由不完全的地质记录所引起的。有很多自然界的采集品存在于巨大的博物馆——地壳之中，但这些采集品并不齐全，而且也只是在长久的间隔时间中进行的。

但是，某些近缘种生活在同一地域内，我们现在理应看见许多过渡类型。来看一个简单例子，当我们在大陆上从北部向南方旅行时，通常会在各个地方明显地看到近缘的或有代表性的物种几乎在自然组成中占据相同位置。这些有代表性的物种经常相遇而且混合在一起；当某一物种逐渐减少，那么相应地，另一个就会慢慢增多，最终取代某一物种。但假如我们比较这些物种相混合的地方，就可以看到它们构造上的各个细节通常都不一样，从在各个物种主要栖息的地点采集来的标本上就可明显看到上述情况。我的学说认为，这些近缘种有一个共同的亲种；各个物种在变异的过程中，逐渐适应相应区域的生活条件，并排斥或灭除了原有的亲种。所以，我们不应期望在各个地区都能看到不计其数的过渡变种。虽然它们一定曾在那里生存过，并且有以化石状态埋存在其中的可能。然而又是什么原因导致如今我们在具备中间生活条件的中间区域中，无法看到连接密切的中间变种呢？虽然这一难题困扰我很久，但我认为，从大体上来说还是可以解释的。

第一，我们应当十分谨慎地进行推测，不可因为某处地方现在是连续的，就推测这一地方在一个久远时期内也是连续的。地质学理论说：大部分大陆在第三纪末期，也还会分裂成一些岛屿：在这些岛屿上，许多不同的物种可能是独自形成，因而并不可能会有中间变种生存在中间地带。受到地形和气候变化的影响,目前连续的海面在离最近不远的时期,一定不像如今这般连续一致。但是我不会以此为借口放弃这个难点,因为我确定原本严格相连的地面上,也可以形成许许多多界限分明的物种;也许这些地面曾经出现过断离,这对于新种的形成,尤其对于自由杂交而流动的动物形成新种,起着重要作用。

试观察如今分布在一个广大区域内的物种,通常我们发现它们在一个大的范围内大量的存在,而在交界处就突然逐步减少,最终灭绝消失。因此,两个代表物种的中间地带,与每个物种的独占地带相比,要狭小很多。如康多尔所观察的那样,登山时,一种普通的高山植物会非常突然地消失在我们面前,这点很值得注意。在福布斯用捞网对深海探查时,也出现了同样的事实。这些事实,会使一些以为气候和物理的生活条件是分布的最重要因素的人感到惊异,因为气候和地域的高度或深度都是在不知不觉中逐渐改变的。但是我们知道,几乎任何物种,在没有其他物种与之竞争的情况下,即使是在分布的中心区域,也会不断增加它的个体数目;我们也知道,基本上所有物种,都是要么吃掉别的物种要么被别的物种吃掉;总之,每个生物都会直接或间接地与其他生物以非常重要的方式发生关系。因而我们也就知道,所有地方的生物分布范围,绝对不是完全由在不知不觉中渐变的物理条件决定的,而是绝大部分决定于其他物种,这些物种中,有的是它赖以生存的,有的是消灭它的,有的是与它相互竞争的;由于这些显然各自有所区别的物种没有被察觉不到的各层类型所混淆,因此任何物种的分布范围,由于受到其他物种分布范围的影响,都会显出十分明显的界限。此外,每个物种在其分布范围的边界上,由于个体数目较少,通常会因它天敌或猎物的数量或者季候的变动,遭遇灭顶之灾。因而,它分布范围的界限也就愈加明显。

生存于某个连续地区内的近似的或具有代表性的物种,分布范围都十分广阔,它们之间存在较为狭小的中间地带,在这个地带内它们会很突然地变得稀少。同时在本质上,变种和物种没有区别,所以这个法则适用于二者。有一个正在变异中的物种,它栖息在一片广大的区域内,那变种中必定有两个适应于两个大的区域,且有第三个与狭小的中间地带相适应。这个中间变种,由于栖息区域十分狭小,就会减少它的个体数目。事实上,按照我的理解,此规律也可应用于自然状况下的变种。在藤壶属里有一个显著例子,足以说明显著变种的中间变种这一规律。从沃森先生,阿萨·格雷博士和沃拉斯顿先生提供的材料可以看出,当存在这种介于两个类型之间的中间变种时,它的个数比所连接的两个类型的数目要少。如果我们相信这些事实和推论,那就可以解释中间变种无法长期生存的原因,以及中间变种的灭绝与消失通常比它们原来所连接的类型要早的原因。

前文已有所论述,个体数目较少的类型,相比个体数目多的类型,更容易灭绝消失。那么,在这种特殊场合,两边的近缘类型极其容易侵害中间类型。然而还有更为重要的原因:在两个变种发生变异而成为两个不同物种的过程中,由于个体数量大,分布区域广,因而比在狭小的中间地带生活的数目较少的中间变种具有更大的优势。这主要是由于,在某个时期内,个体数量较多的类型与个体数量较少的类型相比,具有更多机会,会发生更有利的变异,从而被自然选择利用。由于较不普通的类型的改变和改良比较缓慢,所以在生活竞争中,就有被较为普通的类型击败并代替的倾向。正如第二章所说,这个原理同样可以用以解释,任何地区的普通物种所产生的显著变种比稀少物种要多这一现象。举一个例子,假设有三个绵羊品种,一个可在广大的山区中放养;一个在较为狭小的丘陵地带;另外一个是在宽广的平原。假定这三个地方的居民都拥有相同的决心和技巧,都利用选种以改进羊群;那么,拥有较大量羊群的山区或平原居民,成功的可能性更大,在改良羊群品种上也会比狭小的中间丘陵地区的居民快。最终,改良较少的丘陵品种很快就会被改良较多的山地或平原品种所替代:于是,原本个体数量较多的两个品种,没有被介于它们之中的丘陵地区的中间变种所阻隔,最终得以彼此密切接触。

总之,我确信物种终归是界限分明的,不会在任何一个时期内,由于无数正在变异的中间类型,而呈现难以分解的混乱状态。这个观点的依据有以下几点:

第一,新变种的形成十分缓慢,这是因为变异本身就是一个缓慢过程,要是没有发生有利的个体差异或变异,自然选择通常是无能为力的;要是这个地区的自然机构中没有足够的空间,能让一个或更多改变了的生物更好地进入,自然选择同样无能为力。这样的空间由气候的缓慢变化或者偶然迁入新的生物决定,更为重要的是某些旧生物的变异;因为旧生物和由它产生出的新类型,相互发生作用与反作用。所以无论何时何地,我们都可看到只有为数不多的物种在构造上表现出细微而稳定的变异。

第二,现在连续的地面,在过去较长时期内,往往是隔离的。在这片区域内,有许多类型,尤其是那些每次生育都必须通过交配并广泛漫游的类型,也许已经变得大不一样,可以当做是代表物种。在这种场合中,在这片区域的各个隔离部分,必定存在过一些代表物种和它们共同祖先间的中间变种,然而这些中间变种,在自然选择的过程中,都已被排斥而绝灭,所以现在无法看到它们。

第三,如果,在一个全部连续的区域中,有两个或两个以上的变种在不同部分形成,那么也许会在中间地带形成一些中间变种,但存在时间比较短。出于上面提及的原因(也就是我们知道的近缘种、代表物种以及公认变种的实际分布情况),生存在中间地带的中间变种的数量少于它们连接的变种数量。仅仅出于这个原因,中间变种就已面临灭绝;而且在通过自然选择而发生的变异过程中,基本上它们必定被由它们连接的类型所排斥和替代;因为这些类型的数量多,变异较多,得以通过自然选择得到更大改进,从而得到较大优势。

最后,假定我的学说是正确的,那么我们通过所有而非任一时期来看,必定曾经存在过不计其数的中间变种,把同群的所有物种紧密连接;然而正如前面一再强调的,自然选择过程通常会使祖型和中间变种灭绝消失。最终,只有化石的遗物才能证明它们的确曾经存在,然而保存下来的化石极不完全,是间断的记录,这在以后的一章中会提及。

论具有特殊习性与构造的生物的起源与过渡——反对我观点的人曾经提出:比如,陆栖食肉动物怎样才能向具有水栖习性的食肉动物转变,这种动物如何在过渡状态中生活?不难看出,如今在许多食肉动物中,仍然存在着密切连接陆栖习性到水栖习性的中间各级;并且所有动物必须不断通过斗争以求取生存,因此它们必须很好地适应自身在自然界中的位置。观察一下北美洲的水貂,它的脚有蹼,它的毛皮、短腿和尾形都像水獭。夏季,它入水捕鱼而食,冬季则离开冰冷的水,像其他鼬类一样,捕食鼠类和其他陆栖动物。此外他们也许会再问:"食虫的四足兽怎样才能转变为飞行的蝙蝠?"这个问题更难回答。但我认为这个难点并不那么重要。

我在这里，正如在其他场合中一样，处于很不利的位置，因为我只能从搜集的很多鲜明事例中略谈一二，以说明近似物种的过渡习性及其构造，以及同种之中永久或暂时的各种习性。在我看来，像蝙蝠这种特殊状况，只有把过渡状态的事例一一列举，才能减少其中的困难。

试看松鼠科，有的松鼠的尾巴只是稍稍扁平，另外一些品种，像理查森爵士所说，它们的身体后部相当宽阔，两胁的皮膜充分张开，自这些种类起，直至所谓的飞鼠，中间有极其细微的各级；皮膜将飞鼠的四肢以及尾的基部全部连结起来，好像降落伞那样，使飞鼠在空中可以从一树滑翔到另一树，距离惊人。我们必须相信，各种松鼠各自的构造都是适用于其栖息的地区，能使它们避免食肉鸟或食肉兽的捕食；能促使它们迅速采集食物；甚至可以降低它们偶然跌落的危险。可是却不能由此断定，任何松鼠的构造在所有可能的情况下，都是我们所能想象的最好构造。如果气候和植物发生变化，如果迁入了其他和它竞争的啮齿类或新的肉食类，或者是原来的肉食动物发生变化，由此类推，我们相信总有一部分松鼠的数量会逐渐减少，甚至灭绝，除非它们的构造可以发生相应的变异和改进。因此，不难理解，尤其是在变化着的生活条件中，那些肋旁皮膜逐步增大的松鼠会继续生存下去，因为它的每次变异都是有用的，并且得以传衍，最终由于自然选择过程的积累，产生一种完全的飞鼠。

接下来看一看猫猴类，即所谓的飞狐猴。以前人们将它列为蝙蝠类，现在认为它应当是食虫类。它肋旁宽阔的皮膜从额角起一直伸展至尾巴，也包含了长有长爪的四肢、皮膜还长有伸张肌，尽管现在在猫猴类和其他食虫类之间没有适用于在空中滑翔的构造的各级链锁，但是我们不难推测，这类链锁以前存在过，并且和滑翔尚不太完全的飞鼠一样慢慢发展起来，对这些动物来说，所有构造都一定有过用处。不难进一步得出结论，连接猫猴类趾头和前臂的膜，在自然选择过程中大大增长；就飞翔器官来说，可以使这动物变成蝙蝠。有些蝙蝠的翼膜从肩膀顶端一直延伸到尾巴，并包含后肢。也许可以从这样的构造中看到一种原先较适合滑翔而非飞翔的构造的痕迹。

如果大约十二个属的鸟类灭绝了，那么谁敢妄加推测说以下的这些鸟类都存在过呢？如翅膀仅用于击水的大头鸭；翅膀在水中当鳍用，在陆上当前足用的企鹅;把翅膀当做风帆的鸵鸟;还有翅膀在机能上没有用处的几维鸟。然而这些鸟的构造,在它们所处的生活条件下,于自身都是有用的,因为每种鸟都是在斗争中求生存,不过它并非在所有可能条件下总是最好的。不要用上述的事例推论,这些可能由于不使用而不同的翅膀的构造,代表了鸟类在获得完全飞翔能力过程中所实际经历的步骤,但是它们至少可能表现出过渡的方式。

既然我们发现在水中呼吸的甲壳动物与软体动物中,有少数种类能够适应陆地生活;又发现有飞鸟、飞兽,各种各样的飞虫,以及古代的飞爬虫,那么可以设想依赖鳍的猛拍而慢慢上升、旋转并在空中进行较远滑翔的飞鱼,有变成拥有翅膀的动物的可能性。如果曾经发生过这类事情,那么谁能想象到,它们在早期的过渡状态中是居住在大海里,而且它们还具有专门用来躲避其他鱼类吞食的初步飞翔器官呢?

如果我们发现与所有特殊习性相适应而且达到高度完善的构造,比如鸟类用以飞翔的翅膀,我们要明白,具有早期过渡构造的动物鲜有保留至今的,因为会被后来者排除。这些后来者也在自然选择的作用下日益完善。进而可以肯定,适应不同生活习性的过渡状态构造,在初期发展不大,从属类型也不多。至此,我们回头再看一下臆想的飞鱼的例子,真正能飞的鱼类,极有可能不是为了在陆面和水中用不同的方法来捕捉各个种类的食物,才在很多附属的类型中发展起来的,而是直到它们的飞翔器官趋于高度完善的阶段,使得在现实生存竞争中占有更多的优势时,才可能发展起来的。由于在个体数目方面,具有过渡构造的物种没有那些构造发达的物种来得多,所以在化石状态中,发现前者的机会远小于后者。

接下来我将举出两三个例子,用以说明同种的个体间习性的改变和习性的分歧。其中任一情况下,自然选择都易于使动物的构造适应于它已经变化的习性,或者专门适应于若干习性中的一种。但是我们很难确定,究竟是习性的变化促使构造的改变呢,还是构造的细微改变引起习性的变化?不过这些于我们而言并非重要。也有可能两者通常是同时发生的。有关习性的改变情况,举如今专以外来植物或人造食物为食的大多数英国昆虫的例子就已足够。有关习性分歧的例子,不胜枚举:在南美洲时,我经常观察一种暴戾的鹟,它像一只茶隼一般从一处飞翔到他处,有时却静静地站在水边,突然像翠鸟似地急速冲入水中捉鱼。有时在英国,能够看到大茈雀像旋木雀一般攀缘在树枝上;而有时又像伯劳似的啄小鸟头部,以致小鸟死亡,我时常看见并听见,它们犹如鸸鸟在枝上啄食紫杉的种子。赫恩曾在北美洲看见黑熊好像鲸鱼一样在水中游了好几个小时,张大嘴巴捕食水中的昆虫。

有时我们可以看到某些个体具有不同于同种和同属异种所固有的习性,因此可以预期这些个体有时可能产生具有特殊习性的新种,并且这些新种的构造模式和它们不同,发生了细微或者显著的变化。这样的情况存在于自然界之中。啄木鸟是适应性方面最好的例子,它攀爬树木并从树皮的裂缝中取食昆虫。但是有的北美洲的啄木鸟基本以果实为食,还有一些长有长翅,并在飞行中捕食昆虫。在几乎没有树的拉普拉塔平原上,有一种叫平原䴕的啄木鸟,其两趾朝前,两趾朝后,舌长而尖,尾羽又尖又细而且十分坚硬,这种构造使得它在树干上可以保持直立,但是没有典型啄木鸟的尾羽坚硬。另外它的喙也十分直而且坚硬,虽然没有典型啄木鸟的嘴那么直或坚硬,但也足以在树木上凿孔。因此,从这类鸟构造方面的主要部分来看,确实是啄木鸟的一种。即便是某些次要的性状,比如色彩、粗糙的音调、波动式的飞翔,都鲜明地显示出了它们同普通啄木鸟的密切的亲缘关系。可是根据我本人以及亚莎拉的观察来看,我断定,在一些大的区域内,这种啄木鸟并不攀爬树木,并在堤岸的洞穴内筑巢! 然而据赫德森先生讲,在别的地方,它经常飞翔于树林中,并在树干上凿孔筑巢。接下来,举另一个例子来说明这一属的习性变化情况,据沙苏尔描述,墨西哥有一种啄木鸟在坚硬的树木上凿孔以储藏栎果。

最具海洋性和空中性的鸟是海燕,然而在火地岛的宁静海峡间生存着一种名为水雉的鸟,基于它的一般习性、惊人的潜水能力、游泳方式和起飞的姿态,极易被人误认为是海乌或水壶卢。事实上,它却只是一种海燕,只不过它体制的大部分在新的生活条件中发生了显著变化;可是拉普拉塔的啄木鸟在构造上却仅有一些细微的变化。关于河乌,即便是最敏锐的观察者,根据它的尸体标本,也必定不会猜测出它有半水栖的习性;但是与鸫科相似的这种鸟,却以潜水为生,在水中拍打双翅,用双脚抓握石子。膜翅类这一大目的所有昆虫,全部都是陆栖性的,然而卢伯克爵士曾发现卵蜂属有水栖的习性;在水中时,它用翅不用脚,可以潜游长达四小时之久;但是它的构造却并没有因为习性的变化而发生变化。

一部分人认为所有生物生来就和今日所见一样,因此当他们看到某种动物的习性与构造不一致时,往往觉得奇怪。为了游泳,鸭和鹅形成了蹼脚,这是一个十分明显的例子。可是高原上的鹅,虽然也长有蹼脚,却很少走近水边。除了奥杜旁之外,至今还没有人看见过四趾都有蹼的军舰鸟会飞停到海面上。另一方面来看,尽管水壶卢和水姑丁的趾只在边缘地方长有膜,但二者明显都是水栖鸟。涉禽类的趾很长,但没有膜,以便在沼泽地或浮草上行走。鹬和陆秧鸡均归属于这一目,但却具有不同的习性:前者是水栖性的,和水姑丁一样,而后者则是陆栖性的,和鹌鹑或鹧鸪一样。以上都是习性已经改变而构造却没有相应改变的例子,当然我们还可以举出很多类似的例子。高地鹅的蹼脚,在机能上几乎没有什么作用,但在其构造上却并非这样。至于军舰鸟趾间深凹的膜,则显示其构造已开始改变。

有的人认为生物是无数次分别创造出来的,也许他们会说,这些例子只是说明造物主喜欢让一种类型的生物取代另一种类型的生物;然而我却认为这只是重述事实而已。有的人相信生存斗争和自然选择的原理,也承认任何生物都在不断地增加个体数目;同时也承认任一生物,只要在习性或者构造上发生些微变异,那它就较同一地区的其他生物占有更大的优势,从而取代那一生物的位置,无论那个位置与它自己原来的有多么不一样。这样看来,军舰鸟和鹅都长有蹼脚,却生活在干燥的陆地上而很少降落于水面上;长趾的秧鸡,生活在草地上而非沼泽地;一部分啄木鸟生活在几乎不长树木的地方;潜水的鹬、膜翅类和海燕全都具有海鸟的习性,这些现象于这一部分人来说并不奇怪。

极为完善和复杂的器官

眼睛的构造具备不能模仿性,能够针对不同距离来调节焦点,在容纳不同量光线的同时,可以矫正色彩和球面的色差和像差。坦白地说,假设说自然选择造成了眼睛的特性这种说法似乎是极其荒谬的。当有人提出太阳是静止的,地球是围绕太阳旋转的时候,人类以常识判断这一说法是错误的。可见

"民声即天声"这句谚语,在科学里是不会被相信的,虽然这是每位哲学家都知道的。从理性方面推断,假如能够证明从简单而不完全的眼睛到复杂而完全的眼睛之间存在着许多级别,而且每级对于它的所有者都有像实际情形那样的作用;进而假设眼睛也确实发生过变异,而且这些变异是可以遗传的,同时假定对于正处在改变着的外部条件下的所有动物,这些变异都是有用处的;那么,虽然在想象中难以被克服,但是自然选择能够形成完善而复杂的眼睛这一观点却是不能被颠覆的。就像生命的起源一样,神经对光是如何产生感觉的不是我们探讨的范围。而我要说明的是,在一些最低级的生物体内虽然没有找到神经,它们却也能够感光,我认为是某些感觉元素积聚在它们的原生质里,进而成为具备这种特殊感觉性的神经,这并非是不可能的。

我们在探索任何物种的器官趋于完善的各级时,应当专门考察的是它的直系祖先,而这几乎是不可能的,所以我们就必须去考察同一种群中的其他物种和属,也就是对有共同始祖的旁系进行考察,这样就能看出哪些级可能出现在趋于完善的过程中,也许某些没有变化或者只有细微变化但是遗传下来的级会被发现。然而,处于不同纲里的相同器官的状态,有时候也能说明其趋于完善所经过的步骤。

最简单的被叫做眼睛的器官,是由一条视神经形成,没有任何的晶状体或者其他折射体,只是被色素细胞和半透明的皮膜环绕、遮挡着。但是根据乔丹的研究,我们还可以再降一级,只是把它看做用于视觉器官的,没有任何神经的色素细胞的集合体,而且只是附着于肉胶质组织的上面。此类眼睛,性质简单,仅可以区别明暗,却看不清楚东西。根据作者上面的叙述,有些星鱼体内,神经外环绕的色素层出现小的凹陷,里面充满透明的胶质,其凸起的表面很像高等动物的角膜。作者认为,这是为了便于光线集中起来,使感觉更加容易一些,而不是用来反映形象的。在集中光线的情况下,可以真正反映形象的眼睛的第一步甚至是最为重要的一步被我们发掘出来。因为视神经的裸露端(低级动物的视神经的裸露端的位置不固定,有的埋在体内,有的则接近于体表)的位置,如果与集光器的距离适当的话,在其上就会形成影像。

关节动物纲的视神经是单独被色素层所包围的,是最原始的,这种色素层没有晶状体或别的光学装置,但是有时候会形成一个瞳孔。目前发现,有着巨大的复眼的昆虫的角膜上存在众多小眼,构成包含奇特变异的神经纤维的真正的晶状体。然而学者关于关节动物的视觉器官分类的分歧很大,米勒就曾经将关节动物的器官划分成三个主要的大类与七个小类,此外还分出第四个主要大类——聚生单眼。

假如我们回想上面简单讲过的情况,也就是低等动物的眼睛构造的范围的问题,包括广泛的、分歧的、逐步分级的,如果我们没有忘记的话,已经灭绝类型的数目比所有现存类型的数目肯定多得多,那么就很容易证明,在自然选择的作用下,那个被色素层和透明的膜环绕、覆盖着一条视神经形成的简单装置,能够成为任何一种关节动物所具备的那种完善的视觉器官。

看到这里的读者,倘若在看完本书后,仍然发现其中的许多事实没有别的方法能够解释,只有自然选择的变异学说能够说明白,那么,他就应当坚定地承认这一点;虽然在这种状况下,他还不清楚它的过渡状态是怎样的,但他也应该承认,即使是雕的眼睛那样完善的构造也是这样形成的。有些人曾经反驳说,要想使得眼睛发生变化,并且作为一种完善的器官被保存下来,必须同时发生许多变化,但据推想,自然选择是做不到的。但倘若变异是极其细微且逐步发生的,那么就不必假设一切变异都是同时进行的,就像我在论家养动物变异的那本书中曾试图说明的。另外,共同的一般目的也可能有不同种类的变异进行服务,正像华莱士先生曾谈到的:"在焦点过短或者过长的时候,晶状体的调整功能是通过改变曲度或者密度来实现的;假如因为曲度不规则,光线不能聚集于一点,那么进行改进的办法便是增加曲度的规则性。因此,对视觉而言,眼睛肌肉的活动和虹膜的收缩都是不必要的,只是在所有的阶段中使这一器官的构造得到增加和完善化的改进罢了。"脊椎动物在动物界中占据最高等的地位,其眼睛的结构最初极其简单,比如文昌鱼的眼睛,没有什么特别的装置,只不过是由透明皮膜形成的、长有神经并被色素包围的小囊。在鱼类和爬行类中,就好像欧文曾讲过的:"折光构造的诸级范围很大。"依照微尔和的看法,有一点具有举足轻重的意义,在胚胎时期人类的晶状体是由袋状皮褶的表皮细胞积聚构成;而玻璃体是由胚胎的皮下组织构成的,人类的晶状体是如此美妙透明。尽管这样,要想对这样奇特但并不是绝对完善的眼睛的形成得出不失公允的结论,就必须抛开想象运用理性,但是这对于我来说是很困难的,因此有的人把自然选择原理应用得如此深远故而有所犹豫,对此我并不奇怪。

不拿眼睛和望远镜作比较,几乎是不可能的。因为大家都知道望远镜是经过人类长期不断的努力的最高智慧的结晶,大家自然而然地推断眼睛也同样是经过一种几乎相似的过程而形成的。可是这一推断难道不略显专横吗?我们怎么能够确定"造物主"以同人类一样的智慧在做事呢?假如非得拿眼睛和光学器具进行比较的话,那我们设想一下,它有一个间隙中充满着液体的、下面有感光神经的厚层透明组织,而且还要假设为了分离成密度和厚度各不相同的厚层,这一厚层内各部分的密度缓慢但不间断地在变化着,各层的表面缓慢地变化着形状,各层之间的距离也不尽相同。大家还要进行更进一步的假设,就是假设有一种总是非常关注各层的每一细小改变的力量,而且在条件改变的情况之下,还能仔细地通过任何方式或程度出现的相对清楚一些的映像保留所有的变异。大家还要假设,该器官的每一种状态都一直被保留到更好的出现之后,那时旧的状态才全部被毁灭,而且它的每一种新的状态,全是成百上千地增加着。在生物体中,生殖作用可能无穷尽地增加因变异导致的某些细微的变化,而通过准确的技巧将任何一次的进步都选择出来的则是自然选择。此类活的光学器具将比玻璃器具制作得更好,因为该过程成百上千年地发生着,并且每一年作用于成百上千的不同种类的单个体,就好像"造物主"的工作比人的工作做得更好一样,这一点大家不能不相信,不是吗?

过渡方式

如果可以论证任何一个复杂器官是在没有经过许多的、不断的、细小的变异过程而形成的,那么我的说法就得彻底破产,但是我还未发现这种情况。人们目前对很多器官之间的过渡各级还不是很了解,假如考察那些非常孤立的物种的时候,这种情况就更加明显。在我看来,这是由于它的四周的类型已经大部分灭绝了。又或者说,我们考察同一个纲内的所有成员共同具有的一种器官时,亦是这样,因为在这种情况下,那器官必定形成于久远的时代,然后本纲内所有成员才发展起来;我们必须考察本纲极其古老的始祖类型,才能寻找到那器官经历过的过渡各级,但是这些始祖类型早就已经灭绝了。

我们不能妄言，不经过某一种类的过渡各级就能够形成器官。在低等动物中，相同的器官同时具备迥然不同的机能的例子可以举出许多；比如蜻蜓的幼虫和泥鳅，它们具有能够兼营呼吸、消化和排泄功能的消化管道。再如水螅，它的外层就能负责消化，而负责消化的内层可以负责呼吸功能，因为它的内部可以翻到外边来。在此种情况下，原本具有两种功能的器官的全部或者一部分就会在自然选择的作用下专门负责某一种功能，假如大有裨益的话，该器官的性质就会在不知不觉中发生极大改变。大家都清楚，自然界中存在众多种类植物正常情况下一块儿出现构造不同的花的情况，假如这类植物只开一种花的话，这类物种的性质将要较突然地出现大的改变。但是有些步骤现在也许在一些个别情况下仍然存在着，也许原先是从分级很细小的步骤中分化出来的，就像相同的一株植物出现的两种花。

还有一种非常重要的过度方式，就是两类迥异的器官，或者是两类形式很不相同的器官，能够在同一个个体里发挥一样的机能：在动物中举例来说，鱼通过鳃来利用溶解于水里的空气，同时通过鳔利用处于游离状态的空气，而富有血管的隔膜将鳔分隔开，还有鳔管来供应空气。此外，还能够在植物中举一个例子：植物有三种攀缘方式，一是用具备感觉的卷须卷住一个支持物，二是用分发出来的气根，三是用螺旋状的卷来绕；通常情况下，一种植物群只运用其中的某一种方法，不过有几类植物是同时用两种方法，也存在一个个体同时运用三种方法的情况。这种情况下，为了能够担任所有的事务，两类器官中的某一个将会发生变化并达到完善化，它在变异的过程中，曾受到另外一种器官的影响；而另一类器官也许会因为另外一个迥异的目的而改变，也或许会完全消失。

作为一个不错的例证，鱼类的鳔清楚地给我们讲明了一个极为重要的事实：本来为了漂浮这个目的形成的器官，却变成了很不相同的目的，即呼吸的器官。而听觉器官的补助器，也是鳔在有些鱼类的体内的另一种作用。在位置和构造上，鳔都和高等脊椎动物的肺作用相同或者是非常的近似，这是所有的生理学者都承认的。所以，鳔实质上已经成为了肺，也就是一类专营呼吸的器官，这是毋庸置疑的。据此推断，任何脊椎动物的真肺都是由一种尚不清楚的古代的具有漂浮器也就是鳔的原始型一代代改变来的。欧文对这些器官有过饶有趣味的描述,我是根据他的描述推断出来的,我们就能够弄明白为什么要冒着将它们掉到肺里的危险,而一定要让吃下去的食物和饮料经过气管上的小孔,虽然那里长有一个奇妙装置能够让声门紧闭。高等脊椎动物已经彻底没有了鳃,但在它们的胚胎里面,颈两侧的裂缝和弯弓形的动脉标示着鳃原来的位置。可以想象,现今彻底没有了的鳃,也许正逐步在自然选择的作用下为某一不同的目的而服务。就像兰陀意斯说过的,昆虫的翅膀是由气管进化而来的。可能在这一庞大的纲目中,曾经被用来呼吸的器官已经转变成为飞行器官了。

在对器官的过渡这一问题进行考察时,非常重要的一点是一种机能转变为另外一种机能的可能性,因此我愿意以另外一例为证。我将有柄蔓足类的两个不大的皮褶称之为保卵系带,它通过分泌黏液将卵聚集在袋中,直到卵孵化。因为这种蔓足类没有鳃,全身表皮和卵袋表皮还有小保卵系带,全部是呼吸器官。藤壶科也就是无柄蔓足类就有所不同,因为没有保卵系带的关系,卵松散地放在袋底,外面还包着紧闭的壳,不过在相当于系带的地方却长着一张膜,它和系带、身体的循环小孔自由相通,庞大而且极其褶皱,博物学者都认为它具有同鳃一样的作用。我估计,这一科里的保卵系带与别科里的鳃在严格意义上是同源的观点会被所有人认同;虽然在实质上它们是互相逐步转化的。因此,不用怀疑,那两个小皮褶原先只是附带的、同时对呼吸作用帮助也不大,却已在自然选择作用下,变化成了鳃,只因为它们增大了体积并流失了黏液腺。倘若有柄蔓足类已全部灭绝,因为有柄蔓足类所遭受的灭绝比无柄蔓足类严重得多,谁会猜到无柄蔓足类的鳃起初是作为防备卵被冲挤出袋子外的一种器官呢?

最近美国科普教授和另外一部分人提出主张,即可能存在另外一种通过生殖时期的提前或者推迟的过渡方式。有的动物可以在获得完全的性状之前的极早的时期繁衍,这是我们现在所认知的,假如此能力在一个物种里得到了完全的发展,也许其成体的发育时期早晚会消失。此时,尤其是当其幼体和成体的差异很大时,此物种的性状就必须有显著的改变或推迟,甚至退化。有许多动物的性状直到成熟之后,几乎还在其生命过程中接连进行着改变。举个例子来说,哺乳动物的颅骨形状经常会随着年纪的增大发生重大的改变,穆里博士曾就此举出过海豹的一些动人的例子。鹿越老,角的分支也越多;有的鸟越老,羽毛也变得越好看,这是很多人懂得的道理。科普教授认为,随着年岁的增大,某些蜥蜴的牙齿形状会有巨大的改变。根据弗里茨·米勒的记述,甲壳类动物成熟后,不单单是大量细小的部分,就是某些重要的部分,也会显现出新的特性。在这类例子当中,还能够列举出许多例子:比如物种被推迟了繁殖的时间,此物种的性状,起码是成年期的性状,一定会产生变异;在有些情况下,前期、早期两个发育时期可能会迅速结束,最终消失,也是有可能的。我还不能十分确定,物种是不是经常出现或曾经出现过此类比较突兀的过渡方式。假如这种情况曾经出现过,那么幼体与成体间以及成体与老体间的差别,在最初的时候可能还是逐步地产生的。

自然选择说的疑难焦点

自然选择学说仍然存在着严重的难点,即使我们在断言一切器官都不可以从相连的、细微的、过渡的各级产生的时候有多么的小心。

在下一章中,我们将讨论最严重的疑难之处——中性昆虫,其构造常常区别于雄虫与可以生育的雌虫。另一个难以说明的问题就是鱼的发电器官;由于想象不出这种奇妙的器官是经过怎么样的步骤形成的,所以连它起什么样的作用我们也不是很清楚。对于电鳗和电鲼,毋庸置疑,这些器官具有坚强有力的防御功能,抑或是捕食功能。但是对于鹞鱼来说,根据玛得希的结论,即使在受到巨大的刺激时,它尾巴上长的与发电器官相似的器官,其发电量也不足以达到上述目的的任一用途,因为其发电量实在是太小。此外,正如麦克唐纳博士曾经阐述的,在鹞鱼体内,除了上述的器官之外,在靠近头部的地方还长有另外一个器官,虽然我们清楚地知道它本身并不带电,但是它应该是与电鲼的发电器真正同源的器官。普遍认为,不论是在内部构造方面、神经分布方面,还是对种种试药的反应状态方面,这些器官与一般的肌肉之间全部是紧密相似的。还有一点需要我们特殊重视的是,伴随着放电发生的一定是肌肉的收缩,"看上去电鲼的发电器官在静止时充电的情形和肌肉与神经在静止时充电的情形非常类似,电鲼的放电可能也只是肌肉和运动神经在运动时放电的一种形式罢了,其实毫无特殊之处"。到目前为止,我们还没有除此之外的阐释；可是由于我们还不是很清楚生存到现在的电鱼始祖的习性和构造，而且对这种器官的作用也知之甚少，如果认为不存在有用的过渡各级来逐渐完善这些器官发展的可能性，这样的观点就未免过于大胆了。

最初我们认为，似乎另外一个更难的问题在这些器官上体现出来，因为在大约十二个种类的鱼体内发现了发电器官，并且有几个种类的鱼还有着相差极远的亲缘关系。假如在同一纲中的一些成员体内发现相同器官，尤其是这些成员的生活习性都大相径庭的时候，一般我们认定是由于共同祖先的遗传而导致了这个器官的存在；而由于不使用或者自然选择的原因，有些成员就会失去这一器官。因此，假如某一远古祖先遗传下来了发电器官，我们也许会认为有特别的亲缘关系存在于所有的电鱼之间了，但事实上并不是这样。大部分鱼类以前有过发电器官这一论点也不能在地质学上得到完全的证实，而现在失去发电器官的只是这些鱼类变异了的后代。在我们对这一问题进行更深入的观察时发现，不同鱼类的发电器官的生长部位不同，其构造也不尽相同，就像电板的排列法，根据巴西尼的观点，不一样的还有发电的过程或方法，所有不一样中最重要的也就是最后一点了，就是发电器官的神经来源也不一样。所以，这些鱼类虽然具备发电器官，但是不能认为这种器官是同源的，只是其在机能上是相同的。那么，我们就没有了假设它们是由同一祖先承传下来的理由了，因为拥有同一个祖先意味着它们在所有方面都是紧密相似的。那么，有关实质上由几个亲缘距离极远的物种形成发展起来，但是表面上一样的器官这一疑难点就被克服了，但是一个次要但仍然重要的难点却显现出来，那就是这种器官是通过怎样的分极步骤形成在不同种群的鱼类中的。

我们目前的知识还很不全面，属于很不同科的一些昆虫给了我们一个和发电器官差不多难度的知识点，即在它们体内我们能见到处于身体不同部位的发光器官。但是还有另外一种类似的情况，比如在植物体内有一种很奇特的装置，对红门兰属和马利筋属自然都是一样的，即花粉块长在具有黏液腺的柄上。之所以据这两个属，是因为这两个属在显花植物中的关系距离最远；而且这些部分也不是同源的。长有近似的器官和特殊器官的一切生物，尽管清楚地知道它们在体制系统中相距很远，而且这些器官的技能和普通外观相同，但是我们会发现它们之间存在的根本差别。举例来说，从外表上看，头足类或乌贼的眼睛与脊椎动物的眼睛极其相似,但是我们不能认为在系统中相距如此远的两个类群的相像是由于同一祖先的遗传。虽然米伐特先生曾经提出这种情况是一个特殊难点,但是他的论点的力量没有被体现出来。任何的视觉器官一定要具有某种晶状体,而且一定要是有透明组织形成的,这样才可以使影像投射到暗室的后方。汉生有关头足类的这类器官的报告是很有价值的,我们通过参考得出了这样一个结论,即乌贼的眼睛与脊椎动物的眼睛除了表面上看起来相像之外,似乎没有真正相同的地方。在这里我只说明几点不一样的地方,但是不进行详细的讨论。高级乌贼的晶状体由两个部分组成,二者在构造和位置方面与脊椎动物的完全不一样,而是像两个前后排列的透镜一样。视网膜主要部分是完全颠倒的,与脊椎动物的不一样,而且有一个大型的神经节在其眼膜内。肌肉间的关系也有很大的区别,其他部分也如此。所以,在描绘头足类与脊椎动物的眼睛时的困难是很大的,因为要考虑到相同的术语能够应用的程度。固然,二者的眼睛是接连不断的、细微的变异的自然选择的结果这一论点,人人都能随意地加以否认。可是,倘若承认在一种情形中出现了这个形成过程,那么就可以清楚地确定这个过程在另一种情形中存在的可能性;假设它们是以这样的方法产生,那么我们就能够预测出这两个群的视觉器官在构造上的根本差别。在上面谈到的几种情况下,为了生物的一切利益,自然选择总是利用各种有利的变异工作着,于是在不同的生物体里,出现了机能相同的器官,但是其相同的构造却不是因为共同祖先的遗传,就像同样的一件发明有时可能被两个人独立地得到一样。

为了论证本书所得出的论点,弗里茨·米勒很审慎地进行了大致相同的讨论。少数的几种甲壳动物科物种,长有适合在水外生存的能够呼吸空气的器官,米勒特别细心地考察了关系十分相近的两个科,它们的各物种的所有重要性状也都非常一致:比如它们的感觉器官、循环系统、复杂的胃里的丛毛的位置,还有营水呼吸的鳃的构造,就连用于清洁鳃的很小的钩都完全一致。所以,我们能够想象得到,对于少部分属于这两个科的在陆地生活的物种,呼吸空气的器官的重要性理应是相同的;那是因为,既然别的重要器官都非常相同或是紧密类似,为什么会把处于同一种目的的这一种器官创造得不一样呢?

按照我的看法，米勒认为一定要用从一个相同祖先的遗传而来这一根据才可以解释构造上如此多方面的紧密近似的原因，然而，与大多数的别的甲壳动物一样的是，米勒研究的这两个科的大部分物种是水栖习性的，因此假设其共同祖先曾适合于呼吸空气，自然是没有什么可能的。所以，米勒细致地检查了呼吸空气的物种的这种器官后发现，在某些重要方面，比如呼吸孔开闭的方法、位置以及其他的一些附属构造，各物种的这种器官都是有差异的。在假设属于不同科的物种能够逐渐地变得适合于水外生活与呼吸空气的前提下，我们可以理解那种差别，甚至能够预测。因为，依据变异的性质由两个要素即生物的本性与环境的性质决定的原理，这些不属于相同科的物种，存在某种程度上的差异，那么其变异性也就不会全部一样。这样，为了使获得的机能相同，自然选择就必须对不同的材料也就是变异上进行改变；那么获得的构造几乎是互不相同的就成为了一种必然。如果假设是各自创造作用的结果，那一切情况就不能被理解了。好像这样的讨论思路在很大程度上促使米勒同意我在此书中所提出的论点。

已故的克莱巴里得教授也是一位著名的动物学家，曾提出过同样的看法，且得到相同的结果。他明确说，归属不同亚科和科的寄生性螨，都长着毛钩。因为不能够从一个相同祖先承传下来，所以这样的器官一定是各自形成的；在不同的群里，形成方式也是不同的，或由前腿变化而来，或由后腿变化而来，或由下颚或唇变化而来，或是由身体后部下端的附肢变化而形成。

这样一来，在仅仅存在疏远亲缘关系抑或完全没有亲缘关系的生物中，我们可以找到发展不一样但是外貌紧密相像的器官，其所得到的结果和所发挥的机能是相同的。从另一方面来说，即便在紧密相似的生物中，我们也能够通过多种多样的方法获得同样的结果，这是一个贯穿于自然界的共同规律。在构造上，鸟儿长着羽毛的翅膀和蝙蝠长膜的翅膀是完全迥异的；苍蝇的两个翅、甲虫的两个鞘翅与蝴蝶的四个翅，更是有着很大的差别。双壳类的壳生来就能开闭，然而两壳铰合的样式极其丰富，由贻贝的简单的韧带到胡桃蛤的长行错综复杂的齿的排列我们就可以看出来。种子的传播方式也因为其形状和构造的不同而有所不同，有的是因长得细微；有的是塑变成体积比较轻的气球状被膜；有的是靠吸引鸟类吃掉它们来传播，因为它们可以将本身隐藏于果肉里面,这些果肉由各种不同的部分构成、富含养料,并且具有鲜艳的色泽;有的长着各种各样的锚状物和钩或是锯齿状的芒,可以附着在走兽的毛皮上;有的微风吹过就可以飞扬,因为它们长着构造巧妙和形状各异的毛和翅。用极其繁多的方法得到同样的结果的论点是我们特别应该注意的,所以我另举一例加以说明。有的作者的自然观是不可以相信的,因为他们认为,生物由多种方法形成,就像店里的玩具,只是为了花样。有些植物的受精作用需要一些外力才能够完成,例如雌雄同株而花粉不能够自然地撒落到柱头上的植物,再比如雌雄异株的植物。这样完成的受精中,我们可以想象得到的最简易的方法是:花粉粒的体积轻且形状较为松散,有机会在被风吹的时候撒落在柱头上。在众多植物中还有一种大不一样但几乎同样简易的办法,那就是让昆虫从花药将花粉携带至柱头上面,因为在那里对称花可以分泌出少许的花蜜,这样就能吸引昆虫来采蜜。

由这样简易的方面入手,我们可以发现,为了同样的目的,大量的装置导致了花的不同部分的改变,而且是以实质相同的方式发挥作用。它们雄蕊和雌蕊的变化可以多种多样,有时会由于弹性或刺激而进行奇妙的适应活动,有时候形成类似陷阱状的装置,这样这种形状的花托就能够贮藏花蜜。就连克鲁格博士最近描绘过的盔兰属那样特殊适应的例子,也可以由此种构造解释。这类兰科植物的唇瓣上面长有两个角状体,分泌出几乎纯粹的水滴,接连不断地滴落在由其下唇的一部分向内凹陷形成的一个大水桶内;当这个水桶处于半满状态的时候,一边的出口就会把水溢出。水桶的上面正好是凹陷成一个腔室的唇瓣底部,出入口位于两侧;而且有奇妙的肉质棱在腔室里面。如果不是亲眼所见,即使再聪明的人也不会知道那里发生了什么情况,而且永远也想象不到这些部分有什么作用。但克鲁格博士发现,一群群的大个土蜂拜访这种兰科植物巨大的花朵的目的并非是吸食花蜜,而是咬吃腔室内的肉质棱;然而它们争相咬吃的时候,经常因为相互碰撞而掉进水桶里,翅膀被浸湿,因而不能够再飞起来,所以只能顺着那个由出水口或者溢出来的水冲刷成的小沟爬出来。克鲁格博士发现,经过不情愿的洗澡后,接连不断的土蜂就这样爬了出去。那小沟的上面盖着雌雄合蕊的柱体,而且又窄又小,所以土蜂爬出去时很费劲,而且它的背要先擦着胶黏的柱头,而后还要擦着花粉块的黏腺。因此,当土蜂从刚刚开放的花的那条小路爬过时,背上面就会粘上花粉块带走。我收到克鲁格博士寄来的一朵浸在酒精里的花和一只蜂,蜂的背上还粘着花粉块,它是在还未最后爬离出去的时候死的。蜂带着花粉飞到另一朵花上去,抑或再飞回到同一朵花上面,而且又在与同伴的拥挤中掉进水桶中,而后从那条小路爬离出去,此时,背上的花粉块最先接触到胶黏的柱头,而且粘附在柱头上,那朵花的受精过程便完成了。到此,花的各个组成部分的最大用处我们已经知道了,为了防止蜂飞走,迫使它们由出口处爬出来,而且使它们与长在适当地方上的胶黏的花粉块与胶黏的柱头擦着,便形成了分泌水的角状体和半满水桶。

另一种花的构造也是同样奇特巧妙的,这种兰科植物叫做须蕊柱,亲缘关系也比较密切,但是目的是一样的,同访问盔唇花的花一样,蜂也是为了咬吃唇瓣才来的;在它们咬吃唇瓣的时候,免不了要接触到我称之为触角的突出物,那是一条长长的、细尖的、存在感觉的物体。蜂接触到触角的时候,触角就会立即传出某种感觉振动到一种皮膜上,促使皮膜开裂,并释放出能将花粉块像箭似的弹射出去的一种力量,这种力量恰恰可以让胶黏的一头粘贴在蜂背上面。这种雌雄异株的兰科植物雄株的花粉块就被携至雌株的花上,雌株的柱头是黏的,而且其黏性完全可以裂断弹性丝,这样就可以留下花粉,其受精作用也就完成了。

通过前面的和另外大量的例子,我们就要提出这样的疑问,要怎么去弄清楚这种繁杂的逐步分级步骤与通过种种办法来获得同样的目的呢?答案自然就是我们前面已经谈到的, 相互间有点差别的两种类型在出现变异的时候,其变异的性质不是完全相同的,就算是为了相同的普遍目的,在经过自然选择的作用之后,所获得的结果也不会是一样的。我们还应该明白:所有非常发达的生物可能一次比一次更进步,因为它们全部都经历过诸多变化,所有经过变异的构造都被传递下去,而且不可能很容易地失掉。所以,构成物种的所有构造,都是该物种在不断适应习性和生活条件的变化中获得的,不管它的服务目的是什么,它们全部是众多遗传变异的综合结果。

最后,我们现在看到的存在的与已知的类型和灭绝的与未知的类型相比,前者的数量极其少,然而让我感到奇怪的是,我很难列举出一种没有经过过渡时期而构成的器官,尽管在诸多情况下,就算是要推测经历何种过渡状态器官才能达到现今的状态也是很不容易的。实际情况自然是这样的,在所有生物里,为了某种特殊目的而创造新器官的情况是不常出现或者没有出现过的——正像自然史所说的那样,"自然界里没有飞跃",虽然这句格言是久远的且略显夸大的。这句格言差不多被每个有经验的博物学家的著述所接受;但也可能像米尔恩·爱德华曾经说过的,"自然界"在革新方面是缓慢的,即使在变化方面是巨大的。倘若特创论的结论是正确的,那么变异如此多,而真正新颖的东西却如此少该如何解释呢?既然众多独立生物是为了适应于自然界的某个位置而被分别创造出来的,那么其所有部分和器官如此普遍地被逐步分级的多个步骤联系在一块儿又要怎么解释呢?"自然界"在从这一构造到另一构造时,为什么不进行突兀的飞跃呢?但是我们按照自然选择的学说就可以清楚地解释为什么"自然界"不应当如此;因为自然选择的飞跃永远不会是巨大而突兀的,其发展步伐必定是短暂的、实在的,显得有些缓慢的,因为它发挥作用仅仅是通过运用细微的、接连不断的变异。

看上去较次要的器官受到自然选择的作用

我偶尔会觉得,在研究较次要的部分的起源或成就的时候极不容易,就像了解最完善的和最繁复的器官时的情况一样,虽然这类困难迥乎不同,因为自然选择在发挥其作用时,是通过死亡或者生存,即让较不适合者灭亡,让最适合者生存。

首先,我们还不能够解释哪种微细变化是重要的或是次要的,因为我们还不是很了解关于生物的一切机构。通过前面一章里我列举出的有关细微性状的几个事例,我们发现真正会受到自然选择作用的,是那些和体质的差别有关,或者与决定昆虫是不是会进攻有关的要素,比如四足兽的皮与毛的色彩,果实上长的茸毛,果肉的色彩。乍一看,大概无法令你相信,长颈鹿那个长得极像人工制造的蝇拂的尾巴,是为了适合于类似赶走苍蝇之类的烦琐之事,它是经过了不断的、细小的变异,而且每回的变异都是为了更加适应诸如上述琐事;我们知道,南美洲的牛与别的动物的生存和分布完全取决于抵抗昆虫进攻的能力,因此即使在上述情况之下,在作出肯定回答之前,也要经过一定的思考;因此,要想使某种个体延伸到新牧场,这种个体就要有能避免这类小敌害的重大优势。事实上,并非是苍蝇消灭掉了此类大的四足兽(除了一些不多的例子外),而是由于在不断地被打扰的过程中,四足兽的体力降低了,而且更容易患病,导致它们不能有效地逃脱食肉兽的攻击,或者不能在饥荒来临的时候寻找到食物。

在某些情况之下,有些器官在某段时间内缓慢地完善化了以后,可能在现今的用处已经很少了,在目前来说是比较次要的器官,但是对古代的祖先而言也许是极其重要的,在现在生存着的物种体内,仍然以差不多同样的状态存在着;但是自然选择也会阻止它们在构造上的任何事实上的有害偏离。我们知道尾巴对大部分水栖动物来说,是一种至关重要的运动器官,我们可以运用上述理论去解释它在大部分陆栖动物(能够证明它们的起源是水栖的是从肺或是发生了变异的鳔)身上的一般存在和许多功用。如果在一种水栖动物身上形成了一条充分发展的尾巴,它的功用可能多种多样,比如用作蝇拂,用作持握器官,或者如狗尾巴那样地用来转弯,尽管尾巴对转弯的帮助作用不太大,因为山兔能够更快地转弯,但是它近于没有尾巴。

其次,我们很容易错误地认为某些形状是经过自然选择形成的,这样就很容易错误地判断它的重要性。我们不能忽略的一点是:相关作用、补偿作用、一部分逼迫另一部分等复杂的成长法则所引发的结果,是恢复早已丢失的性状的趋向所造成的结果;所谓自发变异是好像和外部环境很少发生联系的变异所导致的结果;是改变了的生活条件的一定影响所造成的结果;还有性选择所造成的结果,尽管这些性状的改变对另一性来说没有丝毫作用,但是经过这一选择,它们能够或多或少地将这一性传播给另外一性,并且经常得到它的有用性状。对于一个物种来说,尽管如此间接得到的构造在早先并没有显现更多的益处,但是在新得到的习性中和新的生活环境下,却会被它的变异了的后代更好地加以利用。

假如我们不知道还有好多种杂色的和黑色的啄木鸟的存在,而仅仅认为有绿色的啄木鸟的存在,那我们必定会认为绿色是为了让这种频频来往于树木之间的鸟能够在敌人面前隐藏好自己,是一种美好的适应,所以就会觉得这是自然选择的结果,这种性状是十分必要的,虽然实际上可能主要是经过性选择的结果。有一种生长在马来群岛上的藤棕榈，它的枝尖丛生着构造精妙的钩，这类装置，对于这植物是非常有用的，可以用来攀附高耸的树木；但是从非洲和南美洲长刺物种的分布情况来看，我们可以在大量非攀缘性的树上看到很相像的钩，可以认定这些钩原来的作用是预防抵御草食兽的，可能藤棕榈的刺的形成起先也是为了此目的，但是刺的作用被改进和利用了，因为那植物经过进一步的变异发展成攀缘植物了。一般认为，为了直接适应沉溺于腐败物，秃鹫头上的脑皮是裸露的，但是也有另外一种可能，就是腐败物质的直接作用导致了上述结果；我们如此的推断不适用于雄火鸡，虽然它是吃清洁干净的食物的，但是它的头皮也是裸露的。我们曾经解释年幼哺乳动物的颅骨上的缝隙，是为了对产出提供更大的帮助，的确，这可能是生产所必须的，因为它可以使生产变得容易；然而，刚从裂开缝隙的蛋壳里爬出来的年幼的鸟和爬虫，它们的头骨也有缝隙，因此我们推测，是因为生长法则导致这种构造的出现，只不过是高级动物将其应用在生产上而已。

还有一些有关个体差别或每个细微变化的原因是我们丝毫不知道的；只要我们想一想不同地方家养动物种类之间的差别，特别是在文明较低的国家里，那儿有计划的选择被利用得很少，我们马上就会明白上述论点。在一定程度上，各地未开化人所饲养的动物受自然选择作用更多，在不同的气候条件下，稍有不同体质的个体更易在生存斗争中获得成功。有的时候，就算是颜色亦是自然选择作用的结果，例如牛对苍蝇的进攻的感受性，就是与身体肤色相关，就像对有的植物的毒性的感受性。有的观察者认为角与毛有关系，而且潮湿气候可能影响毛的生长。低地种类与高山种类之间存在差别，由于多山的地区使用后腿机会较多，可能受影响更多的是后腿，但是骨盘的形状也可能因此受到影响；这样，其影响可能涉及前肢和头部，这是根据同源变异法则得出的结论。此外，由于压力作用，子宫中小牛有的部分的形状可能受到骨盘的形状的影响。我们完全可以推想，高的地区的动物的胸部有增大趋势，因为在那里需要用力地呼吸；并且在此产生效果的还有相关作用。对整个体制的影响更大的可能是不经常运动和大量的食物，可以确定地说，这是猪的种类产生巨大变化的一个至关重要的原因，关于这点在冯那修西亚斯近来的优秀论文里曾经阐述过。然而我们无法对关于变异的未知原因和一些已知原因的相对重要性进行思考,因为我们知道的确实太少;我只是想要表明这样的论点,假使我们不能将物种间形状差别的缘由说得非常清楚,那么能不能懂得实际物种之间细微的类似差别的真正缘由,就没必要太放在心上了,即使若干家养品种被普遍认为是从一个或者几个亲种经历特殊的世代而出现的。

功利说在多大程度上具有真实性:美是如何获得的

近来,关于功利说认为的构造每一细微方面的出现都是为其所有者的利益服务的观点,有的博物学者不接受,据前面的论点,我再简略地谈一谈这种反对意见。他们已经研讨过的看法是,为了只增加样式,或是让人或"造物主"看着好看而喜爱(在科学讨论范围之外的是"造物主"),许多的构造被创制出来。如果这些观点是正确的,我的主张就彻底不能成立。我也认为,目前有不少构造对于它的所有者来说,确实没有直接功用,而且可能对其祖先也不曾有过什么用处,但这并不能使我们相信它们完全是为了美或样式而产生的,前面列举出的种种导致变异的原因,还有确实改变了的外部条件的某些作用,不论能不能从中得到好处,全部都是可以获得效果的,甚至是不小的效果。虽然每个生物目前的不少构造和生活习性之间确实没有非常紧密和直接的联系,但是每个生物对于它在大自然中的位置的确是非常适合的;然而更要紧的一条理由就是,所有生物的体制的主要组成部分都是由传承而获得的。我们完全可以将一些构造归于遗传,比如高地鹅与军舰鸟的蹼脚,虽然我们不认为它们有什么特殊的用途;再比如在猴子的臂里、马的前腿里、蝙蝠的翅膀里、海豹的鳍脚里存在类似的骨的构造,即使我们不认为对于这些动物来说这种构造存在哪些特殊的用途。不过对于高地鹅与军舰鸟的祖先来说,蹼脚一定是有作用的,就像对于现有的大部分水鸟蹼脚是有作用的一样。因此我们不妨认为,为了适合于走或抓握,豹的祖先的脚其实是长着五个趾的,而没有鳍脚;我们仍能进一步大胆推断,为了功利的目的,哺乳纲的个别古代鱼形祖先鳍内的大部分骨头减少以后,可能会形成猴子、马及蝙蝠的四肢内的一些骨头。可是对于特殊的变化,如所谓的自发变异、成长的繁复法则以及外部条件的一定程度的作用等,我们还无法裁决到底应该如何评价其原因;不过在这些要紧的例子之外,我们尚可推论说,对于其所有者来说,不论是现在还是过去,所有生物的构造都有着某些直接抑或间接的用途。

有的人认为,我的一切学说都能够被为了让人喜爱就将生物创造得漂亮这一看法推翻,我首先要指出的是,美的感受与被欣赏物的任何真实性质没有关系,而且审美的观念也不是不可以改变的或与生俱来的,很明显它是由心理的性质决定的。比如,我们发现,对女子的评美标准不同种族的男人之间有着迥异的差别。假使为了让人鉴赏才创制出全部的美的东西,那么我们要确实地说明,人类登上舞台之后,地面必定比人类出现之前更美。产生于始新世的漂亮的圆锥形与螺旋形的贝壳和产生于第二纪的有精美刻纹的鹦鹉螺化石,难道它们是为了在多年之后人们能够在室内欣赏它们而出现的吗?矽藻的细微矽壳是最好看的,几乎没有什么能够比得上;它们被创造出来难道只是为了在高倍显微镜下观察和鉴赏吗?之所以觉得矽藻和别的不少东西很美丽,全然是生长得对称。大自然最漂亮的产物——花,它们易于被昆虫发现,因为它们在和绿叶相映衬时,看上去很美,很引人注目。风媒花从来就没有美丽的花冠,这是我从一条永恒的规律中发现并得出的结论。有一些植物常常开有两种花,一种是绽放时以鲜艳色彩吸引昆虫的;一种是昆虫从不访问的,因为它闭合而没有鲜艳色彩,并且没有花蜜。所以,就可以得到这样的结论,倘若昆虫没有在地球的表面上发展的话,我们的植物就仅仅开不美丽的花,而不可能生有漂亮的花朵,它们的受精完全凭借风的助力来进行,比如我们在枞树、栎树、胡桃树、茅草、菠菜、酸模、荨麻上看到的情形。在果实方面也全然能应用相同的看法:草莓或樱桃熟透以后,既悦目而又可口,同样美丽的还有桃叶卫矛的果实和猩红色的枸骨叶冬青树的浆果,这些没有人怀疑,但是这种美只是为了种子能够传播开来,因为果实在吸引鸟兽后被吃掉,种子却随粪排出;我发现了下面的规律才敢作出这样的推测:假使果实有着鲜艳的颜色或者是足够引人注意的黑色或白色,全都是如此传播的,即使它的种子藏于任何种类的果实里(生在细软的瓢囊或肉质里)。

另一方面,我也认同大部分的雄性动物是为了美而变得美的,如某些鱼类、爬行类和哺乳动物,一切最好看的鸟类,再比如众多色彩艳丽的蝴蝶;不过这并不是为了取悦于人类,而是因为不断被雌体选中的是比较美的雄体,这是经过性选择的成果。鸟类的叫声也和它相同。由此我们推断:在喜欢音乐的音响和漂亮的颜色方面,动物界大多数的偏向都是类似的。在鸟类和蝴蝶里,雌体有雄体那样漂亮的颜色的情况很常见,这种颜色自然是经过性选择的结果,它既遗传于雄体,也遗传于两性。由某种颜色、声音和形态中得到的一种独特的快乐,是最简易形态的美的感觉,但一个很难于解释的问题就出现了,这种感觉是如何产生于人类和低于人类的动物的心中的呢。我们在追查有的香和味能给予快感,而其他的却给予不快感时,同样会遇到这样的困难。在所有类似的情形里,好像习性起着一定程度的作用;然而肯定还有某种基本的缘由存在各个物种神经系统的构造中。

　　在整个自然界中,虽然某一物种获得益处常常是因为其他物种的构造,但是一个物种发生完全有利于另一个物种的某一变异决不是自然选择的结果。然而自然选择却经常制造出对其他动物有直接害处的构造,比如我们知道的蝮蛇的毒牙、姬蜂的产卵管——这些是把卵产在其他种类活昆虫体内的工具。要想使我的学说不能成立,就要论证每一个物种的构造的每一部分的产生不是通过自然选择,而且这些构造完全是为了另一物种的利益而存在。我在博物学的书籍里没有找到有意义的论述,尽管书籍里有不少有关这类成果的记载。有的作者推测响尾蛇也长有对于自己没有好处的响器,虽然它的毒牙可以用来自卫和杀害猎物,可是这类响器能预先发出让猎物提高警戒的某种警告。如此说来,我几乎也可认为了让已经被掌握了命运的鼠警惕起来,猫才会在准备纵跳时将尾梢卷动起来。然而还有一个观点更令人信服,响尾蛇通过它的响器、眼镜蛇胀大它的颈部皱皮、蝮蛇在发出音大且粗糙的咝咝声时把身体膨胀大的目的,是将许多敢于对最毒的蛇进行攻击的鸟兽吓走。当狗走近小鸡时,母鸡会把两翼张开、羽毛竖直,这种反应的道理和蛇的反应是相同的。动物吓跑其敌人的方法有很多,而此这里篇幅有限,不能进行详尽的描述。

　　对于任何一种生物而言,在自然选择的作用下,都不会出现对自己害多利少的任何构造,这是因为自然选择发挥作用全部为着它们自身的利益,而且从生物的利益出发。对此,帕利说过,为了使它的所有者受到伤害或苦痛而形成的器官,是不存在的。假若就每一部分所造成的利和害进行公平的评价,那么从总体上我们发现,每一部分的好处是显而易见的。随着时间的流逝,生活条件在不断地变化,如若有一部分有害处日益凸显,那它就得改变;如若不然,这种生物就会和大量已经灭绝了的生物有一样的结局。

自然选择的作用仅限于让每一种生物和居住于同一地区的、与它有竞争关系的其他生物一样完善,或者让它显得略微完善一点。此乃我们能够看到的在自然条件下所获得的完善化的标准。例如,在相互进行比较时,新西兰的土著生物都是一样完善的;然而它们很快屈服于从欧洲引进的植物与动物,因为引进的是一支前进队伍。根据我们有限能力的判断,大自然中从未有过如此高的标准,而且自然选择不可能形成绝对的完善。米勒曾说过,即便是如人类的眼睛这样最完善的器官,对光线收差的校正也是不完善的。所有人都肯定赫姆霍尔兹的判断,他认为人类的眼睛具备特异的能力,而且强调地描绘过,之后又讲了几句重要的话:"在这种光学器具与视网膜上的影像中,我们发现了不正确和不完善的情况存在,但是不应该把这种情况和我们刚才遇见的感觉领域里的某些不协调进行比较。人们可以说,自然界有积聚矛盾的倾向,那是为了否认外部和内部之间预存有协调的原理的一切基础。"我们的理性在促使我们对存在于自然界中的众多不可以模仿的构造进行激烈的赞扬的同时,又提醒我们(即使我们在两个方面易于出现错误),还是有比较不完善的构造存在的。蜜蜂用刺针刺敌人之后,是不能将它拔出来的,因为它长着倒生的小锯齿,如果拔出来,它自己也会死去,因为刺针连着它的内脏。这样,我们还能认为蜜蜂的刺针是十分完善的吗?

我们假定在久远的蜜蜂祖先那里,刺针已经存在,和膜翅目中的好多成员的情况一样,原本被用来穿孔的锯齿状的工具,产生了变化以适应现今的目的,然而改变并不完全,它的毒素是以后才变剧烈的,本来可能只是适用于产生树瘿这样的用途,也许我们可以一次来弄懂,为什么蜜蜂一使用它的刺针通常会导致自己的死亡:如若从全方面来看,对于社会生活来说,刺针是有用途的,虽然在达到自然选择的所有需要的同时,它会导致小部分成员的死亡。倘若我们为众多昆虫中的雄虫凭着嗅觉寻觅它们的雌虫这一十分特异的能力惊叹,那么大量的雄蜂仅为了繁衍目的而产生,最后死在那些只工作而不生育的姐妹手里面,因为雄蜂对群来说,没有一点其他作用,对此难道我们也要进行惊叹吗?也许是很难加以赞扬的,可是我们要惊叹后蜂那与生俱来的仇恨,在年幼的后蜂——它的女儿刚刚出世时,这种仇恨促使后蜂将它们摆弄死,也可能是自己死在这场扭打中,但是毫无疑问,这有利于蜂群,母爱或者母恨(幸亏后者极少),在自然选择的永恒原则中全是相同的,我们对存在于兰科植物及众多别的植物上的一些奇巧美妙构造惊叹不已,它们需要凭借这些构造来吸引昆虫的助力以完成受精,那么,即使枞树形成的花粉如浓云一样,但是被幸运地吹到胚珠上的仅仅是极少的几粒,我们还能说它们是一样完善的吗?

提要:自然选择学说所包含的模式统一法则与生存条件法则

在本章中,我们早已分析过旨在反驳这一学说的一些异议和难点,其间的许多问题是严重的。然而,在这个讨论中,对于一些实际情况我已经作了一些论述,假如依照特创论的原理,是根本搞不清这些事实的。我们知道,在每一个阶段,物种的变异都不是由众多的中间各级联系起来的,而是有一定限度的,有时是因为在任意一个阶段自然选择只作用于小部分种类,其进程总是很迟缓;有时是因为接连地遭到灭绝和排挤的先驱中间各级包含在自然选择的过程中。如今在连续地区内存在的有着紧密亲缘关系的物种,其形成时期,必定是这个地区生存条件尚未不知不觉地变化到另一地方而且尚未连续起来的时候。通常产生一个中间变种适应于中间地带时,一定是因为在相连地区的两地产生了两个变种;依照我们前面的论点,被连接的两个变种的总体数目多数是对于中间变种;于是,在不断变异的过程中,因为这两个变种个体数目较多,通常会以更强大的占有优势,将总体数目较少的中间变种完全排挤掉或消灭掉。

从这章中我们已经明白,应该非常谨慎地判断截然不同的生活习性不能逐渐相互转化;比如确定蝙蝠不能经过自然选择的作用,由一种早先仅在空中滑翔的动物发展而来。

我们也已知道,某个物种的习性在新的生活条件下是能够改变;也可能它有多种习性,有些跟它近似,同类的习性非常不同,即使它们是最相近的物种。所以,要想清楚地知道脚上有蹼的高地鹅、栖居地上的啄木鸟、潜水的鸫和具有海鸟习性的海燕出现的原因,只要记得在一切可以生存的地方,所有生物都在竭力生活就够了。

如果说由自然选择能够产生如眼睛那样完善的器官，这会让所有人犹疑；然而无论是什么样的器官，只要我们记住，对于所有者来说，其一连串逐步的、繁复的过渡各级全部有好处，那么，在逻辑上就会存在这种可能，即在生存条件变化的情况之下，经过自然选择，可以达到所有可以想象的完善程度。在有些过渡状态或中间状态还不是很清楚的情况下，我们必须非常审慎地断定这些状态是否曾经存在过。因为许多器官的变态至少证明了发生在机能上的奇妙变化是有可能的。比如，很明显，鳔完全变异成呼吸空气的肺了。下面的两种情况必定经常有力地加速它们的过渡：两种不同的器官，但是同时具有相同的机能，其不断完善是通过一种器官接受另一种器官的帮助；同时具有几种不同的机能，但是一部分或者全部逐渐地转变为专营一种机能的同一器官。

在自然系统中，两种互相间关系很远的生物中我们看到，它们能够分别独立产生提供相同用途的且外貌很相似的器官；然而详尽观察这类器官，几乎可以经常看到它们的构造在实质上的不同之处；按照自然选择的原理得出的结论当然是如此。另外，依据同样伟大原理也必然得出构造的多样性是为了达到同样的目的这一自然界的普遍规律。

因为我们的无知，所以会错误地认为，一个部分或器官的构造上的变异不能因为自然选择的作用而慢慢积累起来，是因为它对于其所有者是非常不重要的。在其他众多的情况下，或许变异法则或生长法则可以直接导致变异，和因此得到的所有利益没有关系。然而，有一点是可以确定的，那就是在新的生活环境下，就连这等构造也经常被利用在物种的利益上，而且还会持续不断地变异下去。我们还可以认为，虽然有些已经变得次要的构成部分以前曾经是至关重要的，但以它现在的状态，经常还会被保留（例如水栖动物的尾巴仍旧遗传于它的陆栖后代里），但是它的取得已经不能够通过自然选择。

自然选择不会完全为了另一个物种的利益或是为了危害另一物种，而在一个物种中形成任何东西；然而在所有的情况下，这种结果对其所有者来说都是有用的，尽管它对于另一物种是非常有害的部分、器官或分泌物，或者是对于另一物种非常有用的或是必不可缺的。自然选择在每个生物繁衍的地方

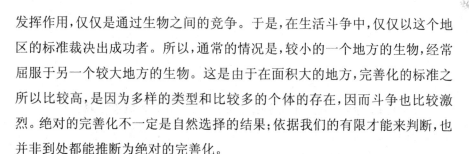

发挥作用,仅仅是通过生物之间的竞争。于是,在生活斗争中,仅仅以这个地区的标准裁决出成功者。所以,通常的情况是,较小的一个地方的生物,经常屈服于另一个较大地方的生物。这是由于在面积大的地方,完善化的标准之所以比较高,是因为多样的类型和比较多的个体的存在,因而斗争也比较激烈。绝对的完善化不一定是自然选择的结果;依据我们的有限才能来判断,也并非到处都能推断为绝对的完善化。

博物学中的那条古老格言——"大自然中没有飞跃"的全部涵义,我们可以通过自然选择学说清楚地理解。假使仅就地球上存在的我们看到的生物,这句格言并非完全正确的;假使包含过去的所有生物,不论未知还是已知的生物,在这个学说的前提下,这句格言的正确性是肯定的。

所有生物都是依据"模式统一"与"生存条件"这两大法则出现,这一论点是被大多数人接受的。以我学说中的观点,模式的统一可以解释为祖先一致。具体来讲,模式统一是就同一纲生物的、和生活习性毫无关系的构造的大致相同而言。在自然选择的原理当中完全包含着居维尔的观点,他常常主张生存条件的说法。为了适合于无机的与有机的生活环境,所有的生物在自然选择的作用下出现变异部分,或者这样去适应以前的岁月;适应会被众多情况所影响,比如被器官的不再使用或者增加使用推助,被外部生存环境的直接作用影响,在任何场合里被成长和变异的若干法则支配。所以,比较高层次的法则实质上是"生存条件法则";因为经过了此前的变异与适当的传承,它已经包含了"模式统一法则"。

第七章 对于自然选择学说的各种异议

长寿——变异并非一定一块进行——外表上似没有直接用途的变异——进步的发展——机能上比较次要的性状最为稳定——关于所想象的自然选择不能说明有用构造的早期阶段——干涉通过自然选择取得有用构造的原因——随着机能改变的构造各级——同纲成员的截然不同的器官从同一个根源发展而来——巨大而突发的变异不被相信的原因。

我打算在本章中特地探讨不同意我的观点的种种异议,因为这样能将以前的某些探讨讲得更清楚一些;但无须探讨全部的异议,因为有好多异议是由那些并没有认真去思考此问题的作者们提出的。比如,一位杰出的德国博物学家断言我的学说中最无力的部分是我将所有的生物都看成是不完善的;实际上我说的是,所有生物在与生存条件的关系中并未尽力地达到完善;地球上不少地区的土著生物的位置被外来入侵的生物夺取了,这是事实。即使生物在以前的每一个时期对它们的生存环境都能很好地适应,然而当环境变化了的时候,如果它们本身不随着变化,就无法再很好地适应了;而且没有人不认为每个地区的物理条件和生物的数量与种类曾发生过很多次的改变。

近期有位批评家,有点夸耀数学上的精准性,他坚持认为长寿对于所有物种都有重大的好处,因此崇信自然选择的人就应将其"系统树"按照所有后代都比其祖先更长寿的那种方法来排列!可是一种两年生植物或是一种低级动物倘若扩散到冰冷的地带去,一到冬天就得死亡;而因为经过自然选择而取得的利益,它们通过种子或卵就可以年年再生,这位批评家为何不想一下这种情况呢?近来雷·兰克斯特先生议论过此问题,他概括地说,在该问题的极其繁复性所允许的范围之内,长寿通常是和每个物种在构造等级中的标准存在联系的,和在繁殖中与一般活动中的消耗量也是存在联系的。这些条件或许大多数是取决于自然选择的。

曾有过如此论述,说在以前的三千或者四千年中,埃及的动物与植物,在我们所了解的范围之内,没有出现过改变,因此地球上每个地方的生物或许也没有改变过。然而,就像刘易斯先生所讲的,此论述颇有些过分了,因为雕刻在埃及的纪念碑上的、或者制造成木乃伊的远古家养族,尽管和现在存活的家养族紧密相似,乃至一样,可是所有博物学家都认为这些家养族是由它们的祖先类型的变异形成的。从冰期开始之后,大量维持原样的动物或许是一个非常有说服力的例子,原因是它们曾显露于气候的重大变化下,并且曾迁徙得很远很远;而另一方面,在埃及,据我们所了解的,在以前的数千年里,生活环境始终是完全一样的。自冰期以后,发生变化少或者一成不变的事例,可以用来反驳那些坚信内在的与必然的发展规律的人物,然而用来反驳自然选择也就是最适合者生存的学说,却没有什么效力,因为这学说表示只有当有用性质的变异或者单个差异出现的时候,它们才可能被保留下来。而这仅仅在一种有利的环境条件下才会出现。

有名的古生物学者勃龙,在他翻译的本书德文版的结尾问道:依照自然选择的原理,一个变种如何能够与亲种同时生活呢?如若两者都可以适应略微不一样的生活习性或者生存环境,它们或许可以生活在一起;倘若我们暂且不说多形的物种(它的变异性看上去好像拥有特别性质),以及一时的变异,例如大小,皮肤变白症等,单说别的相对较稳定的变种,就我所能观察到的,大部分是栖居于不同地方的,——例如山上或者平原,干旱地区或者潮湿地区。此外,在漫游辽远与随意交配的那些动物中,它们的变种看上去好像大都是不拘泥于相同地带的。

勃龙还认为不一样的物种原本不但在一种性状上,并且在众多地方都存在差别;他还问道,构造的诸多部分如何因为变异与自然选择经常一起出现变异呢?然而不必去设想所有生物的任何部分都一起进行改变,最适合某种目的的最明显变异,正如前面所讲的,或许通过不断的变异,即便是细微的,最先是在某个部分而后在另一部分而被取得的;由于这些变异全部是共同传承下来的,因此让人看上去似乎是一起形成的。某些家养族主要是因为人类选择的力量,而朝着某种特别的目的发生变异,这些家养族对于前面的异议给予了最有说服力的答复。考察一下赛跑马与驾车马,或者长躯猎狗和獒吧。它们的整个身体,即使连心理性状也已被改变了;然而,倘若我们可以找出其变化史的多个时期——最近的几个时期是能够找出来的——我们将看不见重大的与一起发生的改变,而仅能看到最初是这一部分,其后是另一部分略微地发生变异和进步。即使当人类仅选择某一种特性时——在这方面培育植物能给予最好的事例——我们一定将发现,尽管这一部分——不管它是花、果实还是叶子,都发生了很大变化,而差不多所有别的组成部分也要轻微地发生变化。这一方面是由于相关生长的原理,一方面是由于所谓的自发变异。

勃龙和近来布罗卡曾提出更加强的异议,他们说有不少特性看上去对其拥有者并无多大作用,故而它们不会受自然选择的影响。勃龙列举出种类不一样的山兔和鼠的耳朵和尾巴的长度、多种动物牙齿上的珐琅质的繁复褶皱,还有大量相似的情况作为例子。对于植物,内格利在一篇不错的文章中曾经论述过这个问题。他认为自然选择的确非常有影响,然而他认为各科植物相互间的主要差别是形态学的特性,而这类特性对于物种的兴盛似乎并非至关重要。最后他提出生物存在某种内在趋向,促使它向着进步的以及更加完善的方向前进。他专门用细胞在组织中的序列与叶子在茎轴上的排序作为例子,来证明自然选择不会起作用。我觉得,除此之外不妨再加上花的每一部分的数量,胚珠的位置,还有在扩散上毫无用途的种子形状,等等。

上面的异议的确很有力量。然而,第一,当我们确定何种结构对于每个物种当前有用或者以前曾经有用时,还是要相当谨慎。第二,一定要牢记,某一部分改变时,别的部分也会随之改变,这是因为一些尚不明了的因素,诸如,流到某一部分去的养分的增多或者变少,各部分之间的彼此逼迫,首先发育的一部分影响到而后发育的一部分及另外的等——除此之外还有一些我们丝毫不能理解的别的因素,这些造成了众多相关作用的神奇例子。这些作用,简单说来,全可以包含在生长规律这个词中。第三,我们一定要想到变化了的生存环境起直接的以及某种程度的作用,而且还要想到所谓的自发变异,在自发变异中生存环境的性质很明显作用不大。芽的变异——比如在一般的蔷薇上长出苔蔷薇,又或在桃树上生出油桃,就是自发变异的典型例子;然而即便在这样的情况下,倘若我们还没忘掉虫类的一小滴毒液就足以形成繁杂的树瘿,我们就不能肯定地认为,上面的变异并非是因为生存环境的某种改变而造成的。树液性质的部分改变的结果,对于极其细微的个体差别,以及对于突然出现的更明显的变异,一定存在某种强大的缘由;而且倘若这种不清楚的缘由连续不断地发挥作用,那么此物种的所有个体差不多必然会产生类似的变异。

在本书的以前几版里,我对由于自发变异性而引起的变异的频度与重要性估计得不足,如今看来这好像是可以的。然而一定不可将每个物种的这样良好适合于生活习性的大量结构全部归因于这个原因,我认为并非如此。对具有比较好的适应能力的赛跑马或者长体猎狗,在不清楚人工选择原理以前,曾令一些先驱博物学家无限感慨,我认为也是不能用此缘由来加以阐释的。

有必要举例来阐述一下上面的一些观点。有关我们所设想的种种不同组成部分及器官的无用性,即便在最熟悉的高级动物里,尚存诸多这样的结构,它们十分发达,从而无人怀疑到其重要性,可是它们的作用尚未被肯定下来,或者仅仅在近期才得到肯定。对此,毋庸赘言。既然勃龙将一些鼠类的耳朵与尾巴的长度作为结构上无特别用处却体现出差别的事例,尽管这并非十分重要的事例。那么我就能够指出,依照薛布尔博士的看法,一般鼠的外耳长着许多按特别形式排列的神经,它们自然用作触觉器官,所以耳朵的长度便非常重要了。另外,我们会发现,尾巴对于某些物种来说是一种用处很大的把握器官;故此它的用途就自然会受到它的长短的很大影响。

对于植物,由于已有内格利的文章,所以我只阐述以下看法。人们知道兰科植物的花存在各种奇特的结构,前几年,这些结构还被看成仅是形态学上的差别,并无什么特殊的用处;然而如今发现这些结构凭借昆虫的帮忙,对于完成受精至关重要,而且它们也许是由自然选择而取得的。直至现在我们才发现在二型性的或者三型性的植物中,雄蕊与雌蕊的不同长度以及它们的不同组合次序是存在很大作用的。

在有的植物的一个群中,胚珠竖立,而在别的群里胚珠却倒垂;还有小部分植物,在相同的子房中,一个胚珠竖立,而另一个却倒垂。这些胚珠处于不同位置的构造起先乍一看似乎完全是形态学的,也可以说是并没有生理学的作用的;然而胡克博士对我说,在相同子房中,有的仅仅是上面的胚珠受精,有的仅仅是下面的胚珠受精;他提出这也许是由于花粉管插入子房的方向不一样而造成的。倘若如此,那么胚珠的位置,甚而在相同的子房中一个竖立另一个倒垂的时候,或许是位置上的稍微偏离之选择的产物,因此受精和形成种子得到好处。

归属不同"目"的一些植物,常常出现两种花——一种是绽放的、拥有一般结构的花,另外一种是闭合的、不完整的花。这两种花在某个时候,在结构上呈现出异乎迥异的情形,可是在同一棵植物中也能发现它们是慢慢地互相演变而形成的。结构一般的绽放的花朵能够进行异花受精;而且因此使其的确获得了异花受精的好处。可是闭合的不完整的花同样十分重要,原因是它们仅仅需要极少的花粉就能够很稳定地长出许多种子。前面刚提到过,这两种花在结构上经常不太一样。不完整花的花瓣几乎全由残存物组成,花粉粒的直径也变小了。在一种柱芒柄花中,五本互生雄蕊是残迹的;在堇菜属的一些物种中,三本雄蕊是残留的,余下的二本雄蕊尽管保留着正常的机能,但已经极大地缩减了。在一种印度堇菜中(不清楚它的学名叫什么,因为在我这儿从未看到过它们有过完整的花),三十朵闭合的花里面,有六朵花的萼片由五片的普通数目减少到三片。在金虎尾科里的某一类里依照 A. 得朱西厄的看法,闭合的花存在更进一步的变异,也就是与等片对生的五本雄蕊全部退化了,仅仅与花瓣对生的第六本雄蕊发达些;可是上述物种的一般的花,却不存在这一雄蕊;花柱生长得不全;子房从三个减少到两个。尽管自然选择有足够的力量能够阻挡有些花绽放,而且能够让花因为并闭从而缩减过剩的花粉量,但是上面的种种特殊变异,并不能如此决定,而必定要解释为这是生长规律在起作用,在花粉缩减与花关闭时期,有的部分在机能上的不运动,也可以归入生长规律当中。

由于生长规律的作用极其重要,所以我想再列举一些别的例子,来说明相同的部位或器官,因为在同一棵植物上的相对位置的不一样而存在差别。据沙赫特说,西班牙栗树和一些枞树的叶子,它们叉开的角度在接近水平的与竖直的枝条上是不一样的。在一般芸香与一些别的植物中,中间或者顶梢的花往往先开放，这朵花生有五个萼片及五个花瓣，子房也是五室的；然而这些植物的其余的一切花全部是四数的。英国的五福花属，其顶部的花通常仅有两个萼片，但其别的部分却是四个的，四周的花通常长有三个萼片，而别的部分却有五个。很多聚合花科与伞形花科（以及一些别的植物）的植物，其外面花的花冠比中间花的花冠发达得多；而这好像经常与生殖器官的发育不完整有关。另有一件已经说过的更奇怪的现象，就是外面的与中间的瘦果或者种子通常在形状、颜色，以及别的特性上相互迥然不同。在红花属与一些另外的聚合花科的植物中，仅有中间的瘦果生有冠毛；然而在猪菊苣属中，相同的枝头状花序上长有三种形状不一样的瘦果，在一部分伞形花科的植物中，根据陶施的看法，长在外部的种子是立生的，长在中间的种子是倒生的，得康多尔觉得这种特性对于别的物种在分类方面有着特别的重要性。布劳恩教授列举出延胡索科的一个属，它们的穗状花序下边的花生出卵形的、有棱角的、一粒种子的小坚果；可是在穗状花序的上边却生出披针形的、两个蒴片的、两粒种子的长角果。在这几种情况当中，根据我们的判断，除却为了引起昆虫注意的非常发达的射出花之外，自然选择实际上并未发挥多少作用，或者仅仅发挥着很不重要的作用。所有这类变异，都是各个部位的相对位置与相互作用的产物；并且毋庸置疑，倘若同一棵植物上的所有花与叶，正如在有些部分上的花与叶一样地曾受到同样的内外部条件的影响，那么它们就全部将依照相同方式来发生变化。

在众多别的情况中，我们发现被植物学家们认为通常有极其重要性的结构变异，仅出现在同一棵植物上的一部分花朵，或者出现于相同外部环境下的紧密连接生长的不同植物体。由于这类变异好像对于植物不存在特殊的作用，因此它们不被自然选择所影响。其中的缘由尚待进一步研究；不可以如上面所讲的最后一种事例，将原因归结于相对位置等的一切类似作用。这里我仅列举几个例子。在同一棵植物上花没有规律地呈现为四数或者五数，是常有的事，对这个问题我不必另举例子了；然而，由于在各部分的数量不多的情况下，数量上的变异也不多，因此我打算列举出下面的事例。根据得康多尔所说的，大红罂粟的花，生有两个萼片与四个花瓣（这是罂粟属的一般形式），或者三个萼片与六个花瓣。花瓣在花蕊里的折叠形式，在大部分植物群中都是一个非常稳固的形态学上的性状;可阿萨•格雷教授说,有关沟酸浆属的一些物种,它们的花的折叠形式,差不多总是既与犀爵床族相像又与金鱼草族相像,沟酸浆属归属于金鱼草族。圣提雷尔曾经列举出下面的例子:芸香科生有单一子房,它的一个部类花椒属的一部分物种的花,在同一棵植物上甚或在相同圆锥花序上,却长有一个或者两个子房。半日花属的蒴果,有一室的,还有三室的,而变形半日花,却"有一个略微广阔的薄隔,将果皮与胎座隔开"。有关肥皂草的花,依据马斯特斯博士的研究,它长有缘边胎座与游离的中心胎座。另外,圣提雷尔曾在油连木的分布区域的靠近南边的地方,看到两种类型,开始他坚定地认为这是不一样的两个物种,然而后来他发现它们生活在同一灌木上,就接着补充说道:"在相同的株体中,子房与花柱,有时长在竖直的茎轴上,有时长在雌蕊的根部。"

我们于是知道,植物在众多形态上的改变的原因可以归结于生长规律及每个部位之间的相互作用,但和自然选择毫无联系。然而内格利提出生物有向着完善或改进发展的内在趋势,按照这一说法,显然不可以说在这类明显变异的情形中,植物是向着高级的发达状态在进步;我只依据上面的各个部位在同一棵植物上有差别或变异巨大的这一情况,就能够推测这类变异,无论通常在分类上多么重要,但对于植物自身则是极其不重要的。一个无用的部位的取得,确实不可以说是提升了生物在大自然中的级别;对于前面描绘过的不完整的、闭合的花,若一定要援引一个新原理来解说的话,那自然是退化原理,而不可能是进化原理;大量寄生的与退化的动物肯定也是这样。我们还不清楚造成上面的特别变异的缘由是什么。然而,如若这种尚未知晓的缘由差不多同时长时间地起作用,我们就能够推测,其结果也将差不多一致;而且在此类情况下,物种的所有个体将通过相同的方式进行变异。

上面所说的各种性状基本上无关乎物种的安全,从这一点来看,这类性状所出现的每一细微变异不是凭借自然选择来被积累和增加的。一种经过长期连续选择而形成起来的结构,当对于物种不再有用处的时候,通常易于产生变异,正如我们在残迹器官里所见到的一样,因为它已不继续被相同的选择力量所控制了。然而因为生物的本性与外部环境的性质,产生了对于物种的安危不太重要的变异,它们通常以相同的状态传送给众多在别的方面已发生变异的后代。对于很多哺乳类、鸟类或者爬行类,有没有长着毛、羽或者鳞并不很重要;但是毛差不多早已传送给所有哺乳类,羽早已传递给所有鸟类,鳞早已传递给所有真正爬行类。只要是某一种构造,不管它是何种构造,一旦为大量相似类型所共同具有,我们就会认为它在分类上极其重要,结果就经常假设对于物种来说它拥有关乎生死的重要性。所以我更为相信我们所认为重要的形态上的差别——比如叶子的排序、花和子房的分辨、胚珠的位置等——最先在许多情况下是以彷徨变异来产生的,之后因为生物的本性与周围环境的性质,加之因为不一样个体的杂交,但不是因为自然选择,早晚会稳固下来;因为,基于这些形态上的特性对物种的安全并不造成影响,故而它们的每一个细微偏离都不会受自然选择作用的控制或积累。于是,我们就得到这样一个奇妙的结论,也就是对于物种的生活很不重要的特性对于分类学家则是至关重要的;然而,当我们往后谈到分类的系统原理时,就将发现这决不似乍一看时那样的矛盾。

尽管我们尚无恰当的证据来说明生物体内含有一种朝着改进方向发展的内在趋势,但是正如我在第四章里已经试图指出的,经过自然选择的持续作用,一定将出现朝着改进方向的发展,对于生物的高级的标准,最适当的定义是器官专业化或分化所到达的程度;自然选择有达到这个目的的趋势,因为器官越是专业化或者分化,它们的机能就越是有效力。

出色的动物学家米伐特先生近来搜罗了我及他人对于华莱斯先生与我所坚持的自然选择学说曾经提出来的异议,而且以尚佳的技巧与力量进行了阐述。这样,那些异议就似乎很有说服力;由于米伐特先生并未想过要举出和他的结论相对立的种种事例和观点,故而读者要权衡双方的证据,就一定得在推断与记忆上费些劲。当谈及特别的情况时,米伐特先生将身体每个部位的增加使用与不使用的结果略去不说,而我则常常提出这一点是很重要的,而且在《家养状况下的变异》一文中,我自认为对此问题作了最为详尽的探讨。此外,他还经常认为我未曾考虑到和自然选择没有关系的变异,但恰恰相反的是在我前面所说的著述里,我收集了大量非常真实可靠的事例,比我所知道的任意别的著作还要多。我的论断并不一定完全可信,然而细致地看过了米伐特先生的书,而且一段一段地将他所论述的和我在同样标题下所论述的进行对比,结果发现本书所推出的各个结论都拥有广泛的真实性,固然,在如此交错繁杂的问题中,一些局部的错误是难以避免的。

米伐特先生的所有异议都将在本书中进行探讨,或者早已探讨过了。当中触动了不少读者的一个新观点是,"自然选择不能表明有用结构的早期每阶段",这一问题与经常随着机能改变的各性状的级进变化有着紧密联系,譬如已在前面一章的两个标题下探讨过的鳔变成肺等机能的改变。虽然这样,我还想在这儿对米伐特先生提出来的几个事例,挑选当中最具典型性的,略微详尽地探讨一下,由于篇幅限制,无法对他所提出的所有例子都进行探讨。

由于身材特别高,颈、前腿与舌都极长,因此长颈鹿的整体结构巧妙地适合于啃吃树木的比较高的枝叶。所以它可以在同样的地点获取别的有蹄动物碰不到的食物;这在饥荒时期对它必然很有好处。南美洲的尼亚太牛为我们证实,结构上的无论多么细微的差别,在闹饥荒的时候,也会对动物的生死存亡产生不小的影响。这类牛和别的牛类同样都吃草地上的草,仅由于它的下颚往外突一些,因此在持续干旱的季节里,它们不会与一般的牛和马一样在这段时间里可以被逼去吃树枝与芦苇等;所以这时,倘若主人不去喂养它们,尼亚太牛就会死亡。在探讨米伐特先生的异议之前,最好再来阐明一下自然选择如何在所有一般情况下起作用。人类已使他们的一些动物发生了变化,而没必要专注结构上的特别之处,比如在赛跑马与长体猎狗的场合里,仅仅是从最迅速的个体中加以挑选而进行保留和繁殖,或者比如在斗鸡的场合中,仅仅是从斗胜的鸡里来挑选并加以繁殖。在自然状态下,刚刚出生的长颈鹿也一样,那些可以从最高的地方获得食物、而且在闹饥荒的时候还会比别的个体从高一英寸或者两英寸处获得食物的个体,经常得以存续下来;因为它们能在整个区域获取食物。同种的各个个体,经常在身体每部分的比例长度上略微不一样,这在很多博物学著作中都描绘过,并且在那里列举出了详尽的测计。这些比例上的细小差别,是因为生长规律和变异规律而出现的,对于很多物种来说毫无作用,或者说不很重要,然而对于刚刚出生的长颈鹿,倘若想到它们那时可能存在的生活习性,情况就不一样了;这是因为身体的哪一部分或者几个部分倘若比一般的个体或多或少长一点的个体,大致就能存留下来。这类个体杂交以后,遗留下的后代便传承有同样的身体性状、或者是具有依照相同的方式再变异的趋势,而在这些方面不是很适应的个体一般最易死亡。

由此我们发现,自然界不需要如人类有计划改良品种一样地分列为一对一对的个体;自然选择保留并借此分离出所有优良的个体来让它们随意杂交,并将所有劣等的个体消灭掉。按照这种全然相当于我所说的人类无意识选择的历程长时间持续下去,并且必然用至关重要的形式和器官增加利用的传承效果相结合,我认为一种平常的有蹄兽类,一定能够变成长颈鹿。

对此,米伐特先生曾经提过两种异议。一种是,身体的长大必然要求更多的食物供给,他提出"因此引发的不利在食物缺少之时,是不是将与它所获得的利益相抵消,就非常值得怀疑"。然而,由于事实上南非洲的确存在一大群的长颈鹿,而且由于存在一些地球上最大且比牛还要高的羚羊在那个地区成群地居住着,因此只从身体的大小来说,我们就不能怀疑那些跟现今同样地遭到严重饥饿的中间各级以前曾在那里出现过。在躯体长大的每个时期,可以获得该地别的有蹄兽类够不着因而被遗留下来的食物供给,对于刚刚出世的长颈鹿自然有一定好处。我们也不应忽略另外一个事实,那就是身体的加大能够抵御除狮子之外的几乎所有别的食肉兽;而且在接近狮子的时候,它的长颈——越长越好——就像昌西·赖特先生所说的能够用作瞭望台。恰恰由于这个原因,因此依据贝克爵士的看法,要悄悄地靠近长颈鹿,比靠近其他一切动物都要难得多。长颈鹿还会凭借着剧烈摇撞它的长着断桩形角的头,将它的长颈作为进攻或抵御的器具。每个物种的存留一般不能仅取决于任意一种有利条件,而是取决于所有大的和小的有利条件的结合。

米伐特先生提出疑问说(这是他的第二种异仪),倘若自然选择的确有如此巨大的威力,倘若能吃到高处的树叶确实有很大好处,那么为何只有长颈鹿与脖颈略短的骆驼、原驼及长头驼长着长长的颈和高高的身体,而所有别的有蹄兽类没有呢?也就是说,为何这一群的所有成员未能得到长长的吻呢?由于在南美洲以前曾有大量长颈鹿栖居过,所以对此疑问回答起来比较容易,另外还可以举出一个实际的例子来作更好的回答。在英格兰的每一块草地上,假如有树木生长在草地上,我们发现它的较低枝条,因为遭到马或者牛的咬噬,从而被裁剪成同样的高度;比如说,如若在那个地方生活的绵羊,长

147

出了略微长一点的脖颈,这对于它们能有何好处呢?在每一个区域内,某一种类的动物差不多必定会比其他种类的动物啃吃到较高的树叶;而且差不多一样可以肯定地是仅此一个种类可以通过自然选择与增多利用的功效,为此目的而让它的脖颈伸长。在南非洲,为了啃吃金合欢与其他种类树的高枝条的树叶所出现的争夺必是在长颈鹿与长颈鹿之间,而非在长颈鹿与另外的有蹄动物之间。

在地球上别的区域里,为什么归属于这个"目"的任何其他动物,没有能够长着长长的脖颈或长长的吻呢?这不能作出准确回答;然而,正如对为什么人类过去有的事情没有在这一国发生而在那一国发生这种问题,期望得到确切的回答一样是不合理的。我们不知道每个物种的数目和分布区域的决定条件是什么,而且我们也不能推断出何种结构变化有利于它的个体数目在某一新区域的增多;但是我们大致可以找到有关长颈或长吻出现的种种原因。吃得着高处的叶子(并非攀爬,因为有蹄动物的结构尤其不适合攀爬树木),说明身体的极大增高;我们了解有的地方,比如在南美洲,个大的四足兽尤其少,尽管该地的草木非常茂盛;但在南非洲,个大的四足兽则多不胜数。原因何在?我们不知晓。第三纪后期比如今更适于它们生活,原因何在?我们也不知晓。无论是什么原因,我们都可以发现有的地区和个别时期,与别的地区和别的时期相比,更加有益于像长颈鹿之类的特大四足兽的发展。

某种动物为了在某种结构上取得特殊并且非常大的发展,别的很多部分差不多必定也会出现变异与彼此适应。尽管身体的每一部分都略微地出现变异,然而主要的部分并非必然经常朝着适合的方向以及依照恰当的程度进行变异。我们已经清楚家养动物的不同物种的身体的每部分是依照不同形式和不同程度进行变异的;而且我们了解有的物种比其他物种更易于变异。即便适合的变异已经产生了,自然选择并非绝对会对这些变异产生作用,而形成一种对于物种明显有好处的结构。比如,在某个地区生活的个体的数目,若是主要取决于食肉兽的侵食,或者是取决于外界的和内部的寄生虫等的侵入——大概经常出现此类情况——那么,此时在令任意一种特殊结构发生改变好获取食物方面,自然选择的作用就不大了,或者将受到很大的阻挠。最后,自然选择是一种渐进的过程,因此为了造成任何明显的效果,一定要长久地存在相同有利的条件。除了列出这些普遍的和含糊不清的理由之外，我们的确不能回答有蹄兽类为何在地球上的很多地区没有取得极长的颈项或其他器官，使其能够啃食高枝上的树叶。

不少作者曾提出和上述性质相同的异议。在任何一种情况中，除了上述的普遍原因之外，也许还存在各种可能干预经由自然选择取得设想中对某一物种有利的结构的原因。有一位作者提问说，为何鸵鸟不能飞翔。然而，只要稍稍想一下就会清楚，这种沙漠之鸟若有了在空中活动它们笨重的身体的力气，得需要多么大量的食物供给。海洋岛上生存着蝙蝠与海豹，可是没有陆栖哺乳类；然而，由于某些这类蝙蝠物种特殊，它们必定在这些岛上存在很长时间了。因此莱尔爵士提出疑问，为何海豹与蝙蝠未在这等岛上繁殖出适合在陆地上生存的动物呢？而且他列举出一些原因来回答这个问题。然而若真发生改变，海豹起初必定先变成为巨大的陆栖食肉动物，蝙蝠必定先变成为陆栖食虫动物；对于海豹，岛上没有可吃的动物；对于后者，岛上的昆虫尽管能作为食物，然而它们绝大多数已被早些时候移居到大部分海洋岛上来的，并且数目很大的爬行类与鸟类吃掉了。结构上的级进变化，倘若在各个时期对于一个正在发生改变的物种全部有好处，这种情况仅仅在某种特殊的条件下才可能出现。一种严格意义上的陆栖动物，因为经常在浅滩中猎捕食物，随后在小溪或者湖里猎捕食物，最终会完全变为某一种水栖动物，它能在大洋中栖居。然而在海洋岛上没有有助于海豹逐渐演变为陆栖动物的条件。对于蝙蝠，前面已经提到过，为了躲避敌人或以免摔落，或许起先如同所谓的飞鼠那样从这树在空中滑翔到那棵树，从而获取了它们的翅膀；然而真正的飞翔能力一经获取后，起码为了上面的目的，一定不会再重回到效果不大的空中滑翔能力中去。蝙蝠的确如许多鸟类那样，因为不运用翅膀，会令其退化缩减，或者彻底消失；然而在这种情况中，它们必定得先取得仅靠后腿的帮忙就可以在地上快跑的能力，从而让它能够与鸟类或其他的地上动物进行斗争；而蝙蝠看上去是极其不适合这种改变的。上面的推测是要说明，在各个时期内都是有益处的一种结构的改变，是非常繁复的事情，而且在所有特别的情况下未发生过渡的情况，丝毫不足为奇。

最后，不止一个作者提出这样的疑问，倘若智力的发展真的对所有动物都有好处，那么为何有的动物的智商比其他动物的智商高得多呢，为何猿类未取得人类的智商呢？对这个问题能列出许多种的原因来；然而全部是推测的，而且无法权衡它们的相对可能性，列出来用处也不大。至于后一个疑问，还无人可以作出确切回答，因为一个比它更简单的问题也尚未获得确切回答——那就是在两族处在蒙昧状态的人中为何一族的文化水平会比另外一族高呢；文化水平的提高明显表明脑力的增加。

我们回过头来看看米伐特先生的别的异议。昆虫为了躲避敌害而经常装扮成与别的物体相似的样子，例如绿叶或者枯叶、枯枝、一片地衣、花、荆棘、鸟粪和其他活昆虫；而对于最后一点后面再进行说明。这种相似并不仅仅局限在颜色方面，还有形状、以及昆虫保持它的身体的姿态方面，并且这种相似常常是异乎寻常的逼真的。在灌木上猎食的尺蠖，经常跃起身体，纹丝不动地如一条枯枝，此乃这一种相似的最典型例子，模仿像鸟粪一样物体的情况尚不多，并且还是特殊的。对此，米伐特先生说道："根据达尔文的学说，存在一种稳固的趋势趋于不定变异，并且由于微细的早期变异是倾向所有方面的，因此它们必定存在相互中和与起先出现很不稳定的变异的趋势，所以，就很难明白，倘若可能的话，这种极其微细发端的不定变异，如何可以被自然选择所控制并存留下来，最后变成与一片叶子、一条树枝或别的东西的极其相似性。"

然而在上面的所有情况下，昆虫原先的状态和它频频到达的地方的某种一般物体，肯定存在某些大致的和偶然的相似性，仅仅想一想四周物体的数目几近无穷，并且昆虫的形状与颜色多种多样，就会明白这还是有可能的。某些大致的相似性对于起先的开始是必要的，所以我们可以弄懂为何较大的与较高级的动物（据我所了解，有一种鱼除外）不会因为要保护自己而和某种奇特的物体相似，仅与周围的外表相似，并且基本是色彩的相似。假设一种昆虫原来与枯枝或者枯叶在一定程度上相似，而且它略微地朝多个方面发生变异，这样就使昆虫与每个这些物体更加相似的所有变异就被保留下来，因为这些变异有助于昆虫逃脱敌人，然而另一方面，别的变异就因被忽视而最终消失掉；或者，倘若这些变异令昆虫与它所要模仿的物体一点都不相像，这些变异就会被消灭掉。假若我们不按照自然选择却仅依据彷徨变异来阐明以上相似性，那么米伐特先生的异议固然是很有说服力的；但事实并不是这样。

华莱斯先生列举出了竹节虫的例子，它如"一枝长满鳞苔的木杖"，这种相似极其逼真，甚至使得大亚克土人说这种叶状瘤是真实的苔，米伐特先生觉得这种"拟态完全化的最高妙技"是一个难题，而我不知道它有何力量。昆虫是鸟类与别的敌害的食物，鸟类的眼睛很可能比人类的还要敏锐，而有助于昆虫逃避敌害不被注意和发现的各级相似性，就有将这类昆虫保留下来的趋势；而且这种相似性越彻底，对于这类昆虫就越有好处。顾及到前面竹节虫归属的这一群物种之间的差别性质，就会了解这类昆虫在它的躯体表层上变得不整齐，并且带有一定的绿色，并非没有可能的；因为在每一个群中，几个物种之间不一样的性状最易于发生变异，但是另一方面，属的性状，也就是所有物种所共同具有的性状却最为稳固。

格林兰的鲸鱼是地球上一种最特殊的动物，其最大特点之一是它的鲸须或者鲸骨。在它的上颚的两侧各有一排鲸须，每排大约有三百片，密密匝匝地对着嘴的长轴横列着，在主列之中还存在一些副列。每一个须片的最后面与内缘全部磨成了刚毛，刚毛遮住了整个庞大的颚，用来滤水，从这里可以获得这些庞大动物赖以为生的细小食物。格林兰鲸鱼的中部最长的一个须片竟然达到了十英尺、十二英尺甚或十五英尺；而在鲸类的各个物种中它的长度也分成不同的级别，根据斯科列斯比所说，在有的物种里中部的那一个须片长四英尺，在另外一个物种里长三英尺，而在又一物种里长十八英寸，可是在长吻鲸里只有大约九英寸长。鲸骨的性质也因物种的不一样而有所差别。

对于鲸须，米伐特先生说，当它的"大小和发展一经达到任何有用程度时，自然选择就会在有用的范围内有助于它的存留与加大。然而在起先的时候，它如何取得这一有用的发展呢"？在答复中可以试问，长有鲸须的鲸鱼的初期先辈，它们的嘴为何没有如同鸭嘴一样地长着栉状片呢？鸭也跟鲸鱼一样，是仰赖滤掉泥与水来获取食物的；所以这一科在某些时候被叫做滤水类。但愿不要误以为我的意思是鲸鱼先辈的确曾经长有如同鸭的薄片喙一样的嘴巴。我仅要说明这并非是难以置信的，而且格林兰鲸鱼的庞大鲸须板，或许起先是经过微细的渐进过程由这种栉状片慢慢形成的，每一个渐进过程对该动物自身都有好处。

物 种 起 源

　　琵琶嘴鸭的喙在结构上较鲸鱼的嘴更加奇妙且繁复。依据我的观察在它的上颚两侧均有188枚很具弹性的薄栉片一行，这些栉片朝着喙的长轴横长着，斜着排列为尖角形。它们均是从颚长出来的，仰赖一种韧性膜依附在颚的两侧。居于中央周围的栉片最长，大约有三分之一英寸长，超出边缘下部有0.14英寸长。在它们的底部有斜着横向排列的栉片形成短的副排。这几方面均与鲸鱼嘴巴里的鲸须板相似。而靠近嘴的前端，它们的差别则非常大：鸭嘴的栉片是向里斜着的，并不是朝下竖直的。琵琶嘴鸭的整个头，尽管与鲸的头没有可比性，不过与须片只长九英寸、中等个头大的长吻鲸相比，大致是它头长的十八分之一；因此，若将琵琶嘴鸭的头扩大至与这类鲸鱼的头一样长，那么它们的栉片就要达六英寸长——也就是长度相当于这类鲸须的三分之二。琵琶嘴鸭的下颚长着的栉片和上颚的栉片长度相同，仅仅微小一点；由于生有这种结构，很明显它和不长鲸须的鲸鱼的下颚是不一样的。然而，它的下颚的栉片顶部磨成了尖细的刚毛，这又与鲸须十分相似。锯海燕属是海燕科的一个成员，它仅仅在上颚长有十分发达的栉片，超出了颚边；这类鸟的嘴在这一方面与鲸鱼的嘴是相似的。

　　从琵琶嘴鸭的嘴这种极其发达的结构（依据我从沙尔文先生赠给我的标本与报告得知的），只从适合滤水这一方面来说，我们就能够通过湍鸭的嘴，并在有些方面通过鸳鸯的嘴，一直追寻至一般家鸭的嘴，中间并无多大的中断。与琵琶嘴鸭嘴里的栉片相比，家鸭嘴里的栉片要粗糙得多，而且牢牢地长附在颚的两边；在每边上仅有五十枚左右，不朝嘴边下面突出，其顶部是方形的，而且嵌着透亮坚固组织的边，似乎是为了辗碎食物一样。下颚边上横长着众多细微且突出不多的突起线。从一个滤水器的角度来考察，尽管这种嘴比琵琶嘴鸭的嘴逊色很多，可是人人皆知，鸭常用它来滤水。我听沙尔文先生说，与家鸭的栉片相比，有的物种的栉片更不发达；不过我不清楚它们是不是被用来滤水的。

　　接下来说一下同一科的另一个群，埃及鹅的嘴与家鸭的嘴十分相像；不过栉片不如后者的多，也不如后者的明显，并且朝内突出的程度也小一些；可是巴利特先生对我说，这类鹅"与家鸭同样是用它的嘴将水从嘴角吐出来的"。不过它们将草作为基本食物，同家鹅一样地吃草。与家鸭上颚的栉片相比,家鹅的要粗糙很多,差不多是混长在一起的,每边有二十七枚左右,最下面长成齿状的结节,颚部也布满刚硬的圆形结节。下颚边侧由牙齿构成锯齿状,较鸭嘴的更为突显、粗糙和尖锐。家鹅无须用嘴滤水,而全部用嘴去撕开或切折草类,它的嘴很适合做这个,它们几乎可以将草齐根咬断,这差不多是别的所有动物都比不上的。此外我听巴利特先生说,还有一些鹅种的栉片没有家鹅的发达。

这样我们知道,长有如家鹅嘴一样的嘴、并且只用来咬草的鸭科的一个成员,抑或即便长有栉片不太发达的嘴的一个成员,因为细小的变异,可能变成如埃及鹅一样的物种——进而更逐渐成为如家鸭一样的物种,——最终演变成为如琵琶嘴鸭一样的物种,从而长有一个几乎彻底适合于滤水的喙;原因是这类鸟只用嘴部的带钩前端来捕捉刚硬的食物并撕开它们,嘴的所有别的部分都不使用。我还要进一步补充说明,鹅的嘴也能够通过细小的变异发展成长有突显的、朝后弯着的牙齿的嘴,恰似同科的某个成员秋沙鸭的嘴一样,不过秋沙鸭的嘴是用来捉捕活鱼的,与鹅的嘴的用途很不一样。

再返回来说一说鲸鱼。无须鲸没有有效状态的完全牙齿,然而根据拉塞丕特所说,它的颚零乱地长着小个儿的、大小不一的角质粒点。因此假设有的原始的鲸鱼类型在颚上长着这种类似的角质粒点,不过排列得略微齐整些,而且跟鹅嘴上的结节相同,是帮忙捉捕和撕开食物的,还是有可能的。倘若如此,那么就得承认这类粒点能够经过变异及自然选择,演变为同埃及鹅一样的极其发达的栉片,这类栉片是用来滤水和捉捕食物的;然后又演变为同家鸭一样的栉片;如此一直演变,直到形成跟琵琶嘴鸭一样的完全用来滤水的结构良好的栉片。自栉片长达长吻鲸须片的三分之二的这一个阶段开始,在现有鲸鱼类中看到的级进变化会将我们引向格林兰鲸鱼的硕大须片上去。这一连串中的每个过程,与鸭科各种现存成员的嘴部级进变化一样,对于在级进过程中其器官机能逐渐改变着的一部分古时候的鲸鱼都是有作用的,这是毋庸置疑的。我们应牢记,每类鸭种均处在激烈的生活竞争之中,而且它的身躯的每个部分的结构必须要非常适合于它的生存环境。

比目鱼科因身体不对称而出名。它们趴在一边——大部分物种趴在左边,也有的趴在右边;与此相反的成鱼也经常出现。下边,也就是趴着的那一边,乍一看,与一般鱼类的腹面类似:它呈白色,在诸多方面没有上面那一边发达,侧鳍也通常不大。它的两眼有着特别明显的特点;因为它们都长在头的上边。在年幼的时候,它们原本分别长在两边的,当时整个身子是对称的,两边的颜色也是一样的。很快,下边的眼睛开始顺着头部缓慢地向上边挪动;不过并非如以前所推测的那样是直接从头骨穿过去的。很明显,如果下边的眼睛不挪至上边,当身体习惯了向一边趴着的时候,那只眼睛就起不了作用了。此外,这也许是由于下边的那一只眼睛易于被沙底磨伤的原因。比目鱼科那种扁平的极不对称的结构非常适合其生活习性,此种情况,在某些物种如鳎、鲽里也很常见,就很好地证明了这一点。因此而获得的主要好处大概在于能够躲避敌害,并且易于在海底猎取食物。可是希阿特说,该科里的不同成员可以"排列成一个长系列的类型,此系列显示了它们的逐步演变,由孵化后在形状上尚无什么变化的庸鲽开始,到全然卧倒于一边的鳎为止"。

米伐特先生曾提出过此种情况,还说,眼睛的部位会有忽然的、自发的改变让人很难相信,我很同意此话。他还说,"倘若这种演变是逐步的,那么这种演变,也就是一只眼睛朝头的另一边推移的过程中的很小阶段,怎样对个体有利,令人很难理解。这种早期的变化与其说有益处倒不如说或多或少是有害处的"。然而在曼姆1867年所作报道的出色考察里,他能够找到对于此问题的回答。比目鱼科的鱼在很小及对称之时,它们的眼睛分别长在头的两边,可由于身子太高,侧鳍太小,又由于没有鳔,故而不可以长时间地直立。当它累了时,就朝一边倒在水底,依据曼姆的考察,它们如此趴倒时,往往把下边的眼睛朝上转动,瞅着上边,加之眼睛转动得非常有力,结果眼球使劲地顶着上眼眶。这样两眼之间的额部宽度一时缩减了,这可以清楚地看到。有一次,曼姆看到一条小鱼抬起下边的眼睛,而且把它压到七十度角左右的距离。

我们应该知道,头骨在这样的初期是软骨性的,而且是可挠性的,因此它易于服从肌肉的牵拉。而且我们懂得,高级动物即使在初期的幼年之后,倘若它们的皮肤或者肌肉由于患病或者某种突发状况而长时间收缩的话,头骨也会随之变化它的形状。耳朵长的兔子,假若它们的一只耳朵朝前并朝下低垂着,其力量就可以牵引这一侧的全部头骨朝前,我以前画过一幅这样的图。曼姆认为,鲈鱼、大马哈鱼及别的几种对称鱼类的新产生的小鱼,常常也有在水底趴于一边的习惯；而且他看见，那时它们经常牵引着下边的眼睛往上看，因而它们的头骨会变得略有点歪，可是没过多久这些鱼类就可以维持直立的姿势了。因此长期的效果不会因此形成。比目鱼科的鱼就不是这样，因为它们的身子越来越扁平，因此随着它们的日益长大，趴在一边的习惯也就随之加深，这样对头部的形状和眼睛的位置就造成了无法改变的结果。以此类推能够断定，根据遗传原理，这种骨骼歪曲的趋势将得到增强，希阿特的观点和有些博物学家的恰好相反，他认为比目鱼科的鱼早在胚胎时期就已经不是很对称了；倘如此，我们就可以知道为何有的物种的鱼在很小的时候就习惯向左边卧倒，而另有一些物种则向右边卧倒。曼姆在证明上面的说法时又进一步说道，长大了的北粗鳍鱼，在水底也是向左边卧倒的，而且倾斜着游泳；这类鱼的头部两边，据说不是完全一样的。而且这种鱼并非属于比目鱼科。在鱼类学方面极其权威的京特博士在引述曼姆的文章之后，进行评论："作者对于比目鱼科的奇特现象，作出了一种十分简明的阐释。"

　　由此，我们知道，眼睛由头的一边往另外一边移动的初期，米伐特先生说这是有坏处的，而这种转移是由于侧卧于水底时两眼尽力向上看的习性所造成的，而这种习性不管是对个体还是对物种来说肯定都是有好处的。有几种比目鱼的嘴朝下边弯曲，并且正如特拉奎尔博士所推测的，没长眼睛那一边的头部颚骨，因为有助于在水底猎取食物，比另外一边的颚骨强硬而有力，我们不妨将此种情形的原因归结于利用的承传结果。另外一方面，包含侧鳍在内的鱼的整个下半部分不太发达的情况可以用不利用来解释；尽管耶雷尔推测这类鳍的缩减，对于比目鱼来说也有好处，因为"较之上边的大形鳍，下边的鳍仅有很小的活动空间"。星鲽的上颚长有四颗到七颗牙齿，下颚长着二十五颗到三十颗牙齿，这类牙齿数量的比例关系一样地也可以用不利用来解释。依据大部分鱼类与很多别的动物的腹部呈白色的情形，我们有理由假设，比目鱼类的下部的一边，不管是右边还是左边，呈白色，均因为没有阳光照耀的原因。然而我们不可以假设，鳎的上边身体的奇特斑点颇像沙质海底，或者像普谢近期提出的有的物种具备跟着四周表面而随之变化颜色的本领，或者欧洲大菱鲆的上边身体含有骨质结节，均是阳光照耀的结果。在此自然选择或许起作用，正如自然选择让这些鱼类身子的普通形态与诸多别的特点适合于它们的生活习性那样。我再次重申，器官增加利用的遗传效力，或者是它们不使用的遗传效力，会随着自然选择而增强。因为，向着对的方向进行的所有自发变异因而得以保留下来；这与因为任意部分的增加使用及有益使用所取得的最大遗传效力的那些个体得以保留下来是同样的道理。至于在每一个个别的情况中多少能够归结于使用的结果，多少能够归结于自然选择，大概是无法决定的。

我另举一例来阐明，一种结构的发端明显都是因为使用或者习性的作用。一些美洲猴的尾部已成为一种非常完善的持握器官，因而美洲猴用它来作为第五只手。一位完全同意米伐特先生观点的评论者，对于这种结构说道，"难以相信，在任意久远的年代里，那个持握的起初细小的倾向，竟然可以保留具备这一趋向的个体的生命，或者可以给予它们以繁衍后代的机会"。然而所有这种念头都没有必要。习性或许能够胜任这项工作，习性实际上表示可以因此获得某些或大或小的好处。布雷姆见到一只非洲猴的幼崽，用手抓住它母亲的腹部，另外还将其小尾巴套住母猴的尾巴。亨斯洛教授喂养了几只仓鼠，这类仓鼠的尾巴结构并不适合持握东西；然而他经常看到仓鼠用尾巴套住放在笼子里的一丛树枝，以此来帮助它们攀爬。京特博士那里有一篇相似的报告，他曾经看见一只鼠用尾巴将自身倒挂起来。若是仓鼠具有完全意义上的树栖习性，它的尾巴兴许会如同一目中某些成员的情况一样，构造得适于持握物体。研究了非洲猴年幼时的此种习性，可是为何它们后来发生变化了呢，这是很难回答的问题。或许在这类猴进行大幅度跨越时长尾用作平衡器官，比用作持握器官对它们更为有利吧。

乳腺在哺乳动物全纲中都是有的，而且对于它们的生存不可或缺；因此乳腺一定在十分遥远的时代就已经有了发展，而有关乳腺的发展过程，我们必定毫无所知。米伐特先生问道："能够猜测某一种动物的幼体偶尔从其母亲的膨胀的皮腺吸了一滴没有什么营养的液体，就可以免于死亡吗？就算曾经有一次这样的情况，那么有什么条件可以让此种变异永远持续下去呢？"不过这个例子列举得并不恰当。大部分进化论者都认为哺乳动物是遗传自有袋动物；果真如此的话，那么乳腺起先必定是在育儿袋中逐渐成熟的。有一种鱼（海马属），它的鱼卵正是在这样的育儿袋里孵化的，而且幼鱼在一段时间内也是在那里被抚育的。一位来自美国的博物学家洛克伍得先生，依据他所见到的幼鱼的发育情况，认为它们是由袋内皮腺的分泌物所抚育的。这样的话有关哺乳动物的初期先辈，几乎在它们能够适合于这个名称以前，它们的幼体是以相同的方式被抚育的，起码是有可能的吧？而且在这种情况下，那些分泌具有乳汁性质的、加之在一定程度或者方式上是营养最丰富的液体的个体，与分泌的液体营养不那么丰富的个体相比，一定会哺育出数量多一些的且营养良好的幼体；所以，这种和乳腺同源的皮腺就将得到改进，或者变得更加有用；位于袋内某个特定位置上的腺，会比其他的变得更加发达，这是和普遍运用的专业化原理相一致的；于是它们变成乳房，而最先没有乳头，就同我们在哺乳类里最低级的鸭嘴兽中所见到的一样，位于某一特定位置上的腺，经过何种作用，变得比其他的愈加专业化，是不是部分原因在于生长的补偿作用、使用的成效、或者自然选择，我还不能裁断。

　　只有幼体同时可以吮食这类分泌物，否则乳腺再发达也没用，并且也将不受自然选择的影响。要弄懂幼小的哺乳动物如何知道本能地吮吸乳汁，与弄懂未孵出的小鸡如何知道用十分适合的嘴轻轻敲破蛋壳，或者如何在从蛋壳出来几小时之后就知道啄食谷粒的食物，同样不容易。在这种情况下，通常的解释或许是，此种习性最先是由年龄较大的个体从实际生活中取得的，以后才遗传给年龄较小的后代。然而，有人说年幼的袋鼠实际不吸乳，仅是使劲地含住母体的乳头，母体就将乳汁喷进她的柔弱的、未完全形成的后代的嘴中。对此，米伐特先生说，"若无特殊的构造，小袋鼠必将因乳汁进入气管而被呛住，然而，特殊的构造的确存在。它的喉头长得极长，其上端一直通向鼻管的后部，这样就可以使空气任意进入到肺里，而乳汁能够安然地通过这种伸延了的喉头两边，稳妥地到达位于后边的食管"。米伐特先生接着问道，自然选择如何从成年袋鼠及从绝大部别的哺乳类（假设是遗传自有袋类的）把"这一起码是全然无辜的及无害的结构除掉呢"？不妨如此回答：发声对众多动物极其重要，一旦喉头一接通鼻管，就无法用力发声，而且弗劳尔教授曾经对我说，这种结构可以阻碍动物吞咽固体食物。

　　我们现在简单说一下动物界中较为低级的部门。棘皮动物（星鱼、海胆等）生有一种令人注目的器官，被称做叉棘，在非常发达的情形里，它变成三叉的钳，——也就是由三个锯齿状的钳臂构成的，三个钳臂紧密配合在一块，位于一只富有弹性的、由肌肉带动运动的柄的顶部。这种钳可以牢牢地抓住所有东西；亚历山大·阿加西斯曾看到一种海胆迅速将排泄物的细粒由这个钳传送给另一个钳，顺着身体一定的若干线路掉下去，以免弄脏它的壳。然而它们除了有将所有污物移走这一个作用，必定还有别的作用；防御是另一个明显的作用。

对于这部分器官，米伐特先生又再次问道："这种结构的起先不发育的开始又有何用？而且这种早期的萌芽如何可以保住一个海胆的命呢？"他接着补充说道，"即使这种钳挟作用是一下子形成的，若无可以随意活动的柄，这种作用也是没有好处的，此外，倘若没有挟得住东西的钳，这种柄也没有多少功效，可是仅仅细小的、不稳定的变异，无法让结构上如此繁复的互相协调共同改进；若不承认这一点，则相当于承认了一种完全自相矛盾的奇怪理论。"尽管在米伐特先生看来这好像是自相矛盾的，然而底部稳固不动却具备钳住作用的三叉棘，在一些星鱼类中的确有；若是它们起码部分地将其用作防御手段，这是能够理解的。在此问题上给我提供了不少资料令我感激万分的阿加西斯先生对我说，还有别的星鱼，它们的三只钳臂的中的一只已经退化成另外二只的支柱；而且还有一些别的属，它们的第三只臂已经彻底消失了。按照柏利耶先生的描绘，斜海胆的壳上长着两种叉棘，一种与刺海胆的叉棘相似，另外一种与心形海胆属的叉棘相似；这种情况往往很有意思，因为它们凭借一个器官的两种形态中的一种的消失，表明了确切突兀的过渡方法。

有关这类奇特器官的进化过程，阿加西斯先生按照他自己的考察和米勒的考察，进行了如下推断：他主张星鱼和海胆的叉棘应该被视为一般棘的变形。这能由它们单个的发育形式，而且能够由不同物种与不同属的一条冗长而齐全的连锁的级进变化——由单纯的颗粒到一般的棘，进而到完备的三叉棘——推断出来。这种逐步变化的情况，即使在一般的棘和具有石灰质支柱的叉棘怎样与壳相联系的形式中尚可见到。在星鱼的个别属里能够见到，恰是那种联系说明了叉棘仅仅是变异了的叉棘的分支。如此，我们就能够发现固定的棘长有三个长度相同的、锯齿状的、可动的、在靠近它们的底部处相连接的肢；再向上，在相同的棘上，另外还有三个会动的肢。若后者从一个棘的顶部长出,实际就将构成一个宽大的三叉棘,这种情形在长有三个下述分支的相同棘上能够出现。毫无疑问,叉棘的钳臂与棘的可活动的枝具备相同的性质。人人都认为一般棘是用来防御的;果真如此的话,那么无疑那些长着锯齿与可活动分支的棘也具有相同的作用;而且若是它们在一块儿用作持握或钳挟的工具而起作用时,它们愈为有用了。因此,由一般固定的棘演变为固定的叉棘所经历的每一个中间环节都是有作用的。

在有的星鱼的属中,这种器官并非不动的,也就是并非长在一个固定的支柱上面的,而是长在可以弯曲的生有肌肉的短柄上的;在这种情况下,它们的功能不单单是抵御,也许还有别的附属的功能。在海胆类中,由不动的棘变为连接在壳上且由此而变为活动的棘,这几个阶段是可以寻觅出来的。遗憾的是这里不能更加详细地引述一些阿加西斯先生对于叉棘形成的有意思的观察,按他所说,在星鱼的叉棘与棘皮动物的另外一群,也就是阳遂足的钩刺之间,也能发现所有可能的改进步骤;而且还能够在海胆的叉棘与棘皮动物这一大纲中的海参类的锚状针骨之间,发现所有可能的进化步骤。

有的复合动物,从前叫做植虫,当今叫做群栖虫类,长着奇怪的器官,称为鸟嘴体。这类器官的结构在不同物种中迥然不同,在最发达的状态下,它们大体上与秃鹫的头与嘴惊人的相像,它们长在脖颈上边,并且可活动;下颚亦如此。我曾考察过一个物种,其长在同一枝上的鸟嘴体经常同时朝前与朝后活动,下颚张得极大,成九十度左右的角,可张开五秒钟时间,它们的活动使所有群栖虫体全随着颤抖起来。若拿一根针去刺它的颚,它们会将它咬得极其牢固,以至于会使它所在的一枝摇动起来。

米伐特先生列举这个例子,原因在于他觉得群栖虫类的鸟嘴体与棘皮动物的叉棘"实质上是类似的器官",并且这些器官在动物界大不一样的这两个部类中经过自然选择而获得发展是不容易的。然而只从结构上来说,我发现不了三叉棘与鸟嘴体之间的类似性。我觉得鸟嘴体与甲壳类的钳倒是极其相似;米伐特先生或许能够一样适当地列举这种类似性,甚或它们与鸟类的头与嘴的类似性,当做特殊的难点。巴斯克先生、斯密特博士及尼采博士——他们是认真钻研过此种群的博物学家——全部认为鸟嘴体和单虫体还有构成植虫的虫房是同源的;可以活动的唇,也就是虫房的盖,是和鸟嘴体的能活动的下颚相似的,但是巴斯克先生并不知晓现在存在于单虫体与鸟嘴体之间的随便一个进化步骤。因此不会推测经由何种有效演变,这个可以成为那个;然而一定不可以因此就说这种级进从未有过。

由于甲壳类的钳在一定程度上和群栖虫类的鸟嘴体相似,二者均用作钳子,因此有必要说明,甲壳类的钳现在仍存在一串长长有用的发展步骤。在最早和最简易的时期里,肢的末端关闭时顶住宽广的第二节的方形顶部,也可能顶住它的整个一侧,因而,就可以将一个所遇到的物体钳住;不过这肢仍然是用作一种移动器官。此外,宽广的第二节的一边略微突显,有时长着参差不齐的牙齿,末节关闭时就顶住这些牙齿。这种突出物日益变大,它的形态和末节的形态也都随着略有变异与进步,这样钳就会变得越来越发达,直到终于变成与龙虾钳一样的有力器具;事实上所有级进全部能够寻觅出来。

不单是鸟嘴体,群栖虫类还有另外一种奇异的器官,被称为震毛。这一震毛通常由可以活动的并且容易遭受刺激的长刚毛所构成。我观察过一个物种,其震毛稍稍弯曲,外部呈锯齿形状,并且相同群栖虫体上面的所有震毛经常一起活动着;它们跟长桨一样活动着,以至于一支群体很快在我的显微镜的物镜下穿梭过去。倘若将一支群体面朝下放着,震毛就会纠结在一块,因而它们就使劲地将自己挪开。有人假设震毛有防御功能,就像巴斯克先生所描述的,能够看见它们"缓慢地安静地在群体的外表上移动,当虫房里的柔弱栖居者伸出触手的时候,将那些对它们而言有坏处的东西扫掉"。鸟嘴体和震毛类似,或许也具备防御功能,可是它们还可以捉捕和杀死小动物,人们认为这些小动物被害以后是随着水流被冲到单虫体的触手所能触及的地方。某些物种同时具有鸟嘴体与震毛,某些物种仅有鸟嘴体,此外还有小部分物种仅有震毛。

很难找出在外表上比刚毛(震毛)与颇像鸟头的鸟嘴体之间的差别更大的两个东西,可是它们差不多可以断定是同源的,并且是由共同的来源——也就是单中体和虫房——形成的。所以,我们可以懂得,正如巴斯克先生跟我说的,这类器官在有的情况下,如何从这个样子逐步演变成另外一个样子。这样,膜胞苔虫属存在一物种,它的鸟嘴体的,可以活动的颚非常突出,并且极像刚毛,故此只好依据其上端不动的嘴才能够确定它的鸟嘴体的性质。震毛或许径直由虫房的唇片形成，并未经历鸟嘴体的过程；不过它们经历这一过程的可能性恐怕更大一点，因为在变化的初期，包含着单虫体的虫房的另外的部分，不容易马上失去。在好多情况中，震毛的根部长存在一个带沟的支柱，这个支柱近似于固定不动的鸟嘴状结构；尽管有的物种全然没有这个支柱。这种关于震毛形成的看法，倘若真实，真是很有意思；原因是假设所有长有鸟嘴体的物种全部早已灭绝了，那么即使是最富有想象力的人也断然不可能猜到震毛原本是一种与鸟头式的器官差不多的一个部位，或者如形状不规则的盒子或是兜帽的器官的一个部位。的确很有意思，如此迥异的两种器官竟然会是由同一根源演变而成的，而且由于虫房的可活动的唇片具有保卫单虫的功用，因此可以认为，唇片最先是变成鸟嘴体的下颚，而后变成长刚毛，中间所经历的所有级进，一样能够在不一样的形式与不一样的环境条件下起到防御作用。

在植物界中，米伐特先生仅谈到两种情况，就是兰科植物的花的结构与攀缘植物的活动。有关兰科植物，他说道："对于它们的起源所作的阐述丝毫不能让人满意——有关结构的早期的、最细微的萌芽的阐述，很不充足，这些结构仅会在高度发展时才起作用。"我在另一部书中已经详尽地论述过此问题，所以在此仅对兰科植物的花的最明显特点，也就是它们的花粉块，稍稍详尽地进行阐述。极其发达的花粉块，是由一团花粉粒聚集而成的，附着于一条富有弹性的柄、也就是花粉块柄上，而这个柄就依附在一小块特别黏的东西上。昆虫就靠这种方式将花粉块由这朵花搬运到那朵花的柱头上去。有的兰科植物的花粉块未长柄，花粉粒只靠一根细丝连接起来；然而这种情况不只局限于兰科植物，因此在此不必探讨了；不过我想说一下在兰科植物系中地位最低下的杓兰属，从中我们能够知道这些细丝大致是如何最先发展起来的。在另外的兰科植物中，这些细丝附着于花粉块的一头；这就是花粉块柄起先出现的迹象。这便是柄——即便是很长且极其发达的柄——的来源，我们还可以从偶尔掩埋于中心刚硬部分的发育不完整的花粉粒中寻找到明显的证据。

关于花粉块的第二个主要特征，就是依附在柄头的那一小块黏性的东西，能够列举一系列的等级进化，各次级进无疑都有利于此种植物。另外的

"目"的大部分花的柱头仅有不多的黏性东西分泌出来。一些兰科植物也一样分泌此般类似的黏性东西,然而仅有一个柱头在三个柱头中分泌得非常多;该柱头也许由于分泌过盛的缘由,因而成为不育的了。当昆虫对这些花进行访问的时候,它把此种黏性东西拭去一部分,同时也就一块儿把一些花粉粒粘走。经由这样同大部分常见花差异不大的简单情况开始,直至花粉块依附在相当短的及游离的花粉块柄上的物种,再到花粉块柄固定于黏性东西上的、且不育柱头产生了非常大变异的另外的物种,具有诸多的级进。在最末的一级中,花粉块发育得最充分、最完善。但凡是亲自认真探索过兰科植物的花的人,都确信上述一长串的级进的存在——若干兰科植物的花粉粒团单单通过细丝连接在一块,它的柱头与一般花的柱头区别不大,经此种情况开始,直到相当复杂的花粉块,它们对星虫移运都十分适合;那些物种的全部级进变化十分适合所有花的通常构造通过昆虫来传授花也都会被它承认。在此种情况中,并且基本上是在另外的全部情况下,还能够更进一步地钻研;能够寻问一般花的柱头何以变为黏的,然而由于我们还不了解各个生物群的一切过去,因而就同试图期望得到回答一般,此般发问也毫无用处。

现在我们要说一说攀缘植物。由简单地缠绕一个支柱的攀缘植物开始,至我所说的叶攀缘植物与有着卷须的攀缘植物为止,能排列成很长的一个系列。后两种植物的茎即便还存有着旋转的本领,即便不经常失去,可是大部分已失去了缠绕的能力,可卷须一样也存有旋转能力。经叶攀缘植物至卷须攀缘植物的进化是密切相连的,有若干植物能够任意归属到任何一类中,可是单从缠绕植物进化至叶攀缘植物的阶段中,就增加了某种重要性质,也就是对接触的感应性。借助此种感应性,叶柄或者花梗,或者已经成为卷须的叶柄与花梗,可以由于受到刺激就弯曲在接触物体的附近且缠绕住它们。但凡是阅读过我的有关此种植物的研究报告的人,我推测,都不会否认在普通的缠绕植物与卷须攀缘植物之间,它的机能上与构造上的全部级进变化,对于物种都十分有利。比方说,缠绕植物变成为叶攀缘植物,确实是相当有好处的;有着长叶柄的缠绕植物,倘若该叶柄略微具有必需的接触感应性,可能就可以发展为叶攀缘植物。

缠绕是顺着支柱上升的最简单方式,而且是处在此系列的最低级地位,因而能够自然问道,起初植物何以得到该能力,以后才经由自然选择得到改进与增加。缠绕的本领,首先,借助茎在幼小时的极端可挠性(这是相当多非攀缘植物都有的特征),其次,凭借茎枝依据相同次序逐次顺着圆周诸点的一直变曲。茎借助此种运动,才可向着四面八方转动。倘若茎的下部碰上任何物体便会停止缠绕,而其上部则依然可以继续弯曲、旋转,此般肯定会缠绕着支柱慢慢上升。在诸多新梢的初期长成以后,此种旋转运动便会马上停止。在系统距离非常远的特别多相异科的植物中,某个单独的物种及单独的属一般具备此种旋转的本领,且因此而变成缠绕植物,因而它们必定是单独获得了该能力,而不是经相同先辈那里传递而来的。因而,我预测,在非攀缘植物里,略微有着此类运动的倾向,也十分常见,这便给自然选择奠定了作用与改进的基石。这个时候,我仅仅可以举出一个不齐全的例子,就是轻轻地与不规则地旋转的毛子草的细小花梗,十分像缠绕植物的茎,可此习性完全没有被利用。随后不久米勒发现了某种泽泻属植物与某种亚麻属植物——两者都不属于攀缘植物,且在自然系统上也相隔很远的幼茎即便旋转得不规则,可到底是可以如此的。他说,有理由能够推测,若干别种植物也出现此种情况。此种轻微的运动好像对于那种植物并无多少好处,起码它们对于我们所论证的攀缘作用无任何好处。可是,我们还是可以看出假如此类植物的茎原先是可弯曲的,而且倘若在它们所处的环境下有助于其升高,则经由自然选择微细的与不规则的旋转习性就可能因此得到增强和利用,直至它们成为相当发达的缠绕物种。

有关叶柄、花柄以及卷须的感应性,基本上一样能够用以解释缠绕植物的旋转运动。隶属于差异极大的群的诸多物种,都有着此种感应性,因而在诸多还未变成攀缘植物的物种中也应能够看到此种特性的初生状态。情况是如此的:我了解到上述毛子草的微小花梗,本身可以朝其接触的那一方稍微弯曲。在酢酱草属的一些物种中莫伦发现了倘若是叶与叶柄被微微地、反复地碰触着,又或是植株被摇动着,叶与叶柄就会产生运动,尤其是经烈日之下暴晒后更加明显。我对别的若干个酢酱草属的物种重复地观察,产生了一样的结果;其中有若干物种的运动十分明显,可在幼叶中看得最清晰;在另外的几个物种中运动则十分轻微。依照高级权威霍夫迈斯特所言,全部植物的幼茎与叶子,在被摇动以后,都可以运动,该点特别重要;说到攀缘植物,据我们所知,只在生长的初期,其叶柄与卷须才是敏感的。

在植物的年幼的、与向成熟发展的器官中,因为对于它们来说被碰触或者被摇动而产生的微小运动,好像不太可能有何种机能上的作用。可是植物顺应种种刺激而产生运动的本领,对于它们就十分重要;比方说趋向光的运动能力与极其少见的背离光的运动能力——还包括,对于地球吸引力的背离性与较为少见的趋向性。当动物的神经同肌肉遭受电流的刺激时,又或是因为吸收了木鳖子精因而受到刺激时所产生的运动,能够叫做偶然的结果,因为对这类刺激,神经与肌肉无特殊的敏感。植物应该也是如此,由于它们有顺应一定的刺激而产生运动的本领,因而倘若被触着或者被摇动,就会产生偶然状态的运动。因此,我们极易承认在叶攀缘植物与卷须植物的情况中,被自然选择所采用的与增强的就是此种趋向。可是依照我的研究报告所列举的诸多理由,可能仅在已经得到了旋转能力的、且由此已经变为缠绕植物的植物中,才产生此种情况。

我已尽我所能解释了植物何以因为细微的与不规则的、早先对其没有用处的旋转运动趋势的增强而成为缠绕植物;该运动和因为触碰或摇动而产生的运动,是运动能力的不经常产物。且是为了另外的有利的目的而被得到的。在攀缘植物慢慢发展的过程中,自然选择是不是得力于使用的遗传效果,我还不能断言;可是我们了解,某一周期的运动,比方说植物的所谓睡眠运动,是受习性的控制的。

某位练达的博物学者认真选取了一些例子来论证用自然选择解释有用构造的早期阶段还不充分,在这儿我对他提出的不同观点已作了充足的讨论,又或已讨论得太多;而且我已说明,就像我所希望的一样,在该问题上并无太难的地方。故而,就供给了一个好机会,来稍稍多说一些关于结构的级进变化,该类级进变化一般伴随着机能的变化——这点非常重要,而在该书的前面几版中都没作细密的讨论,在这我将上面的情况再简明地复述一次。

对于长颈鹿,在若干已经灭绝了的能接触到高处的反刍类里,凡是有着最长的颈与腿,且可以啃吃比平均高度微高一些的树叶,它们的个体就可得以继续生存,只要是不能在那样的高处取得食物的个体就会经常地遭受毁灭,如此一来,或许能达到此种特异的四足兽便产生了。可是所有部分的长时间利用,加之遗传作用,可能对各部分之间的相互协调曾经提供了极大的帮助。有关模拟种种物体的诸多昆虫,可以认为,相对于某种通常物体的偶然相似性,在所有场合里曾作为自然选择产生作用的基石,随后历经使此种相似性更加接近的微小变异的偶然存留,这种模拟才慢慢达到完善。只要昆虫接着产生变异,而且只要越来越完善的相似性足以让其逃脱视觉敏锐的敌人,此作用便将一直进行。在一些鲸鱼的物种中,有某种颚上长有不规则的角质小粒点的趋势;而且直至这些粒点开始变成为栉片状的突起或齿,同鹅的喙上所长有的那样——随后变成短的栉片,同家鸭的喙上所长有的那样——然后变成栉片,同琵琶嘴鸭的嘴一样完善——最末变成鲸须的巨片,同格林兰鲸鱼口中的那样——全部这些有用变异的保留,仿佛全部都在自然选择的范围之中。在鸭科里,该栉片早先是当做牙齿用的,其后某部分当做牙齿用,某部分当做滤器用,到最后,就基本上全当做滤器用了。

对于上面的角质栉片或鲸须的此类结构,依我们来判断,习性或使用对其发展,相当少甚至一点作用都没有。反之,比目鱼下面的眼睛朝头的上侧的移动,及一条有着持握性的尾的形成,基本上全部能够归因于不间断地使用与伴随着的遗传效果。有关高级动物的乳房,最可能的推测是,早先某种有营养的液体从育袋动物的袋里全表面的皮腺分泌出来;之后此等皮腺经由自然选择,在机能上得以改进,而且汇聚于某个部位,这样就形成了乳房。要弄明白一些古代棘皮动物的用作抵挡分支的棘刺,怎么经由自然选择而变成三叉棘,同弄清甲壳动物的钳是经由早先专门用于行动的肢的末端二节的细小的、有利的变异而得以发展相比较,也并不是更为困难,在群栖虫类的鸟嘴体与震毛中,我们发现由相同的根源演变成外表上差异极大的器官;而且有关震毛,我们可以弄明白那些不间断的级进变化也许有什么作用。有关兰科植物的花粉块,能够从原先用以将花粉黏合在一起的细丝,寻找到慢慢黏合成花粉块的柄;另外,比方平常花的柱头所分泌的黏性东西,能够用以即便并不是完全相同的,可粗略一样的目的,该黏性物质黏附在花粉块柄的游离末端上所历经的阶段,也能够寻找出来——一切此类级进变化对于诸类该植物都是特别有作用的。对于攀缘植物,我不再重述。

往往有人问,既然自然选择这么有力量,为何一些物种没获得对其明显有好处的这种或那种结构呢?可是,想到我们还不了解所有生物的发展历史与目前决定其数目与分布范围的因素,因而还不能对此种问题给予确定的回答。在诸多情况中,只可以列举通常的原因,单在少部分情况中,才能够列举出不具体的原因。这样一来,倘若让某个物种去适应新的栖息习性,必定要产生诸多协调的变异,而且通常会遇到下述的情况,那就是那些不可缺少的部分不通过恰当的方式或者恰当的程度产生变异。诸多物种肯定因为破坏作用,而阻拦了其数量的增长,在我们看来该作用与一些构造对物种有好处,因而便觉得它们是经由自然选择而被得到的,但实际上并无关系。在该情况中,生存竞争并不凭借这类结构,因而此等结构并非经由自然选择而被取得。在诸多情况中,某种结构的发展要有复杂的、长期且往往有着特别性质的因素的存在,但遇到此种所必备的条件的机会或许相当少。我们所设想的、而且一般错误认为的对于物种有好处的任意某种构造,在所有环境条件下都是经由自然选择而被得到的,该想法和我们所能了解的自然选择的活动方式恰恰相反。米伐特先生也承认自然选择有一些影响,不过他认为,我用它的作用来说明此现象,"例证还不太充分"。在前面他的重要论点已被讨论过了,另外的论点后面还将要讨论到。我们的论点据我看来,这些论点仿佛很少有例证的特性,其分量远远比不上,我们觉得自然选择是强有力的,并且通常受到另外的作用的帮助。我应该补充一点,在此我所引用的事实与论点,有的已在新近出版的《医学外科评论》的某篇杰出的论文里,因相同的目的而被提出过了。

目前,基本上全部的博物学者都承认有某种形式的进化存在。米伐特先生认为物种是依据"内在的力量或趋向"而产生变化的,此种内在的力量到底为何物,的确一无所知。全部进化论者都觉得物种有着产生变化的能力;可是,据我观察,在普通变异性的趋向以外,仿佛无任何其他内在力量;普通变异借助于人工选择的帮助,以前创造了相当多适应性很好的家养族,且它凭借于自然选择的帮助,肯定会一样好地、慢慢地形成自然的族,也就是物种。最终的状态,同之前所说的,往往是体质的进步,可在一些少部分例子中是体质的退化。

米伐特先生进一步阐明新物种"是忽然出现的,并且是经突然变异而构成",另有部分博物学者赞同他的此种见解。比方说,他设定已绝迹了的三趾马与马之间的区别是倏地产生的。他觉得,鸟类的翅膀"仅因有着明显且性质重要的、较为突然的变异而发展起来,除此之外,其他的理由都难以信服于人";而且他把这种看法很明显地推之于蝙蝠与翼手龙的翅膀。这表明进化系列里具有巨大的断裂或者间性,这个结论,照我来看,是完全不可能的。

不管谁倘若认为进化是缓慢而逐步的,必然也会认为物种的变化有可能是倏地一下子的并且是巨大的,如同我们在自然环境下,或者即便在家养环境下所见到的各个单独变异一般。可是倘若物种被照料或培育,较之在自然环境里就更容易发生变异,因而,像在家养环境下通常产生的如此巨大而突然的变异,在自然环境下通常不太可能出现。家养环境下的变异,有一些能够归因于返祖传承,这样再出现的性状,在很多情况下,最初可能是慢慢得到的。另有更多的情况,一定被称为畸形,像六个手指的人、多毛的人、安康羊、尼亚太牛等;因其性状与自然的物种大为相异,因而它们对我们所讨论的问题提供的说明不多。除这些忽然产生的变异以外,剩下来的少部分的变异,倘若在自然环境下出现,至多仅可形成和亲种类型依旧存在着密切联系的可疑物种。

我觉得自然的物种会同家养族那样也忽然产生变异,而且我一点都不相信米伐特先生所说的自然的物种以奇特的方式在发生变化,解释如下。依照我们的经验,迅速而明显的变异,是独自地、而且间隔较长的时间,出现于家养族里。倘若此种变异出现在自然状况下,同前所述,或许会因偶然的毁灭和后来的彼此杂交而易失去;在家养环境下,除非这种突然变异因人的干涉被隔离且进行特殊保护,我们所了解的情形也的确如此。因而,倘若新物种如同米伐特先生所设定的那种方式而突然产生,那么,基本上就要相信一些特异变化了的个体会在相同的地区里一起出现,可这是与全部推理相反的,正如同在人类的不经意选择的场合中那样,该难点只能依照逐步进化的学说才能避免;所说的逐步进化是经由多少向着一切有利方向演变的大部分个体的保留和向相反方向演变的大部分个体的不复存在来体现的。

诸多物种经由十分渐进的方式而进化,基本上是不用置疑的。很多自然的大科里的物种甚至是属,互相之间是如此的密切类似,使得许多都很难区分开来。在每个大陆上,经北至南,经低地至高地等,大量密切近似的或典型的物种会被我们发现,在相异的大陆上,我们能够认定以前它们曾是接连的,也能够看到相同的情况。可是,同时我还要先说说今后将探讨的问题。观察一下环绕一个大陆的诸多岛屿,那个地方的生物有多少只可以提升到可疑物种的地位。如果我们考察过去,用消失不久的物种和目前还在相同地区里生存的物种进行比较;或是把埋存于相同地质层的相异亚层里的化石物种来比较,情况也是这般。呈然,诸多物种与目前依旧存在的或近代曾存在过的物种的关联,是相当密切的;不可以说这个物种是以突然的方式产生的。同时还须记住,我们在考察类似物种的、而不是相异物种的特别之处时,能够找到无数十分微小的级进,这些微小的级进能够将完全不同的构造联系在一起。

诸多事实,仅依照物种经极细微的步骤发展起来的原理,才能够得以说明。比方说,大属的物种在相互关系上比小属的物种更加紧密,且变种的数量也较大。大属的物种又如变种绕着物种那样聚为小群,它们还有其他方面相似于变种,在第二章里我已有过说明。依照相同原理,我们可以了解,为何物种的性状相比属的性状会产生更多变异;以及为何以不同平常的程度或方式发展起来的部分较之相同物种的剩余部分会有更多变异。关于这方面还能列举出相当多类似的例子来。

即便产生诸多物种所历经的步骤,不比产生那些分别微细变种的步骤要大;可是还是可以认为,一些物种是通过不一样的与突然的方式发展起来的。可是倘若承认的话,就不得不提供有力的证据。昌西·赖特先生曾列举出若干不清楚的且在一些方面存在错误的类比来说明突然进化的观点,比方说无机物质的忽然结晶,或是存在小面的椭圆体经一小面下陷至另一小面;这些类比基本上毫无探讨价值可言。但是有一类事实,比方说在地层里突然有新的而且不同的生物类型出现,乍一看,仿佛可以支持突然进化的主张。可是此证据的价值的决定权在于和地球史的久远时代有关的地质记录是否完全。假如那记录和很多地质学家所认为的那样,只是片断的话,那么,新类型仿佛是突然出现的说法,就不以为怪了。

只有我们承认转变如同米伐特先生所以为的那般巨大,比方说鸟类或蝙蝠的翅膀是突然构成的;又或是三趾马会猝然变为马,要不然,突然变异的主张,对于地层里相接链锁的不足,提供不了任何解释。可是胚胎学对于此种突然变化的主张提出了坚强有力的反对。谁都知道在胚胎的初期,鸟类与蝙蝠的翅膀,还有马与其他走兽的腿,并无区别,之后它们经过不可觉察的微细步骤而产生了分化。如同后面还要提及的,胚胎学上全部种类的类似性都能够此般解释,就是现有物种的先辈在幼小的初期以后,产生了变异,并且将新得到的性状遗留给相当年龄的后代。这样,胚胎近乎不受影响,而且能够作为那个物种的曾经情形的一种记录。因而,在发育的最早阶段中,现有物种同属于相同纲的古代的、绝迹的类型通常非常类似。依据这种胚胎相似的主张,实际上依据任何主张,都不可相信某种动物会历经上面所说的那样巨大且突然的变化;再说在其胚胎的状态下,找不到任何突然变异的迹象;其构造的各个细微之处,都是经无法觉察的微细步骤发展起来的。

假如认为某种古代生物类型经由某种内在力量或内在走向而突然转变成,比如,有翅膀的动物,那么他就必须来假设许多个体都一起产生变异,这和全部类比的推论相反。不可否认,此类结构上的突然而巨大的变化,不同于大部分物种所明显产生的变化。甚至他还必须认为,与相同生物的另外的全部部分完美地相适应的以及和附近环境完全地相适应的诸多构造全部是一下子产生的;而且对于这样复杂而特异的彼此适应,他将没法解释。他还不得不承认,在胚胎上这种巨大而突然的变化并没留下一丝痕迹。照我看来,承认这些,便走入了奇迹的空间,从而离开科学的领域。

第八章　本能

本能能够和习性作比较,可是其起源不一样——本能的级化——蚜虫与蚁——本能是变异的——家养的本能,它们的起源——杜鹃、牛马、鸵鸟与寄生蜂的自然本能——养奴隶的蚁——蜜蜂,它的搭造蜂房的本能——本能与构造的变化不需同时发生——自然选择学说应用于本能的难点——中性的或者不育的昆虫——提要。

诸多本能是那样不可思议,使得在读者看来它们的发达可能是一个完全能够颠覆我的一切学说的难点。在此我首先要声明一点,即我不打算探讨智力的起源,如同我没讨论生命本身的起源一般。我们要探讨的,仅是相同纲动物中本能的五花八门和另外的精神能力的多样性的问题。

我不想给本能下什么定义。明显的,该名词通常包含着一些不一样的精神活动;可是,当我们说因本能的原因以使杜鹃迁移并让其将蛋下在其他的鸟巢中,所有人都懂得这是何含义。我们自己需要有经验才可以完成的活动,却被一种毫无经验的动物、尤其是被年幼的动物完成时,并且诸多个体并不知道是为了何种目的却依据相同方式去完成时,往往就被称做本能。然而我能说明,此等性状没有一个是普遍存在的。就像于贝尔所说的,就算是在自然系统中隶属低等的动物中,起初的判断或理性也常常产生作用。

曾经弗•居维叶与某些较老的形而上学者们将本能和习性相比较。我觉得这样的比较,对完成本能活动时的心理状态,给予了一个准确的看法,可未必涉及它的起源。诸多习惯性活动是怎么在下意识中产生,进而有相当多直接和我们的有意识的意志相违背! 可是意志与理性能够让它们改变。习性容易和另外的习性、一定的时期以及和身体的状况相关。习性一旦得到,通常一生保持不变。能发现本能与习性之间的别的一些类似的地方，如同反复演唱某首熟悉的歌曲，在本能中也是某种活动有节奏地随着另一种活动；倘若一个人在演唱时被打断，又或是当他重复背诵一种东西时被打断了，往往他就不得不重新走回头路，以恢复已成为了习惯的思路；胡伯尔发现可以构造相当复杂的茧床的青虫就是这样；因为倘若在它完成构造的第六个阶段，将其拿出，放置到只完成构造第三个阶段的茧床中，这个青虫单单重新筑造第四、第五、第六个阶段的构造。但是，倘若将完成构造第三个阶段的青虫，放置到已完成构造第六个阶段的茧床上，则它的工作已基本上完成了，然而并未因此得到任何好处，因而它感到相当失措，而且为了完成其茧床，它仿佛不得不从构造第三个阶段开始（它是从这里离开的），这样它企图去做完已做完了的工作。

倘若我们假设一切习惯性的活动都可遗传——能够说明，有时确实有该情况产生——则原为习性与原为本能之间，就变得相当密切类似，以致无法区分。倘若莫扎特不是在三岁时经非常少的练习就可以弹奏钢琴，而是一点都没有练习过便能弹奏一曲，则能够认为其弹奏的确是出自本能。可是设定大部分本能是经一个世代中的习性得到的，随后留传给以后每一世代，就是一个非常大的错误。可以清楚地阐明，我们所熟悉的最奇异的本能，像蜜蜂的与众多蚁的本能，不会是因习性得到的。

通常承认本能对于处于目前生活环境之中的诸物种的安全，如同肉体结构一样的重要。在产生变化的生活环境中，本能的细微变异可能有利于物种，起码是可能的；那么，倘若可以说明，即便本能不常产生变异，但的确曾经出现过变异，那我就不觉得自然选择把本能的变异存留下来并不断累积到一切有用的程度有什么困难的。我确信，全部最复杂的与特异的本能就是这样起源的。运用或者习性引发肉体结构的变化，且使它们加强，而不运用则让它们缩减或灭亡，我并不怀疑本能也是这样。可我确信，在诸多情况中，习性的后果，较之所谓本能自发变异的自然选择的结果来说，前者不是主要的，出现身体结构的细微差别有某些不可知原因，相同地本能自发变异也是因未知原因产生的。

只有通过诸多细微的、但是有利的变异慢慢且逐步的累积，一种复杂的本能才会经由自然选择而获得。因而,同在身体结构的情况中一样,在大自然中我们所寻找的不应该是得到各个复杂本能的真实过渡各级,——因为此等级仅可在每一物种的直系祖先里才得以找到,——然而我们应从旁系系统中去找寻此等过渡级的某些证据;或是起码我们可以说出某一种类的各个级是可能的;但我们必定可以做到这点。考虑到除了欧洲与北美洲之外,被观察过的动物本能还很少,而且对于绝迹物种的本能,更是什么都不知道,因而让我觉得惊异的是,最复杂本能得以完成的各个级可以广泛的被发现。在生命的相异阶段或一年中的不一样的季节、或被放于不同的环境条件下等等使得相同物种有着不同的本能,这就通常会促进本能发生变化;在该情况下,自然选择可能会将这种抑或那种本能存留下来。可以说明,在大自然中相同物种中本能的多样性也是存在的。

除此之外,像在身体结构的情况中一般,诸物种的本能全都是为其利益,依照我们的判断,它从没为了另外的物种的利益而被产生过,这与我的学说也是相符的。有个十分有力的事例,说明某种动物的活动从表面看来全部是为了其他种的动物的利益,如同于贝尔最初发现的,这就是蚜虫毫不勉强地将甜的分泌物提供给蚂蚁:它们这样做是出于自愿的。这点能从下面事实中得以说明:我把一株酸模植物上的蚂蚁全都捕来,且在若干小时之内不允许它们回来,另外有约十二只蚜虫被留下,隔一段时间后,我觉得蚜虫肯定要进行分泌了。我用放大镜观察了一会儿,但未见一个分泌,随后,我用尽全力模仿蚂蚁用触角触动它们那样的,极轻地用一根毛触动并拍打它们,然而还没有一只分泌;后来我用一只蚂蚁去靠近它们,从它那神色慌张的样子来看,仿佛它立即觉得自己找到了极丰富的食物,接着它着手用触角去拨蚜虫的腹部,刚开始是这一只,随后那一只;当每一蚜虫一旦觉到它的触角时,立刻举起腹部,把一滴澄清的甜液分泌出来,蚂蚁就匆忙地把这甜液吃掉了。即便相当幼小的蚜虫也做这样的动作,可见此种活动是一种本能,而并非经验的后果。依照于贝尔的考察,对于蚂蚁,蚜虫一定无厌恶的表示;假如没有蚂蚁,最终它们就要被迫排出其分泌物。可是,由于排泄物非常黏,要是被取去,对于蚜虫必定很便利;因而它们分泌可能并非完全为了蚂蚁的利益。即便无法证明一切动物会全然为了另外的物种的利益而活动,可是所有物种却企图凭借另外的物种的本能，如同凭借另外的物种的较差的身体结构造一般。此般，一些本能就不可以被看做是完全的；可是详尽探讨此点与另外的类似之处，并不是不可或缺，因而，在这就从略了。

在自然状态下本能具有一定程度的变异。可此等变异的遗传竟是自然选择的作用所不可或缺的，那么就应该尽可能地列举出大量事例来；不过限于篇幅，我仅可推论，本能毫无疑问是变异的——比如迁徙的本能，在范围与方向上不仅会产生变异，并且也会全部消逝。鸟巢也一样，它的变异一部分归因于选定的位置与居住环境的性质与气候，可往往因全然未知的缘由而产生变异。曾经奥杜旁列举出若干典型的例子，用以说明美国北部与南部的相同物种的鸟巢有所区别。有过如此的提问，倘若本能是变异的，何以"当蜡质不足的时候，蜂不具有使用其他材料的能力呢"？可是蜂能够使用怎样的其他的自然材料呢？曾经我见到过，它们会采用加过沙而变硬了的蜡，又或是用加过猪油而变软了的蜡来工作。安德鲁·奈特发现他的蜜蜂并不勤快地采集树蜡，但用那些遮盖树皮剥落部分的蜡与松节油黏合物。曾有人近来说，蜂不寻找花粉，但喜欢使用某种迥然相异的物质，那就是燕麦粉。对于一切特种敌害的畏惧，肯定是某种本能的性质，能够从没有离巢的小鸟身上见到此种情况，即便此种畏惧可通过经验或者通过看见别的动物对于相同敌人的畏惧而得到强化。对于人类的恐惧，同我在别的地方所指出过的一样，生活在荒岛上的诸动物是逐步地获得的。就算在英格兰，我们也见到这样的一个事例，就是所有大形鸟比小形鸟更害怕人，由于大形鸟更频繁地遭到过人们的侵害。英国的大形鸟特别怕人，全部能够归因于此；因为在无人岛上，大形鸟不比小形鸟更为怕人；在英格兰，喜鹊很警觉，可在挪威则很驯顺，埃及的羽冠乌鸦也不害怕人。

有诸多事实能够表明，在自然状态下发生的同类动物的精神本领变异非常大。能够举出其他一些事例，说明野生动物中存在偶然的、特异的习性，倘若此种习性对于这个物种有益，便会经由自然选择产生出新的能力。可是我很明白，这仅是普通的叙述，倘若无明细的事实，恐怕读者的心中仅会有十分微弱的效果。我只有反复说明，并发誓我不说无依据的话。

在家养动物中习性或者本能的遗传变化

假如大致地观察一下家养中的少部分例子,那在自然状态下本能的遗传变异的可能性甚而确实性会得以加强。在这我们能够了解到习性与所说的自发变异的选择,在改变家养动物的精神本领上所产生的作用。我们都知道,家养动物的精神本领的变异是如此之大。比方说猫,一些天生喜欢捕捉大老鼠,一些则喜欢捕捉小老鼠,而且我们明白该趋向来自于遗传。依圣约翰先生所说,有只猫时常捕捉猎鸟回家,另一只猫捉山兔或者兔子,还有一只猫在沼泽地上行捕,基本上每晚都要捉一些山鹬或沙锥。众多特异且切实的例子能够说明和某种心理状态或者某一时期相关的诸多相异癖性与嗜好以及怪癖,都来自遗传。不过让我们看看都十分熟悉的狗的品种的例子:不用置疑,第一次把年幼的向导狗带出去时,它有时它可以指明猎物的所在地,甚至还可以帮助其他的狗(我曾亲眼见过此般感人的情景);在某一程度上拾物猎狗的确能够将衔物持来的特点存留下去;牧羊狗并不在绵羊群内跑,却有着在羊群四周环跑的特征。年幼动物并未借助经验而自觉地做了此等活动,同时每一个体又基本上通过相同方式进行了这些活动,而且各类品种都欢快雀跃地并且没有目的地去进行此等活动——年幼的向导狗并不明白它指示方向是在帮其主人,如同白色的蝴蝶并不懂得为何要在甘蓝的叶子上产卵一样——因而我看不出这些活动在实质上与真正的本能有怎样的区别。假如我们看到一种狼,它们在幼小且完全没有接受什么训练时,倘若嗅出了猎物,它起初是站着不动,如雕塑一样,其后再用特殊的步法徐缓爬过去;又看见另一种狼围绕鹿群追赶,但不直接冲上去,以便把它们赶至较远的地方去,此时我们必定要把此类活动称为本能。被称为家养下的本能,确实不及自然的本能那般稳定,可是家养下的本能所承担的选择作用也很不全面,并且是在较动乱的生活环境下,在比较短的时间内被传留下来。

当让相异品种的狗来杂交时,就能够很明显地看出此种家养下的本能、习性与癖性的遗传是如何强烈,而且它们混淆得如何奇异。我们明白,长躯猎狗与逗牛狗杂交后,能够影响长躯猎狗的勇猛性与顽强性以致相当多的世代;牧羊狗和长躯猎狗杂交,让全体牧羊狗都产生了捕捉山兔的趋势。此种家养下的本能,倘若用上面的杂交方法进行试验,就相似于自然的本能;自然的本能也依据相同的方式奇妙地混淆在一起,并且在一段相当长的时期内体现出它的祖代任何一方本能的痕迹:比方说,勒鲁瓦描绘过一只狗,其曾祖父是一只狼,在狗身上仅有一点表现了其野生祖先的痕迹,就是当听到呼唤它时,并不径直地走向其主人。

家养下的本能时常被认为全部是从长期不间断的与被迫养成的习性所遗留下来的动作,可这不正确。没有人会想到去教或者以前教过翻飞鸽学翻飞——依我所看到的,一只年幼的鸽子从未看过鸽的翻飞,但它却也会翻飞。我们认定,曾有过一只鸽子表明了该奇异习性的细微倾向,而且在不间断的世代中,经由对于最好的个体的长期选择,才产生了如今天这般的翻飞鸽。格拉斯哥周围的家养翻飞鸽,依布伦特先生告诉我说,鸽子一飞至十八英寸高便要翻跟斗。倘若无一只狗天生有着指示方向的趋向,会不会有人想到训练一只狗去指引方向呢?人们了解此种倾向通常见于纯种里。以前我就看过一次这种指示方向的行为:就像众人设想的,该指示方向的行为可能仅是某个动物在准备扑击它的猎物之前停留一小会儿时间的延长而已。当指示方向的起初倾向一出现时,随后在各个世代中的有计划选择与强迫训练的遗传后果将能够快速完成此项工作,并且无意识选择目前依旧进行,因为每个人即便初衷不在于改进品种,可总是企图得到这种最善于指引方向与狩猎的狗。另一方面,在一些情况下,只习性一项就已足够了;没有什么动物比野兔还难驯服的了;基本上也无一种动物比驯服的年幼家兔更驯顺的了;可我很难想象家兔仅为了驯服性才普遍被选择下来;因而极野的到极驯服的性质的遗传变化,至少大多数的原因在于习性与久远持续的严格圈养。

在家养环境下,自然的本能也许消亡:最明显的例子可见于极少孵蛋的、甚至是从不孵蛋的那些鸡品种,也就是说,它们天生不喜欢孵蛋。仅因习惯,才阻止了我们了解家养动物的心理曾经有过多么大的与耐久的变化。与人类亲近已成为了狗的本能,这点很少有人怀疑。全部狼、狐、胡狼与猫属的物种尽管在驯养后,也十分锐意地去追击鸡、绵羊与猪;火地与澳洲这些地方的未开化人不养狗,由于他们将小狗放到家里驯养,曾经发现狗的该倾向是不可矫正的。另一方面,我们的已经文明化了的狗,即便在非常幼小的时候,也无必要去教它们别追击鸡、绵羊与猪的! 必定它们也许偶尔会攻击一下,接着便要遭受一顿打;倘若还不改,有可能被弄死;如此,经由遗传、习性及一定程度的选择,可能共同地让我们的狗文明化了。另一方面,小鸡全部因为习性,对于狗和猫的害怕的本能已经消失;而此种本能原本是它们天生就有的。曾经赫顿上尉对我说,原种鸡——印度野生鸡——的小鸡,当被一只母鸡抚育时,起初野性很大。在英格兰,经一只母鸡抚育的小雉鸡,也是这般。并非小鸡对所有都不再惧怕,而仅是不再惧怕狗与猫。由于,假如母鸡发出一声告知危险的叫声,小鸡就从母鸡的翼下跑开(小火鸡特别是这样),躲到附近的草里或丛林里去了。这肯定仅是某种本能的动作,对母鸡飞走有利,如同我们在野生的陆栖鸟类中所见到的情况,可是我们的小鸡还持留着该种在家养环境下已经变得一无用处的本能,因母鸡由于不使用的缘故,基本上已经失去飞翔的能力了。

因而,我们能够推论,在家养下的动物能够得到新的本能,因而失掉自然的本能,这部分是因为习性,部分是因为人类在不间断的世代里选择了并累积了特别的精神习性与精神活动,而这些习性与活动的起初产生,是因偶然的原因——由于我们的知识太缺乏,因而不得不此般称呼该原因。在有一些情况下,仅强迫的习性一项,就能让遗传的心理变化产生;在别的一些情况下,强迫的习性就不可能起作用,所有东西都是有计划选择与无意识选择的结果;不过在大部分情况下,习性与选择也许是同时产生作用的。

特殊本能

我们仅考察少部分的事例,也许就可以完全地理解在自然条件下本能如何经由选择作用而产生变化。我仅挑出三个例子——它们是,杜鹃在其他的鸟巢里下蛋的本能;一部分蚂蚁养奴隶的本能;与蜜蜂建造蜂房的本能。后面两种本能已经被博物学者们概要地且适当地归为全部为人所知的本能中最奇特的本能了。

杜鹃的本能——一些博物学者设定,杜鹃的该本能的较为直接的原因,是它并不是天天下蛋,而是隔二天或三天下一次;因而,倘若她自己筑巢,自己孵蛋,那第一个蛋就要隔一段时间之后才可以得到孵抱,不然在相同的巢里便会有不同龄期的蛋与小鸟了。倘若如此，下蛋与孵蛋的过程便会非常长，因而很不方便，尤其是雌鸟在相当早的时候便要迁移，而首先孵化的小鸟必定就得要让雄鸟来分别抚育。可是美洲杜鹃便陷入了此般困境；由于它自己建巢，并且要在相同时间里生蛋与照料先前孵化的小鸟，有人说有时候美洲杜鹃也在其他的鸟巢里下蛋，认可与否定这种说法的都存在；可我从衣阿华的梅里尔博士那儿近来听到，有一次他在伊里诺斯发现在蓝色松鸦的巢里存在着一只小杜鹃与一只小松鸦；而且因这两只小鸟都已经基本上长齐了羽毛的缘故，因而对于其判定不会出错。我还能够列举出诸多种相异的鸟时常在其他的鸟巢里下蛋的某些事例。目前让我们设定欧洲杜鹃的远古先辈也拥有美洲杜鹃的习性，也有时它们在另外的鸟巢里产蛋。假如此种有时在其他的鸟巢里产蛋的习性，经由可让老鸟及早迁移或者经由另外的原因，因而有利于老鸟；抑或，倘若是小鸟，因利用了其他的物种的误养的本能，较之经母鸟来喂养来说更为强壮——由于母鸟不得不同时照料各个龄期的蛋与小鸟，从而必须受到牵连，则有利于老鸟与被错误喂养的小鸟。依此类推，我们能够确定此般喂养起来的小鸟因为遗传可能就会有着它们的母鸟的那种普遍具有的与特异的习性，而且当其生蛋时就趋向于将蛋生在其他的鸟的巢里，如此一来，它们便可更好地抚育它们的幼鸟。我认为由这种性质的承继过程杜鹃的奇特本能被产生出来。另外，米勒近期用诸多的证据确证了，有时杜鹃会在空地上产蛋，孵抱，而且抚育它的幼鸟。此种罕见的事情可能是重现早已消失了的原始筑巢本能的某种情况。

有人反对说，我未注意到杜鹃另外的相关的本能与结构适应，他们觉得这些势必彼此联系着。可是在所有情况下，空论我们所了解的某个单独物种的某种本能是不起作用的，因为至今指引我们的尚无任何事实。直到不久之前，也仅有欧洲杜鹃的与非寄生性美洲杜鹃的本能被我们所了解；现今，因拉姆齐先生的观察，我们了解了澳洲杜鹃的三个物种的若干情况，它们也是在另外的鸟的巢里产蛋的。能够提及的要点有三个：首先，通常的杜鹃，除极少是例外，仅在一个巢里产一个蛋，为了让个子大而十分贪吃的小鸟可得到充足的食物。其次，蛋是相当的小，不大于云雀的蛋，可云雀仅有杜鹃四分之一那样大。我们通过美洲非寄生性杜鹃所产的巨大的蛋能够推定，蛋小是某种确实的适应情况。再者,小杜鹃孵出之后相当快便有了将义兄弟排挤出巢外的本能与力气,以及某种合适的形状的背部,被排挤出去的小鸟因冻饿就死去了,其曾被称为仁慈的安排,因为如此做,小杜鹃便可得到足够的食物,而且在尚未具有感觉之前义兄弟就死去了!

下面说说澳洲杜鹃的物种:即便它们往往仅在一个巢里产一个蛋,不过在相同巢里产两个抑或甚至三个蛋的情况也很多见。在大小上,青铜色杜鹃的蛋差异非常大,其长度由八英分到十英分。为了欺骗一些养亲,又或是更准确地说,为了在极短时间里得以孵化(听说蛋的个大或者个小与和孵化期之间存在某种联系),产下来的蛋甚至比目前还小,倘若对于该物种有益,则就可以认为,某个产蛋越来越小的族或物种也许就如此形成了;由于个小的蛋可以较为安全地被孵化与抚育。拉姆齐先生说,存在着两种澳洲的杜鹃,当它们在完全没有遮盖的巢里产蛋时,尤其挑拣那样的鸟巢,里面蛋的颜色和自己的类似。在本能上欧洲杜鹃的物种也显著表现了和此点类似的倾向,可是相反的情况也有很多,比方说,它将暗而灰色的蛋,产在篱莺巢中,和后者亮蓝绿色的蛋混合。倘若欧洲杜鹃一成不变地体现出上述的本能,则在全部被假设共同得到的那些本能上肯定还应增加上该种本能。依照拉姆齐先生说,在颜色上澳洲青铜色杜鹃的蛋有相当大的变化;因而在蛋的颜色与大小上,自然选择可能存留了和稳固了一切有用的变异。

在欧洲杜鹃的情况里,在杜鹃孵出后的三天里,养亲的后代通常被驱逐出巢外去;由于此时杜鹃还处在一种相当无力的状态下,因而古尔得先生曾经认为此种驱逐的行为来自于养亲。可是他目前已经获得关于一个小杜鹃的真实的记录,此时这小杜鹃眼睛还未睁开,而且甚至连头都抬不起来,却将义兄弟驱逐出巢外,此乃确实看到的情况。观察者曾经将其中的一只捡起来又放回巢里,可又被驱逐出来了。说到获得此种奇特而可恨的本能的方式,假如小杜鹃在刚孵化后不久就可以得到相当多的食物对于它们是尤其重要的话(可能确是这样),则我想在不间断的世代中慢慢取得为驱逐行动所必需的盲目欲望、力量与构造,并不是如何困难,因为有着此种最发达的习性与结构的小杜鹃,将能获得相当好的抚育。得到此独特本能的首要步骤,可能只是在年龄与力气上略略大了点的小杜鹃的不经意的乱动;该习性之后得以改进,且遗传给较之幼小年龄的杜鹃。该情形与下面的情况同样能够理解，也就是另外的鸟类的小鸟在还没孵化时就有着啄开自己蛋壳的本能——又或是同欧文所说的一样，小蛇在上颚长有一种临时的利齿是为了弄破强有劲的蛋壳。因为，假如在全部年龄阶段中身体的各个部分都极易产生个体变异，并且在相当龄期或是较早些龄期中此变异具有被遗传的趋向——此观点无可非议——则，幼体的本能与结构，确实与成体的相同，可以逐步地产生变化，这两种情况势必同自然选择的一切学说相始终。

在美洲鸟类中牛鸟属是很特殊的一属，和欧洲椋鸟类似，其有些物种如杜鹃一般地有着寄生的习性；而且它们在进行其本能上体现出有趣味的级进。褐牛鸟的雌鸟与雄鸟，依照著名的观察家赫得森先生所说，时而群居而过着杂交的生活，时而则过着配偶的生活。它们要么是自己筑巢，要么是侵占另外的鸟的巢，偶尔也将其他的鸟的小鸟抛出巢外。它们要么在其占据了别人的巢内产蛋，要么，令人奇怪地在此巢的顶上给自己再建造另一个巢。它们往往是孵自己的蛋与抚育自己的小鸟的；但根据赫得森先生说，有时候可能它们也是寄生的，因他曾见到该物种的小鸟跟随着另外的种类的老鸟。并且叫喊着要求喂养它们。牛鸟属的另外某一物种，多卵牛鸟的寄生习性比上面所谈及的物种还要发达得多，可是距离完全化尚十分遥远。此种鸟，据了解，必定要在其他的鸟的巢里产蛋；不过令人关注的是，有时若干此种鸟或许合伙建造一个自己的不规则的并且不整洁的巢，该巢被置于十分不适当的地方，比方说在大蓟叶子上，但是按依赫得森先生所可以断定的来说，它们从来不会把自己的巢造好。它们常常在其他的鸟的某个巢里产下相当多的蛋——十五至三十个——所以极少被孵化，又或是根本不孵化。另外，它们拥有在蛋上啄孔的特异习性，不论是自己的还是所占据的巢里的养亲的蛋都被啄破。它们还在空地上随意下很多蛋，自然那些蛋就如此被丢弃了。还有第三个物种，北美洲的单卵牛鸟，已经得到了杜鹃此般全部的本能，因它从不在一个另外的鸟巢里生下多于一个蛋的缘故，因而小鸟获得抚育便能得以确保。赫得森先生是从不相信进化的人，不过看到了多卵牛鸟的不完整本能他仿佛也很受感动，所以他引用了我的话，而且问："我们是不是一定要认为此类习性不是特殊给予的又或是独创的本能，而认定是一个通常法则——过渡——的微小结果呢？"

诸多相异的鸟，照前面所说，有时会将它们的蛋产在其他种鸟的巢里。该习性，在鸡科类也较为平常，且对于鸵鸟的特异本能给予了某些说明。在鸵鸟科里若干只母鸟一起先是在一个巢里，而后又在别的一个巢里产下较少的蛋；让雄鸟去孵抱这些蛋。此种本能大概能够用下面的事实来解说，也就是雌鸟生蛋非常多，可是和杜鹃一样，每隔两天或是三天才生一次。不过美洲鸵鸟的此本能，和牛鸟的情况相同，完全化尚未达；由于有相当多的蛋都散扔在地，因而在我一天的游猎中，就捡到了不少于二十个散落的与遗弃的蛋。

很多蜂是寄生的，它们往往将卵产在其他的蜂的巢里。该情况较之杜鹃更令人注意；就是说，伴随着它们的寄生习性，不仅此种蜂的本能产生了变化，其构造也有了改变；它们无采集花粉的器官，假如它们为幼蜂储备食物，该器具是不可或缺的。泥蜂科类似胡蜂的一类物种一样也是寄生的；近期法布尔曾经提出了非常好的理由令我们相信：尽管某种小唇沙蜂一般都是自己建巢，并且为其幼虫储备被麻痹了的食物，可倘若是看见其他的泥蜂所建的与储备有食物的巢，它就会加以利用，让其成为自己暂时的寄居之处。该情况与牛鸟或者杜鹃的情况是同样的，我认为假如某种暂时的习性有利于物种，同时被害的蜂类，不会因巢与储备的食物被无情占有以致灭绝，这种暂时的习性极易被自然选择变成为永远的。

一位比其著名的父亲更为出色的观察家贝尔发现了养奴隶的本能。他观察到有着此种本能的蚂蚁完全凭借奴隶而生活；假如没有奴隶的帮助，该物种在一年之中就绝对会绝迹。雄蚁与能育的雌蚁哪种工作都不做，工蚁也就是不育的雌蚁即便在捕捉奴隶上十分奋发勇猛，可除此以外也不做另外的事情。它们不会建造自己的巢，也不会抚育自己的幼虫。在老巢不再适用，不得不迁移的时候，奴蚁则来做搬迁的事，而且事实上也是它们将主人们衔在颚间托走。主人蚂蚁们是如此不中用，当丁贝尔捕捉了三十个将它们关闭起来，可是无一个奴蚁时，即便那儿放入了它们最爱吃的充足的食物，并且为了刺激它们做工作又放入其自己的小虫与蛹，它们却依旧不做任何事；它们连东西都不会自己吃，所以大量蚂蚁就饿死了。后来于贝尔放入一只奴蚁——黑蚁，它立即开始工作，喂养与挽救那些尚存者，而且搭建了若干间虫房，来看顾幼虫，所有一切整理得有条有理。这是何等让人感到惊异的事呀！假如我们不知道别的养奴隶的蚁类，也许就无法想到这般奇异的本能会是如何完成的。

　　还有一个物种——血蚁，也是某种养奴隶的蚁，也是经贝尔最早发现的。该物种发现于英格兰的南部。英国博物馆史密斯先生考究过其习性，有关这个问题与另外的问题，我十分感谢他的帮忙，即便我确信于贝尔与史密斯先生述说的，但是对待这个问题我还是抱以怀疑的态度，因为所有人对于养奴隶的此种这般奇特的本能的存在有所怀疑，可能都能够得到理解。因而，我想稍稍详尽地说说我作的观察，曾经我挖开十四个血蚁的窠，而且在全部窠里都发现了数目不多的奴蚁。奴种（黑蚁）的雄蚁与可育的雌蚁，在它们自己固有的群中能够看见，但在血蚁的窠中从没看见过它们。黑色奴蚁，比红色主人的一半还小，因而它们在外表上的区别非常大。当窠稍被扰动时，有时奴蚁跑出外边来，同它们主人一样的特别激动，且保卫它们的窠；当窠被扰动得相当厉害，幼虫与蛹已被暴露出外面的时候，奴蚁与主人共同努力地把它们转运到安全的地方去。因而，奴蚁明显是非常安于其现状的。在持续三个年头的七月与八月里，我在萨立与萨塞克斯，曾经对若干个窠观察了数小时，可从未看见一只奴蚁从某个窠里走出或者走进。在此等月份里，奴蚁的数是非常少，因而我想当它们数量多之时，行动可能就不一样了；可是史密斯先生对我说，五月、六月与八月间，在萨立与汉普郡，他在诸多不同的时间内留心观察了它们的窠，即便在八月份奴蚁的数量非常多，可他也没有看到它们走进或是走出它们的窠。因而，他认为它们绝对是家内奴隶。但主人则不是这样，时常看见它们不停地运送着建窠材料与各类食物。但是在1860年七月里，我发现了一个奴蚁众多的蚁群，我看见有极其少的奴蚁与主人混在一起从窠里出去，顺着相同条路朝着约莫二十五码远的某棵高苏格兰冷杉走去，它们都爬到树上去，也许是为了寻觅蚜虫或是胭脂虫的。于贝尔有过相当多观察的机会，他说，在筑窠的时候瑞士的奴蚁时常与主人一块工作，但它们在早上与晚间则独自照看着门户；于贝尔还明确指出，奴蚁的重要职责是找寻蚜虫。两个国家里的主奴两蚁的通常习性之所以这般不一样，可能只是由于在瑞士捕的奴蚁数量比在英格兰要多。

　　一次，我机缘巧合看到了血蚁从一个窠搬到另外一个窠里去，主人们小心翼翼将奴蚁带在颚间,同红褐蚁的情况不一样,主人要由奴隶带走,这确实是很有趣的景象。还有一天,可能有二十个左右养奴隶的蚁在相同地方猎取东西,可明显不是在找寻食物,这让我注意起来,它们走近一种奴蚁——独立的黑蚁群,不过受到强烈的反抗;有三只奴蚁有时候扯住养奴隶的血蚁的腿不放,养奴隶的蚁残暴地弄死了这些弱小抵抗者,而且将其尸体运到二十几码远的窠中当做食物。不过它们得不到一个蛹以训练为奴隶。其后我经另外一个窠里挖出一小团黑蚁的蛹,放在距战斗很近的一片空地上面,这样此群暴君着急地将它们捕捉住并运走,可能它们认为到底在最后的战斗中取得胜利了。

在相同的时候,我在同一个地点放下另一物种——黄蚁的一小团蛹,那上面还有若干只附着在窠的破片上的此类小黄蚁。就像史密斯先生所描绘的,有时此物种会被当做奴隶来用,尽管此种情况不常见。这种蚁即便很小,可十分勇敢,我看见过其猛然地攻击其他的蚁。有件事,让我很惊奇,我观察到在养奴隶的血蚁窠下有一块石头,在此块石头下面有一个单独的黄蚁群;当我偶然惊扰了这两个窠之时,这小蚂蚁就用惊人般的勇气去进攻它们的大邻居。那时我非常希望确定血蚁是不是可以区分时常被捉来作为奴隶的黑蚁的蛹和极少被捉作奴隶的小形且猛烈的黄蚁的蛹,显然它们确实可以立即区分它们,由于当它们遇到黑蚁的蛹时,马上迫切地去捉捕,当它们遇上黄蚁的蛹又或是遇到其窠的泥土时,就会惶恐失措,急忙跑开,然而,过了一刻钟,当这等小黄蚁全爬走以后,它们才有胆把蛹运走。

有一天傍晚十分,我见到了另外一群血蚁,发现诸多此种蚁拖曳着黑蚁的尸体(能够观察出不是迁移)与相当多的蛹回去,走入它们的窠里。我随着一长行背着战利品的蚁跟踪而去,约摸有四十码之远,走到某处密集的石南科灌木丛,在那个地方我见到最后一个拖某个蛹的血蚁出现;然而我没能在密丛中发现被蹂躏的窠在哪。不过可以肯定那窠就在附近,因有两三只黑蚁十分恐慌地冲出来,有一只嘴里还刁着一个自己的蛹纹丝不动地待在石南的小枝顶上,而且对被毁灭的家表现出了某种绝望的神情。

此些都是有关养奴隶的奇特本能的事实,不需要我来证实。让我们了解一下血蚁的本能的习性与欧洲大陆上的红褐蚁的习性的差异。后一种不会建窠，不可决定其迁移，不能给自己与幼蚁采集食物，甚至不会自己吃东西：完全凭借它们诸多的奴蚁。血蚁则不同，它们有着极少的奴蚁，并且初夏时奴蚁是相当少的，主人决定在哪个时候与哪个地方应该建造新窠，且当它们迁移之时，主人则带着奴蚁走。瑞士与英格兰的奴蚁仿佛都专来看照幼蚁，主人独自到十分遥远的处所去捉捕奴蚁。瑞士的奴蚁和主人共同工作，搬运材料回去建窠；主奴一起，可大部分是奴蚁在看照它们的蚜虫，并做所谓的挤乳工作；如此，主奴都为自己的群体搜集食物。在英格兰，往往是主人独自去寻找建窠材料与给它们自己、奴蚁及幼蚁采集食物。因而，在英格兰，奴蚁为主人所做的奴役工作，较之在瑞士的奴蚁要少得多。

凭借什么步骤，出现了血蚁的本能，我不想妄加猜测，然而，由于不养奴隶的蚁，根据我所见到的，若有别的物种的蛹散失在它们的窠的旁边时，它们也会将这些蛹拖走，因而这些原来是储作食物的蛹，就可能会慢慢长大，这种无意识地被哺育起来的外来蚁将会保持它们的原有本能，做它们原本要做的事情。若它们的存在，说明对于捕捉它们的物种有利——假如捕捉工蚁比自己生育工蚁更有利于这个物种——这样，原本是收集蚁蛹用来做食物的这个习性，可能会因为自然选择而得到增强，而且变成永久性的，以达到迥然不同的养奴隶的目的。本能一经被取得，即便它的适用范围远不如英国的血蚁（正如我们所见到的，这种蚁在依赖奴蚁的帮助上没有瑞士的同一物种多），自然选择可能也会使这种本能得到加强或改变——我们往往假设每一次变异对于物种都有利——直到一种如红褐蚁那样无耻地仰赖奴隶来过活的蚁类的形成。

蜜蜂筑造蜂房的本能——对这个问题我打算只将我获得的结论简明扼要地说一说，不做详细叙述。只要是观察过蜂窠的精妙结构的人，见到它多么奇妙地适合它的目的，都会大加赞赏，除非他是一个愚钝之人。我们听到数学家说蜜蜂已经从根本上解决了高深的问题，它们用最少的贵重蜡质，建造出合适形状的蜂房，以此来容纳最大可能容量的蜜。曾经有此种说法，一个技术娴熟的工人，借用适当的工具与计算器，要造出真正形状的蜡质蜂房也有诸多困难，何况是没有工具和计算器的蜜蜂，并且是在黑暗的蜂箱内，但它们却做到了。任凭你说这是何种本能都行，乍一看这似乎是难以理解的，它们怎么能建造出全部必要的角与面，甚或怎么能看出它们是准确地被完成了。然而这难点并没有乍看起来那么大；我认为，可以表明，所有美妙的工作都出自于几种简单的本能。

我受沃特豪斯先生的引导来探讨这个问题。他指出，蜂房的形状与邻近蜂房的存在有紧密关系，下面的观点或许只可以看成是他的观点的修改。让我们看看伟大的级进原理，看看"自然"是不是向我们揭示了它的工作方法。土蜂在这个简单系列的一端，它们用自己的旧茧来储存蜜，偶尔把蜡质短管添加到茧壳上，并且一样地也会做出隔开的、极不规律的圆形蜡质蜂房，而蜜蜂的蜂房在此系列的另一端，它排列成两层：大家都知道，每一个蜂房，全部是六面柱体，六面的底边倾斜地联合成由三个菱形所构成的倒角锥体。这些菱形都有一定的角度，而且在蜂窠的一面，而一个蜂房的角锥形基部的三条边，就恰好形成了另外一面的三个连接蜂房的基部。在此系列中，墨西哥蜂的蜂房也是介于十分完整的蜜蜂蜂房与简易的土蜂蜂房之间的，于贝尔曾经细致地描述与绘制过墨西哥蜂的蜂房。墨西哥蜂的身体结构介于蜜蜂与土蜂之间，但更接近土蜂一点；它能筑造尚属规则的蜡质蜂窠，它的蜂房是圆柱形的，它通常在里面孵化幼蜂，另外还有一些大的蜡质蜂房是它用来储藏蜜的。这些大形的蜂房近似球形，大小几乎相同，而且汇集成不规则的一堆。值得一提的是，这些蜂房往往被建造得很接近，若都是球形时，蜡壁肯定就要交接或者贯通；然而从来不会这样，因为墨西哥蜂会在有交接趋向的球状蜂房之间构建平面的蜡壁。所以，各个蜂房都是由外面的球状部分与两三个或更多平面构筑起来的，这取决于这个蜂房和两个、三个或更多的蜂房的连接方式。当一个蜂房挨着其他三个蜂房时，因为它们的球形大小差不多，所以在这种情况下，三个平面往往并且必定会连接成一个角锥体；据于贝尔说，这种角锥体十分相似于蜜蜂蜂房的三边角锥形基部。在此，与蜜蜂蜂房一样，每个蜂房的三个平面必定成为挨着的三个蜂房的组成部分。通过这种建造方式，墨西哥蜂不仅能够节省蜡，更重要的是，还能够节省体力；由于将各个蜂房连接起来的平面壁不是双层的，它的厚薄与外部的球状部分一样，但是任意一个平面壁都成为了两个房的一个共有的部分。

鉴于上述情形，我认为假如墨西哥蜂在一定的相互距离间筑造它们的球状蜂房,而且将它们建成同样大小,同时将它们对应地排成两层,那么这结构就如蜜蜂的蜂窠一样的完整了。因此我给剑桥的米勒教授写信,这位几何学家认真地读了我的信并对我说,这是十分正确的。按照他的回信我写出了下面的论述。

假设我们画一些大小一样的球,它们的球心全部位于两个平行层上;每一个球的球心和一层中环绕它的六个球的球心的距离等于或者略短于半径×$\sqrt{2}$,就是半径×1.41421;而且和另一平行层中相连的球的球心距离也是如此;这样,若画出这些双层球的每两个球的交接面,一个双层六面柱体就会出现在我们面前,三个菱形所构成的角锥形基部连接就形成了这个双层六面柱体相互连接的面;这个角锥形和六面柱体的边所形成的角,完全等于经过精确测定的蜜蜂蜂房的角。而怀曼教授对我说,他曾经作过大量细致的测算,有人曾过大地夸张了蜜蜂工作的精确性,因此不管蜂房的典型形状如何,它的实现就算是不可能的,那也是很罕见的。

所以,我们能够有把握地断定,倘若我们略微改变一下墨西哥蜂的不太奇妙的已有本能,这种蜂也能造出如蜜蜂那样极其完整的蜂房。首先假设,墨西哥蜂有建造真正球状的和大小一样的蜂房的能力;这样见到下面的情况,就不足为奇了。比如,在某种程度上它已经可以这样做了,同时,还有不少昆虫也可以在树木上建成十分完整的圆柱形孔穴,这显然是根据一个固定的点旋转形成的。其次我们假设,墨西哥蜂可以将蜂房排列在水平层上,就像它排列圆柱形蜂房那样。我们还要进一步假设,这也是最难做到的一件事,当几只工蜂建造它们的球状蜂房时,它可以千方百计准确地断定彼此应当相距多远;由于已经可以判定距离了,因此它常常可以让球状蜂房有一定程度的交切,而后用整个平面将交切点接合起来。原本并不是特别奇妙的本能——没有引导鸟类筑巢的本能奇妙——经过如此变异以后,我断定经过自然选择后,蜜蜂得到了别的物种难以模仿的建造才能。

这一论断可以用一个实验来加以证实。参照特盖特迈那先生的例子,我将两个蜂窠隔开,把一块既长又厚的长方形蜡板置于它们中间:蜜蜂马上开始在蜡板上凿挖圆形的小凹洞;它们朝深处挖凿这些小洞,而洞穴也跟随着慢慢地扩大,最后变成大致具备蜂房直径的浅盆形,看起来跟完整的真正的球形或者球形的一部分一样。以下的情况非常有趣：当几只蜂相互贴近开始挖凿盆形凹穴时，它们之间的距离能使盆形凹穴刚好达到上面所说的宽度（大致等于一个一般蜂房的宽度），而且在深度上达到这些盆形凹穴所形成的球体直径的六分之一，此时盆形凹穴的边就交接在一起，或者相互贯通。每当遇到此种情况时，它们就立刻停止向深处凿挖，而开始在盆边间的交接处建起平面的蜡壁。因此，每一个六面柱体并非如一般蜂房那样，建造在三边角锥体的直边上面，而是建筑在一个平滑盆形的扇形边上的。

接着我把一块涂有朱红色的、其边似刀的薄而窄的蜡片放到蜂箱里去，取代前面所用的长方形厚蜡板。蜜蜂马上像原来一样的在蜡片的两面开始凿挖一些彼此相近的盆形小穴。可是蜡片极其薄，若将盆形小穴的底挖得像原来的那样深的话，两面就要相互贯通了，但是蜂并不会让这种情况出现，挖到合适的时候，它们便不再挖掘；因此那些盆形小穴，但凡被挖得深一点时，就会出现平的底，这一由剩下来而没有被咬去的一小薄片朱红色蜡所构成的平底，用肉眼判定，刚好在蜡片反面的盆形小穴之间的想象上的交切面处。在反面的盆形小穴之间剩下来的菱形板，大小不一，由于这种蜡片并非自然状态的东西，因此，要想精妙地完成工作有一定的难度。尽管这样，蜂在朱红色蜡片的两面，仍然可以浑圆地将蜡质咬掉，同时将盆形加深，其工作速度一定几乎是相同的，这样做的目的是在交切面处可以顺利地停止工作，从而使得盆形小穴之间能够留下平的面。

考虑到薄蜡片是何其柔软以后，我认为，当蜂在蜡片的两面挖凿时，很容易能够判断出咬到合适的薄度需要多长时间，然后停止工作。不过在一般的蜂窠里，我觉得蜂在两面的工作速度，并不是每次都能做到完全一样的；这个推论缘自于我曾经观察过一个初建的蜂房底端的部分完成的菱形板，这个菱形板一面略为凹进，而它的另外一面则较为凸出，我推测这是由于蜂在凹进的一面工作的速度快了一点，而在凸出的一面工作速度则慢了一点的缘故。在一个典型的事例中，我将这蜂窠重新放到蜂箱里去，让蜂接着工作一段时间，而后再查看蜂房，我看见菱形板已然完成，而且已经变成全部平的了：这块蜡片是很薄的，因此要从凸的一面将蜡咬去，使蜡片变成上面的样子是完全不能实现的；我想这种情况或许是站在反面的蜂，刚好将可塑且温暖的蜡推压到中间板处,让它弯曲(我试推过,很容易做到),从而就将它弄平了。

在朱红蜡片的实验中,我们能够推论出:倘若蜂一定要为自己筑造一面蜡质的薄壁时,它们就相互站在适当的距离,同时凿挖下去,并尽力使球状空室大小一样,却怎么也不会使这些空室互相贯通,如此,它们就能建成合适形状的蜂房了。若查看一下正在筑造的蜂窠边缘,就能清楚地看见蜂开始是在蜂窠的四周建造成一面不平整的围墙或者缘边;而它们就像筑造每一个蜂房一样的,常常旋转着工作,从两面将这面围墙咬去,它们从不在相同时间内筑造任意一个蜂房的三边角锥形的全部基部,而是先建造一块菱形板,这块菱形板应该是处于正在营造的最边缘的菱形板, 也有可能是先筑造两块菱形板,这要依具体情况而定;而且,它们只有在建好六面墙之后才会去做菱形板上端的边。上面所叙述的一些地方与受人尊敬的老于贝尔所说的,略有差别,可我认为这些叙述是对的;若有篇幅,我将说明这与我的学说是相符的。

于贝尔说,第一个最早的蜂房是由侧面相平行的蜡质小壁开凿建造出来的,就我所见到的而言,我并不完全赞同这种观点;我觉得最早开始做的应该是一个小蜡兜;不过在这儿我不打算详细论述了。我们已经知道,在蜂房的结构中,凿挖发挥着极其重要的作用;然而假设蜂不能在合适的位置——就是沿着两个相连的球形体之间的交切面——筑造粗糙的蜡壁,或许是一个很大的错误。我有几个标本清楚表明它们是可以这样做的。即便在围绕着建造中的蜂窠四周的粗糙边缘也就是蜡壁上面,偶尔也可以看到弯曲的情况,这弯曲所处的地方大致是以后蜂房的菱形底端所处的位置。然而在所有的情况下,粗糙的蜡壁是因为咬掉两边的大部分蜡而做成的。蜂的这种建造方法是奇巧的;它们一般是将最早的粗糙墙壁,筑造得比最终要建成的蜂房的极薄的壁,厚十倍到三十倍。我们看下面的例子就会了解它们是怎样工作的了,假设建筑工人最初用大量水泥垒起一面宽广的底墙,而后再在接近地面处的两端削掉一样多的水泥, 一直到中心部分成为一面光滑且极薄的墙壁为止;这些建筑工人一般将拿掉的水泥垒在墙壁的顶端,接着再重新加进一部分水泥。这样,薄壁就如此不停地升高上去,而上面往往有一个厚大的顶盖。所有的蜂房,不管是刚刚开始建造的还是已经建好的,顶上都有一个牢固的盖,所以,就算是很多只蜂在蜂窠上爬过来爬过去,极薄的六面壁也会完好无损。米勒教授曾经热情地为我测量过,这些壁的厚度并不一样;在靠近蜂窠的边缘处经过十二次测量结果是厚度平均为 1/352 英寸;菱形底片稍厚一些,近于三比二,按照二十一次的测量结果,其厚度平均为 1/229 英寸。通过上面这种特殊的营造方法,不仅最大限度地节省了蜡,还能不停地加固蜂窠。

由于大量蜜蜂都集中在一起工作,乍一看,不太有利于了解蜂房是如何建造的;一只蜂在一个蜂房里工作一段较短的时间以后,就会去另一个蜂房。因此,就像于贝尔说的那样,当第一个蜂开始建造时就已经有二十只蜂在工作了,我不妨通过下面的情况来实际地说明这一事实:把朱红色的熔蜡在一个蜂房的六面墙的边上薄薄地涂上一层,或者抹在一个扩大着的蜂窠围墙的最边上,必然会看到蜂将这颜色非常仔细地匀开来——仔细得就如同画师用刷子刷的一样——带颜色的蜡从涂抹的地方被慢慢地弄去,放到四周蜂房的扩大着的边缘上去。这种筑造的工作在众多蜂之间好像有某种均衡的分配,全部的蜂都相互本能地站在相同比例的距离内。全部的蜂都想凿挖出大小一样的球形,这样营造起也可以说是留下咬不到这些球形间的交切面。它们有时会碰到困难,说起来这些例子着实是奇特的,比如当两蜂窠相遇于一处时,蜂经常拆掉已建好的蜂房,然后通过不一样的方法来重新营造,可是重造出来的蜂窠形状往往和拆掉的一模一样。

蜂若遇到一个地方,在那里能够站在合适的位置进行工作——比如,踩在一块木片上,这木片刚好在朝下建造的一个蜂窠的中心部位之下,因此这蜂窠一定就会被建造在这块木片的上方——在这种情况下,蜂就会建起新的六面体的一面壁的底部,突出在别的已经建好的蜂房的外面,这样把它放在十分合适的位置。只要蜂可以相互站在合适的距离且可以与最终建成的蜂房墙壁保持合适的距离,这样,因为营造了想象的球形体,它们就完全能够在两个相接的球形体之间筑起一面中间蜡壁来;然而事实并非如此:直到那蜂房与相邻的几个蜂房已大体上建成以后,它们才会咬掉与修光蜂房的角。在某种环境条件下,蜂有一个重要的能力,那就是它们可以在两个初始筑造的蜂房中间的合适的地方建造一面粗糙的壁;我之所以说它的这项能力重要是由于这跟一个事实相关,乍看起来它像是能推翻上面的理论;这就是,黄蜂窠的最外边的某些蜂房也往往是标准的六边形,由于篇幅的问题,在这儿我就不详说了。我认为就算是单个昆虫(比如黄蜂的后蜂)建造一个六边形的蜂房也没什么难的——倘若它既可以一边在开始建造的两个或者三个窠房的内外侧轮番工作,又能和正在建造的蜂房的各部位保持合适的距离,掘挖球形或圆筒形,并在中间建造起平壁,就能够做到上述一点。

　　只有对结构或者本能的细微变异的累积,自然选择才会起作用,不过每个变异都对个体在其生存条件下有用处。由此可以提出疑问:所有变异了的建筑本能经过长久而级进的持续时期后,都向着如今这样的完备状态发展了,而这些给它们的祖先带来过什么好处呢?我认为,回答这个问题十分容易:如蜜蜂或者黄蜂的蜂房一样筑造起来的蜂房,不但坚固,而且节约了许多劳力、空间和建筑蜂房所用的材料。大家知道,只有采集了丰裕的花蜜,才能制造出蜡,为此蜜蜂要付出辛勤的劳动,特盖特迈耶先生对我说,实验已证实,蜜蜂需要损耗掉十二至十五磅干糖才能分泌出一磅蜡,因此在同一蜂箱里的蜜蜂就必须采集且消耗许多的液状花蜜,才能分泌出建筑蜂窠所需的蜡。另外,不少蜂在分泌时期,必定有好多天不能做其他的事。而如果没有大量的蜂蜜储藏起来,大多数的蜂就没法熬过冬天;而且我们知道,众多的蜂能够维持在很大程度上决定了蜂群的安全。所以,节约了蜡,也便节省出了大量的蜂蜜,并且还缩短了蜂蜜采集的时间,这肯定是所有蜂族取得成功的重要原因。固然一个物种的敌人或寄生物的数目,又或者其他非常特别的原因,也决定了它成功与否,然而这些都与蜜蜂能采到多少蜜没有一点关系。不过,我们假设采集蜜量的能力可以决定,而且或许曾经往往决定了一种类似于英国土蜂的蜂类能不能在每一个地方大量生存;而且让我们接着假设,蜂群只有储藏蜂蜜才能度过冬天;在这种情况下,若是它的本能有细微的变异,使它将蜡房建造得挨近一些,稍稍彼此相切,自然将会对我们所设想的这种土蜂有利,因为一面公共的壁即便只连着两个蜂房,也可以省下一些劳力与蜡。所以,倘若它们可以将蜂房建造得越发整齐,越发靠近,并且像墨西哥蜂的蜂房那般聚拢起来,这对这种土蜂就更加有好处了;因为这样,每个蜂房的大多数境壁就可以用作相邻蜂房的壁,从而就能省下大量的劳力与蜡。此外,一样的道理,若墨西哥蜂可以把蜂房建得比如今的蜂房更加靠近些,并且力争在每一方面都更加规范,这对它是有好处的;因为,正如我们所见到的,蜂房的球形面就可能全部不见,都变成平面了;而墨西哥蜂所建的蜂窠兴许就会达到蜜蜂窠那样完美的程度了。当建造超过了这种完美的时期,自然选择就不再发挥作用;因为在节省劳力和蜡方面,蜜蜂的蜂窠是我们了解的物种中十分完善的。

所以,如我所确信的,这所有已知本能里最为奇异的本能——蜜蜂的本能,能够用下面的原理来解释:自然选择曾经运用相对简单本能的大量、接连发生的细微变异;自然选择曾经缓慢地、一步步完善地引领蜂在双层上凿掘出相互有一定距离的、同样大小的球形体,而且沿着交切面凿掘成蜡壁;诚然,蜂不会懂得它们自己在凿掘球形体,相互间保持着合适的距离,就像它们不清楚六面柱体的角以及底部的菱形板的角有多少度一样;自然选择过程的推动力在于筑造强度适宜、容积与形状适当的蜂房,以便盛纳幼虫,最大限度地节省劳力和蜡来完成蜂房;若一蜂群能够用最少的劳力以及耗费最少的蜜来分泌蜡,造出最好的蜂房,那么它们就会取得最大的成功,而且还可以将这种新习得的节省本能传送给新的蜂群,这些新蜂群将会在它们那一代的生存斗争中大大增加获得最大成功的概率。

反对将自然选择学说应用于本能上的看法: 中性和不育昆虫

曾经有人不同意上述本能起源的看法,他们说,"结构的与本能的变异一定是一起出现的,并且是相互紧密协调的,因为倘若只有一方面发生了变异,而另一方面却保持不变,这种变异会导致死亡的"。这种异议的说服力完全建立在本能与结构是突然变异的假设上面。上一章提到的大茈雀能够拿来作例子:这种鸟经常在树梢上用爪子夹住紫杉类的种子,用嘴巴去啄,直到啄出它的仁来。如此,鸟的嘴巴的这种越来越适合于啄破这种种子的所有细微变异,在自然选择中保留了下来,一直到类似极其适合于这种目的的五十雀的那样的嘴巴的形成,此外,习性或强迫、或嗜好的自主变异也导致这种鸟逐渐成为吃种子的鸟,对此解释,毫无困难。在上述例子中,假设先有习性或者嗜好的徐缓改变,而后经由自然选择,啄才缓慢地发生变化,这种变化与嗜好或者习性的变化是一样的。然而假设茈雀的脚,因为与嘴巴有关,或者因为别的未知的原因,产生了变异并且逐渐变大;脚的增大,也可能导致这种鸟的攀爬能力增强，最后它的攀爬能力和力气变得和五十雀的一样杰出。之所以出现这种情况，是假设结构的逐步改变导致本能的习性产生了变化。另举一例：生活在东方诸岛的雨燕全部以浓稠的唾液来筑巢，这么奇妙的本能，其他的很难比得上了。有的鸟拿泥土筑巢，能够断定在泥土里掺和着唾液；北美洲有一种雨燕（像我所见到的）拿沾上唾沫的小枝来筑巢，甚或沾上唾沫的小枝的屑片也被用来筑巢。这样，分泌唾液越来越多的雨燕个体通过自然选择后，最终就会产生一个物种，这个物种具有忽略别的材料而只用浓稠的唾液来建巢的本能，这也不是不可能的。别的情形也是这样，不过一定要承认，在众多事例中，我们不能推断出到底是本能抑或是结构最先进行了变异。

显然还可用众多难于解释的本能来否认自然选择学说——比如有的本能，我们不了解它是起源于什么；有的本能，我们不清楚它存在着中间级进；有的本能极其次要，使得自然选择对它起不了什么作用；有的本能在自然系统相差很多的动物里竟然差不多一样，我们不得不承认这些本能是由自然选择单独取得的，而非同一祖先的遗传得来的。在这里，我不准备对上述例子都加以详解，然而我必须对一个特殊的难点进行必要的探讨，这个难点，起先我认为没法解释，而且事实上对于我的所有学说而言是至关重要的。我所说的就是昆虫世界里的中性的也就是不育的雌虫；由于这些中性虫在本能与结构方面往往与雄虫和能育的雌虫存在极大的差别，并且因为不育，它们没法繁衍后代。

这个问题很值得认真地加以探讨，而我在此处只列举不育的工蚁这样一个例子。工蚁如何变成不育的个体的，这是一个难点；不过与结构上的任意别种明显变异相比，也没有那么难解释；因为能够说明，有的昆虫和别的节足动物在自然状态下偶然也能变成不育的；若这种昆虫是社会性的，并且若是每年产下一定数目可以工作却不能繁殖的个体对此群体有好处的话，那么我觉得很容易理解这是因为自然选择的作用。而我只能略去这种初级的难点不加以讨论。最大的难点是工蚁与雄蚁以及能育的雌蚁在结构上存在着很大的差别。例如工蚁长有形状不一样的胸部，没有翅膀，有的缺少眼睛，而且具备不同的本能。仅从本能上来说，蜜蜂能够很好地印证工蜂和完全的雌蜂两者存在惊人的差别，假如工蚁或者别的中性虫本来是一种正常的动物，那么我就能断定,它的所有性状都是经由自然选择逐渐取得的;也就是说,因为生下来的各个个体都存在细微的有利变异,而这些变异又都遗留给了它们的后继者;并且这些后继者又出现变异,又被选择,如此不停地持续下去。然而工蚁与双亲之间存在着极大的差别,它是绝对不育的,因此它肯定不能把各代所取得的结构或者本能方面的变异遗传给后继者。这样便产生了疑问:这样的话,符合自然选择学说吗?

首先请记住,在家养生物与处于自然状态下的生物中,被遗传的结构之所以出现不一样的情况是和一定年龄或者性别有关系的,在这点上我们可以举出很多例子。这些差别不仅和某一性有关,并且和生殖系统活动的那一很短的时期有关,比如,雄马哈鱼的弯曲的颚,众多雄鸟的求婚羽,都属于这种情况。经过人工去势后的公牛,品种不同的角长可能会呈现出细微的差别,有的品种的去势公牛,相比于相同品种的公牝双方的角长,比另外一些品种的去势公牛要长。所以,我觉得昆虫社会中的有的成员的任一性状变得和其不育状态有关,是没有多大疑问的;难点在于弄清这一结构上的有关变异是如何通过自然选择作用逐渐积累起来的。

这个难点看起来似乎是很难解释的,然而只要记着选择作用对于个体和全族均适用,并且能够从中获得想要的结果,那么这个难点就将变小,甚至消失。肉与脂肪交织成大理石纹样子的牛被不断地屠宰是由于养牛者喜欢这种特征。然而养牛者并不为此而惊慌,因为他们自信能继续养育同样的牛,而且取得了成功。这种自信是应该的,只要我们认真观察角最长的去势公牛是由怎样的公牛和牝牛交配产生的,或许就能获得常常产生特殊长角的去势公牛的某个品种,尽管没有一只去势的牛曾经繁衍过后代。这里有一个例证非常贴切:根据佛尔洛特所言,重瓣的一年生紫罗兰的一些变种,经过长时间地和认真地被选择,如果到合适的程度,就常常会长出许多实生苗,绽放重瓣的、彻底不育的花,然而它们也会长出一些单瓣的、能育的植株。并且只有这种单瓣的植株才可以繁衍这个变种,它相当于能育的雄蚁与雌蚁,重瓣而不育的植株则相当于同群中的中性虫。不管是紫罗兰的这些品种,还是那些社会性的昆虫,选择的目的并非是对个体而是对全族产生有利的作用。所以,我们能够推断,和同群中一些成员的不育状态有关的结构或者本能上的细微变异被证明是有用的:这些能育的雄体和雌体得到了繁衍,并且将这种产生具有相同变异的不育的成员倾向传承给能育的后代。此过程,必定反复过好多次,直到极大的差别量在同一物种的能育的雌体和不育的雌体之间出现,正如我们在好多种社会性昆虫中所看到的一样。

然而我们尚未达到最难之处;这就是,有数种蚁的中性虫不仅和能育的雌虫与雄虫存在差别,而它们相互之间也存在差别,有时差别甚至到了令人难以置信的地步,而且由此被分成两个级甚或三个级。此外,这些级,一般并不相互逐步推移,却有着很明显的差别:就好像它们虽然同属,却是两个不同的物种;或者它们虽然同科,却又是不同的两个属一样。比如,埃西顿蚁中的中性的工蚁和兵蚁有异乎寻常的颚和本能:隐角蚁仅含有一个级的工蚁,它们的头上长有一种奇特的盾,这种角是用来做什么的还全然不知;墨西哥的蜜蚁含有一个级的工蚁,它们总是待在窠穴里不出来,它们具有很大的腹部,一种蜜汁被分泌出来且被用来取代蚜虫所排出的东西,或许可以把蚜虫称做蚁的乳牛,它们经常被欧洲的蚁圈禁和看护起来。

倘若我否认这种奇特而极其确切的事实马上能够推翻此学说,人们肯定认为,我太过于相信自然选择的原理了。若中性虫仅有一个级,我认为它与能育的雄虫和雌虫之间之所以不同是因为自然选择,在这种相对简单的情况中,依据正常变异的依次推断,我们能够肯定这种不断的、细微的、有用的变异,最早并没有在同一窠中的所有中性虫身上出现,而仅在小部分的中性虫身上出现;而且,因为这样的群——在这里雌体可以产生很多带有有用变异的中性虫——可以存活,所有中性虫最后就全部会带有那样的特征。这样说来,我们应该可以偶然在同一窠中看到那些具有各级结构的中性虫;事实上我们确实发现了,由于很少认真查看过非欧洲的中性昆虫,出现这种情况也并不稀奇。史密斯先生曾经说明,有一些英国蚁的中性虫相互间在大小方面,或者是颜色方面,有很大的差别;而且差异最为明显的两个类型,可以通过同窠中的某些个体相连接:我曾亲自对这一类别的全部级进情况进行过对比,偶尔会发现,数量最多的要么是大个的或者小个的工蚁;要么是包含较多的大个的和小个的工蚁,而处于大个和小个之间的工蚁数量就特别少。黄蚁包含大个的和小个的工蚁,却没有几个中间形的工蚁;正如史密斯先生所看到的,在这个物种中,大个的工蚁有单眼,尽管这些单眼很小,然而仍旧可以清晰地区别开来,而小个的工蚁却只有残迹的单眼。我对几只小个工蚁进行了认真地解剖以后断定它们的眼睛,与它们的大小比例相比,还要不发达得多;而且我认为,中间形工蚁的单眼恰好处于中间的程度,尽管对此我并不能十分确定地断言。因此,两群位于同一个窠内的不育的工蚁,不仅在大小方面,而且在视觉器官方面,都存在着差别,不过它们通过个别中间状态的成员被联系了起来。我再多说几句题外话,若小形的工蚁最有利于蚁群,那么能够产生更多的小形工蚁的雄蚁与雌蚁就会不停地被选择,直到一切工蚁都变成小形的为止。因此就产生了这样一个蚁种,它们的中性虫几乎与褐蚁属的工蚁一样。尽管这个属的雄蚁和雌蚁都长有十分发达的单眼,然而褐蚁属的工蚁却连残迹的单眼也没有。

我另举一例:我很盼望能够偶然在同一物种的不同级的中性虫之间找到重要结构的中间各级,因此我很开心能使用史密斯先生提供的大量来自西非洲驱逐蚁的同窠里的标本。在这里我只举一个十分精确的例子,而不再一一罗列那些测量出来的数字,我觉得这样读者或许就可以很好地理解这种工蚁之间的差别量。这差别正如以下的情况:有一群建筑工人,他们中有不少人高五英尺四英寸,还有好多人高达十六英尺;然而我们必须再假设那些大个儿工人的头是小个儿工人的头的四倍,甚至是五倍,而颚则几乎是他们的六倍。另外,几种大小不同的工蚁的颚不但在外形上存在惊人的差别,并且牙齿的形状和数量也存在很大差别。然而对我们来说,重要的实情是:尽管工蚁能够按大小划分成不同的几级,但是它们却慢慢地相互逐步过渡,比如,它们的结构截然不同的颚就是如此。卢伯克爵士曾经将我所解剖的数种大小不一的工蚁的颚用描图器一一画了出来,因此对于后面一点,我坚信不疑的。贝茨先生在他很有意思的一部著作《亚马逊河上的博物学者》里也曾经描绘过一些相似的情况。

依据摆在我眼前的此类事实,我认为自然选择,因为对能育的蚁发生作用,也就是它的双亲,就能够产生一个物种,只产生大形且富有某种形状的颚的中性虫,或者只产生小形且迥异的颚的中性虫;最后,也是最难之处,就是同时并存着具有一定大小和结构的一群工蚁与大小和结构不一样的另一群工蚁；不过最开始产生的是一个级进的系列，正如驱逐蚁的情况那样，其后，由于繁殖它们的双亲得以存活，这一系列上的两个极端类型就越来越多地形成，直到不再出现具有中间结构的个体。

华莱斯和米勒两位先生对一样复杂的例子作出过相似的说明，华莱斯的例子是，一种马来西亚产的蝴蝶的雌体整齐地展现了两种或者三种存在差别的形态；米勒的例子是，一种巴西的甲壳类的雄体也一样地展现了两种迥异的形态。然而在此没必要探讨这个问题。

至此我已阐释了正如我所认为的，在相同的窠里生活的、差别明显的两级工蚁——它们不仅相互之间截然不同，而且也迥异于双亲——的奇妙事实，是如何出现的。我们会发现，分工对文明人而言是有利的，同样的道理，工蚁的产生，对于蚁的社会也很有利。不同的是蚁是通过遗传的本能与遗传器官也就是工具来工作的，而人类是通过习得的知识和自己制作的工具来工作的。然而我得坦白承认，尽管我非常相信自然选择，但如果不是通过这样的中性虫使我得出这种结论，我怎么也不可能想到这一原理是这般有用。我对自然选择的厉害之处进行了比较多的论述，原因在于这是我的学说所碰到的尤其重要的难点，因此，对它的阐述，我觉得还不够。此种情况也很有意思，由于它说明在动物里，就像在植物中一样，因为将大量的、细微的、自发的变异——只要是有点用的——积累下来，即便没有锻炼或者生活习惯发挥作用，所有量的变异都可以出现效果。由于工蚁也就是不育的雌蚁所特有的习性，即使时间再长，也不会对专门遗育后代的雄体与能育的雌体产生影响。我不明白的是，这种中性虫的显著例子为何到现在还没有被人们用来反对拉马克所提出的众所周知的"习性遗传"学说。

提　要

在这一章里，我已尽力简明地指出了家养动物的精神能力能够变异，并且这种变异能够遗传。我又尝试着更加简拙地说明即便处于自然状态本能也在发生细微的变异，没有人不承认本能对于一切动物都非常的重要。因此，在生活环境发生变化时，自然选择将所有略微有利的本能上的细微变异，积累到任意程度并不难。在众多情况下，习性不管使用还是不使用或许都能发挥作用。我不敢保证这一章里所列举出的事例可以极大地强化我的学说；然而据我判断，没有任何难解的事例能够推翻我的学说。相反，本能并不常常是十分全面的，并且是容易产生错误的——尽管某些动物能够利用别的一些动物的本能，那也是为了它自己的利益，而不是别的动物的利益——一句自然史上的格言"自然中不存在飞跃"，不仅可以适用于身体结构，也可以适用于本能，而且可以通过上面的观点来清晰地阐释它，若非如此，它就是没有办法阐释的了——所有这些事例都进一步证实了自然选择学说。

此学说也由于另外数种有关本能的事实而得到加强；比如，十分相近的却不一样的物种，即便它们生活在相距很远的地方，并且生活环境也大相径庭，却往往保持着差不多相同的本能。比如，按照遗传原理，我们可以懂得，为何生活在热带南美洲的鸫拿泥涂抹巢的特殊造巢方法跟英国的一样；为何非洲和印度的犀鸟有一样奇异的本能，就是雄鸟会用泥封住树洞，将雌鸟关在里面，仅留一个小孔在封口处，这样雄鸟就可以通过小孔哺育雌鸟和孵出的小鸟；为何北美洲的雄性鹪鹩建造用以栖居的"雄鸟之巢"的方式和英国的雄性猫形鹪鹩相同——这一习性与所有别的已知鸟类的习性全然不同。最后，或许是不符逻辑的演绎，然而据我想象，此种说法最让人满意，那就是：不把本能，诸如一只小杜鹃将兄弟驱出巢外——蚁养奴隶——姬蜂科幼虫在活的青虫体内寄生，当成是被特殊赋予的或者特殊创造的，而把它当成是指引所有生物进化——繁衍、变异、让最强者存活、最弱者死亡的普通法则的小小产物。

第九章　杂种性质

首次杂交不育性与杂种不育性的差别——不育性具有各种不同的程度，它并非普遍存在的，近亲交配对于它的影响，家养将其消除——控制杂种不育性的规律——不育性不是一种特殊的禀赋，而是伴随不受自然选择积累作用的其他差异而起的——首次杂交不育性与杂种不育性的缘由——改变了的生活条件的效果与杂交的效果之间的平行现象——二型性与三型性——变种杂交的能育性及混种后代的能育性并非普遍存在的——除了能育性之外，杂种与混种的比较——提要。

博物学者们普遍持有一种看法，即一些物种通过相互杂交，变成了不育性的，从而阻止了它们的混杂。乍一看，这一观点好像真的很确切，因为某些物种在一起生活，倘若能够任意杂交，极少可以保持不混杂的。该问题在众多方面对我们来说都很重要，尤其是因为首次杂交时的不育性和其杂种后代的不育性，正如我将要表明的，并不能够通过各种程度不同的、持续的、有用的、不育性的保存而取得。不育性是亲种生殖系统中所存在的某些差别的偶然现象。

在探讨这一问题时，有两类实质迥异的事实，通常却被混淆在一起；也就是物种在首次杂交时的不育性，以及由其创造出来的杂种的不育性。

纯粹的物种自然具有非常完善的生殖器官，可是当相互进行杂交时，却只有极少的后代产生，甚至没有后代产生。另一方面，不管从动物还是植物的雄性生殖质都能够清楚地看到，杂种的生殖器官已丧失了生殖机能；尽管在显微镜下观察它们的生殖器官，看到结构仍是完善的。在上面的第一种情况中，构成胚体的雌雄性生殖质均是完善的，在第二种情况中，雌雄性生殖质要

197

么是丝毫不发育,要么是发育得不充分。这种区别在于一定要考虑上面两种情况所共有的不育性的缘由时,是非常重要的。如果把这两种情况下的不育性都视为一种我们所不能理解的特殊禀赋,这种区别或许就得被忽视了。

变种——就是清楚是或者相信是传自同一祖先的类型——杂交时的可育性,以及其杂种后代的可育性,和物种杂交时的不育性,对我的学说而言是一样重要的;因为这好比是一个明显而清晰的界限,将物种与变种区分开来。

不育性的程度——首先是有关物种杂交时的不育性和其杂种后代的不育性。科尔路特和该特纳这两位严谨的、值得赞赏的观察家差不多花费了毕生时间来钻研此问题,只要是看过几篇他们两人的研究报告与著作的,定会深切感到一定程度的不育性是极其广泛的,科尔路特将此规律一般化了。他在十个例子中看到两种类型,尽管被大部分学者视为不同物种,可是在杂交时非常能育,因此他就采用快刀斩乱麻的办法,果断地将它们列为变种。该特纳同样将此规律一般化了;而且他对科尔路特举出的十个例子的充分能育性存在异议。然而在这些及众多的另外的一些例子中,该特纳只好小心地去数种子的个数,以期指出当中有某一程度的不育性。他常常将两个物种首次杂交时所得到的种子的最多数目还有它们的杂种后代所产生的种子的最大数量,与它们从未杂交过的亲种在自然状态下所形成的种子的平均数量进行对比。然而十分错误的原因就在这里发生了:进行杂交的某种植物,必得去势,更关键的是必得隔离,好避免昆虫携来别的植物的花粉。该特纳用以进行试验的植物差不多都为盆栽的,摆放在他房屋的一间屋子内。如此做自然经常会影响某种植物的能育性,因为该特纳在他的表中所列举出的差不多有二十例的植物,全部被去势了,而且用它们各自的花粉实行人工授粉(不包括难以施行手术的所有的荚果植物),这二十种植物中的十种,在能育性方面都遭受了不同程度的损伤。此外,该特纳多次让一般的红花海绿与蓝花海绿进行杂交,这些种类曾被最杰出的植物学家们列为变种,结果发现它们是完全不育的。我们不妨推测许多物种在彼此杂交时是不是像该特纳所说的那样是完全不育的。

情况的确如此:一方面,每个不同物种杂交时的不育性,在程度上是如此不一样,而且在还没有怎么察觉到时,它已经慢慢消失了;另一方面,纯粹物种的能育性极易被种种环境条件所影响,以至于为了实践,很难讲明完全的能育性是在什么地方停止的,而不育性又从哪里开始的。对此,我认为最富经验的两位观察家科尔路特与该特纳所提出的论据最为可信,他们曾经对一些完全相同的类型得出截然相反的论断。对于有些可疑类型,到底应该被列为物种还是变种这个问题,倘若将最杰出的植物学家们列举出的论据,同不同的杂交工作者由能育性推导出来的论据、或者同一观察者在不同时期的试验中所推断出来的证据进行对比,也很有意义,然而在此我不加以详说了。从这里能够表明,不管是不育性还是能育性都不可以作为区别物种和变种的确定标志。由这一来源推出的论据逐步变弱,它与从别的体质和结构方面的差别中所推出的论据一样令人怀疑。

对于杂种在持续世代中的不育性,尽管该特纳小心地避免了某些杂种与纯种的父母自相杂交,可以将它们培养到六代或者七代,在某个例子里还达到了十代,然而他却断定,它们的能育性并没有增加,而通常却极大地和突然地减低了。对于这一减低的情况,最应关注的是,当双亲在结构上或者体质上一起发生任何偏差时,遗传给后代时往往程度会更强;并且在一定程度上对杂种植物的雌雄生殖质造成影响。然而我认为它们能育性的降低不管在什么情况下都出自一个单独的原因,就是过于相近的近亲交配。我曾经进行过大量的实验而且搜罗到大量的事实,一方面说明了如果和某个不同的个体或者变种进行偶尔的杂交,后代的生活力与能育性能够得到提高,另一方面说明了极相近的近亲交配会降低他们的生活力与能育性,这一结论是正确无疑的。试验者们极少养育出许多的杂种;而且由于亲种,或者别的近缘杂种通常都在同一个园圃中生长,因此在花开时节一定得小心避免昆虫传粉;故而,若杂种单独生长,每一世代通常就会通过自花的花粉而受精;由于它们的杂种根源,它们的能育性减低,这就使得它们更易受到伤害。该特纳多次进行的一项值得关注的阐述,强化了我的这一看法,他说,对于即便能育性不高的杂种,若以同类杂种的花粉实施人工授精,不理会由手术所经常带来的不利影响,它们的能育性常常还是会增加的,并且会持续不停地增强。如今,在人工授粉的时候，偶尔地从另外一朵花的花药上采撷花粉，就像经常从准备授精的一朵花的花药上采撷花粉同样地常见（据我所知是这样的）；因此，两朵花，即便可能经常是同一棵上的两朵花之间的杂交，就这样发生了。此外，不管何时做繁杂的试验，即便极其细致的观察家——该特纳也得去除杂种的雄蕊，这样就为每个世代用异花的花粉实施杂交提供了保障，这异花也许是出自同一棵植物，也可能是出自相同杂种性质的不同植株。所以，我认为，与自发地自花受精恰恰不一样的是，人工授精的杂种在连续世代中能够增加它的能育性，这一奇妙的事实，能够用避免了过分相近的近亲交配进行解释。

下面我们说一说第三位颇有经验的杂交工作者赫伯特牧师所得出的结论。在他的论断中他强调有些杂种是绝对能育的——跟纯粹亲种同样地能育——正如科尔路特与该特纳强调不同物种之间有着一定程度的不育性是一般的自然法则一样。他拿一些物种做过实验，这些物种与该特纳曾经试验过的部分物种一模一样。两人之所以得出不一样的结论，我认为一方面是因为赫伯特高超的园艺技能，另一方面是因为他可以利用温室。在他的大量重要的记录中，我只列举出一项作为例子，就是："将卷叶文殊兰的花粉授在长叶文殊兰的蒴中的每个胚珠上，就会形成一棵在其自然受精情况下我从没有见过的植株。"因此在这里我们能够发现，两个不同物种的首次杂交，就可以获得全部的甚或高于一般的能育性。

文殊兰属的这个例子使我想起一个奇异的事实，就是半边莲属、毛蕊花属、西番莲属的部分物种的个体植物，易于用别的物种的花粉来授精，然而用相同物种的花粉来授精却比较困难，尽管这花粉在令别的植物或物种受精时被证实是绝对没有异常的。正如希尔德布兰德教授所说明的，在朱顶红属和紫堇属中，另如斯科特先生与米勒先生所阐述的，这种特别的情况在各种兰科植物中任何个体都存在。因此，对于有的物种的某些奇特的个体和其他物种的所有个体，比起用同一棵植株的花粉来授精，事实上形成杂种的概率更大！现举一例，朱顶红的一枝鳞茎有四朵花，赫伯特将它们本身的花粉授给它们当中的三朵，令其受精，而后将由三个不同物种传下来的一个复合种的花粉授给第四朵花，令其受精，这样做的结果是：那三朵花的子房不久就不再生长，数日以后全部凋谢，而用杂种花粉授精的萌生长旺盛，很快就成熟，而且结下了可以任意生长的优良种子。赫伯特先生在许多年里多次进行了这一试验，总是获得相同的结果。这些例子足以表明，某个物种能育性高低的决定因素往往是极其细微且难以想象的。

园艺家的实践试验，尽管缺乏科学的缜密性，然而也值得高度注意。大家都知道，在天竺葵属、吊金钟属、蒲包花属、矮牵牛属、杜鹃花属等的物种中间，曾经发生过方式极其复杂的杂交，可是这些杂种很多都可以随意地结子。比如，赫伯特推断说，从绉叶蒲包花和车前叶蒲包花——这是在习性上很不一样的两个物种——产生的一个杂种，"它们本身完全可以繁衍，就仿佛是某个来自智利山中的自然物种"。我曾经想方设法来研究杜鹃花属的某些复杂杂交的能育性的程度，我能肯定地说，其中大部分是完全能育的。诺布尔先生对我说，他曾经在一些砧木上嫁接了小亚细亚杜鹃与北美山杜鹃之间的一个杂种，这个杂种具有我们所能想象得到的完全随意结子的能力。杂种经过恰当的处理，若它的能育性在每一连续世代中常常不停地降低，就像该特纳所认为的那样，那么这一情况早就会引起园艺者的关注了。园艺家们将同类杂种栽培在大片园地上，惟其如此才是恰当的处理，因为通过昆虫的媒介作用，一些个体能够相互随意地实行杂交，从而避免了相近的近亲交配的不良影响。仅仅查看一下杜鹃花属杂种的相对不育的花，大家就会自然地相信昆虫媒介作用的效果了，虽然它们自身不产生花粉，但在它们的柱头上能够看到众多来自异花的花粉。

对植物所做的细致试验比对动物的要多得多。若我们的分类系统靠得住，即倘若动物各属相互之间的差别程度跟植物各属相互之间的一样显著，我们就能推断，在系统上相差较大的动物，杂交的容易程度要超过植物；然而我估计杂种本身的生育能力则更弱。但是切记，因为没有多少动物可以在栏养中随意生育，所以没有太多与之相关的很好的试验。比如，曾让金丝雀与九个不同的雀种实施杂交，然而这些雀种都不可以在栏养中繁育，因此我们不能期望雀种与金丝雀之间的首次杂交或是其杂种是完全能育的。此外，就相对能繁育的动物杂种在连续世代中的能育性来说，我所知道的所有事例都无法表明,由不同的父母在相同时间培育出相同杂种的两个家族,是能够避免相近的近亲交配的不良影响的。恰恰相反的是,动物的兄弟姐妹一般在每一连续世代中施行杂交,从而违反了每一位饲养家经常提出的警告。在此情况下,杂种已有的不育性将接连增加,就没有什么可奇怪的了。

尽管我无法举出完全可信的事例,来说明动物的杂种是绝对可育的,然而我可以相信凡季那利斯羌鹿和列外西羌鹿之间的杂种以及东亚雉和环雉之间的杂种是绝对可育的。卡特勒法热提出,在巴黎有两种蚕蛾(柞蚕和阿林地亚蚕)的杂种被证实自相交配达八代之多,依然可以生育。近来有人肯定地说过,两个极其不同的物种,比如山兔与家兔,若彼此杂交,也可以产生后代,并且这些后代和任意一个亲种实施杂交,都是特别能育的。欧洲的一般鹅与中国鹅,是截然不同的物种,通常都将其归为不同的属,它们的杂种和任意一个纯粹亲种杂交,往往是能育的,而且在一个仅存的例子中,杂种相互交配,也是能育的。这是艾顿先生的成果,他用相同的父母培育出两只杂种鹅,不过并非一起孵抱的;他又用这两只杂种鹅培育出一窠八个杂种(是起先两只纯种鹅的孙代)。然而,在印度,这些杂种鹅的生育能力更强;因为布莱斯先生与赫顿大尉告知我,印度处处饲养着这种杂种鹅群;由于在纯粹的亲种已不复存的地方,出于谋利的目的饲养它们,因此它们肯定是非常地抑或完全地能育的。

谈到我们的家养动物,每个不同的族彼此杂交,都是非常能育的;不过在众多情况下,它们是传自两个或者两个以上的野生物种的。按照这个事实,我们能够推断,要么是原始的亲种从开始就形成了完全能育的杂种,要么就是在之后的家养条件下杂种变为能育的了。第二种情况是,帕拉斯最先提出的,似乎最为可能,也的确没什么令人怀疑的。比如,我们的狗是传自数种野生祖辈的看法,差不多已经是确定无疑的了;或许除了南美洲的一些原产的家狗之外,所有的家狗彼此杂交,全部都是很能育的;然而类推起来,我非常怀疑这几个原始的物种在最初是不是曾经彼此杂交,并且产生了非常能育的杂种。最近我又一次得到重要的证实,就是印度瘤牛与一般牛的杂交后代,相互交配是绝对能育的;而按照卢特梅耶对其骨骼的重要差别的察看,还有布莱斯先生对它们的习性、声音以及体质的差别的考察,这两个类型必须被视为确实不一样的物种。相同的看法可以适用于猪的两个主要的族,因此倘若不放弃物种在杂交时的一般不育性的看法;就得承认动物的这种不育性并非不可消除,而是能够在家养条件下被消除的一个特点。

最后,依据植物的与动物的相互杂交的所有确切的事例,我们能够推出结论,首次杂交和它的杂种具有一定程度的不育性,这是很普遍的结果;然而依我们现在的知识来看,却不可以认为这是完全普遍的。

支配首次杂交不育性与杂种不育性的规律

有关支配首次杂交不育性与杂种不育性的规律,我们现在要详尽地讨论一下。我们的真正目的是看一看,这些规律是不是表明了物种曾经被专门地赋予了这种不育的性质,以避免其杂交与混乱。以下结论主要是从该特纳的值得称赞的植物杂交工作中推断出来的。我曾经想方设法来推定这些规律在动物方面到底能适用到何种程度, 由于考虑到我们对于杂种动物的了解甚少,我吃惊地发现这些相同的法则竟可以在动物界以及植物界中这么广泛地应用。

已经说过,首次杂交的能育性以及杂种能育性的程度,是由全然不育逐级进到完全能育的。令人吃惊的是,这一级进能够通过许多奇异的方式呈现出来;不过在这里我只说明一下事实的梗概。若是将某一科植物的花粉放到另一科植物的柱头上,这样所产生的影响与无机的灰尘一样。从此种完全不育出发,在同属的某一物种的柱头上放上不同物种的花粉,能够产生数目不等的种子,从而构成一个完整系列的级进,直到近乎完全能育或甚而非常完全能育;而且在一些特殊的情况下,它们的能育性可以说是过度的,比拿自己的花粉所产生的能育性强。杂种也是这样,有的杂种,即便用一个纯粹亲种的花粉来授精,也从未产生过,也许无论如何也不会有一粒能育的种子形成;不过在一些这样的例子中,能够看出能育性的最早的痕迹,也就是用一个纯粹亲种的花粉来授精,能够使杂种的花凋萎得比不这样受粉的花要早;而花的早谢是初期受精的一种表现,是尽人皆知的。从这种高度的不育性开始,我们有自交能育的杂种,能够不断地产生种子,除非具备了完全的能育性。

由难于杂交的物种与杂交后几乎不产生后代的两个物种繁育出来的杂种,多数是高度不育的;然而首次杂交的难度与如此产生出来的杂种的不育性两者间的平行现象——这两种情况通常容易被混淆——很不严格。在众多情况中,比如毛蕊花属,两个纯粹物种可以很容易地杂交,还产生大量的杂种后代,可这些杂种是明显不育的。另一方面,有的物种极少可以杂交或者很难杂交,然而最终产生出来的杂种却十分能育。即使在同一个属内,比如在石竹属中,也存在这两种截然相反的情况。

与纯粹物种的能育性相比,首次杂交的能育性与杂种的能育性更容易受到恶劣环境的影响。然而首次杂交的能育性也更容易内在地变异,这是由于相同的两个物种在相同的环境条件下进行杂交,它们的能育性程度也不总是一样的;偶然用作试验的个体的体质也是决定因素之一。杂种也是这样,即便是从相同的蒴里的种子培育出来的且在相同环境中的一些个体,其能育性程度也会大不一样。

物种之间在结构上与体质上的普遍相似性被叫做分类系统上的亲缘关系。这样首次杂交的能育性和因此产生出来的杂种的能育性,大多数是由它们的分类系统的亲缘关系所控制的。杂种从未在被分类学家归为不同科的物种之间形成过;另外一方面,极其相似的物种通常易于杂交,这就清楚地说明了上面的一点。然而分类系统上的亲缘关系与杂交难易的对应关系并不严格。大量的例子能够表明,非常密切相似的物种之间并不可以杂交,或者说很难杂交;而非常不一样的物种却能很容易地杂交。在同一个科中,或许有一个属,比如石竹属,在这个属中有众多物种可以很容易地杂交;而另外一个属,比如麦瓶草,人们曾经千方百计地让这个属中两个很相近的物种进行杂交,却无法产生一个杂种,即便在同一个属的范围中,我们也会碰到一样的不同情况;比如,与任意别的属的物种相比,烟草属的很多物种更易于杂交,然而该特纳发现这并不是极其不同的一个物种——智利尖叶烟草曾经与八个以上烟草属的别的物种进行过杂交,但它无论如何不能授精,也无法让别的物种受精。相似的事例还能够举出好多。

没有人可以说出，对任意能够辨别的性状来说，到底是何种类的或者怎样数量的差别能够妨碍两个物种进行杂交。能够说明，习性与普通外形显著不同的，并且花的各个部分，甚至花粉、果实和叶子都存在极其明显差别的植物，也可以杂交。一年生植物与多年生植物，落叶树与常绿树，在不同地方生长的并且适合截然不同气候的植物，也往往易于杂交。

我们所谈的两个物种的互交，是指下面一种情况：比如，先让母驴与公马杂交，其后再让母马与公驴杂交；这样这两个物种就可说是互交了。在进行互交的难易程度方面，一般存在极其普遍的差别。这种情况极其重要，因为它们说明了任何两个物种的杂交能力，往往与它们的分类系统的亲缘关系没有任何关系，也就是说与它们在生殖系统之外的结构及体质的差别没有任何关系。科尔路特很久之前就发现，同样的两个物种之间的互交结果是多样化的。现举一例，紫茉莉可以容易地经长筒紫茉莉的花粉来受精，并且它们的杂种是完全能育的；然而科尔路特曾经企图用紫茉莉的花粉让长筒紫茉莉受精，连续在八年之中做了两百次以上的试验，都以失败告终。还可以列举出其他一些同样典型的例子。特莱在一些海藻即墨角藻属中有过一样的经历。此外，该特纳发现互交的难易出现差异，是非常普遍的事情。在被植物学家们只归为变种的某些亲缘相近的类型中，如一年生紫罗兰与无毛紫罗兰之间，他曾经观察到此种情况。另有一个引人关注的事实，就是从互交中繁育而来的杂种，无疑它们是由完全一样的两个物种混合而来的，只是一个物种开始用作父本，再用作母本，尽管它们在表面性状上差别不大，然而通常在能育性上略有差别，偶尔还呈现出很大的差别。

从该特纳的著述中，还能够列举出一些别的奇异规律：比如，有的物种极易与别的物种杂交；同一属的别的物种极能令它们的杂种后代与自己相似；然而这两种能力并非必定同时具有的。大多数的杂种，通常具备双亲之间的中间性状，而有的杂种却并非如此，它们往往只与双亲中的某一方极其相像；这种杂种，尽管在外表上与纯粹亲种的一方十分相像，然而绝大多数都是极其不育的。另外，在一般具备双亲之间的中间结构的有些杂种里，偶尔会有例外的和特殊的个体出现，它们极其相似于纯粹亲种的一方；这些杂种的能育性是极端低下的，即便在从一样的蒴里的种子培育出来的别的杂种是很能育的情况下，也是这样。这些事实说明了，一个杂种的能育性与它在外表上和任意一个纯粹亲种的近似性，是毫不相干的。

讨论了刚刚所列举的控制首次杂交的与杂种的能育性的几个法则，我们就会看出，只有被视为确实是不同物种的那些种类施行杂交时，其能育性，是由全然不育向充分能育逐步过渡的，并且在一定情况下或许能够过分地能育；其能育性，不仅明显地易被良好条件与恶劣条件所影响外，还容易内在地产生变异；首次杂交的能育性与由此产生的杂种的能育性在程度上并不总是一样的；杂种的能育性并不受它和任意一个亲种在外表上的近似性所影响；最后，两个物种间的首次杂交的易难，也不总是受其分类系统的亲缘关系，也就是相互相像程度的控制。后面这一点，已经被相同的两个物种之间的互交结果中反映出来的差别确切地证明了：一个物种或者另一个物种被当做父本或母本用时，在杂交的易难程度上，通常存在一些差别，而且有时存在很大的差别。此外，在互交中产生出来的杂种往往在能育性上又存在差别。

既然这样，这些繁杂的和奇异的原则，是不是说明只是为了让物种在自然条件下不被混淆，才把不育性加诸在它们身上了呢？我认为并非如此。因为，我们一定得假设对每个不同的物种来说，阻止混淆都是一样重要的，那么为何当每个不一样的物种进行杂交时，其不育性的程度会出现天壤之别呢？为何相同物种的某些个体的不育性程度会容易发生内在的变异呢？为何有的物种容易杂交，但产生出来的杂种却极其不育；而有的物种很难杂交，但产生出来的杂种却极能育呢？在相同的两个物种的互交结果中，为何往往会存在这么大的差别呢？甚至能问，为何会准许杂种的出现呢？既然给予物种产生杂种的特殊能力，而后又通过不同程度的不育性，来避免它们进一步的繁衍，并且这种不育程度又与首次结合的难易没有严格关系。这好像是一种怪异的安排。

恰恰相反，上面一些规律与事实，依我看，明确地说明了首次杂交的与杂种的不育性，只是伴随着或者是取决于它们的生殖系统中的不可知的差别；

这样的差别有着极特别的和严格的性质，从而在相同的两个物种的互交中，某个物种的雄性生殖质尽管经常能任意地作用于别的物种的雌性生殖质，然而却不能逆转过来发生作用。不妨用一个例子来彻底地解释我所说的不育性并非专门被给予的一种性质，而是随着别的差别发生的。比如，某种植物嫁接或者芽接在别种植物之上的能力，相对于它们在自然条件下的利益而言，并非至关重要，因此我猜想大家都不会去假设这种能力是专门被给予的一种性质，而会承认这是与那两种植物的生长规律上的差别相伴随出现的，某些时候我们能够通过树木生长速度的差别、木质硬度的差别和树液流动时期与树液性质的差别等方面看出，为何某一种树不可以与另一种树嫁接的原因；然而在许多情况下，其中的原因我们是全然看不出的。不管两种植物在大小上有多大差别，不管其中一个是木本的，而另一个是草本的，不管其中一个是常绿的，而另一个是落叶的，也不管它们有多适应迥异的气候，这些全不能妨碍它们经常可以嫁接在一块，杂交的能力要受到分类系统的亲缘关系的影响，嫁接也是这样，因为要想将属于大不相同的科的树嫁接在一起，目前还没有人做到；然而相反的，紧密相似的物种和相同物种的变种，尽管并非肯定，然而一般可以容易地嫁接在一起。不过这种能力与在杂交中相同，完全不受分类系统的亲缘关系所控制。尽管同一科里的众多不同的属能够嫁接在一块，不过在其他一些情况下，同一属的某些物种也不可以相互嫁接。梨和海棠属于不同的属，梨和苹果被归为同一属，然而将梨嫁接在苹果上比把梨嫁接在海棠上要困难得多。即便是不同梨变种与海棠进行嫁接，它的易难程度也不一样；不同杏变种与桃变种与一些李子变种进行嫁接，也是这样。

正像该特纳发现的那样，相同的两个物种的不同个体常常在杂交中会出现内在的差别，萨哥瑞特认为相同的两个物种的不同个体在嫁接中也是这样。就像在互交中，结合的难易程度往往是有很大差异的，在嫁接中也常这样；比如，一般醋栗不可以嫁接在穗状醋栗上，可是穗状醋栗却可以嫁接在一般醋栗上，尽管这有些难度。

我们已经了解，具备不完全生殖器官的杂种的不育性与具备完全生殖器官的两个纯粹物种的不易于结合，是两码事，但是上述两种情况虽然有所不同,却在相当大的程度上是平行的。在嫁接方面也存在相似的情况,杜因发现刺槐属的三个物种在本根上能够随意结子便是很好的证明。另外一方面,花楸属的一些物种与别的物种进行嫁接后,要比与本根嫁接多结一倍的果实。这个事例会让我们想起朱顶红属、西番莲属等的特殊情况,它们通过其他物种的花粉授精与通过本株的花粉授精相比,会结出更多的种子。

由此,我们发现,尽管嫁接植物的单一愈合与雌雄性生殖质在生殖中的结合之间存在着清楚的及重大的差别,然而不同物种的嫁接与杂交的结果,还有着大体的平行现象,恰如我们一定要将控制树木嫁接难易的奇特而复杂的规律,视为与营养系统里某些不可知的差别相伴随而出现的那样,我认为影响第一次杂交难易的更加繁杂的规律,总是与生殖系统中某些不可知的差别有关系的。这两种差别,正像我们预测的,在一定范围内是依循着分类系统的亲缘关系的。至于分类系统的亲缘关系,就是试着来阐明生物之间的种种类似与相异的情形的。上述事实好像并未说明每个不同物种在嫁接或者杂交上的难易程度,是某种特殊的天生能力;尽管这种困难在杂交的情况下对于物种类型的延续与稳定极为重要,然而在嫁接的情况下,这种困难对于植物却并不重要。

首次杂交不育性与杂种不育性的渊源与原因

有一段时间,我与别人相同,认为首次杂交的不育性与杂种的不育性,可能是自然选择导致的,自然选择使得它们能育性的程度慢慢减低而逐渐变成不育性的,而且认为略微减低的能育性,跟任何别的变异一样,是当一个变种的一些个体与另外一个变种的一些个体杂交时,自然具有的。当人类一并挑选两个变种时,有必要将其分开,依据同样的原则,若可以将两个变种或者早期的物种区分开来,对它们来说肯定是有好处的。首先,可以说,在不同地区生活的物种杂交时经常是不育;这样的话,让如此隔离的物种彼此不育,对它们来说自然没有什么好处,所以就不能经过自然选择而进行;然而也可以这样说,若某个物种与属于同一个地方的某一物种杂交而成为不育的,那么它与别的物种杂交,或许也是肯定不育的了。其次,在互交中,第一种类型的雄性生殖质能够全然不让第二种类型受精,然而第二种类型的雄性生殖质却可以让第一种类型随意地受精;差不多与违背特创论一样,这种现象也是违背自然选择学说的,因为对于一切物种来说,生殖系统的这种奇特状态都没有什么好处。

当探讨自然选择对于物种彼此不育是不是有影响时,最难的地方是从略微降低的不育性到完全不育性之间尚存诸多级进的阶段。当与它的亲种或者某一别的变种发生杂交时,一个早期的物种,若表现出某种细微程度的不育性,这能够说对于这个初期的物种是有好处的;因为这样能够从某种程度上避免产生一些低劣的与退化的后代,以便其血统和正在形成过程中的新种不相互混淆。然而,谁若不厌其烦来探讨这些级进的阶段,也就是从最低程度的不育性经过自然选择而得以增强,形成许多物种所共有的、还有已经分化为不同属与不同科的物种所共有的极度不育性,会发现这个问题是非常繁杂的。通过再三考虑,我确定这种结果大概不是经由自然选择而来的。现以任意两个物种在杂交时形成的少量且不育的后代为例,那么,偶尔被给予程度略微高一些的彼此不育性,而且从此前进一小步,迈向完全不育性,这对那些个体的存续来说会有什么好处呢?可是,若自然选择的学说在这里也能够适用,那么此种性质的增强肯定能够在诸多物种里继续存在,因为大部分的物种是完全彼此不育的。对于不育的中性昆虫,我们可以认为,其结构与不育性的变化是曾经由自然选择逐渐地累积而来的。因此能够间接地让它们所属的这一群与同一物种的另一群相比占据较大优势,然而不进行群体生活的动物,若某个个体和另外某一变种杂交,就被赋予了略微的不育性,是不可能获得些许好处的,抑或也不能间接地使同一变种的别的一些个体得到些许好处,从而使这些个体存续下来。

然而,在这里没有必要认真地来探讨这个问题了;因为,对于植物,我们已经得到确切的证据,证明杂交物种的不育性肯定是因为,与自然选择毫不相关的某项原理。该特纳与科尔路特曾经证实,在含有很多物种的属里,从杂交时形成越来越少的种子的物种起,到一粒种子也不产生但受某些别的物种的花粉影响（因胚珠的胀大能够判断）的物种为止，能够构成一个系列。明显是不能够选择那些已经不再产生种子的、更没法生育的个体；因此只有胚珠遭受影响时，经由选择而取得高度的不育性是不可能的；并且因为控制各级不育性的规律在动物界与植物界中是一样的，因此我们能够推断出，不管它是什么原因，在任何情况下，都是一样或者近乎一样的。

形成首次杂交的和杂种的不育性的物种之间是存在差别的，下面我们就此种差别的大致性质，做一较深入的探讨。在首次杂交的情况下，有关它们的结合与产生后代的难易程度，自然由若干不同的因素决定。偶尔雄性生殖质因为生理的原因，到达不了胚珠，比如雌蕊过长造成花粉管无法抵达子房的植物，便是这样。我们也曾经看到，当将某个物种的花粉置于其他远缘物种的柱头上时，尽管花粉管伸出来了，可是它们却不能穿进柱头的表面。此外，雄性生殖质尽管能够抵达雌性生殖质，却无法产生胚胎，特莱对于墨角藻所进行的一些试验，大概就是这样。这些事实尚不能解释，就像无法解释一些树为何没办法嫁接到别的树上一样。最终，胚胎或许能够发育，但初期就会死去。最后这一点尚未引起高度重视；不过在山鸡与家鸡的杂交工作上颇有经验的休伊特先生，曾写信告知我他所考察到的情况，这令我确信胚胎在发育初期即死亡是首次杂交不育性的最普遍的原因。索尔特先生曾经对山鸡属的三个物种与其杂种的种杂交中所生下的 500 只蛋进行查看，并在近期发表了他所研究出来的结果；大部分蛋都受精了；而且在大部分受精蛋中，胚胎有的部分地发育，可是很快就死去了，有的快要成熟了，可是雏鸡无法将蛋壳啄开。在孵出来的小鸡中，五分之四存活只有短短几天，存活最长的也就是数个星期，"没有发现什么明显的缘由，只是因为它们缺少生活的能力"；因而在 500 只蛋中仅有十二只小鸡被养活了。对于植物，杂种的胚体或许也往往以相同的形式死去，起码我们清楚由极异的物种培育出来的杂种，往往是虚弱的、低小的并且可能在初期死掉的；关于这种情况，马克思·维丘拉新近发表了一些有关杂种柳的典型事例。值得重视的是，在单性生殖的某些情况下，没有受精的蚕蛾卵的胚胎，经历初期的发育阶段后，便如同由不同物种杂交形成的胚胎一样死去了。我在这些事实还没有弄明白之前并不认为杂种的胚胎会经常在初期死亡；我认为杂种一经形成，比如我们所知道的骡，不仅能健康成长还很长寿。但是并不是所有的杂种在它产生前后，都处在相同的环境条件之下：当杂种形成和生存的环境与双亲所生存的环境一样时，那这个环境条件通常是适合它们的。然而，如果一个杂种仅仅继承了母体一半的本性和体质，那么可能在它形成以前，也就是当它尚处于母体的子宫中或者处于由母体所生的蛋或种子里被哺育的时候，它就处在某种程度的不适当条件之下了，由于所有很小的生物对于恶劣的或者不自然的生活环境是特别敏感的，所以这类杂种通常很易于在初期就死去。不过，总体来看，比它以后所在的环境更为重要原因是由于原始受精作用中存在某种缺陷，造成胚胎无法完整地发育。

有关两性生殖质发育不完善的杂种的不育性，情况好像差异很大。我已经多次举出过许多实例，表明动物与植物若不处于其自然环境，其生殖系统就很容易受到重大影响。实际上这严重阻碍了动物的家养化。这样造成的不育性与杂种的不育性之间，有不少近似之处。这两种情况，不育性与通常的健康没有关系，并且不育的个体常常身体硕大或者极其繁盛。在这两种情况中，不育性表现出种种不同的程度来；并且尤其易于影响到雄性生殖质；然而在某些情况下更易于受到影响的是雌性生殖质。在这两种情况中，一方面在一定范围内不育的倾向与分类系统的亲缘关系相符合，因为动物与植物的全群全部是被相同的非自然条件导致不孕的；而且全群的物种都倾向于产生不育的杂种。另一方面，一群中的某个物种往往会对环境条件的重大改变进行抵制，却并不会损害能育性；并且极其能育的杂种会在一群中的有的物种中形成。若未实践，任何人都不能说，所有特殊的动物是不是可以在栏养中繁殖，或者所有外来植物是不是可以在栽培下自然结子；同时不通过试验也不能说，某属中的任意两个物种，到底可不可以多多少少产生一些不育的杂种。此外，若植物在数个世代中都不处于它们的自然环境中，只是可能部分地因为生殖系统受到特殊的影响，即使这种影响比造成不育性的那种影响还小，它们也变得很容易变异。杂种也是这样，因为就像每一位试验者所探究到的，在连续的世代中杂种的后代显然也是很容易发生变异的。

所以，我们能够懂得，当生物处在新的且非自然的条件之中时，或是当杂种在两个物种的非自然杂交中形成时，生殖系统都会遭到某种很近似的方式的影响，不过并不影响一般的健康状况。在第一种情况下，它的生活条件被打乱，尽管被打乱的程度很细微，我们往往都感觉不到；在第二种情况下，也就是在杂种的情况下，尽管外界环境维持一样，可是因为两种不同的结构与体质，生殖系统自然包括在内，混合起来，它的体制也被打乱。因为，当两种体制掺杂成一种体制的时候，在其发育上，周期性的活动上，各个部分与器官的相互关系上，还有各个部分与器官对于生存环境的相互关联上，必然出现某种混乱。若杂种可以彼此杂交而繁殖，它们就会将相同的混合体制代代相传下去，故而，它们的不育性尽管会出现一定程度的变异，却总是会存在；这是很正常的。并且它们的不育性偶尔还有增强的可能，就像上面所说的，这主要是因为过度相近的近亲交配所造成的。维丘拉曾极力坚持上面的观点，也就是杂种的不育性是两种体质相混在一起造成的。

不可否认，依据上面的或者任意别的观点，我们还不能搞清有关杂种不育性的一些事实；比如，在互交中形成的杂种，它们的能育性并不一样；或者再比如，和任意一个纯粹亲种紧密相似的杂种的不育性偶尔地、不同寻常地有所增大。我不认为上面的观点已经触及事物的本质；这还无法解释缘何某种生物被置于非自然的环境下就会变成不育的。我曾经努力说明的只是，在有的方面有近似之处的两种情况，一样能够导致不育——在第一种情况中是因为生活环境被扰乱，在第二种情况下是因为它们的体制由于两种体制的相混而被扰乱。

一样的平行现象也适应于相似的，却极不一样的某些事实。生活环境的细微变化对于一切生物都是有用的，这是一个古老的并且几乎广泛的原理，这一原理是建立在我曾经于别处列举出的众多证据之上的。我见到过农民与园艺者如此做，他们经常从土壤与气候与自己所处地方不同的地区交换种子、块根以及别的东西，而后又再换回来。在动物病刚好的时候，差不多所有生活习性上的改变，都对它们有很大的好处。此外，对于不管是植物还是动物，已经很清楚地证明了，相同物种的，而多少有些差别的个体之间的杂交，能够使其后代的生活力与能育性加强；并且，如果接连数代都是相近亲属之间的近亲交配,同时生活环境一成不变,差不多总要引起身体的缩小、虚弱或者不育。

所以,一方面,生活环境的细微改变对一切生物都有用;另外一方面,细微程度的杂交,也就是雄性或者雌性与处在与自己生活环境略微不同的、或者已发生细微变化的相同物种的雌性或者雄性之间杂交,自己后代的生活力与能育性会得到增大。可是,正如我们曾经见到的,在自然条件下长期习惯于某些相同条件的生物,当遇到条件发生一定变化时,比如在栏养中,往往多少会变成不育的;而且我们清楚,假如两种差别很大的类型,或是不同的物种,它们之间杂交差不多经常会形成一定程度不育的杂种。我坚信,这一双重的平行现象绝非巧合或者错觉。如果可以解释为何大象与别的许多动物在其乡土上只处于部分的栏养下便无法生育,那么就可以解释杂种通常无法生育的主要原因了。同时还可以说明为何经常处于变化的与不一样的环境下的一些家养动物族在杂交时完全可以生育,尽管它们是传自不同的物种,并且这些物种在起先杂交时可能是不育的。上面两组平行的事实好像被某个相同的、不明的纽带联系了起来,这一纽带在实质上是与生命的原则有关的;依照赫伯特·斯潘塞先生所说的,这个原则就是,生命取决于或者存在于种种不同力量的持续作用与持续反作用,这些力量在大自然中总是倾向于平衡;当任意一种变化将这种倾向稍稍打乱时,生命的力量就能得到加强。

交互的二型性与三型性

这里仅简单地探讨一下这个问题,我们会发现这会给杂种性质问题提供一些说明。某些归属于不同“目”的植物呈现出两种类型,这两种类型的存在数量大致一样,并且仅仅在它们的生殖器官上存在差别;一种类型是雌蕊长、雄蕊短,另一种类型是雌蕊短、雄蕊长;这两种类型的花粉粒大小不一样。三型性的植物包括三种类型,也在雌蕊与雄蕊的长度方面,花粉粒的大小与颜色方面,以及在别的一些方面,有些不一样;而且三种类型中的每一种,都有两组雄蕊,这样三个类型就有六组雄蕊与三类雌蕊,这些器官相互在长度上极其相称,因此其中两种类型的雄蕊高度的一半正好等于第三种类型的柱头的高度。我曾说明,为了让这些植物取得完全的能育性,有必要用一种类型的高度相同的雄蕊的花粉来让另一类型的柱头受精,而且另外的观察者已经证实了这是可行的。因此,在二型性的物种中,存在两种结合,不妨把它们看做是合法的,是完全能育的;有两种结合,不妨把它们看做是不合法的,是多少不育的。在三型性的物种中,存在六个合法的结合,就是完全能育的——有十二个不合法的结合,就是多少不育的。

当每一种不一样的二型性植物与三型性植物被不合法地受精时,即用高度与雌蕊不同的雄蕊的花粉来授精时,它们就会出现不育性,这与在不同物种的杂交中所出现的情况一样,呈现出极大的差别,一直到彻底地、充分地不育。不同物种杂交的不育性程度明显地取决于生活环境是否合适,我发现不合法的结合也不例外。人人皆知,若将某个不同物种的花粉置于一朵花的柱头上,然后将这朵花本身的花粉,即便在一段很长的时间以后,也置于同一个柱头上,可它的作用还是占据着非常明显的优势,并且通常会达到消灭外来花粉的效用;相同物种的某些类型的花粉也是这样,当合法的花粉与不合法的花粉被置于同一柱头上时,前者占据的优势明显强于后者。一些花的受精情况让这一说法得到了证实,开始我在一些花上施以了不合法的授精,二十四小时之后,我拿一个带有奇特颜色的变种的花粉,施以合法的授精,结果全部的幼苗都具有了相同的颜色;这说明,合法的花粉,尽管在二十四小时后才施用,却仍然可以破坏或者阻挠之前施用的不合法的花粉的效用。另外,相同的两个物种互交,经常会得到大不相同的结果。三型性的植物也是这样;比如,紫色千屈菜的中花柱类型可以毫无困难地用短花柱类型的长雄蕊的花粉进行不合法的受精,并且可以形成大量种子,然而由中花柱类型的长雄蕊的花粉对短花柱类型进行受精时,则无法结出一粒种子。

在任何这样的情况下,以及在此外其他的情况下,相同物种的某些类型,若不合法地结合,其情形与两个不同物种在杂交时毫无区别。这引起了我的兴趣,让我用四年时间对从数个不合法的结合中培育出来的多个幼苗进行了细致的研究并得出结果:这些所谓的不合法的植物的能育性都不充分。由二型性的植物可以培养出两种不合法类型——长花柱的与短花柱的,而由三型性的植物可以培养出三种类型的不合法植物。此类植物可以以合法的形式正确地结合起来。如此做过以后,并没有明显的原因表明,缘何这些植物所结的种子比它们的双亲在合法受精时所产生的种子少。然而事实并不是这样。这些植物全是不育的,只是程度有高有低罢了。有的是非常且无可更改地不育,在四年中从来没有结过一粒种子,有的甚至就连一个种子蒴也没有结过。这些不合法植物于合法方式下结合产生的不育性,能够拿来和杂种在互相杂交时的不育性作认真的对比。另外一方面,若某个杂种与纯粹亲种的任意一方施行杂交,其不育性一般能够大幅度减低,当一棵不合法植物用一棵合法植株来授精时,情况也是这样的。就像杂种的不育性与两个亲种首次杂交时的艰难情况并不总是平行一样,一些不合法植物是极度不育的,然而促使它们极度不育的,那个结合的不育性往往是比较小的。由同一种子蒴中培养出来的杂种的不育性程度,会内在地变异,而不合法的植物的内在变异性会更大。此外,众多杂种开的花多且开放时间长,而别的不育性比较大的杂种不仅花开得少,并且花虚弱且矮小得可怜;这种情况在各种二型性与三型性植物的不合法后代中也出现过。

总而言之,不合法植物与杂种在性状与习性方面具有极紧密的同一性。换句话说,不合法植物即杂种,它们都是由于不恰当的结合而形成的,只是不合法植物是在相同物种范围内通过一些类型的不恰当结合形成的,而一般的杂种则是通过不同物种之间的不恰当结合形成的,这样说差不多未有丝毫夸张。我们还发现,首次不合法的结合与不同物种的首次杂交,在诸多方面都存在很密切的近似性。以一个例子来阐述,或许会更确切一些;我们假定有一位植物学家发现三型性紫色千屈菜的长花柱类型长有两个明显的变种(事实上也如此),而且他决定用杂交来检验它们是不是不同的物种。他可能会发现,它们所结出的种子数量只是正常的五分之一,并且它们在上述别的每一个方面所呈现出来的,似乎是两个不同的物种。然而,为了确定这种情况,他用他的假定的杂种种子来培养植物,结果发现,幼苗矮小得可怜且极其不育,并且它们在别的各方面呈现的与一般杂种相同。这样,他可能会说他已经依照一般的看法,的确证明了他的两个变种是真正的和不同的物种,与地球上所有的物种没有区别,然而他彻底错了。

上面有关二型性与三型性植物的某些事实很重要,首先,由于它说明了,对首次杂交能育性及杂种能育性降低所做的生理测试,并非区分物种的确切标准;其次,由于我们能够推断,存在某一未知的纽带把不合法结合的不育性与它们的不合法后继者的不育性联结起来,而且使我们将这一看法延伸到首次杂交与杂种上面去;再次,由于我们发现,相同物种也许具有两种或者三种类型,它们在和外部环境相关的结构或者体质上面毫无差别,然而它们以有的方式结合起来时,就会不育,在我看来这一点恐怕尤其重要。因为我们不要忘了形成不育性的,刚好是相同类型的两个个体的雌雄生殖质的结合,比如两个长花柱类型的雌雄生殖质的结合;另一方面,造成能育的,刚好是两个不同类型所原有的雌雄生殖质的结合。所以,乍一看,这种情况正好与相同物种的个体的一般结合和不同物种的杂交情况相反。但是情况是不是真的就是这样,还不好说;不过我不打算在这里详细探讨这一含糊不清的问题。

不管怎样,或许我们能够从二型性与三型性植物的研究中,来推断不同物种杂交的不育性和杂种后继者的不育性全然由雌雄性生殖质的性质所决定,而和结构上或者普通体质上的一切差别没有关系。依据对互交的研究,我们也能够获得相同的结论,在互交中,一个物种的雄体不可以或者很难与第二个物种的雌体结合,但是反过来施行杂交却没有任何困难,那位杰出的观察家该特纳也一样地肯定了物种杂交的不育性只是因为它们的生殖系统存在差别。

变种杂交的能育性及混种后代的能育性并非普遍存在的

作为一个很有根据的观点,能够认为,物种与变种之间必定有着某种实质上的差别,因为变种之间不管在外表上的差别有多大,都能够很容易地杂交,并且可以形成充分能育的后继者。除了马上要谈及的一些特殊情况外,我完全承认这是规律。然而对于这个问题尚有诸多难点,因为,在探究处于自然条件下所出现的变种时，若有两种一直被视为变种的类型，在杂交中被观察到它们有一定程度的不育性，大部分博物学家就会马上将其列为物种。比如，蓝繁缕与红繁缕被大部分植物学家视为变种，据该特纳说因为它们在杂交中极其不育，所以他就将其列为必然的物种了。若我们用此类循环法推论下去，就得承认在自然条件下形成的所有变种都能育。

倘若回过头来看一下在家养条件下形成的或者假设形成的某些变种，我们还会更加困惑。因为，比如当我们说一些南美洲的本土家养狗与欧洲的狗结合很困难时，每个人都会形成一种解释，那就是这些狗原来是传自不同物种的，并且这种解释或许是正确的。然而，我们应该注意这样一个事实：在外貌上存在着很大差别的许多家养族，比如鸽子或者甘蓝都具有充分的能育性。尤其是当我们想到有大量的物种，尽管相互之间非常相似，但是杂交时却极其不育；就更应该注意上述这个事实。不过，经过下面几点思考，可知家养变种的能育性并非出乎意料。首先，能够看到，不能将两个物种之间的外在差别量作为不育性程度的真正指标，因此在变种的情况之下，外表的差别也不能作为确切的指标。对于物种来说，必然是全然取决于其生殖系统，对家养动物与栽培植物起作用的改变着的生活环境，很少有改变其生殖系统而引起互相不育的可能的，因此我们有理由相信帕拉斯的直接相反的学说，也就是家养的条件通常能够去除不育的倾向：所以，物种在自然条件下杂交时或许存在一定程度的不育性，然而它们的家养后继者在杂交时就可能变成充分能育的了。在植物界中，栽培并未使不同物种之间倾向于不育性，在已经提到的一些真实有据的例子中，却恰恰对一些植物产生了相反的作用，由于它们成为了自交不育的，不过依然具有让别的物种受精与由别的物种授精的能力。倘若帕拉斯的有关经过长时间持续的家养不育性会消失的学说能够被接受（这差不多是很难加以反驳的），那么长时间持续地生活在相同的环境中，同样地会引发不育性就是极不可能的了；即便在有的情况下，拥有特殊体质的物种，偶然会因此出现不育性。于是，我们就能够明白，像我所认为的，家养动物为何不会出现彼此不育的变种；而植物，除了将要列出的几种情况之外，为何没有产生不育的变种。

依我看来，现在所探讨的问题中的真正难点，不在于为何家养品种杂交时没有变为彼此不育的，而在于为何自然的变种经过了长期的变化而获得物种的等级时，就这样通常性地产生了不育性，我们还远未能准确地知晓其原因；当发现我们对于生殖系统的正常作用与反常作用知道得多么少时，这也便没有什么可奇怪的了。然而我们可以知道，因为物种和它们的大量竞争者进行了生存斗争，它们便比家养变种更长时间地暴露于更加一样的生活环境下；故此便难免造成迥异的结果。因为我们了解到，倘若不将野生动物与植物放在自然环境下，而是把它们进行家养或者栽培，它们就会成为不育的，这是很常见的事；而且一直在自然条件下生活的生物的生殖机能，对于不自然杂交的影响或许一样是很敏感的。另外一方面，家养生物，只是从其受到家养这一事实来看，对于其生活环境的改变原本就不是特别敏感的，况且现在通常足以抵抗生活条件的多次变化而不降低其能育性，因而能够预测到，家养生物所繁育的品种，如果和相同来源的别的变种施行杂交，在生殖机能上不太会受到这一杂交行为的不利影响。

我曾经说过相同物种的变种实行杂交，似乎一定全是能育的。然而，下面我将简略说明的小部分例子，就可以证明某种程度的不育性也是存在的。这一证明，与我们证明大量物种存在不育性，起码是有同样价值的。这一证明也是得自于反对说坚持者，他们在任何情况下都将能育性与不育性作为辨别物种的确切标准。该特纳在他的花园里栽培了一个矮型黄子的玉米品种，另外在其旁边栽培了一个高型红子的品种，并且持续了数年之久；这两个品种尽管是雌雄异花的，但并未自然杂交。然后他用一种玉米的花粉在另外一种的十三个花穗上施行授精，然而结子的只有一个花穗，并且也只是结了五粒种子。由于这些玉米是雌雄异花的，因此进行人工授精对它们不可能起到不利的影响。我认为人们不会怀疑这些玉米变种是属于不一样的物种的；要紧的是得知道如此育成的杂种植物自身是充分能育的；因此即便该特纳也不敢承认这两个变种是不一样的物种了。

吉鲁·得·别沙连格对三个葫芦变种进行了杂交，它们也是雌雄异花的，他肯定它们之间彼此受精的难易程度受它们之间差别的影响，差别越大，彼此受精就越难。我不清楚这些试验有多少的可靠度。然而萨哥瑞特将这些拿来做试验的类型归为变种，其分类的主要依据是不育性的试验，而且诺丹也得出了相同的结论。

下述情况就更应注意了，乍一看这好像是难以置信的；然而这是杰出的观察家与反对说坚持者该特纳在好多年里，对毛蕊花属的九个物种所做的大量试验得出的结论：也就是，黄色变种与白色变种的杂交，与相同物种的同色变种的杂交相比，结出的种子要少。于是他肯定地说，当一个物种的黄色变种与白色变种和别的物种的黄色变种与白色变种杂交时，同色变种之间杂交所结出的种子比异色变种之间杂交要多。斯科特先生也曾拿毛蕊花属的物种及变种做过试验；尽管他没有能够证明该特纳有关不同物种杂交的结论，但他发现了同一物种的异色变种产生的种子比同色变种少，它们之间的比例是86:100。但是这些变种只有花的颜色不同，其他的都相同，这一个变种偶尔还能由别的变种的种子培育出来。

科尔路特工作的精确性得到了其后的每一位观察者的证明，他曾经证实了一项引人注意的事实，那就是一般烟草的一个特殊变种，若和一个大小与之一样的物种施行杂交，与别的变种相比能育性要强一些，他拿通常被叫做变种的五个类型做了试验，并且是非常严格的试验，就是互交试验，他发现其杂种后继者全是充分能育的。然而这五个变种中的一个，不管用作父本还是母本和黏性烟草实行杂交，它们所形成的杂种，总比另外四个变种与黏性烟草杂交时所形成的杂种能育。所以，这个变种的生殖系统肯定通过一定方式和在一定程度上发生了变异。

依照这些事实，就不可以再坚持认为变种杂交时一定是充分能育的。依据确定自然条件下的变种不育性的不容易，因为一个假设的变种，若得到证明存在一定程度的不育性，差不多通常都会被视为物种——依据人们仅关注到家养变种的外表性状，以及家养变种并未长时间地处在相同的生活环境下——依据这几项研究，我们能够概括出，杂交时是否能育并不能够作为变种与物种之间的根本差别。杂交物种的通常不育性，不应被视为一种特殊取得的或者是禀赋，而不妨稳妥地将其视为随着各自的雌雄性生殖质某种不可知性质的改变而出现的。

除了能育性之外，杂种与混种的比较

杂交物种的后继者与杂交变种的后继者除了在能育性方面可以进行比较，还能够从另外几方面加以比较。曾经迫切地期望在物种与变种之间分出一条确定界限的该特纳，在种间杂种后代与变种间混种后代之间仅找到极少的并且在我看来极其次要的差别。另外一方面，它们在诸多重要方面则是非常一致的。

这里我对这一问题作一个非常简单的讨论，最重要的差别是，在第一代中混种比杂种更容易发生变异；然而该特纳却觉得经过长时间培育的物种所形成的杂种往往容易在第一代中发生变异；我自己也曾经见过这一事实的典型例子。该特纳进一步认为特别紧密相似物种之间的杂种，与差异很大的物种之间的杂种相比更容易发生变异；这一点说明了变异性的差别程度是逐渐消亡的。众人皆知，当混种跟能育性较强的杂种被繁衍到数代时，两者的后代都出现很大的变异性，然而，还能列举出几个例子，说明杂种或者混种长时期保留着相符的性状。但是混种在连续世代中的变异性比杂种的或许要大。

混种的变异性比杂种的变异性大，好像根本没什么奇怪的。由于混种的双亲是变种，况且大部分是家养变种（对自然变种仅做过不多的试验），这说明那里的变异性是最近进行的，而且意味着从杂交行为中所发生的变异性往往会持续下去，并且会增强。杂种在第一代的变异性要比在此后连续世代的变异性要小，这是一个奇特的事实，并且是应该引起重视的。因为这跟我提出的一般变异性的原因中的一个观点是有联系的；此观点是，因为生殖系统对于生存环境的改变极其敏感，故而在此情况下，生殖系统就无法利用它的原来机能产生在一切方面都与双亲类型紧密近似的后继者。第一代杂种传自生殖系统没有受到一点影响的物种（除经过长时间培育的物种外），因此它们不容易发生变异；然而杂种自己的生殖系统则已经受到了重大的影响，因此其后代是极其容易变异的。

回过头来再比较一下混种和杂种：该特纳认为，与杂种相比，混种更容易再现双亲中任意一个类型的性状；然而，若果真如此，也必然仅在程度上存在不同罢了。该特纳还明确地说道，由长期培育的植物形成的杂种，与由自然条件下的物种形成的杂种相比，更容易返祖；或许能够用下面的事实来解释不同观察者得到的迥异结果：维丘拉曾经拿杨树的野生种做过试验，他想知道杂种是不是会再现双亲类型的性状；可是诺丹则相反地坚定地认为杂种的返祖，差不多是一种广泛的现象，其试验大多是对栽培植物而做的。该特纳还进一步说，任意两个物种尽管彼此紧密相似，然而若和第三个物种实行杂交，它们的杂种相互差别极大；但是一个物种的两个截然不同的变种，若和另一物种实行杂交，产生的杂种相互差别比较小。然而据我所了解的，该结论是以一次试验为基础的；而且好像是跟科尔路特进行的几个试验的结论正好相反。

　　以上就是该特纳能够指出的杂种植物与混种植物之间的次要的差别。另外一方面，杂种与混种，尤其是由近缘物种形成的那部分杂种，依照该特纳的看法，同样遵循这一规律。当两个物种杂交时，当中的某个物种有时占据主导地位，使得杂种像它本身；我认为有关植物的变种也是这样；而且对于动物，必然同样是其中一个变种处于主导地位，而另外一变种处于弱势地位。互交而形成的杂种植物，通常是彼此紧密近似的；互交形成的混种植物也是这样。不管杂种还是混种，倘若在连续世代中多次与任意一个亲本实行杂交，都可能让它们再现任意一个纯粹亲类型的性状。

　　这几点看法自然也可以适用于动物；然而对于动物，一部分是因为次级特征的存在，使得上面的问题越发变得复杂；尤其是因为在物种间杂交与变种间杂交中某一性处于强势地位，而另一性明显处于弱势地位时，此问题就越发复杂了。比如，我推测那些主张驴比马具有强势传导力量的论者们是正确的，因此不管骡还是驴骡都更加像驴而较少与马相像；然而，公驴比母驴具有更强大的优势的传导力量，因此由公驴与母马形成的后代——骡，要比母驴与公马形成的后代——驴骡，更像驴。

　　有些作者十分注重下面的假设事实，就是仅仅混种后代不具备中间性状，而是紧密与双亲的一方近似；然而这种情况在杂种中也出现过，然而我得承认这没有在混种中出现得多。看一下我收集到的论据,由杂交培育成的动物,只要是和双亲一方紧密近似的,其相像之处或许基本局限在性质上几近畸形的与一下子出现的那些性状——比如皮肤白变症,黑变症、无尾或者无角、多指或多趾;而和经过选择逐渐取得的那些性状没有关系。突发地出现再现双亲任意一方的全部性状的趋向,与杂种相比,在混种中出现的概率要大得多,混种是遗传自变种,而变种往往是忽然形成的,而且在性状上属于半畸形的,杂种是遗传自物种,而物种是逐渐地自然而然地形成的,我十分赞同普罗斯珀•芦卡斯博士的主张:不管双亲相互间的差别如何,即在同一变种的个体结合中,这既包括不同变种间的个体结合,也包括不同物种间的个体结合,子代同亲代相似的法则都是相同的。罗斯珀•芦卡斯博士的这个结论是他在收集了关于动物的诸多事实后而得出的。

物种杂交的后继者与变种杂交的后继者,在所有方面(不包括能育性与不育性方面)好像都存在着一般且紧密的近似性。倘若我们将物种视为特殊形成的,而将变种视为依据次级法则创造出来的,这种近似性就会令人大吃一惊。然而这与物种和变种之间不存在实质性差别的观点是全然一致的。

本章提要

极不相同的因而被归为物种的类型间的首次杂交和它们的杂种,通常不育,然而不是广泛地不育。不育性包括多种不一样的程度,并且差别常常极其细微,若依据这个标准来排列类型,即便是最细心的试验者也可能得出全然相反的结果。不育性在同一物种的个体内是容易内在地发生变异的,而且对于适合的与不适合的生活环境都是很敏感的,不育性的程度实际不严格按照分类系统的亲缘关系,而是被某些奇异的与繁杂的原则所控制,在相同的两个物种的互交中不育性通常是不一样的,某些时候还是极其不一样的。在首次杂交及因此而形成的杂种里,不育性的程度也会有不同的时候。

在树的嫁接中,一个物种或者变种嫁接于另外的树上的能力,是与营养系统的差别相伴出现的,而这些差别的性质通常无法了解;同样的,在杂交中,某个物种与另外一物种在结合上的难易程度,是与生殖系统中的不可知的差别相伴出现的。设想为了避免物种在自然条件下的杂交与混淆,物种就被特殊给予了多种不同程度的不育性,与设想为了避免树木在森林中的接合,树木就被特殊给予了多种不一样而或多或少有点相似程度的不易于嫁接的性质一样是没有半点理由的。

首次杂交与它的杂种后继者的不育性并非因为自然选择取得的。在首次杂交的时候,不育性可能取决于若干因素;在有的情况中,大致取决于胚胎的初期死去。在杂种的情形里,不育性明显地取决于其所有的体制被两个不同类型的混合打乱了,此种不育性与显露于新的、非自然的生存环境中的纯粹物种所频频出现的不育性,是紧密相似的。如果谁可以解释清楚以上情况,那么就可以解释清楚杂种的不育性。得到另外一种平行现象给予了这种观点大力的支持:那就是,其一,生活环境的些许改变能够使所有生物的生活力及能育性得到增强;其二,在略有差别的生活环境中显露的、或者已然发生了变异的类型之间的杂交,会对后代的大小、生活力及能育性有好处。对于二型性与三型性植物的不合法的结合产生的不育性及其不合法后代的不育性所列举出来的那些事例,或许能够证明下面的情况,就是存在某种不可知的纽带在一切情况中将首次杂交的不育性程度与它们的后代的不育性程度联系起来。有关二型性这些事例的研究,与关于互交结果的研究,清晰地导出下面的结论:雌雄生殖质的差别是决定杂交物种不育的主导因素。然而有一点我们尚未弄清楚,为何不同物种在雌雄生殖质很普通地发生了多多少少的变化后,它们就变成彼此不育的了;不过这与物种长期显露于几乎一样的生活环境中,好像存在某种紧密的联系。

任意两个物种的不易于杂交与它们的杂种后继者的不育性,尽管最初的原因并不一样,但在大部分情况下应该是对应的,这毫不奇怪,因为两者都取决于杂交物种间的差别大小。首次杂交的容易与因此而形成的杂种的能育,加上嫁接的能力——尽管嫁接的能力是取决于众多不一样的条件——由于分类系统间的亲缘关系包含着所有种类的近似性,因此在特定范围内都应和被试验类型所属的分类系统间的亲缘关系相平行,这也不稀奇。

被视为变种的类型间的首次杂交,或者完全近似到可被视为变种的类型间的首次杂交,还有其混种后继者,通常都是能育的,然而这也并不一定像经常说到的那样是绝对的。倘若我们还未忘掉,我们可以很容易地用循环法来讨论自然条件下的变种,倘若我们未忘记,大部分变种是在家养条件下只是依据对外表差别的选择而形成的,而且它们并没有长期显露于一样的生活环境下;那么变种大多数具有充分的能育性,就不足为奇了。我们尤其要了解,长时间的持续的家养能够将不育逐渐减弱,因此这似乎极少可以引起不育性。在所有方面(能育性问题除外)杂种与混杂种之间还存在最紧密而普遍的近似性——在其变异性上,在多次杂交中相互结合的能力上,还有在承传双亲类型的性状上,全部是这样。最后,尽管我们尚不清楚导致首次杂交与杂种的不育性的确切原因,而且也不明了为何动物与植物离开其自然环境后会变成不育的,不过对我来说本章所列出的那些情况,或许和物种原系变种这一观点并不对立。

第十章　论地质记录的不完整

目前中间变种的不存在——灭绝的中间变种的性质及其数目——从侵蚀的速度与堆积的速度来推算时间的经过——由年代来估算时间的经过——古生物标本的缺乏——地质层的间断——花岗岩地区的侵蚀——在任何地质层中众多中间变种的缺乏——物种群的忽然出现——物种群在已知的最古老的化石层中的忽然出现——生物可存活的地球的远古时代。

在第六章中，我已经举出了对于本书的观点的主要反对意见，并且关于这些反对意见，大部分已经说明过了。其中一个很明显的难点，就是为何物种类型的区分如此明确以及为何没有大量的过渡阶段把它们相混合起来。我曾经摆出道理加以阐述，为何这些过渡阶段如今一般不存在于分明对它们的存在极其有好处的环境条件中，亦即在具备渐变的物理环境的大片而相连的地区上。我曾经努力说明，各个物种的生存对现在其余的已经存在的生物类型的依赖，要比对气候的依赖强，因此具备真正控制力量的生活环境并不跟热度或者温度一样地全然在无所察觉中逐步消亡。我也曾经努力说明，因为中间变种的存在数目要少于其所关联的类型，故而在发生进一步的变异与改进的途中，中间变种通常会被淘汰与消除。但是大量的中间连锁迄今在整个大自然中并没有遍地出现的主要原由是，由于经过自然选择这个过程，新变种不停地取代并排挤掉其亲类型。由于这种灭绝过程曾经有过极大的用处，相应来说，以往存在的中间变种必定的确是大量存在的。如此，为何在每个地质层和每一地层中没有这些中间连锁存在呢？地质学确实没有表明丝毫此类微小级进的连锁；这或许是否认自然选择学说的最显然且重要的异议。我确信用地质记录的极其不完整能够说明这个问题。

物种起源

第一，应牢记，依据自然选择学说，那些种类的中间类型应当是在已往存在过的。在考察任意两个物种时，我发现很容易想到直接处于它们之间的那些类型。然而这是一个绝对错误的想法；我们应该经常寻找处于每个物种与它们相同的，却是不可知的祖先之间的那些类型；但是这个祖先通常在一些方面已经与变异了的后代有所不一样。现举一个简易的例子：扇尾鸽与突胸鸽都遗传自岩鸽；倘若我们了解了一切曾经存在过的中间变种，我们就会发现这两种类型的鸽与岩鸽之间分别有一条很紧密的序列；然而没有一个变种直接处于扇尾鸽与突胸鸽之间；比如，组合这两个品种的特点——稍稍张开的尾部与略微变大的嗉囊——的变种，是不存在的。另外，这两个品种已经发生了太大的改变，倘若我们毫不清楚关于它们来历的历史及间接的论据，而只是依据它们与岩鸽在结构方面的相似度，就不能断定它们到底是由岩鸽遗传而来的呢，还是由别的某一相似类型皇宫鸽遗传而来的。

自然的物种也是这样，假设我们看到极其不一样的类型，比如马和貘，我们就不能假设曾经有过直接处于它们之间的中间连锁，不过可以假设马或者貘与一个不可知的同一祖先之间曾经有过中间连锁。它们的同一祖先在整个体制上跟马和貘有着很普通的近似性，不过在一些个别结构上或许和它们存在极大的差别；这差别可能甚至大于它们之间的相互差别。所以，在一切此种情况中，只有我们同一时间知晓了一条几乎完整的中间连锁，在把祖先的结构与其变异了的后代进行严格的对比时，才能分辨出任意两个物种或者两个物种以上的亲类型。

依据自然选择学说，两种现存类型中的一个由另外一个遗传而来或许是有可能的；比如马遗传自貘；而且在这种情况中，这二者之间应该曾经存在直接的中间连锁。然而这种情况说明一种类型长时间地维持原状，但其后代在此时间内则进行了诸多变异；但是由于生物和生物之间的子和亲之间存在的竞争原则，此种情况将很少出现；因为，在任何情况下都会出现这种趋势——旧的、未改进的类型总是会被新的、改进的生物类型所压倒。

依据自然选择学说，所有现存物种都曾经与本属的亲种存在一定关系，它们之间的差别同今天我们见到的相同物种的自然变种与家养变种之间的差别差不多；这些迄今大多已经不存在了的亲种，一样地跟更加古老的类型存在某种关联；这样追溯回去，往往便能融入每一个大纲的同一祖先。因此，存在于一切现存物种与灭绝物种之间的中间的及过渡的连锁数目，一定数不胜数。可以肯定这些大量的中间连锁曾经在这个世界上存在过，不过，这得假设自然选择学说正确无误。

从沉积的速度和侵蚀的范围来推算时间的经过

除了我们未发现如此大量的中间连锁的化石遗迹之外，还有一种反对观点：既然所有变化的结果全是慢慢地形成的，因此没有足够的时间来完成极其繁多的有机变化。若读者并非一位地质学者，很难让他理解某些事情，进而对时间经过有一些理解。莱尔爵士所著的《地质学原理》将被以后的历史家认为是在自然科学中引起的一次变革，只要是看过这部杰出著作的人，若还是否认过去时代曾是何其久远，最好还是不要马上读我这本书为好。仅研读《地质学原理》或者阅览不一样的观察者有关每个地质层的专门论文，并且发现每位作者如何试着对于每个地质层的、乃至各个地层的时间提出的不贴切的观点，还不是足够的。倘若我们了解了起作用的各种动力，而且考察了地球表面被侵蚀了多深，堆积了多厚的堆积物，我们才可以很好地对以往的时间获取一些概念。就像莱尔清晰地表述过的，沉积层的宽度与深度就是侵蚀作用的产物，除此之外亦是地壳其他地区被侵蚀的标准。因此只有亲身去研究过层层叠叠的各个地层的庞大沉积物，细致考察过小河怎样携走泥沙，还有波浪怎样剥蚀海岸岩崖，才会对以往年代的时间有些许了解，然而关于这些时间的印记在我们的四周随处可见。

顺着由较为柔软的岩石所构成的海岸走一走，并认真瞧一瞧它被侵蚀的过程是有益的，在大部分情况下，到达海岸岩崖的海潮一天仅有两回，并且时间很短，而且只有在波浪携带着细沙或者小砾石时才可以剥蚀海岸岩崖；因为有充足的证据能够表明，清水是绝对无法剥蚀岩石的。如此，海洋岩崖的底部最后被挖空，硕大的岩石碎块跌落下来了，跌落的岩石碎块就在掉落的地点一动不动，而后逐渐地被侵蚀掉，直到它的大小缩减到可以随着海浪翻转起来之时，才能迅速地被研磨成小砾石、细沙或泥。然而我们经常见到顺着后退的海岸岩崖根的圆形巨砾被海产生物密密麻麻地覆盖着，这说明了这些海产生物极少受到磨损并且极少被翻转！另外，倘若我们顺着一段正在被凌削的海岸岩崖走几英里，便会知道现在正在遭受凌削作用的崖岸，仅仅是很短的一段而已，或者仅仅是围绕海角零星地存在着的。地表与植被的外表说明，在它们的根部被海水冲刷之后，已经经历很多年代了。

但是我们最近从众多杰出的观察者——朱克斯、盖基、克罗尔连同他们的先驱拉姆齐的观察中，知道大气的凌削作用同海岸作用相比，也就是波涛的力量，是一种更加重要得多的动力。全部大陆表面都显露于空气与溶有炭酸的雨水的化学作用之下，与此同时在严寒地区，则裸露于霜的作用之下；即使在倾斜度不大的斜坡上，暴雨也会将慢慢分离的东西冲掉，尤其是在干旱地区，被风刮走的程度更是令人难以想象；这样这些东西就被河流带走，湍流令河道更深，还将碎块磨得粉碎。即使在坡度倾斜不大的地带，下雨时我们也可以从每个斜面冲下来的泥水中发现大气凌削作用的结果。拉姆齐与惠特克曾经说明，而且这是一个很妙的发现，维尔顿区的特大崖坡线，还有以前曾经被视为古代海岸的横贯英格兰的崖坡线，都不会是如此产生的，因为每个崖坡线都是由某种同一种地质层组成的，而海岸岩崖处处都是由种种不一样的地质层交错组成的。倘若如此，我们就不能否认，这些崖坡的形成，主要是因为组成它的岩石比四周的表面可以更好地抵制大气的侵蚀作用；这样，此表面便慢慢往下陷，于是剩下较硬岩石的凸起路线。从外表上来看，大气的剥蚀作用极其细微，并且工作得好像极其缓慢，然而曾经产生出多么令人惊叹的结果，从我们的时间观点上来说，上面这种信念最能让我们深切地感到时间的遥远无期了。

若如此了解了大陆是经过大气与海岸的双重作用而慢慢地被剥蚀了的，那么要理解以前时间的久远，最好一方面大量地去研究大片地域上被移走的岸石，另一方面去研究沉积层的厚度。我曾经被一个场面深深感动，那就是在我见到火山岛被波涛侵蚀，四周被冲蚀掉成为一千或者两千英尺那么高的直立悬崖峭壁的场面；因为，溶岩流凝结成斜度较小的斜面，因为此前的液体状态，清楚表明了坚实的岸层曾经一度在大洋中延展得多么辽远。断层将这一类故事讲得更清楚，顺着断层——就是那些特别大的裂缝，地层在此处凸起，抑或在别处陷下去，这种断层的高度或者深度高达几千英尺；因为，自地壳破裂以来,不管地面凸起是一下子出现的,还是像大部分地质学者所认为的,是慢慢地由好多隆起运动形成的,并无多大区别。现在地表已经是极其完整平坦的了,从而从表面上已经看不到曾经发生过如此重大的转位,比如克拉文断层上升有 30 英里,顺着这条线路,地层的垂直总变位从 600 英尺至 3,000 英尺不一。有关在益格尔西下陷达到 2,300 英尺的情况,拉姆齐教授曾经对此发表过一篇论文;他对我说,他完全相信在梅里奥尼斯郡有一个地方竟然向下陷落了 12,000 英尺,可是在这些情况中,地表上已经没有什么东西能够表明曾经发生过如此大的运动了;裂缝两边的石堆早已变成平地了。

另外一方面,世界各地,沉积层的堆积都是非常厚的。我在科迪勒拉山曾经对一片砾岩进行过丈量,达 1 万英尺厚。砾岩的叠积尽管比细密的沉积岩稍快一点,但是从组成砾岩的小砾石被逐渐磨成圆形得花费很多时间来看,一块砾岩的形成是极其缓慢的。拉姆齐教授按照他在大部分情况下的实地测量,曾经对我说过英国不同部分的连续地质层的最大厚度,其结论是这样的:古生代层(火成岩不在内),57,154 英尺;第二纪层,13,190 英尺;第三纪层,2,240 英尺;三者加起来总共是 72,584 英尺;即折合成英里几乎于有十三英里又四分之三。一些地质层在英格兰仅仅是一层薄薄的,然而在欧洲陆地上却有几千英尺厚,另外,依照大部分地质学者的看法,在各个连续着的地质层中间,也有着很长久的空白时期。因此英国沉积岩的高高耸立的堆积层,仅能对于它们所经历的垒积时间,给我们一个不清楚的概念。对于这各种事实的研究,会让我们产生一种印象,几乎就如枉费精力去把握"永恒"这一概念所产生的印象一样。

但是,这种印象仍然存在部分错误。克罗尔先生在一篇有意思的论文里写道:"关于地质时期的长度,我们把它想象得过大,是没有错误的,若以年来计量则会犯错误。"当地质学者们见到这重大且繁杂的现象,而后见到代表着几百万年的这一数目时,这两者会在脑海中留下截然不同的印象,而一下子就会觉得这个数字太小了。有关大气的侵蚀作用,克罗尔先生把一些河流每年冲刷下来的堆积物的既知量和它的流域进行对比,得到下面的结果,就是 1,000 英尺的坚固岩石,逐渐粉碎,要经过六百万年的时间,才可以从整个面积的平均水平线上移走。这像是一个惊人的结果,有的考察令人怀疑这个数字过于庞大了,即使将这个数字减去二分之一或者四分之三,仍然是相当惊人的。但是,极少有人明白一百万年的确切含义是什么:克罗尔先生打了这样一个比方,取一条 83 英尺 4 英寸长的窄纸条,让它顺着一间大厅的围墙延伸开去;然后在十分之一英寸的地方画一记号。用十分之一英寸来表示一百年,整个纸条就表示一百万年。然而须知在上面的大厅中,由没有任何意义的长度所表示的一百年,却对本书的问题有着至关重要的作用。一些杰出的饲养者,只在他们的一生中,就使得一些高级动物发生了极大的变化,而高级动物在繁衍它们的种类的速度上远不如大部分的低级动物,他们就如此培育出了新的亚品种,没有人极其认真地关注过任意一个品种超过五十年的,因此一百年可表示两代饲养者的接连工作。假设在自然条件下的物种,能够跟在有计划选择指引之下的家养动物一样快速地发生改变,是不可以的。与无意识的选择——就是只想保留最有利的或者最好看的动物,却没想过要改变该品种——的效应相比,或许较为公正一些;然而经由此无意识选择的过程,每个品种在两个或者三个世纪的时间内便会被明显地改变了。

但是物种的改变或许要慢得多得多,在相同地区内仅仅有少部分的物种一起发生改变,之所以如此缓慢是因为相同地区里的一切生物相互已经很适应了,只有等到过了很长时间以后,因为发生了某种物理变化,或者因为加入了新类型,在此自然机构中才存在新位置。另外,有着合理性质的变异或者个体差别,也就是一些生物所赖以在变化了的生活条件下适应新位置的变异,也往往不可能立即发生。不好的是我们无法依据时间的标准来确定,某个物种的改变得经历多久;然而有关时间的问题,留待以后讨论。

古生物标本的缺乏

下面让我们来瞧一瞧我们陈列品最为多样的地质博物馆,可即便是在这样的地质博物馆里的陈列品看起来还是那么的贫乏。所有人都会认为我们的收集并不完整。忘不了那位值得称颂的古生物学家爱德华·福布斯的话,他说,大部分的化石物种都是依据单独的并且往往是残破的标本,或者是依据某个地区的小部分标本被找出来与被命名的。地球表面仅有少数地区曾经进行过地质学上的挖掘,从每一年欧洲的重大发现来看,不妨说尚无一处地方曾经被特别细致地挖掘过。十分柔软的生物没有一种得以存续下来。沉在海底的贝壳与骨骼，若是那个地方没有沉积物的覆盖，就会腐烂从而不存在。我们也许存在某一极端错误的想法，认为几乎全部海底都有沉积物正在堆积，而且它的堆积速度足以将化石的遗骸覆盖与保存起来，海洋的绝大部分都呈现出明亮的蓝色，这表明海水很纯净。大量记录下来的事实告诉我们，下面这种情况，唯有依据海底往往长年不发生改变的观点方能够得到诠释。那就是一个地质层经历长时间的间隔阶段之后，被另一后出现的地质层全部覆盖起来，而下面的一层在这间隔阶段并没有受到什么损害。掩埋于沙子或者砾层中的遗骸，碰到岩床上升的情况时，通常会因为溶有碳酸的雨水的渗入而被解体。生活于海边高潮和低潮中间的众多种类动物，有的好像很难被留存下来。比如，有几种藤壶亚科（无柄蔓足类的亚科）的一些物种，分布在全世界的海岸岩石上，数目众多。它们全是标准的海岸动物，只在西西里发现过一个在深海中生活的地中海物种的化石，迄今还未在任何第三纪地质层里看到过任意别的物种；但是已经清楚，藤壶属曾经生活在白垩纪。此外，需要花费很长时间才能垒积而成的众多庞大沉积物，却没有发现任何生物的遗骸，对此我们还无法举出一个理由：其中一个最典型的例子是弗里希地质层，由页岩与沙岩组成，厚度有数千英尺，有的还有 6000 英尺厚，由维也纳到瑞士起码绵延 300 英里；尽管这种特大岩层被非常细致地研究过，然而在那里只发现了小部分的植物遗骸，并未发现别的化石。

关于生存于中生代与古生代的陆栖生物，我们搜罗到的证据很不全，这就不用多说了。比如，直到近期，在北美洲的石炭纪地层中莱尔爵士与道森博士才仅仅发现了一种陆地贝壳，其他任何时候在这两个广阔时代中还未发现过别的陆地贝壳；只是现在在黑侏罗纪地层中已经发现了陆地贝壳。有关哺乳动物的遗骸，若看一下莱尔的《手册》里所记载的历史表，就可以很好地去了解它们的留存是极其的偶然并且是特别少的。倘若知道第三纪哺乳动物的骨骼大多数是在洞穴里或者湖沼的沉积物里被找到的，以及知道所有的洞穴或者真正的湖成层都不属于第二纪或者古生代地质层，那么其稀少就没有什么可奇怪的了。

然而，地质记录不完整主要还是因为另一个比前面所有原因更加重要的原因；即某些地质层间相互被广泛的间隔阶段所分开。大多数地质学家还有如福布斯一样全然不相信物种变化的古生物学者，都曾经坚持这个说法。当某些著作中地质层的表格在我们面前出现时，或者当我们进行过实地研究时，便不得不相信它们是紧密连续的了。然而，比如依据默奇森爵士有关俄罗斯的大部头，我们了解了在那个国家层层叠叠的地质层间存在着何其广泛的缝隙；在北美洲和地球上的好多别的地区也是这样的。倘若最娴熟的地质学者仅将其精力放在这些宽广的地区，那他绝对想不到，在其自己的国家尚处在空无一毛的时期时，特大沉积物已经在地球上的别的地区垒积起来了，并且当中包含了新而特殊的生物类型。同时，若是在每个分隔的地带内，对于连续地质层所经历的时间长度都无法产生任何一个观念的话，那么我们能够推断在所有地方都无法形成这种观念。连续地质层的矿物组成常常发生重大变化，通常表示四周地区发生地理上的重大变化，从而就形成了沉积物，这和在每个地质层之间曾经存在过很久的时间隔期阶段的想法是相一致的。

　　我认为可以弄懂为何各个区域的地质层差不多肯定是分离的；即为何不是相互紧密连接在一起的。我在调查近段时间中上升了几百英尺的南美洲数千英里海岸时，让我感触最深的是，竟然没有一个近代的沉积物，有充分的广度能够维持在哪怕是一个短的地质时代而不被消磨掉，所有西海岸都有特殊的海产动物生活着，然而那里的第三纪层极其不发达，从而一些连续且特殊的海产动物的记录或许不可以在那里存续到遥远的时代。只要稍稍想一想，我们就可以依据海岸岩石的大面积被剥蚀与汇入海洋的泥流来解释：为何顺着南美洲西部升起的海岸，无法处处发现包含近代的也就是第三纪的遗骸的特大地质层，尽管在久远的年代里沉积物的供应必定是大量的。显然应当这样说，就是当海岩沉积物与近海岸沉积物一经被慢慢而逐步上升的陆地带到海岸波浪的侵蚀作用的范围内时，就会不停地遭到凌削。

　　我认为可以推断说，沉积物必须垒积成很厚的、很坚固的、或者很大的巨块，才可以在其早先上升时与水平面连续发生变化的时候，抵挡住波浪的连续作用以及其后的大气剥蚀作用。如此厚且超大的沉积物的垒积可通过两种方式来实现：一种是，在深海底垒积，在这种情况下，深海底并无像浅海那样的有大量发生了变异的生物类型栖居着，因此当这样的大块沉积物升高以后,对于在其堆积过程中生活于相邻的生物所提供的记录是不完整的。另一种方式是,在浅海底进行垒积,若浅海底连续地逐渐下陷,沉积物便能在那里垒积到任意的厚度与广度。在后一种情况下,若海底下陷的速度和沉积物的供应近于均衡,海就总是浅的,并且有助于大部分的发生了变异的生物类型的存续,如此,一个含有丰富化石的地质层就产生了,并且在升高成为陆地时,它的厚度也完全可以抵御严重的侵蚀作用。

我认为,几乎一切古代地质层,只要是层内厚度的绝大部分含有丰富的化石的都是如此在海底下沉时期产生的。自1845年我公布了对此问题的看法之后,就关注着地质学的发展,令我备感惊讶的是,当学者们谈到这样或者那样巨大的地质层时,相继得出相同的结果,都认为它是在海底下沉时期垒积而成的。我不妨补充说,南美洲西岸的仅有的一个古代第三纪地质层便是在水平面往下沉陷时期垒积成的,而且因此而达到了巨大的厚度;这一地质层尽管拥有极大的厚度完全可以抵制它曾经遭受过的那种侵蚀作用,但很难说它能维持到一个遥远的地质时代而仍然不致被磨灭掉。

一切地质上的情况都清楚地告诉我们,各个地区都曾经历过大量极慢的水平面震动,并且这种震动的作用所波及的范围很明显是巨大的。从而,含化石丰富的、并且广度与厚度能够抵御其后侵蚀作用的地质层,是在向下沉陷的过程中,在很大的范围内产生的,然而它的产生仅仅局限在这样的地方,就是那里沉积物的供应完全可以维持海水的浅度而且可以在遗骸未腐烂之前将其掩埋与保护起来。相反,在海底维持静止的时候,厚的沉积物就无法在最适合生物生活的浅海地区垒积起来。在升高的交替过程中,这种情况便更少出现了;或许更准确些说,那时垒积形成的海床,因为升高和进入海岸作用的范围之内,大部分都被损坏了。

这些情况是针对海岸沉积物与近海岸沉积物来说的。在宽阔的浅海中,比如从30或40到60英里深的马来群岛的大多数海中,大多数地质层可能是在上升过程中形成的,但是在它慢慢升高的时候并未遭受过度的陵削;然而,因为上升运动,地质层的厚度没海的深度大,因此地质层的厚度也许不会太深;同时这一堆积物也不可能很坚实地凝结在一块,并且也不可能有多种地质层掩盖在它的上方;所以这类地质层在以后水平面震动的时候就很容易被大气侵蚀作用与海水作用所陵削。但是,依据霍普金斯先生的看法,倘若地面的某一个地方在上升之后和没被侵蚀之前就已陷落,那么,在上升过程中所产生的沉积物尽管不厚,却会在此后得到新堆积物的保护,从而得以保留到一个久远的时代。

霍普金斯先生还认为,水平面极其宽广的沉积层不太可能被全部损毁。然而所有的地质学家,只有小部分人认为如今的变质片岩与深成岩曾经构成地球的原核,其他的都认为深成岩外部的大片范围已被侵蚀。因为这种岩石在表层没有的情况下,不太容易凝固与结晶;不过,变质作用若出现在海洋的深处,那么岩石之前的保护性表层可能不是太厚。如此,若认为片麻岩、云母片岩、花岗岩、闪长岩等一定曾经被掩埋起来过,则对于地球上不少地方的这种岩石的大片区域都已经暴露在外面,只能解释为它们的被覆层已被全部侵蚀掉了。毋庸置疑的是这种岩石在大范围内都存在:依据洪堡的描绘,巴赖姆的花岗岩范围,起码是瑞士的 20 倍。在亚马孙河南面,布埃曾经划出一片由花岗岩组成的区域,其范围相当于西班牙、法国、意大利、德国的一部分加上英国诸岛的面积的总和。这一地区还未被细致地加以探查,但是依据旅行家们提出的所有证据,都证明花岗岩的范围是相当大的,比如,冯埃虚维格曾经详实地绘制了此类岩石的区域图,它由里约热内卢伸展至内地,成为一条直线,全长达 260 地理的英里;我沿着另外一个方位行走过 150 英里,所见到的都是花岗岩,其中大量标本是顺着由里约热内卢至普拉他河口的所有海岸(全程 1,100 地理的英里)收集到的,我研究过它们,它们全是此类岩石。顺着普拉他河北面的所有大陆,我发现大部分属于近代的第三纪层,仅有很少数是轻度变质岩,这或许是唯一构成花岗岩系的部分初始被覆物的岩石。下面我来说说大家比较熟悉的一些地方,比如美国与加拿大,我曾经按照罗杰斯教授的精致地图所标出的,将其剪下来,并且测算剪下图纸的重量,得出这样的结果:变质岩(不包括半变质岩)与花岗岩的比例为 19:12.5,两者的面积比整个较新的古生代地质层的面积还要大。在好多地区,若将所有不整合地覆盖在变质岩与花岗岩上方的沉积层弄掉,那么变质岩与花岗岩比我们从外表上所看到的还要延展得辽远,而沉积层原本无法产生结晶花岗岩的初始覆盖物。所以,在世界上的某些地区的整个地质层或许已经全部被磨损掉了,却未留有丝毫痕迹。

另外稍需注意的是,在上升过程中,大陆面积和邻接的海的浅滩面积将会增加,并且往往会有新的生物生活场所产生:上面已谈到过,那里的所有环境条件对于新变种和新种的出现是有好处的;然而这样的时期在地质记录上通常没有。另外一方面,在下陷时期,生物散布的范围与生物的数量将会变少(除去最先分裂成群岛的大陆海岸),这样,在下陷时期,尽管会出现生物的大量灭绝,然而少部分新变种或新物种却会产生;并且也是在此下陷时期,含丰富化石的沉积物也将被垒积起来。

任何一个地质层中众多中间变种的缺乏

依据上面的这些研究,可以了解从总体上看地质记录,必定是很不完整的。然而,若将我们的精力仅限于任意一类地质层上,我们便会更加难以理解为何一直生活在这个地质层中的相似物种之间,没有看到紧密级进的各种变种。相同的物种在相同地质层的上面与下面出现某些变种,这种情况曾被记录过;特劳希勒得所列举的关于菊石的不少例子便是如此;又如喜干道夫曾提到过某种极奇怪的现象——在瑞士淡水沉积物的连续诸层中存在着复形扁卷螺的十个级进的类别。尽管各地质层的沉积毫无争议地要花相当长的时间,还能够列举出很多缘由来阐明为何在每个地质层中一般不含有一条级进的连锁系列,处于一直在那里生活的物种之间;但我对于如下的理由还不能适宜进行相应的评论。

尽管各地质层能够代表一个长时期的过程,但与一个物种变成另一个物种所花费的时间相比,或许还要短一些。两位古生物学者勃龙和伍德沃德曾经推测说,诸地质层的平均存续时期是物种的类别的平均存续时期的三倍或四倍。我认为其观点尽管很值得尊重,然而,依我看,好像存在很多无法克服的困难,阻挠我们从这种观点中得出任何合适的结论。当我们发现某个物种起初出现在任何地质层的正中心时,就会相当草率地去推断它之前不曾存在于别的地方。还有,如果我们见到某个物种在某个沉积层的最后部分产生之前就消失了,就会同样草率地去假设这个物种在那个时候已经灭绝了。我们没有想起同世界的其他部分相比,欧洲的面积是多么的小;而整个欧洲的相同地质层的几个阶段也并非都是肯定有关的。

我们能够有把握地推断,所有种类的海产动物都曾因为气候级别的改变,进行过大规模的迁移;如果我们见到某个物种最早出现在某个地质层中时,这个区域可能就是这个物种在当时首次迁移的地方。比如,大家都知道,很多物种在北美洲古生代层中出现的时间早于在欧洲相同地层中出现的时间;这明显是因为它们需要一段时间从美洲的海中迁徙到欧洲的海中。在研究地球上各个地方的最近沉积物时,处处都可发现一小部分到现在仍然存在的物种在沉积物中尽管十分普通,然而在四周邻接的海中却已看不到,或者,与此相反,某些物种尽管目前在四周邻接的海中十分繁多,然而在这一特别的沉积物中却是仅有的。对欧洲冰期内(这仅仅是整个地质学时期的一小段)的生物的确切的迁移量进行一下研究;同时对在此冰期内的海陆沧桑的改变,气候的巨大改变和时间的漫长经过进行一下研究,会是最有益的一课。但是,在地球上的任何地方,含有化石遗骸的沉积层,曾经有没有在此冰期的全部时期连续在相同范围内进行垒积,是值得怀疑的。比如,密西西比河口的近旁,在海产动物最繁茂的深度范围之内,沉积物或许并非是在冰期的整个时期内接连垒积起来的;因为我们清楚,在此时期内,重大的地理变化曾经在美洲的别的区域发生过。在密西西比河口近旁浅水中在冰期的某一段时期内沉积而成的这种地层,在上升时期,生物的遗骸因为物种的迁移及地理的改变,可能会最早出现和消逝在不一样的水平面中。在很久以后,倘若有一位地质学者考查这种地层,或许要试作如下的结论:掩埋在那里的化石生物的平均持续时间短于冰期,但事实上大大长于冰期,即它们从冰期之前一直持续至今。

倘若沉积物能在长时间内连续进行垒积,而且在这时期内有充足的时间进行徐缓的变异过程,那么此时,才可以在相同地质层的上端和下端出现介乎两个类型之间的完全级进的系列;所以,这堆积物必定是相当厚的,而且进行着变异的物种必定是一直都在相同范围内生活的。然而,我们已经了解,一个厚的并全都包含化石的地质层,唯有在下陷时期才能垒积起来;而且沉积物的供应量一定要与沉陷量近乎均衡,让海水深度基本维持一致,这样才能使同一类海产物种生活在同一范围内;然而,这种沉陷运动有让产生沉积物的地面沉浸在水中的趋向,因此,在沉陷运动持续发生的时候,就会减低沉积物的供应量。实际上，沉积物的供应量与沉陷量之间要达到完全近乎均衡，或许是一种极其少见的偶然事情：因为不单只有一个古生物学者发现在特别厚的沉积物中，仅在其上端和下端的区域附近有生物遗骸，而别的区域一般是没有的。

每个单个的地质层，也相似于任何地方的全部地质层，其垒积通常是间断的。如果见到并且确实可以经常见到，一个地质层由差别相当大的矿物层组成时，我们能够正确地去假设沉积过程多多少少曾经是中断过的。尽管特别细致地研究一个地质层，然而有关这个地质层的沉积所消耗的时间，我们却无法获得任何概念。众多事例说明，只有数英尺厚的岩层，却相当于别的区域数千英尺厚的、从而在垒积上要耗费相当长时间的地层。如果没有注意到这种情况，就会对如此薄的地质层竟可以表现漫长时间的过程产生怀疑。此外，某个地质层的下层在抬高后，被侵蚀、再沉陷，接着被相同地质层的上层所遮盖，这样的例子也相当多。这些情况证明，在其垒积时期内有多么长久而易于被人忽略的间隔时期。在别的一些现象中，巨大的化石树仍然如同当年生长时那样地直立着，这显著地说明了，在沉积的经过中，存在很多长的间隔时期和水平面的改变，倘没有这些被保留下来的树木，或许想象不出时间的间隔及水平面的变化。比如，莱尔爵士与道森博士曾经在新斯科舍发现过厚达 1,400 英尺的石炭纪层，它包含着古代树根的层次，相互垒叠，有 68 个以上不一样的水平面。所以，倘若相同物种在某个地质层的下面、中间和上面都存在，或许是这个物种在沉积的整个时期没有在相同地方生活，而是曾经在相同地质时代内历经数度的绝迹与再现。因此，假如此物种在任意一个地质层的沉积时期内有明显的变异，那么这一地质层的某一个地方不会包含我们理论上确实存在的所有微小的中间级进，而仅仅是包含忽然的、尽管或许是细微的、改变的类型。

最要紧的是要记住，博物学家们没有不可动摇的标准来对物种和变种进行区分；他们承认不同物种之间都存在微小的变异性，然而如果他们碰到任意两个差异量略微大一点的类型时，却没有最紧密的中间级进来联系它们，就会认为这两个类型是物种；按照上述理由，我们无法期望在任意一个地质的断面中都发现此种联系。假如 B 和 C 是两个物种，并且假设在下面较古的地层中看到了第三个物种 A：在此情况中，即便 A 严格地处于 B 和 C 之间，如果它不能同时被一些十分紧密的中间变种与 B 和 C 之中的任意一个类型或者两个类型相连接，A 通常便会被归为第三个不一样的物种。请注意，像前面所阐述的，A 或许是 B 与 C 的真实的原始祖先，然而并不非得在每个方面都严明地介于二者之间。因此，我们或许可以在同一个地质层的下部及上部中获得亲种与其很多变异了的后代，然而倘若我们并未同时获得大量的过渡级进，我们将辨认不清其血统关系，因此就会将它们归为不同的物种。

大家都知道，很多古生物学家们是依据多么细微的差别来对他们的物种进行区分的。倘若这些标本不是来自相同地质层的同一个层次，他们将毫不迟疑地把它们归为不同的物种。一些有经验的贝类学家，如今已将多比内和其他学者所确定的诸多极完全的物种归为变种了。而且依据此种看法，我们的确可以看到根据这一学说所应该见到的那类改变的证据。再看一下第三纪后期的沉积物，大部分博物学家都认为那里所包含的很多贝壳与如今存在的物种是一样的；然而一些杰出的博物学家，如阿加西斯和匹克推特，却认为尽管差异非常细微，但所有这些第三纪的物种与如今存在的物种是明显的不一样的；因此，除非我们相信这些杰出的博物学家被其假想所误导，而认为第三纪末期的物种的确与其如今存在的代表并无什么不一样的地方，或者除非我们反对大部分博物学家的推断，承认这些第三纪的物种确实一点都不同于近代的物种，我们在此就可以获得所需要的那类微小变异频频发生的证据。倘若我们研究一下略微广阔一点的间隔时期，即研究一下相同硕大地质层中的不同并且连续的层次，我们就会发现当中含有的化石，尽管一般被归为不同的物种，然而相互之间的关系同相离更远的地质层中的物种相比，要紧密得多；因此，关于朝向这个学说所需要的方向的那种改变，在此我们又找到了确实的证据；不过关于此问题，我将留在下一章里再进行讨论。

关于繁衍迅速而移动较小的动物与植物，如之前已经看到的那样，我们有理由来推断，其变种起初通常是地方性的；这种地方性的变种，只有等它们被改变和完成到了相当程度，才能广泛分布并排挤其亲类型。根据此种看法，在任意地方的某个地质层中想要看到任意两个类型之间的全部早期过渡阶段的概率是相当小的，原因是持续的变化被看做是地方性的，也就是局限于一个地方的。大部分海产动物的分布区域都是很广的;而且我们看到,在植物中,最常出现变种的往往是散布范围最宽的;因此,对于贝类和别的海产动物,那些散布范围最宽的,大大超出现知的欧洲地质层界限的,通常最容易先出现地方变种,末了才出现新物种;所以我们在任意某个地质层中发现过渡性阶段的可能性又极大地变小了。

最近福尔克纳博士提出的一种更重要的观点,得出了相同的结论,即每个物种发生变化的时间,尽管用年代来计算是久远的,然而与它们未发生任何变化的时期相比,或许还是短暂的。

应该记得,在今天可以用中间变种相连接的两个类型的完整标本是特别少的,这样除非在很多地方搜集到很多标本之后,几乎不能证实它们属于同一个物种。但在化石物种上极少可以做到如此。我们可以提出几个问题,比如说,在某一未来时代地质学家可不可以证实我们的牛、绵羊、马和狗的各个品种是从某一个或者某几个原始祖先遗传下来的,又如,生活在北美洲海岸的一些海贝事实上到底是变种呢,还是所谓的不同物种呢? 一些贝类学者把它们归为物种,与它们的欧洲代表种不一样,而另一些贝类学者只把其列为变种,提出这些问题之后,我们可能就可以最好地理解不可能用众多的、细小的、中间的化石连锁来连接物种。只有探查了化石状态的无数中间级进之后,将来的地质学者才能证明此点,但他们基本上是不可能成功的。

持物种拥有不变性观点的作者们不断地强调地质学没有供给任何连锁的类型,在下一章就会看到这种说法绝对是错误的。就像卢伯克爵士所说的,"诸物种都是别的相似类型之间的连锁"。倘若我们拿一个包含二十个现存的和灭绝的物种的属作为例子,假设有五分之四灭绝了,那么大家都会认为残存的物种之间相互间将会变得相当不同。倘若这个属的两极端类型偶然地灭绝了,那么这个属将更不同于别的相似属。地质学研究揭示出来的是,以往曾经存在过无限数目的中间级进,它们如同现存变种那样的细微,而且连接了差不多全部现存的和灭绝的物种。但不应该期盼能够做到这样;不过这却被不断地提出来,作为否定我的观点的一个最重要的不同意见。

通过一个想象的例子总结一下上述地质记载不完整的各个原因,还是有意义的。马来群岛的大小大致与从北角到地中海以及从英国到俄罗斯的欧洲面积相等;因此,除美国的地质层以外,其面积与所有多少确切调查过的地质层的整个面积差不多。我绝对同意戈德温奥斯汀先生的观点,他以为马来群岛的现状(它的无数大岛屿已被广阔的浅海分隔),基本上能够表现以前欧洲的大部分地质层正在进行垒积的状况。在生物方面马来群岛是最丰富的地区之一;但是,倘若把所有曾经生活在那里的物种都收集起来,就会发现它们在代表世界自然史上会是怎样的不完整!

然而我们有种种理由能够相信,在我们假设垒积在那里的地质层中,马来群岛的陆栖生物肯定被保留得非常不完整,被掩埋在那里的严格的海岸动物,或生活于海底裸露岩石上的动物,不可能有太多并且那些被掩埋在砾石和沙中的生物也不会存续很长时间。在海底没有沉积物垒积的区域,或者在垒积的速率上无法保护生物体免于腐化的区域,生物的遗骸便无法保存下来。

富含各类化石并且其厚度在将来时代中足以持续到就像过去第二纪层那样漫长时间的地质层,在群岛中通常只能产生于沉陷时期。这等沉陷时期相互会被超大的间隔时期分开,在此间隔期内,地面可能维持静止可能持续上升;如果持续止升,陡峭海岸上的含化石的地质层,将会不停地被海岸作用所破坏,其速度几乎等于垒积速度,就像我们现在南美洲海岸上所看到的情形那样。在上升时期,就算在群岛间的宽广浅海中,沉积层也不容易垒积得很厚,或者说也不容易被其后的沉积物所遮盖或保护,所以不可能存留到遥远的将来。在沉陷时期,生物灭绝的概率很大;在上升时期,可能会涌现相当多的生物变异,然而此时的地质记载更不完整。

任何群岛全部或者部分沉陷与一起发生的沉积物垒积的长久时间,能否超过同一物种类型的平均连续时期,是值得怀疑的;这种偶然存在的情况对于任何两个或两个以上物种之间的所有过渡级进的存留是必不可少的。倘若这种级进,没有整个被存留下来,过渡的变种看起来就如同是很多新的尽管紧密相似的物种。每个沉陷的长久时期还可能由于水平面的震动而被打断,同时在如此漫长的时间里,也可能产生细微的气候变化;在这种情况下,群岛的生物将迁徙,这样在任意一个地质层里就无法保留关于其变异的紧密连接的记录。

群岛的大部分海产生物，如今已经超出了其界限而散布到数千英里之外；如此类推，能让我们确信，主要是这些分布广泛的物种，即便其中分布广泛的只有一些，最常形成新变种：这种变种起初是地方性的也就是只局限在一个区域内，然而如果它们获得了任意决定性的优势，即如果它们进一步变异和改进时，他们将逐渐地分散开去，并且排挤掉亲缘类型。当这种变种重回家乡时，由于它们已与之前的状态不一样，即使其程度或许是十分细微的，并且由于它们都在相同地质层的略微不同的亚层中被看见，遵照许多古生物学者所依循的原理，这些变种基本上会被归为新而相异的物种。

倘若这种观点有一定程度的真实性，我们就无权希望在地质层中发现这种数目无限的、差异细微的过渡类型，而根据我们的学说，这些类型，曾经把所有同群的以往物种与现在物种联结在一条不仅长并且分枝的生物连锁中。我们仅仅应当探查比较少的连锁，而我们的确探查到了它们——它们相互之间的关系有的远一点，有的近一点；而这种链锁，尽管曾经是极紧密的，倘若在同一地质层的不同层次中被发现，也会被很多生物学者归为相异的物种。我直言不讳地说，倘若不是在每个地质层的早期及后期生活的物种之间缺乏无数过渡的链锁，而对我的学说造成这么重大的威胁的话，我将想不到在保留得最完整的地质断面中，记录仍然是这样的少。

全群相似物种的忽然出现

在某些地质层中物种全群忽然出现的事实，曾被一些古生物学者——像阿加西斯、匹克推特及塞奇威克——认为是反对物种可以迁徙这一观点的致命异议。倘若被列为同属或同科的许多物种的确会同时产生出来，那么这种观点对于把自然选择作为根据的进化学而言，确实是致命的。因为按照自然选择学说，全部从同一祖先遗传下来的一群类型的发展，必然要经历一个十分徐缓的过程；并且这些祖先必然在其变异了的后代出现以前很久就已经存在了。然而，我们往往过高地估计了地质记载的完整性，而且因为某属或某科未在某一阶段不曾看到，就错误地推断它们之前在那个阶段也没有出现过。在一切的情况中，只有积极性的古生物证据，才能够全部信赖；而消极性的证据，像经验所频频指出的，是毫无意义的。我们总是不记得，整个地球比起被探查过的地质层的面积,是多么的巨大;我们还会忘了物种群在迁移到欧洲的古代群岛和美国之前,可能在别的地方已经生存了很长时间,并且已经逐渐地繁殖了。我们也未恰当地考虑到在我们的持续地质层之间所经历的间隔时期——在很多情况中,这一时期也许要比每个地质层垒积起来所耗费的时间更漫长。这些间隔内可以提供有充足的时间使物种从某一个亲类型繁衍起来而这种群或物种在此后形成的地质层中如同忽然被创造出来一样地产生了。

　　这里我要重复一遍之前曾经说过的话,就是某种生物适应一种新而特别的生活方式,比如空中飞翔,可能是要花漫长且持续的时间的;这样,其过渡类型往往会在某一个地方存续很长时间;然而,倘若一旦这种适应获得成功,且少部分物种因为这种适应比其他物种获取了很大的优势,那么只要很短的时间就能形成很多分支类型来,这些类型便快速地、广泛地分布于整个地球。在对本书的杰出书评里匹克推特教授评价了早期的过渡类型,并用鸟类作为佐证,他无法看出假设的原始型的前肢的持续变异会带来什么好处。然而看一下"南方海洋"上的企鹅:这些鸟的前肢,不是就介于"既不是真正的手臂、也不是真正的翅膀"这种情况的中间状态吗?而且这种鸟在生存竞争中成功地占据了其地位;因为其个体数量是无限多的,并且其种类也是相当多的。我并非假设此处所看到的就是鸟翅所曾经经历的真正的过渡级进。然而相信翅膀或许可能有益于企鹅的变异了的后代,让它先变成如同大头鸭那样地可以在海面上拍打,最后能够从海面飞起而在空中滑翔这一点又会有何特殊的困难呢?

　　现在我略举几个例子,来证实上述观点,并且指明在假设整群物种曾经忽然形成一事上我们多么容易犯错误。甚至在匹克推特有关古生物学的杰出著作的第一版(出版于1844—1846年)与第二版(1853—1857年)之间的一个如此短暂的时间内,有关几个动物群的最初形成与消亡的结论,就发生了很大的变化;而第三版或许还需要作更大的修改。我可以再说一个熟知的事例,在前不久发表的某些地质学报告中,都说哺乳动物是忽然形成于第三纪的。但目前已知的含有丰富哺乳动物化石的堆积物中的一堆是产生在第二纪层的中段的;并且在靠近这一大纪早期的新红沙岩中找到了真正的哺乳动物。

居维叶向来认为,在第三纪的任何层中猴子都未出现过;然而,现在在印度、南美洲和欧洲已经在更古的第三纪的新世层中找到了其灭绝种。如果不是在美国的新红沙岩中存在被偶然保留下来的痕迹,谁敢假设在那个时代最少有三十种不同的鸟形动物——有些是很大的——曾经生活呢?而在这种岩层中没有找到这种动物遗骸的一个碎片。前不久,某些古生物学者认为所有鸟纲是忽然形成于始新世的;然而如今我们知道,按照欧文教授的权威观点,在上端绿沙岩的沉积时期确实已存在一种鸟;更近一点的,在索伦何芬的鲕状板岩中找到了一种奇特的鸟,即始祖鸟,它们有着蜥蜴状的长尾,尾部的每节长着一对翅膀,而且羽毛上长有两只发达的爪子。没有任何近代的发现比此发现更强有力地证明了,我们对于地球上古老的生物,知道得是多么的少。

我还举一例,为我亲眼所见,曾令我十分感动。我在一篇论化石无柄蔓足类的论文中曾提到,依据现存与灭绝的第三纪物种的众多数量,依据全世界——从北极到赤道——在从高潮线到50英尺各个不同深度中生活的很多物种的个体数量之繁多异常,依据最古的第三纪层中被保留至今的标本状态的完整程度,依据就连一个壳瓣的碎片也不难被辨认;依据所有这些条件,我曾推断倘若无柄蔓足类曾经在第二纪生活,它们必然会被保留下来并且被找到:但由于在这一时代的一些岩层中并未找到过它们的任何物种,因此我曾断定这一大群是在第三纪的早期忽然发展起来的。这令我十分痛苦,因为那时我认为这将给物种的一个大群的忽然形成增添一个例子。然而在我的著作即将出版之时,一位颇有经验的古生物学者波斯开先生寄给我一张一种无柄蔓足类完整的标本图,他亲自在比利时的白垩层中采集到了此化石。仿佛为了使这种现象更加动人似的,这种蔓足类属于藤壶属,这是一个极其一般的、特大的、广泛存在的属,并且在这一属中尚无任何物种曾在哪一个第三纪层中被找到过。后来,伍德沃德在白垩层上段找到了无柄蔓足类的另外一个亚科的一种,四甲藤壶;因此目前我们已经有充分的事实来证实这群动物曾生存于第二纪。

被古生物学者经常提及明显忽然出现的整群物种,就是硬骨鱼类。阿加西斯说,它们的形成是在白垩纪下半段。这一鱼类包括现存物种的大多数。然而,侏罗纪的和三叠纪的一些类型如今一般都被划分为硬骨鱼类;就连一些古生代的类型也被一位高级权威学者归为此类中。倘若硬骨鱼类的确是忽然形成于北半球的白垩层上部，这肯定是应当特别注重的事实；然而，除非能说明此物种在世界其余地方也在相同时期内忽然并一起发展了，它并未制造无法克服的麻烦。在赤道南部并未找到过一个化石鱼类，对此就不需要多阐述了；并且读过匹克推特的古生物学，就会了解在欧洲的几个地质层也仅仅找到过极少物种。少部分鱼科如今只分布在有限的区域里；硬骨鱼类以前可能也存在过类似的被限制的分布区域，不过是在某一个海里大量发展以后，它们才普遍地分布到很多地方去。而且我们也不能假设世界上的海像现在一样由南至北一直是无限制地开放的。就算在现在，倘若马来群岛变成陆地，那么印度洋的热带部分可能会成为一个全部被封闭起来的特大盆地，海产动物的任意大群或许在那里都会繁殖起来，除非其中一些物种发生变化，能够适应比较冷的温度，而且可以绕过非洲或者澳洲的南部的角，从而到达别的远处海洋，否则这种动物基本上会被限制在那一范围的。

按照这种研究，由于我们对有关欧洲及美国以外地区的地质学知之甚少，加之近十余年来的发现所引起的古生物学知识中的革命，我觉得对整个世界生物类型的演替问题作出片面的判断，就像一位博物学家在澳洲的某个不长草木的地方待了五分钟之后就对那里生物的数目和分布区域进行探讨一样，好像是过于轻率了。

近似物种群在已知的最古老的化石层中的忽然出现

更加严重的还有一个类似的难点，我是指动物领域中几个重要部门的物种在已知的化石岩层的最下部中忽然出现的事实。大部分的讨论让我相信，同群的所有现存物种都是传自于一个单独的祖先，这对于最初的既知物种也一样完全适用。例如，所有寒武纪的和志留纪的三叶虫类全部是传自某一种甲壳类动物，此种甲壳类肯定在寒武纪之前很久就存在了，同时与一切既知的动物或许差别大不一样。一些最古老的动物，如鹦鹉螺、海豆芽……与现存物种差别不大；根据我们的学说，上述古老的物种无法被假设为是在它们之后产生的相同群内的所有物种的原始祖先，原因是它们没有一点中间性状。

因此，倘若我的学说是对的，远在寒武纪最下段沉积之前，一定会经历一个漫长的时期,这时期相较于从寒武纪到今天的整个时期,或许同样的漫长,或许还要漫长得多;并且在如此漫长的时期内,地球上肯定已经布满了生物,在此我们碰到了一个强有力的反对意见:那就是地球在适合生物生活的状态下是不是已经存在了那么长时间,值得怀疑。汤普森爵士推断说,地壳的凝固不可能低于两千万年或者超过四亿万年,而应该是低于九千八百万年或超过两亿万年。时间限度差别这样大,说明这些数据是相当可疑的,并且以后或许别的要素还会被引入此问题。克罗尔先生测算自从寒武纪至今大概已有六千万年,然而按照从冰期开始至今生物的细微变化量推断,这与寒武纪层以来生物的确曾经发生过的大且多的改变相比,六千万年好像过短;并且之前的一亿四千万年对已经生存在寒武纪中的每种生物的发展而言,也无法被认为是充足的。但是,如汤普森爵士所认为的,在特别早的时期,世界所处的物理环境,它的变化或许比现在更为急促而猛烈,而这种变化对促使当时已经存在的生物以对应速率发生改变是有帮助的。

那么,为何在寒武纪之前的这种假定最初时期内,未能找到含有丰富化石的沉积物呢?对于此问题我还无法提供完整的解释。以默奇森爵士为领导的几位杰出的地质学家们近来还认为,我们在志留纪最下段所发现的生物遗骸,是生命最早的曙光。别的部分相当有能力的鉴定者们,如菜尔和福布斯,则不同意这一观点,我们不要忘了,整个世界被确切了解的仅仅是一小部分。前不久,巴兰得在当时已知的志留纪的下段,找到了另一个还要靠下的地层,这一层含有极其多的新物种;而目前希克斯先生在南威尔士更下端的下寒武纪层中,找到了富含三叶虫的、并且包含种种软体动物与环虫类的岩层。甚至在一些最下级的无生岩中,还存在磷质细块和沥青物质,这或许暗示了在这个时期中生存的生物。加拿大的劳伦纪层中存在始生虫,已被大家所认同。在加拿大的志留纪之下存在三大系列的地层,在最下段的地层中曾找到过始生虫。洛根爵士说:"这三大系列地层厚度的总和或许大大超出了此后从古生代底端到如今的全部岩石的厚度。这样,就把我们带回到了一个极其渺远的年代,使得一些人大概会认为巴兰得所谓的原始动物的形成是比较近代的事件。"始生虫的结构在所有动物中是最低等的,然而在其所属的这一纲中其结构却是高等的;它曾有过无限的数量,正如道森博士所说,它一定是把别的数量众多的细微生物作为食物的。因此,1859 年我所提出的远在寒武纪之前就已有生物生存的观点——这与后来洛根爵士所描述的差不多一样——被证实是对的了。即便这样,要对寒武纪以下为何没有含化石丰富的特大地层的垒积,说出好的理由,仍是有相当大的难处。如果说那些最古的岩层已经因为侵蚀作用而完全消逝,或者说其化石因为变质作用而全部消亡,好像是不正确的,因为,假如真是这样的话,我们将在它们后面的地质层中仅仅找到些许细微的残留物,并且这种残留物通常应呈现出部分的变质状态。然而,我们所掌握的有关俄罗斯以及北美洲的广大地面上的志留系沉积物的描写,与这样的观点并不一样:一个地质层越是古老越是无法避免地要遭受强烈的侵蚀与变质作用。

目前还无法解释这种事实;因此这会被作为一种强有力的理由来否认本书所赞同的观点。为了指出以后或许会获得某种解释,我可以提出下面的假设,依据在欧洲及美国的很多个地质层中的生物遗骸——它们好像未在深海中生活过——的性质;以及依据厚达数英里的组成地质层的沉积物的量,我们能够推断形成沉积物的大岛屿或者大陆地,一直处于欧洲和北美洲的现存大陆周围。后来阿加西斯和别的某些人也采用了相同的观点。然而我们还不了解在若干连续地质层之间的间隔时期内,事物的情形曾经如何;在这种间隔时期内,欧洲和美国到底是干旱的大陆,还是无沉积物堆积的近陆海底,或者是一片宽广的,极深的海底,我们还不清楚。

现在的海洋面积是陆地面积的三倍,其中还分布着很多岛屿;然而我们了解,只有在新西兰找到过一件古生代或第二纪地质层的残留物,几乎任何别的真正的海洋岛(假如新西兰能被称为真正的海洋岛)上都没有找到过。所以,我们或许能够推断,在古生代与第二纪的时期里,在今天海洋的区域内没有大陆与大陆岛屿出现过;原因是假如它们曾经出现过,那古生代层与第二纪层就有一切可能存在由它们的消磨了的及崩溃了的沉积物垒积起来;而且因为在十分漫长的时期内肯定会有水平面的震动,因此这种地层最少有一部分凸起了。这样,假如我们从这种情况可以推断什么事情,那么我们就能推断,在现在海洋扩展的区域内,自我们有任何记载的最早的年代以来,就曾出现过海洋;而且我们也可以推断,在现在大陆所处的地方,也曾出现过大面积的陆地,它们自寒武纪以来肯定遭遇了水平面的极大震动。在我的《论珊瑚礁》一书中所附的彩色地图,让我得出了下面的结论,即各大海洋到现在仍然是沦陷的主要地区,大的群岛仍旧是水平面震动的地区,陆地仍旧是上升的地区。然而我们并没什么理由假设,世界自形成以来,情况就是如此一成不变的。我们陆地的产生,好像是因为在数次水平面震动之时,上升力量占主导导致的;然而这种优势运动的区域,在时代的变迁中难道没有改变吗?远在寒武纪之前的某个时期中,现在海洋扩展开的地方,或许曾经有过大陆,而现在大陆所处的地方,或许曾经出现过清澈宽广的海洋。比如,假如太平洋海底此刻变成一片陆地,即便那里有比寒武纪层还老的沉积层曾经垒积起来,我们也不应该假设它的状态是能够辨认的。原因是这些地层,因为下陷到更靠近地球中央数英里的区域,以及因为上端有水的十分巨大的压力,也许比靠近地球外表的地层,要遭受到严重得多的变质作用。地球上一些地区的裸露变质岩的广阔区域,比如南美洲的这类区域,肯定曾在相当大的压力下遭受过灼热的作用,我总认为关于这类区域,好像有必要进行特殊的阐述;我们基本上能相信,在这类广阔区域中,我们能见到很多远在寒武纪之前的地质层是处于彻底变质了的及被侵蚀了的状态。

　　在此所探讨的几个难点是——尽管在我们的地质层中发现了很多介于如今存在的物种与以前曾经存在的物种之间的连锁,然而把它们紧密相结合的众多微小的过渡类型尚未被找到——在欧洲的地质层中,忽然涌现出若干群的物种——按目前所知道的,寒武纪层往下几乎根本没有含丰富化石的地质层——全部这些难点的本质必定都是相当严重的。最杰出的古生物学家们,也就是居维叶、阿加西斯、巴兰得、匹克推特、福尔克纳、福布斯等,和全部最优秀的地质学家们,如莱尔、默奇森、塞奇威克等,都曾经一致地并且往往强烈地支持物种不变性的观点。所以我们就能够了解上面所说的那些难点的严重程度了。然而,莱尔爵士目前对相反的一面提供了其最为权威的支持;而且这也极大地动摇了大部分地质学家与古生物学家坚持之前所持观点的信念。那些认为地质记载基本上是完整的人们,必定还会不假思索地反对这个学说的。而我本人,则按照莱尔所打的比方,把地质的记载看成是一部已经散失不完整的,而且往往用变化不定的方言著成的世界历史;在这部历史著作中,我们只掌握了最末的一卷,并且仅仅和两三个国家相关。而在这一卷里,又仅仅是在这儿或那儿保留下了一个断章;每页仅有很少的几行。逐渐改变着的语言的任何一个字,在相连的每章中又不同程度地有些相异,这些字或许表示掩埋于连续地质层中的、而已被错误判断为忽然产生的各个生物类型。根据这种看法,上面所探讨的难点将会极大地减小,或者甚至没有了。

第十一章 论生物在地质上的演化

新物种缓慢地陆续出现——其变化的不同速率——物种一旦灭亡就不再出现——在出现和消亡上物种群所遵循的一般规律同于单一物种——物种与物种群的灭绝——全世界的生物类型差不多一起发生改变——灭绝物种彼此之间及其与现存物种之间的亲缘关系——古代类型的发展状况——同一区域内同一模式的演替——前章及本章提要。

下面我们看一下,若干涉及生物在地质上的演替的事实和规律,到底与物种不变的一般观点最相符合呢,还是与物种经由变异及自然选择慢慢地、逐步地发生改变的观点最相符合呢?

不管是在陆地上还是在水里,新的物种是十分徐缓地不断出现的。莱尔曾说明,在第三纪的一些阶段中存在这方面的证据,这基本上是无法反对的;并且每年都存在一种趋向把每个阶段间的间隙填补起来,以致灭绝类型与现存类型之间的比值更加逐渐变成级进的。在一些最近代的岩层(虽然假设用年来计量,是属于很古代的),当中仅有一两个物种是绝迹了的,而且当中仅仅只有一两个新的物种是头一次出现的,这些新的物种可能是属于地方性的,可能按照我们所了解的,是遍布世界各地的。第二纪地质层属于较为间断的;然而据勃龙说,在每一层里被掩埋的很多物种的产生与消失都是不在一个时间内的。

不同纲与不同属的物种,并未依照相同速率或者相同程度发生改变。在较为古老的第三纪层中,还能够在大部分灭绝的类型中找到小部分今天依然存在的贝类。福尔克纳曾就相同的事实列举出一个明显的事例,那就是在喜马拉雅山下的沉积物中发现一种目前存在的鳄鱼与很多灭绝了的哺乳类和爬行类在一块。志留纪的海豆芽与本属的现存物种差别不大,不过志留纪的大部分别的软体动物及所有甲壳类已经发生了很大的变化,陆栖生物好像比海栖生物改变得快,这种动人的事例在瑞士曾经被看到过。有很多理由能够让我们相信,高级生物比低级生物的改变速度要快得多;尽管这一法则是有特殊情况的。生物的改变量,根据匹克推特的观点,在每个连续的所谓地质层中并不一样。但是,假如我们比较一下紧密相连的任意地质层,就能够看到所有物种都曾经发生过某种改变。倘若一个物种曾经长时间从地球表面上消逝过,没有道理让我们相信相同的类型会重新产生。唯有巴兰得所谓的"殖民团体"对于后一法则是一个相当显著的例外,它们曾一度入侵到较古的地质层中,这使以前存在的动物群又再次出现了;然而莱尔的解释是,这是从一个截然不一样的地理范围内暂时迁入的一种情况,这个解说好像能够让人满意。

这些情形与我们的学说非常符合,此学说并不包括那种死板的发展法则,即同一区域内一切生物都忽然地、或者一并地、或者相同程度地改变,即变异的经过必然是徐缓的,并且通常只能同时对很少的物种产生作用,原因是每个物种的变异性与所有其他物种的变异性并无关联。至于能够产生的这类变异也就是个体差异,会不会经由自然选择而被累积起来一些,从而使得一定程度的永久变异量出现,就一定是由很多繁杂的偶然事件决定——由包含有益性质的变异决定,由随意的交配决定,由当地徐缓改变的物理条件决定,由新来者的移入决定,以及由与正在改变的物种相争斗的其余生物的性质决定。故而,一个物种在维持同一形态方面应该比其余物种长久得多;或者,即使有改变,也改变得不多,这是不足为怪的。在每个地方的现存生物之间我们看到过相同的关系;比如,马得拉的陆栖贝类和鞘翅类,与其欧洲陆地上的最近亲缘有巨大的差别,但海栖贝类和鸟类却仍旧没有变化。按照前章所阐述的高级生物对于其有机的和无机的生存环境存在着更加繁复的关系,我们或许就能够明白陆栖生物与高级生物的改变速度比海栖生物及低等生物明显要快得多。如果每个地方的生物多数都已经变异并进化了,我们按照竞争的原则及生物和生物在生存竞争中的最首要的关系,就可以理解没有发生过一定程度上的变异与改进的一切类型或许都容易灭绝。故而,如果我们观察了相当长的时间，就能明白为何相同地方的所有物种终究都要变异，原因很简单：不变异的最终就会灭绝。

同纲的各类型在极长且相同时间内的平均改变量或许接近一样；然而，由于富含化石的、连续长久的地质层的垒积必须依靠沉积物在下陷地区的大量沉积，因此如今的地质层差不多一定要在广阔的、不规律的间歇时期内垒积起来；这样，掩埋于连续地质层里的化石所表现出的有机改变量就不一样了。依据这个看法，各地质层并非代表着一种新且完整的创造作用，而仅仅是在缓慢变化的戏剧中随意出现的偶然一幕而已。

我们可以清楚地了解，为何倘若哪个物种一旦灭绝了，即便有彻底相同的有机的及无机的环境条件再次出现，它也一定不会重现了。原因是某一物种的后继者尽管能在自然组成中适应了抢占别的物种的地盘（无疑此种情况曾发生于众多例子中），而把其他一个物种排斥掉；然而旧的类型与新的类型不可能完全一样；原因是两者基本上必然都从其各自不同的祖先那继承了不一样的性状；而既已相异的生物将会依照相异的方式发生变异。比如，倘若我们的扇尾鸽全部被消灭了，养鸽者或许可以培养出一个与现有品种非常难以区分的新品种来的。然而如果原种岩鸽也一样被消灭掉，我们有种种理由能够相信，在自然状态下，亲类型往往要被它们进化了的后继者所取代和毁灭，那么在此情况下，就不易相信一个与现存品种一样的扇尾鸽，能从所有别的鸽种，或者甚至从所有别的相当稳定的家鸽族培育出来，原因是持续的变异在一定程度上几乎肯定是相异的，而且新产生的变种或许会从其祖先处继承某种相异的性状。

物种群，也就是属和科，在产生与灭绝上与单一物种依循一样的法则，其改变有快慢以及大小。一个群，一旦被毁灭就永远不能重新产生。换言之，其存在不论延续到什么时候，总是持续的。我了解对于这一法则有几个明显的特殊情况，然而特殊情况是极其的少，少到连福布斯、匹克推特和伍德沃德（尽管他们都坚定地反对我们所提出的这种看法）都承认该法则是对的；并且这一法则与自然选择学说是严密符合的。原因是同群的所有物种不论延续多长时间，都是别的物种的变异了的后继者，都是遗传自一个相同的祖先。比如,在海豆芽属中,在一切时期持续出现的物种,从下志留纪地层到现在,肯定都被一条绵延不绝的世代系列相结合。

在上一章里我们已经谈到,有时物种的整群会出现一种假象,呈现出就像忽然发展起来的现象;对于此种情况我已经提出了一种解说,如果这种情况是真实的,对于我的看法将会造成致命的打击,然而这类情况确实是例外;根据普遍规律,物种群的数量逐步增加,只要增加至最高限度时,就又必然要逐步地变少。倘若用粗细不等的垂直线来表示一个属中的物种的数量,一个科中属的数量,让此线通过那些物种在当中发现的持续的质层上升,那么有时此线在下段开头的地方会呈现出并不尖利,而是平截的假象;接着此线随上升而慢慢变粗,相同粗度间通常能够维持一段距离,最终在上层岩床中慢慢变细乃至消逝,表明此类物种已慢慢变少,以致最终灭绝。这种一个群的物种数量的慢慢增加,严格符合于自然选择学说,原因是同属的物种与同科的属只能慢慢地,累积地增加;变异的过程与某些相似类型的形成必定是一个徐缓的、渐进的过程——一个物种先有两个或者三个变种形成,这类变种渐渐地变为物种,它又以一样徐缓的过程形成其他变种和物种,这样下去,就如同一棵大树从一条树干上长出很多分枝一般,直至成为大群。

物种与物种群的灭绝

前面我们仅仅捎带着提及了物种和物种群的灭绝。按照自然选择学说,旧类型的灭绝与新而进化的类型的形成关系紧密。老的观念主张世界上所有生物在连续时代里曾被祸变消灭殆尽, 大多数人都已经不再赞同这种观点,就连埃利•得博蒙、默奇森、巴兰得等地质学家们也都抛弃了这种观点,其通常的观点或许会自然而然地指引他们得到此种结论。此外,按照对第三纪地质层的考察,我们有种种理由能够相信,物种和物种群先在此地、接着在彼地、最后在整个地球上依次地、逐一地灭绝。但是在少数情况下,因为地峡的断开而使得大群的新生物移入相近的海,或者因为一个岛的最终下陷,灭绝的经过或许曾经是快速的。无论是单一的物种还是物种的整群,其延续时期都极不一样；像我们所看到的，某些群从既知的有生命的黎明时期起一直持续至今；某些群在古生代还没有结束时便已经灭绝了，好像并无一条稳定的规律能决定什么物种或属可以持续多长时间。我们有理由认为，物种整群的灭绝过程通常要缓于其形成过程；倘若其形成和灭绝如前面所说的通过粗细不一样的垂直线来表示，便能够看出这条代表灭绝过程线的上部的变细，要比代表第一次产生及早期物种数量增多的下部来得徐缓。但是，在一些情况中，整群的灭绝，比如菊石，在靠近第二纪末时，曾经奇异地忽然发生了。

物种的灭绝曾陷入相当无理的神秘中。甚至有一些作者假设物种就如同个体一样有相应的寿命及相应的存留时期。或许没有人像我一样地曾惊讶于物种的灭绝。在拉普拉塔我曾经在柱牙象、大懒兽、弓齿兽还有别的已经灭绝的怪物的遗骸中找到一颗马的牙齿，这些怪物曾在最近的地质时代和现在仍旧存在的贝类一起生存，这真让我惊讶不已。我感到惊讶的原因是在马被西班牙人引入南美洲之后，就在整个南美洲变为野生的了，并以极快的速率增添了其数目，因此我问自己，在如此明显十分有益的生存环境下是何物会在如此近的时代使得之前的马消失了呢。然而我的惊讶是无依据的。欧文教授马上看出这牙齿尽管与现在的马齿异常相似，却是一个已然灭绝了的马种的。倘若这种马到现在仍旧存在，只是数量少一点，或许每一个博物学家对于其稀少根本不会觉得惊讶；这是由于稀少现象是任何地方的一切纲的大部分物种的属性。倘若我们自己问自己，为何此物种或者彼物种会稀少呢。那么可以用是因为有一些不利于它们的生活环境存在来回答；然而，是哪些方面的不利呢，我们却不容易说出来。假设那种化石马到现在依然作为一个物种存在，只是数目比较稀少，我们按照与一切别的哺乳动物（连繁殖率低下的象也包括在内）的类比，以及按照家养马在南美洲的归化历史，一定会认为倘若它在更为有利的环境下，绝对会在不长的时间内遍布所有陆地。然而我们说不出阻挠其增加的不利条件为何，是因为一种突发事故呢，还是因为几种突发事故，也说不出这些生活环境在马一生中的何时、在何种程度上各个发生作用的。倘若这些条件逐渐变得不利，无论怎样徐缓，我们的确也难以感觉到这种情况，但是那种化石马必然要慢慢地变少，乃至灭绝——这样那些胜利的竞争者就代替了其位置。

我们不容易时时记住,每种生物的增加是持续地被无法察觉的敌对作用压制的;而且这类无法察觉的作用绝对足以使其变得极其少,乃至最终灭绝。由于我们对这个问题了解得太少,因此我曾听到一些人对柱牙象和更古的恐龙那种大怪物的灭绝不断感到惊奇,他们似乎觉得只要拥有巨大的身体就可以在生存竞争中夺得胜利。正好相反,如欧文所阐明的,单单是身体大,在某些情况中,因为需要很多的食物,反而会加快其灭绝。在人类没有居住于印度或者非洲之前,一定有一些原因曾经压制了现存象的不断增加。才华横溢的鉴定者福尔克纳博士认为,昆虫对象的不停地折磨将其削弱是压制印度象增加的主要原由,对于阿比西尼亚的非洲象,布鲁斯也得出相同的结论。昆虫和吸血蝙蝠事实上对南美洲几个地区的进化了的大型四足兽类的存在起到了决定性的作用。

在更近的第三纪地质层中,我们发现很多先变得极其少然后灭绝的情况;而且我们了解到,通过人为的作用,某些动物的一定区域的或全体的灭绝经过,也是相同的。我想重复一下我在1845年发表的论文,那篇论文认为物种通常是先变得很少,随后灭绝,这就如同病是死的序幕那样。然而,倘若对于物种的稀少并不觉得惊奇,而当物种灭绝的时候却惊奇万分,这就如同对于疾病并不觉得惊奇,而当病人逝去时却觉得惊奇,甚至怀疑他是因某种暴行而死一样。

自然选择学说是建立在下面的观念之上的:每个新变种,最终是每个新物种,因为比其竞争者具有某种优势而被形成并存活下来;而相比起来没有优势的类型的灭绝,差不多是无法避免的。在我们的家养生物中也存在相同的情况,假使一个新的稍稍改进的变种被培养出来,它一开始就要把它近旁的改进相对少一些的变种排除掉;当它被改进很多的时候,就会如同我们的短角牛一样被运至不同的地方,并在别处取代另外的品种的位置。于是,新类型的产生与旧类型的消亡,不管是自然条件下形成的还是人为的,就被结合起来了。在茂盛的群中,相当时间内形成的新物种类型的数量,在有些时期或许要比已然灭绝的旧物种类型的数量要多;然而我们了解,物种并非没有限制地不断增加的,起码在最近的地质时代内是这样,因此,倘若观察一下晚近的时代,我们就能相信,新类型的形成曾经导致数量近乎一样的旧类型的灭绝。

正如前面所阐述过并以事例阐明过的一样,在每个方面相互最相似的类型之间,斗争也往往发生得最为激烈。所以,一个改进了的和变异了的后代往往会使得亲种灭绝;并且,假使很多新的类型是由随便一个物种发展而来的,那么与该物种最近的亲种,也就是同属的物种,最易于发生灭绝。所以,正像我相信的,由某一物种遗传下来的一些新物种,也就是新属,最后会排除掉同科的一个旧属。但也经常有这样的情况发生,即一个群的某一新物种占有了别的群的某一物种的位置,从而使其灭绝。倘若很多相似类型是由胜利的入侵者发展而来的,肯定有很多类型要把它们的位置让出来,灭绝的往往是相似类型,原因是它们通常因为相同地遗传了某种不良性而遭到损伤。然而,给别的变异了的和改进了的物种的让位的那些物种,不管是属于同纲还是异纲,总还是有一小部分能够生存到一个比较长的时期,原因是它们适应了某些特殊的生活方式,或者是它们生活在偏远的、孤立的地方,而避开了激烈的斗争。比如,三角蛤属是第二纪地质层中的某个贝类的大属,其有些物种还残留在澳洲的海中,并且硬鳞鱼类这个近于灭绝的大群中的小部分成员,到现在还在我们的淡水里生活。因此就像我们见到的,全群的灭绝经过要比其形成经过徐缓一些。

有关整个科或整个目的显著忽然灭绝,如古生代后期的三叶虫及第二纪后期的菊石,我们应当记住之前曾经提到的情况,也就是在连续的地质层之间可能相隔着漫长的年代,并且在这些相隔的时间里,灭绝可能是相当徐缓的。此外,倘若一个新群的很多物种,因为忽然的迁入,或者因为极其快速的发展,而占有了一个区域,那么,大部分的旧物种将以对应的高速度灭绝;如此让出自己位置的类型往往都是那些相似类型,原因是它们一起具备相同的劣性。

所以,在我看来,单一物种和物种大群的灭绝形式与自然选择学说是非常符合的。对于物种的灭绝,我们没有必要惊奇;倘若非得要感到惊奇的话,那么还是对我们的夜郎自大——突然想象我们了解了决定每个物种存在的诸多繁复的偶然事情，感到惊奇吧，诸物种都有过度增长的趋向，并且经常存在我们不容易感觉得到的某种抑制作用在活动，倘若我们什么时候忘了这一点，就会根本无法理解所有的自然结构。只有等到我们能够清楚地解释为何此物种的个体数量会多于彼物种的个体数量；为何此物种，而非彼物种可以适应某一地区时，才可以对于我们为何无法阐明任意一个特别的物种或物种群的灭绝，有理由感到惊奇。

全世界的生物类型差不多一起发生改变

生物类型在全世界差不多一起发生改变，一切古生物学的发现中几乎没有比此种情况更为动人的了。比如，在完全不一样的气候下的、尽管尚无任何白垩矿物碎块被找到的很多遥远地区，比如在北美洲，在赤道范围的南美洲，在火地，在好望角，还有在印度半岛，我们欧洲的白垩层都可以被辨认出来。原因是在这类遥远的地区，有些岩层中的生物遗骸与白垩层中的生物遗骸表现出了显著的相似性。所发现的并不一定是相同物种，因为在有些情况下所有的物种都不是完全一样的，不过它们归于同一科、同一属和属的亚属，并且某些时候只在很微小的地方，比如外表上的斑条，拥有类似的性状。此外，在欧洲的白垩层中没有被发现过的、然而在其上段或下段地质层中发现的别的类型，也在这类地球上的遥远地区被发现。一些作者曾经在俄罗斯和欧洲西部以及北美洲的很多连续的古生代层中考察到生物类型具备相似的平行现象；根据莱尔的看法，欧洲与北美洲的第三纪沉积物也如此。即便全然不管"旧世界"和"新世界"所一起具有的一小部分化石物种，古生代和第三纪时期的各代生物类型的普通平行现象依然是明显的，并且某些地质层的彼此关系也不难被确认下来。

但是，这类考察都是有关地球上的海栖生物的：我们尚未有足够的事实能断定在遥远地区的陆栖生物和淡水生物是不是也相同地有过平行的改变。我们能够怀疑它们是不是曾经如此改变过：倘若把大懒兽、磨齿兽、长头驼

（马克鲁兽）和弓齿兽从拉普拉塔运到欧洲，而不讲明其地质上的位置，或许无人会推测它们曾经与所有现存的海栖贝类一起生活过；然而，由于这类非同寻常的怪物曾经与柱牙象以及马生活于同一时代，因此起码可以推断它们曾经生活在第三纪的某一最近时期。

如果我们说整个地球上的海栖的生物类型曾经一起发生改变，一定不能假设这种看法是指同年，相同世纪，甚至不可以假设它有十分严明的地质学意义；原因是倘若将目前生活在欧洲的与曾经在更新世（如以年代来计算，这是一个包含全部冰期的很辽远的时代）生活在欧洲的所有海栖动物与目前生活在南美洲或澳洲的海栖动物进行对比，即使是经验最为丰富的博物学家，可能也不容易说出十分紧密相似于南半球的那些动物属于欧洲的更新世动物还是欧洲的今存的动物。还有几位优秀的观察者认为，美国的现存生物和曾经生活在欧洲第三纪末期的有些时期的生物之间的关系，与它们跟欧洲的现存生物之间的关系相比，更加紧密；假如真是如此，那么，将来明显应该将如今沉积在北美洲海岸的化石层，同欧洲较古的化石层划分为一类。即便这样，倘若展望辽远的未来时代，我们能够确定所有相对近代的海成地质层，也就是欧洲的、南北美洲的以及澳洲的上新世的上部、更新世层和严明的近代层，因为它们包含部分相似的化石遗骸，因为它们不包含仅仅在较古的下层沉积物中才能看到的那些类型，从地质学的意义这个角度上来说是能够确切地被归入一个时代的。

在上面所说的普遍意义里，在地球上相隔甚远的各个地区生物类型一起发生改变的情况下，曾经极大地触动了那些可敬的观察者们，比如得韦纳伊和达尔夏克。他们谈完欧洲每个地方的古生代生物类型的平行现象以后，又说："倘若我们被这种奇特的程序触动，并将目光转移到北美洲，而且在那里看到一系列的相似情况，那么能够确定一切这类物种的变异，其灭绝和新物种的产生，明显决非只是因为海流的改变或别的一些部分的与临时的别种原因，而是按照控制全动物界的共同规律的。"意思差不多完全一样的话巴兰得先生也曾经坚定地说过。那种认为海流、气候或别的物理条件的改变，是导致处在十分异常气候下的全世界生物类型产生此种重大改变的看法，确实是太草率了。恰如巴兰得所提出的，我们应当去寻找其所遵循的某一特别规律。倘若我们探讨到生物的如今的散布情况，同时见到每个地方的物理条件与生物本性之间的关系是怎样的细微，我们将会愈加明白地理解上述观点。

整个地球上的生物类型平行演替这一重要现象，通过自然选择学说可以获得解释。新物种因为比较老的类型相对优秀而被产生；这类在当地占据主导地位的、或优于别的类型的类型，将会形成数量最多的新变种，也就是早期的物种。在植物中我们能够看到有关此问题的确切证据：占据统治地位的，也就是最一般的并且分布范围最大的植物会形成数量最多的新变种。占据优势的、变异着的并且散布广阔的并在某些范围内抢占别的物种领土的物种，必然是拥有最佳机会再进行扩散的而且在新地方形成新变种及物种的那些物种。扩散的经过，往往是极其徐缓的，原因是这决定于气候的和地理条件的改变，意想不到的突发事件，以及新物种对于其必须经历的种种气候的逐渐适应。然而不管怎样，占据优势的类型跟随时间的前进，通常会在散布上获得成功，并最终夺取胜利。在分隔的陆地上的陆栖生物的散布或许要比相连的海洋中的海栖生物的扩散进行得徐缓一些。因此我们能预测到，陆栖生物演替中的平行现象的程度没有海栖生物的那样紧密，这与我们所见到的是一样的。

如此，在我看来，整个地球上相同生物类型的平行演替，从大处上说，其一起演替，与新物种的产生是因为优势物种的广泛分散和变异这个原理十分吻合；如此形成的新物种自身就是优越的，原因是它们与曾经占据优势的亲种和别的物种相比已经具备一种优越性了，而且它们将继续扩散、变异并形成新类型。被打败以及位置被新的胜利者抢走的旧类型，因为相同地继承了某种劣性，往往都是相似的群；因此，当新且进化了的群扩散到世界各地时，旧群便会在地球上消亡；并且各地类型的演替，在开始产生和最终消亡方面都表现出一致的趋向。

还有另一个与此问题有关的需要注意的地方。我已经对下面的看法提出了表示相信的理由：大部分含化石丰富的特大地质层，沉积于沉陷时期；没有化石的空白特别长的间隔，是在海底保持不动的时候，或者凸起的时候，一样也在沉积物的沉积速率不足以掩埋和留存生物的遗骸的时候形成的。在这样漫长的和空白间隔时期,我设想每个地方的生物都曾经过了一定程度的变异和灭绝,并且在地球上的各个地区有过很多的迁移活动。原因是我们有理由认为,广阔地面曾遭受相同运动的影响,因此严格的相同时期的地质层,可能一般是在世界相同部分的宽广空间中垒积起来的;然而我们绝无任何资格以此来推断这是固定的情况,更无法判断广阔地面始终是不断地要遭受相同运动的影响。当两个地质层在不同地区在近乎相同的、不过并不全然相同的时期内堆积起来时,依据前节所提到的理由,在这两种情况下应当出现生物类型中一样的普通演替;然而由于在变异、灭绝和迁移方面,这个地区可能比那个地区时间稍稍多一些,因此物种或许不可能是绝对一样的。

我猜测欧洲发生过这种情况,在普雷斯特维奇先生有关英法两国始新世沉积物的值得称道的文章中,普雷斯特维奇先生曾在两国的连续多层之间发现了紧密的普通平行现象;然而当他比较英国的一些层和法国的一些层时,尽管他发现两地同属的物种数量基本上是一样的,但是物种自身却存在差别,除非假设有一个海峡分离开两个海,并且两个海中已生活着一个时代的但不一样的动物群,不然从两国靠近这一点来看,这种差别不易解释。莱尔对一些第三纪末期的地质层也进行过类似的考察。巴兰得也提出显著的普遍平行现象也存在于波希米亚和斯堪的纳维亚的连续的志留纪沉积物之间;虽然这样,他仍然发现了那些物种之间存在着惊人的特大差别。假如这些地区的地质层并非在全然一样的时期内垒积起来的——某一地区的地质层常常与另一地区的空白间隔差不多——并且,假如两地的物种是在很多地质层的垒积时期以及它们之间的漫长间隔时期内缓慢地发生改变的,那么在此情况下,两地的众多地质层根据生物类型的普遍演替法则,基本上能够被排列为相同次序,而这种次序可能会不真实地表现出严密的平行现象;虽然这样,物种在两地的明显差不多的各层中并不一定是全然一样的。

灭绝物种彼此之间及其与现存类型之间的亲缘关系

我们现在探讨一下灭绝物种与现存物种之间的亲缘关系。所有物种都能够归为少数的几个大纲：依据生物来源的原理马上能够进行解释。遵照普遍规律，越古老的类型，它与现存类型之间的差别就越大。然而，根据巴克兰很久之前所阐述的，灭绝物种都能够归入现存的群里，或者归入现存的群之间。灭绝的生物类型能够帮助填充现存的属、科以及目之间的间隔，这确实是真实的；然而，由于此种观点经常被忽略甚至被否定，因此探讨一下这个问题并列出几个例子，是有必要的。假设我们只把目光集中在相同纲中的现存物种或灭绝物种上，那么其系列的完全就大大比不上将二者组合于一个系统中。在欧文教授的论文里，我们不停地看到概括的类型这类用在灭绝动物身上的用语；在阿加西斯的论文中，就用预示型或综合型来表示；实际上这类用语所指的类型，都是中间的也就是过渡的连锁。另外一位杰出的古生物学家高得利，曾用最打动人的形式说明他在阿提卡找到的大量化石哺乳类使得现存属之间的间隔被打破了。居维叶曾将反刍类和厚皮类编排为哺乳动物中差别最大的两个目，然而被挖掘出来的化石连锁这么多，以至于欧文只得改变整个的分类法，把一些厚皮类与反刍类一同归于同一个亚目中；比如，他按照中间级进将猪和骆驼之间的显著的宽阔间隔取消了。有蹄类，就是长蹄的四足兽，如今分成双蹄和单蹄两类；然而南美洲的长头驼在某种程度上把这两大类联系起来了。人们都认为三趾马是介于现存的马与一些较古的有蹄类型之间的。在哺乳动物的链条中，由热尔韦教授取名的南美洲印齿兽是一个如此奇特的连锁，它无法被归入现存的一切目中。海牛类成为哺乳动物中十分特别的一群，现存的儒艮和泣海牛最明显的一个特点就是根本没有后肢，即便是丁点残留的痕迹都未留下；然而，依据弗劳尔教授的主张，由于灭绝的海豚全部拥有一个骨化的大腿骨，和骨盘内的十分强大的杯状窝结合在一起，以致使得它与有蹄的四足兽相似，而海牛类则在别的地方相似于有蹄类。鲸鱼类与所有别的哺乳类相差甚大，但是，一些博物学者曾把第三纪的械齿鲸和鲛齿鲸归为一目，而赫胥黎教授却觉得它们肯定是鲸类，并且对水栖食肉兽形成过渡的连锁。

这些博物学家曾说明，就连鸟类与爬行类之间的宽阔间隔，也出乎意料地一方面通过鸵鸟和灭绝的始祖鸟，另一方面通过恐龙的一种，细颚龙——

这包括所有陆栖爬虫的最大的一类,局部地联系起来。关于无脊椎动物,最大的权威巴兰得说,他天天都获得启示:尽管确实能将古生代的动物归入现存的群里,然而在如此古老的时代,每个群之间并没有像现在那样区分得那么明显。

一些作者不同意将一切灭绝物种或者物种群当成是任意两个现存物种或者物种群之间的中间类型。假若该名词的意义是指某个灭绝类型在其所有特性上都是直接处于两个现存类型或者物种群中间的话,这样的反对也许是正确的。然而在自然的分类中,不少化石物种确实介于现存物种之间,并且一些灭绝属介于现存属之间,甚至介于异科的属之间。最一般的情况大概是(尤其是差别极大的群,例如鱼类和爬行类),假如它们现在通过二十个特性相区分的,那么古代成员用以区分的特性应该要少一些,因此这两个群在从前或多或少要比在现在更加相近一些。

一般认为,越古老的类型,它的一些特性就越能联系起如今差别极大的群。这种观点当然只适用于在地质时代的进程中曾经产生过重大改变的那些群,然而要证实这种意见的正确性却并不容易,原因是就连现存的种种动物,比如肺鱼,也往往被发现与差异甚大的群存在亲缘关系。不过,假若我们比较古代的爬行类与两栖类、古代的鱼类、古代的头足类还有始新世的哺乳类,以及每个该纲的较为近代的成员时,我们肯定会相信这种主张的某些真实性。

让我们观察一下这几种情况与推断与伴随着变异的生物起源学说有何种程度的吻合。由于此问题有些繁杂,我不得不请读者再去看一下第四章的图解。我们设定有数字的斜体字表示属,从那里分出来的虚线表示每一属的物种。这个图解太简单,举出的属和物种过于少了,然而对我们来说这都是次要的。假设横线表示连续的地质层,同时把最上横线之下的所有类型都当成是已然灭绝了的。三个现存属,a^{14},q^{14},p^{14} 就构成一个小科;b^{14},f^{14} 是某个非常相似的科或亚科;o^{14},i^{14},m^{14} 是第三个科。此三科与从亲类型(A)分离出来的数条链条上的不少灭绝属一起组成一个目,这样划分的依据是它们都从古代原始祖先那继承了一些相同的东西。按照从前此图解所阐述过的特性持续分歧的原理,不管什么类型,离现在越近的,往往就与古代原始祖先越是相异。

这样，我们就能够大致了解最古化石与现存类型之间差别最大这个法则了。但是我们绝对不能假定特性分歧是一个必定发生的偶然事件，它完全由一个物种的后代是否能由于特性分歧而在自然构成中夺取大量的、不一样的位置。因此，一个物种因为生活环境的细微变化而略微变化，而且在相当长的时期内还保留着相同的普遍性状，就像我们看到的一些志留纪类型的情况，是很有可能的。在图解中是由 F 来代表的。

所有从（A）分出来的很多类型，不管是灭绝的还是现存的，就像前面提到过的，构成一个目；该目因为灭绝和特性分歧的不断影响，就被划分成若干亚科和科，当中某些被假设已灭绝于不同的时期，某些却一直存留到现在。

看一看图解，我们就能发现：倘若假设掩埋在连续地质层中的大量灭绝类型，发现于该系列的下部的几个点，那么最上线的三个现存科的相互不同便会减少。比如，如果 $a^1, a^5, a^{10}, f^8, m^3, m^6, m^9$ 等属已被挖掘，那三个科就会相当紧密地联系在一起，可能它们一定会组合成一个大科，这几乎和反刍类与一些厚皮类曾经产生过的情况相同。但有人反对认为灭绝属是联合起三个科的现存属的中间类型，此种见解也许部分是正确的，是由于它们变为中间类型，并非直接的，而是经由很多相距甚远的类型，经历漫长迂回的行程的。假若大量灭绝类型是位于中间的横线之一，也就是地质层——比如 No.VI——之上找到的，并且在这条线之下未发现任何东西，那么各科中仅仅有两个科（左边 a^{14} 等与 b^{14} 等两个科）可能一定合在一起；剩下的这两个科彼此之间的差别要比其化石被找到之前少些。另外，在最上线上由八个属（a^{14} 到 m^{14}）组成的那三个科，倘若假设通过六种主要的特性相区别，那么曾经在 VI 横线那个时代存在过的各科，必然要通过不多数量的特性来相互区分；由于它们处于进化的如此早期阶段，从同一祖先分歧的程度或许要小一些。如此，古老而灭绝的属在特性上就在一定程度处于其变异了的后代之间，或者处于其旁系亲族之间。

在自然情况下，该经过要比图解中所呈现的繁杂得多；原因是群的数量会更多；其存留的时间会异常不同，并且其变异的程度也不会一样。由于我们所了解的只是地质记载中的最末一卷，并且是相当不完整的，特殊情况除外，我们无权利去期盼将自然系统中的宽阔间隔填补起来，从而结合起不同的科或者目。我们所能期盼的，仅仅是那些在已知地质时期中曾经产生过重大变异的群，应当在较古的地质层中相互略微相近些；因此较古的成员与同群的现存的成员相比，在一些特性上的差别少一些；按照我们最杰出的古生物学家们的一致证实，情况往往如此。

如此，按照伴随着变异的生物起源学说，关于灭绝生物类型相互之间、及其与现存类型之间的亲缘关系的主要情形就能获得完满的解释，而用别的一切观点都是根本无法解释这类情形的。

按照相同学说，显然地，世界历史上所有大时期内的动物群，在普遍特性上将处于该时期之前和之后的动物之间。因此，生活在图解上第六个大时期的物种，是生活在第五个时期的物种的变异了的后代，并且是第七个时期的越发变异了的物种的祖辈；所以，它们在特性上也基本上是处于前后生物类型之间的，但是我们应当承认一些之前的类型已经都灭绝了，应当承认在所有地方都从别的地方迁入的新类型，还应当承认在连续地质层之间的漫长空白间隔时期中曾有许多变化产生过。承认了这些事实，那么各个地质时代的动物群在特性上确实是处于前后动物群之间的。对于这一点我们只需列举出一个例子即可，就是在泥盆纪被发现之初，该系的化石马上被古生物学家们看做在特性上是处于上部的石炭纪和下部的志留纪之间的。然而，由于在连续的地质层中存在不同的间隔时间，因而每一个动物群并非肯定是完全处于中间的。

从整体上看，各时代的动物群，在特性上基本上是处于之前与之后的动物群之间的，虽然某些属是这一法则之外的特殊情况，但不足以成为撼动此说的真实性的异议。比如，福尔克纳博士曾依照两种分类法排列柱牙象和象类的动物——首先依照其相互的亲缘，然后遵照其生活的年代，发现两者并不一致。具备极其特殊性状的物种，并非最古老的或最近代的；具备中间特性的物种也并非属于中间时期的。然而在这种以及在别的相似的情况下，倘若暂时假设物种的首次产生与灭亡的记载是完整的（这种事不会存在），我们就没有道理去相信持续形成的各种类型一定有一样的存留时间。一个极古的类型也许有时比在别的地方后产生的类型存在得更加久远，特别是生活在分隔地区内的陆栖生物会这样。试用小事情来比大事情:倘若把家鸽的主要的现存族和灭绝族依照亲缘的关系进行排列,那么这种排列可能不会与其形成的次序严格符合;并且与其灭绝的次序更不相符;因为,亲种岩鸽到现在还生存着;很多处于岩鸽与传书鸽之间的变种已经灭绝了;处于喙长这一主要特性极端的传书鸽,比处于这一系列相对一端的短嘴翻飞鸽产生得稍微早些。

在一定程度上,来自中间地质层的生物遗骸拥有中间的特性;紧密关联于这种看法的一个情况,是所有古生物学者所认同的,就是两个连续地质层的化石相互之间的关系,比两个相隔很远的地质层的化石相互之间的关系,要紧密一些。匹克推特以一个熟悉的事实为例;来自白垩层的数个阶段的生物遗骸通常是相似的,尽管每个阶段中的物种有所差异。只是这一个事实,因为其普遍性,好像已经使匹克推特教授的物种不变的理念动摇了。所有熟悉世界上现存物种分散情况的人,对于紧密持续的地质层中相异物种的严格相似性,不可能想尝试用古代区域的物理条件基本上维持相同的说法去阐释的。我们不要忘记,生物类型,起码是居住在海里的生物类型,曾经在整个地球上基本上一起发生改变,因此这些改变是在相当不一样的气候和条件下发生的。试想更新世包括整个冰期,气候的改变相当的大,然而看一下海栖生物的物种类型所蒙受的影响却是那么的小。

虽然紧密持续的地质层中的化石遗骸被排列为相异的物种,但紧密类似,其所有意义按照生物起源学说是十分显著的。由于每个地质层的堆积常常间断,并且由于连续地质层之间有着漫长的空白间隔,就像我在前章所阐述的,我们肯定不能期盼在任意一个或者两个地质层中,发现在这些时期开头和结束时产生的物种之间的所有中间变种;然而我们在间隔的时间(倘若通过年来计量这是十分漫长的,如果通过地质年代来计量就并不漫长)以后,应当找到紧密相似的类型,也就是有些作者所谓的代表种;并且我们确实曾经寻找到了。总而言之,就像我们有权利所期盼的一样,我们已经有证据来证实物种类型的徐缓的、不易感觉到的变异。

古代生物类型与现存生物类型比较而言的发展状态

在第四章中我们已经了解，成熟了的生物的器官的分化与专业化程度，是其完善化或高级化程度的最佳标志。我们也曾看到，因为器官的专业化对生物有好处，自然选择就有让诸生物的系统日益趋向专业化与完善化，从这个意义上来说，就是使其日渐高级化了；尽管与此同时自然选择能够任由大量生物拥有简略的和未改进的器官，来适应简单的生活环境，同时在一些情况中，甚至让其系统倒退或者简单化，从而使这类退化生物可以更好地适应生活的新历程。在另一种而且更普遍的情况中，新物种变得比其祖先优越：它们在生存竞争中不得不击败所有与它们发生切身斗争的较古类型。所以我们能够断言，倘若始新世的生物同现存的生物在基本相近的气候下斗争，前者将被后者击败或消除掉，就像第二纪的生物会被始新世的生物还有古生代的生物会被第二纪的生物击败一样。因此，按照生活斗争中的这种成功的基本实验，同时按照器官专业化的标准，根据自然选择的学说，近代类型应该比古代老类型更为高级。事实真的如此吗？大部分古生物学家或许都会作出肯定的答复，并且这个回答尽管很难被证实，却好像一定要被当成是对的。

从非常辽远的地质时代以来，一些腕足类只产生过细微的变异；有些大陆的和淡水的贝类从我们所能了解到的它们最初产生的时候以来，基本上就维持着相同的样子，但这种情况对于上述的结论并不构成有力的反对意见。例如卡彭特博士所提出的，有孔类的构造甚至从劳伦系以来就未曾进化过，不过这并非无法克服的难点；因为某些生物一定要继续地适应单一的生活环境，还有任何其他生物能比低等结构的原生动物更适宜于此种目的吗？倘若我的看法把结构的进化当成是一种不可或缺的条件，那么上面的反对意见将会给我的观点以致命的一击。又比如，倘若上面提到的有孔类可以被证实是从劳伦系开始出现的，或者前面提到的腕足类是从寒武纪开始出现的，那么上面的反对意见也会给我的观点以致命的一击；因为在此情况中，这类生物还没有充足的时间能够发展到那时的标准。当进化到任意某个高度的时候，根据自然选择的学说，就无再进化的必要了；尽管在每个连续的时代，它们一定会略微地发生变化，来适应其生活环境的微小改变，而维持其位置。上述反对意见与另一个问题相关，就是我们是不是确知这世界曾经过了多少年代，还有每种生物类型起初形成在何时；而该问题是不易讨论的。

从总体上看来，结构是否改进，在很多方面都是非常交错繁复的问题。地质记载在所有时代都是不完整的，它无法尽量追溯到更古的时代并毫无差错地清楚指出在已知的地球历史上，结构曾经极大地改进了，即便在现在，看一看同纲的成员，何种类型应该放在最高等，博物学家们的主张就不一样；比如，有些人根据板鳃类也就是沙鱼类的结构在一些重要的方面与爬行类相近，就认为它们是最高级的鱼类；其他某些人则认为硬骨鱼类是最高级的。硬鳞鱼类处于板鳃类和硬骨鱼类中间；硬骨鱼类现在在数目上是比其他类型的鱼多的，然而以前只有板鳃类和硬鳞鱼类存在，在此情况下，根据所挑选的标准，便能说鱼类在其构造上曾经进化了还是退化了。试图对模式不一样的成员在级别上的高低加以对比，好像是毫无希望的；谁能判断出乌贼是不是比蜜蜂更加高级呢？——杰出的冯贝尔认为，蜜蜂的构造实际上要高于鱼类的构造，尽管它们属于不同模式。在繁复的生存竞争中，完全能够相信甲壳类在其自身的纲里并非十分高级的，然而它可以击败软体动物中最高级的头足类；这等甲壳类尽管没有高度的发展，倘若用所有考验中最有决定性的竞争原则作标准，它会在无脊椎动物的体系中占据相当高的位置。当判断何种类型在体制上改进得最多的时候，在这类已有的困难之外，我们不应仅仅把任意两个时代中的一个纲的最高级成员作比较——尽管这肯定是决定地位高低的一种因素，可能是最关键的因素——我们应该以两个时代中的所有高低成员来作比较。在远古的时代，最高级的与最低级的软体动物，头足类和腕足类，数目极其多，这两类现在已极大地减少了，而具备中间构造的其余种类却增加了很多；因此，有些博物学家认为软体动物以前要比如今进化得高些；然而相反一方也举出强有力的事例，即腕足类的大大减少，还有现存头足类尽管在数目不多，但构造却比其古代代表高很多。我们还应该比较两个任意时代的地球上所有高低各纲的相对比例数：比如，倘若现在有五万种脊椎动物存在，并且倘若我们了解到从前某个时代仅有一万种存在过，我们就应该认为最高级的纲里此种数目的增加（这意味着较低级类型的大量被排挤）是地球上一切生物构造的决定性的改进。所以，我们能明白，在如此极其繁复的关系中，要想完全公正地比较历代不完全了解的动物群的构造标准，是多么的困难。

倘若观察一下一些现存的动物群和植物群，我们就更能清楚地了解这种困难。欧洲的生物最近几年以极大的数量扩展到新西兰，而且掠夺了那里很多土生土长动植物之前的位置，因此我们应当相信，倘若把大不列颠的全部动物和植物运到新西兰去，大量英国的动植物随着时间的流逝或许能彻底地适应那里，并且会消除掉大量土著的类型。同时，以前基本上没有任何南半球的生物曾在欧洲的哪个地方变成野生的，按照这一情况，倘若把新西兰的所有生物都运到大不列颠去，我们非常怀疑它们中间能否有大量的数目可以占据现在被英国生物掠夺去的地盘。根据这种看法，大不列颠的生物的等级要远高于新西兰的生物。但是经验最丰富的博物学家，依据对两地物种的考察，并未预见到此种结果。

阿加西斯以及别的众多能力很强的鉴定者都坚定地认为，古代动物与同纲的近代动物的胚胎在一定程度上是相似的；并且灭绝类型在地质上的演替和现存类型的胚胎发育是基本上平行的，此种看法与我们的学说相当吻合。在下面的一章里我应该阐述成体和胚胎的不同是因为变异在一个不怎么早的时期产生、而在一定年龄获得继承的原由。这种过程，让胚胎基本上维持不变，并且让成体在接续的世代中继续不停地增添变异。所以胚胎似乎是被自然界保存下来的一张图画，它记录着物种以前没有发生过很大变化时的形态。此观点或许是对的，但或许始终无法得到证实。比如，最老的既知哺乳类、爬行类和鱼类都严明地属于其本纲，尽管它们之中某些老类型相互之间的差别比现在同群的代表成员相互之间的差别小一点，然而想找到拥有脊椎动物共同胚胎性状的动物，如果不等到在寒武纪地层的最下层找到含丰富化石的岩床以后，或许是不可能的——但找到这种地层的概率是相当小的。

第三纪末期同一区域内相同模式的演替

克利夫特先生很多年前曾表明，从澳洲洞穴内发现的化石哺乳动物和该洲现存有袋类是紧密相似的。在南美洲拉普拉塔的一些地方找到的类似犰狳甲片的特大甲片中，一样的关系也相当明显，就连普通人也能看出来。欧文教授曾用最动人的形式表明，掩埋在拉普拉塔的大量化石哺乳动物，大部分与南美洲的模式有关联。在伦德和克劳森从巴西洞穴中搜集到的大量化石骨中，能更加清楚地见到此种关联，这类情况留给我的印象特别深刻。在1839年和1845年，我曾坚定地主张"模式演替的规律"和"相同陆地上死者和生者的奇异关系"。后来欧文教授把此种理念推广到"旧世界"的哺乳动物那里去。在此作者复制的新西兰已灭绝的超大型鸟中，我们发现了一样的规律。在巴西洞穴的鸟类中也能够发现相同的规律。伍德沃德教授曾表明相同的规律也适合于海栖贝类，然而因大部分软体动物分散范围广泛，因此它们并未非常好地体现出此种规律。还能够列举出别的事例，例如马得拉灭绝的陆栖贝类同现存陆栖贝类之间的联系，以亚位尔里海灭绝的碱水贝类同现存碱水贝类的联系。

那么，相同地区相同模式的演替这一值得关注的规律的意义为何呢？倘若有人比较完处于同一纬度的澳洲与南美洲一些地区的现存气候以后，就试图通过物理条件的不一样来说明这两个陆地上生物的差异，而另外又用相同的物理条件来说明第三纪后期内每个陆地上相同模式的共同点，那么，他可称为大胆了。也不能就说有袋类大多数或只产于澳洲；贫齿类与别的美洲模式的动物只在南美洲产生，是一种固定的规律。原因是众所周知，在古代欧洲曾生活过很多有袋类动物，而且我在上述出版物中曾经阐述过美洲陆栖哺乳类的分布规律，在以前和如今是不一样的。以前北美洲在很大程度上拥有该大陆南半部分的特质；南半部分以前也比现在更加紧密地与北半部分相似。按照福尔克纳和考特利的考察结果，一样的我们了解到印度北部的哺乳动物，与现在相比，以前更加紧密地相似于非洲的哺乳动物。对于海栖动物的散布,也能列举出相似的事例。

依据伴随着变异的生物起源学说,相同区域内相同模式长久地但并不是固定地演替这一伟大规律,便立即得到解释;由于地球上每个地方的生物,在此后持续的时间内,明显地都趋向于把紧密相似同时又有一定程度变异的后代遗留在此地,倘若一块陆地上的生物与另一块陆地上的生物以前曾有非常大的差别,那么其变异了的后代就将依照基本相同的模式和程度产生更加大的差别。不过经历漫长的间隔时期之后,以及经历了准许大规模互相迁移的极大地理改变之后,更占优势的类型会抢占较弱的类型的位置,这样生物的散布情况就肯定不会固定不变了。

或许有人用讥笑的语气提问,我是不是曾假设以前在南美洲栖住的大懒兽及别的类似的大怪物曾留下树懒、犰狳和食蚁兽作为其退化了的后代。这是绝对不能承认的。这类超大型动物曾彻底灭绝,未遗留下后代。然而在巴西的洞穴里有很多灭绝的物种在大小和所有别的特性上紧密地相似于南美洲的现存物种,这类化石中的一些物种可能是现存物种的真正祖先。一定不要忘了,依照我们的学说,同属的所有物种全部是某一物种的后代,因此,倘若存在各有八个物种的六个属,在一个地质层中被发现,并且有六个别的相似的或典型的属在连续的地层中被发现,它们也拥有相同数量的物种,那么,我们可以断定,基本上每个较旧的属仅有一个物种会遗留下变异了的后代,形成包含某些物种的新属,每个旧属的其余七个物种都将灭绝,不会遗留下后代。还有更一般的情况,就是六个旧属里仅有两个或者三个属的两个物种或者三个物种是新属的双亲,别的物种及其余旧属全都灭亡,在衰落的目里面,比如南美洲的贫齿类,属和物种的数量全部在不断地减少,因此仅仅有更加少的属与物种可能遗留下其变异了的嫡系后代。

前章与本章提要

我曾企图说明,地质记载是相当残缺不全的;地球仅有一小部分曾被认真地做过地质学的探查;在化石状态下仅有一些纲的生物大多数被留存下来了；在我们博物馆内保留的标本及物种的数量，就算只和一个地质层内所经过的全部时代数量相比较也几乎是零。因为陷落对富含很多类化石物种并且厚到能够抵挡将来侵蚀作用的沉积物的垒积基本上是必要的，所以，在大部分连续地质层之间一定有漫长的间隔时期；在下陷时代的灭绝生物可能更加多，在上升时代可能会发生更加多的变异同时记录也保留得更加不完整；每个单独的地质层并非持续不断地堆积起来的；每个地质层的存续时间比较起物种类型的平均寿命，可能要短些；在一切区域内以及所有地质层中，迁移对新类型的首次产生，用处是相当重要的；那些变异频率最高的、并且常常形成新种的物种是分散比较广泛的物种；变种起初是局部性的；最后一点，诸物种尽管一定要经历许多的过渡阶段，然而每个物种发生改变的时期假若通过年代来计算或许是相当长的，但比每个物种停留不变的时期，还是短的。倘若把这类原因放在一起来看，就能够大概说明为何我们未找到中间变种。尽管我们确实曾经找到过很多连锁用特别微小级进的阶梯连接起所有灭绝的和现存的物种。还应当常常记住由于不能说我们已经拥有什么确切的标准，能用以辨识物种和变种，因此两个类型之间的所有中间变种，可能会被发现，不过若非整个连锁都被发现，便会被列为新的、界限明显的物种。

所有不接受地质记载是残缺不全的这个观点的人，自然无法接受我们的所有学说，因为他会白费工夫地提问，从前一定曾把相同大地质层中连续阶段里找到的那些紧密相似物种或典型物种连接起来的许多过渡连锁在何处呢？他不会相信在连续的地质层之间必定要经历漫长的间隔时期；他会在研究任意某个大地域的地质层时，像欧洲那般的地质层，察觉不到迁移有着多么重要的影响；他会强调整个物种群显然是（然而往往是假象的）忽然产生的。他会问：一定有无数的生物在寒武纪堆积起来的很久之前生存，但其遗骸在何处呢？如今我们了解的是最起码有一种动物那时的确曾经出现过；然而，我只能依据下面的设想来答复最后这个问题，就是现在我们的海洋所伸展之地，已然存在了一个相当漫长的时期，上下升降着的陆地在它们现在所处之地，从寒武纪形成以来就已然存在了；而远在寒武纪之前，地球上出现的是根本不一样的另一番情景；由更古地质层变化而来的古陆地，现在仅保存着变质状态的遗物,或许还掩埋在海洋之下。

倘若攻克了这类难点,古生物学的另外一些主要重大事实就同依据变异和自然选择的生物起源学说非常符合。因此,我们就能明白,新物种为何是缓缓地、持续地形成的;为何不同纲的物种不一定要同时发生改变,或者以相等速率、相等程度发生改变,但是所有生物毕竟都有某种程度的变异产生,新类型的形成几乎必定会导致旧类型的灭绝。我们可以明白为何某一物种一旦消亡就再也不会出现。物种群数量的增添是徐缓的,其留存时间也各不相同:原因是变异的过程一定是徐缓的,并且被许多繁复的偶然事件所决定。优势大群中的优势物种有将许多变异了的后代遗留下的趋向,新的亚群与群便由这些后代构成。当这类新群产生以后,实力较弱的群的物种,因为从某个相同祖先那里继承到了低劣性质,就具备了整个灭绝、并且不遗留下变异了的后代的趋向。然而由于有一小部分后代会在受保护的和孤立的环境中残留下来,因此物种全群的彻底灭绝往往要经过一个徐缓的历程。某一个群倘若一旦彻底灭绝,就永不重现;原因是世代的连锁已经中断。

我们可以明白为何分散广的和形成最多数量的变种的优势类型,有通过相近的但变异了的后代在扩散的趋向;这些后代通常都可以成功地击败那些在生存竞争中比较低下的群。所以,经历长时间的间隔时期以后,地球上的生物就表现出曾经一起发生改变的情形。

我们可以明白,为何从古至今的所有生物类型汇集起来仅有很少的几个大纲。我们可以明白,因为性状分歧存在延续趋向,为何越是古老的类型,它们通常和现存类型之间的差别就越大;为何古代的灭绝类型经常有将现存物种之间的间隙填补起来的趋向,它们常常把之前被划分为两个不同的群结合成一个;不过更经常的是仅仅将它们稍稍拉近一点。类型越古老,它们在一定程度上便越加经常介于如今相异的群之间;原因是类型越古老,它们越相近于大大分歧以后的群的同一祖先,结果也越加相似。灭绝类型基本上不直接归入现存类型,而只是经由别的不一样的灭绝类型的漫长且曲折的路,处于现存类型之间。我们可以清楚地知晓,为何紧密连续的地质层中的生物遗骸是紧密相似的,这是因为它们被永远紧密地连接起来了。我们可以清楚地知晓为何中间地质层的生物遗骸具备中间性状。

历史中诸连续时代里的世界生物，在生存斗争中击败了其祖先，并对应地在等级上得到了提高，其结构通常也变得更为专业化；这能阐明许多古生物学者的一般理念——就总体而言，构造是进化了。灭绝的古代动物在一定程度上相似于同纲中离我们的时代更近的动物的胚胎，依据我们的看法，这种奇怪的事实就得到了简明的解说。晚近地质时代中形成的相同模式在相同区域中的演替已经不是个秘密了，按照遗传原理，它是能够理解的。

如此，倘若地质记载是如同很多人所相信的那样残缺不全，并且，倘若最起码能确定此记载无法被证实更加完整，那么反对自然选择学说的主要不同意见将大为减少甚至没有了。另一方面，我觉得，所有古生物学的主要规律清楚地宣示了，物种是由一般的繁殖产生出来的：新而进化了的生物类型取代了旧类型，新进化的类型是"变异"及"最适者生存"的产物。

第十二章　地理分布

如今的分布无法用物理条件的不同来解释——障碍物的重要性——同一大陆上的生物的亲缘关系——创造的中心——因为气候的变化、土地高低的变化和偶然原因的散布方法——冰期中的散布——南方北方的冰期交替。

当我们对地球外表的生物散布情况进行研究时，触动我们的头等大事，就是各个地区生物的类似或不类似都无法全部用气候及别的物理条件来阐释。最近差不多任何探究该问题的作者都获得了上述结论。光是美洲的情况基本上就能证实上述结论的可靠性了；因为，倘若不将北极地区与北方的温带区域计算在内，任何作者都同意"新世界"和"旧世界"的区别是地理分布的最主要分界之一；但是，倘若我们在美洲的广阔陆地上行走，从美国的中部区域到其最南部，我们将会碰到非常不同的物理环境：潮湿的区域、干旱的沙漠、耸立的高山、草原、森林，沼泽、湖泊和大川，这些区域是处于不同温度之下的。"旧世界"基本上没有哪种气候与外部环境无法与"新世界"平行——最起码具备相同物种基本所需的那样紧密的平行。无疑能够看出，"旧世界"中有部分小范围区域的温度比"新世界"的所有地方都高，然而在这种地方生活的动物群与附近的动物群并无任何不一样；这是因为一群生物局限于环境稍稍特别的小范围中的现象，还十分不常见。尽管"旧世界"和"新世界"的环境拥有这种普遍的平行现象，其生物却是多么不一样啊！

在南半球，倘若我们比较位于纬度二十五度与三十五度之间的澳洲、南非洲与南美洲西部的广阔大陆，就会发现某些地区在任何条件上都异常类似，但另一方面要说出如同三块陆地上动物群和植物群一样严格不一样的三种动物群与植物群，或许是无法做到的。我们再比较南美洲的南纬三十五度往南的生物与二十五度往北的生物,两地之间相差十度,而且处在非常不一样的环境下;但是两地生物之间的彼此关系,同它们与气候接近的澳洲或者非洲的生物之间的联系相比,更为极其地紧密。对于海栖生物也有一些相似的事实。

在我们通常的考察中,触动我们的第二件大事是,阻挠随意迁移的所有种类的障碍物,都同各地方生物的差别有紧密且重要的关联。从新旧两世界的几乎全部陆栖生物的巨大不同中,我们能发现这一点,但北部地区情况不一样,该处的大陆差不多都是相连的,气候差别也特别小,北部温带地区的类型,如同严格的北极生物现在所进行的随意迁移一样,或许能进行随意迁移。从处于同一纬度中的澳洲、非洲与南美洲生物之间的巨大差别中,我们也能发现相同的情形;因为这种地区的彼此分隔差不多已无法超过。在诸陆地,我们也发现一样的情形;因为在高大而延绵的山脉、大沙漠、甚至大川的两旁,我们能够发现不一样的生物;即便因为山脉、沙漠等并不如分隔陆地的海洋一样无法超越,或者也不如海洋一样延续很长,因此相同陆地上生物之间的差别在程度上比不同陆地上生物之间的差别小得多。

对于海洋,我们能发现一样的规律。南美洲东海岸与西海岸的海栖生物,只有相当小一部分的贝类、甲壳类与棘皮类是相同的,其他的差别都很大的;然而京特博士近来表明,位于巴拿马地峡两边的鱼类差不多有百分之三十是一样的;这一情形让博物学家们认为这个地峡从前曾经是海面。美洲海岸的西部延伸着宽广无垠的海洋,迁移者可以歇脚的岛屿都没有一个;我们在此见到另一种类的障碍物,一越过此地,在太平洋的东方各岛我们就见到其他种类的根本不一样的动物群。因此三种海栖动物群在一样的气候下,形成相互距离不远的平行线,并分布到辽远的北部和南部;然而,因为被无法跨越的大陆或者海洋这类障碍物分隔开,这三种动物群差不多是完全不一样的。另一方面,从太平洋热带地区的东方各岛朝西而行,我们不仅再没有碰到无法跨越的障碍物,还在那里见到数不清的岛屿或者连续的海岸可以用来当做停歇处所,走过半个地球之后,来到了非洲海岸;在这宽广的空间里,我们不会碰到截然不同的海栖动物群。尽管在上述美洲东端、美洲西端与太平洋东端各岛的三种近似动物群中,仅有少数的海栖动物是共同的,然而还有不少鱼类从太平洋一直扩散到印度洋,并且在基本上截然相反的子午线上的太平洋东端各岛与非洲东部海岸,还生活着不少共有的贝类。

第三件大事,一部分已包含于以上的阐述中,就是相同陆地上或相同海洋里的生物都拥有亲缘关系,尽管物种自身在相异地点与相异场所是不一样的,这是一个最广泛普遍存在的规律,并且诸陆地都有很多的例子,但是只要博物学者旅行,比如说由北至南,将会看见亲缘紧密而物种不一样的连续生物群依次更换,这种景象就肯定会使他们心动。他会听到紧密相似而种类不一样的鸟哼唱着差不多类似的调子,他会发现它们的巢尽管不完全相同,但有着类似的结构,并且当中的卵的颜色差不多相同。在麦哲伦海峡近旁的平原上,生活着美洲鸵鸟的某一物种,而在拉普拉塔平原以北生活着同属的另一物种;却无如同同一纬度下非洲与澳洲那样的真正鸵鸟或鸸鹋生活着。同样在拉普拉塔平原上,我们看见刺鼠和绒鼠。这些动物的生活习惯与欧洲的山兔及家兔几乎是相同的,并都属于啮齿类的相同目,然而其结构明显体现着美洲的模式。我们爬上高大的科迪勒拉峰,发现绒鼠的一个高山种;我们凝视河流,却找不到海狸或者香鼠,不过能看见河鼠与水豚,它们同属于南美洲模式的啮齿目。还可以列举出别的数不清的事例。倘若我们仔细看一下距离美洲海岸很远的岛屿,无论其地质结构具有如何重大的差别,然而在那里生活的生物从实质上看同属于美洲模式,即使它们也许都是特别的物种。就像前章所讲的,我们可以追溯一下以往的时代,会发现美洲模式的生物那时在美洲的陆地上与海洋里都具有优势。在这类情形中,我们发现经由空间与时间、遍及水陆的相同地区、而且不涉及物理条件的某种深刻的有机关联。倘若博物学家不想深入探究此种关联为何,他的感觉肯定是不够敏锐的。

这种关联便是遗传,依据我们清楚了解的来说,仅仅这个缘由就会令生物非常相似,或者就与我们在变种中见到的一样,使其相互近乎相似。不同地方的生物存在差异的原因,能够认为是经由变异与自然选择产生了改变,其次或许是受到不同的物理环境的若干影响。差异的程度,由在极其漫长的辽远时间内较占优势的生物类型,从此处迁移到遭到了多少有作用的阻碍决定——由以前迁来的生物的本性与数目决定——也由生物之间的相互作用所导致的不同变异的保留决定;生物与生物在生存竞争中的关系,就像我前面经常提起的,是所有关系中最为基本的关系。于是,阻碍物因为阻碍迁移,便具有了极大的重要性。就像时间对于经由自然选择的徐缓变异过程所具有的作用那样重要。分布广泛的、个体数目多的、并且已经在其家乡打败了众多竞争者的物种,如果扩张到新的地区,就有获取新位置的最佳机会。在新的地区,它们会碰到新的环境,并且往往会做更深入的变异与改进,于是,它们就获得进一步的胜利,而且形成成群的变异了的后代。按照这种伴随着变异的生物来源原理,我们就可以明白为何属的一部分,整属,甚至整个科会这样普遍而明显地局限在某一地区了。

如前章所述,无证据能够证实有什么必然发展的规律存在。原因是每一物种的变异性都有其单独的性质,而且只有在繁复的生存竞争中有利于诸个体时,变异性才能为自然选择所利用,因此不同物种的变异量不会是相同的。倘若有一些物种在其家乡经历漫长的彼此竞争后,整体地迁入一个新的后来变为孤立的地区,它们就极少产生变异:这是由于移动和孤立自身并不发挥什么作用。只有让生物彼此间产生新的联系,并且在较小的程度上和周围的物理环境产生新的关联时,这些因素才发挥作用。就像我们在前章讲到的,某些生物类型从某个遥远的地质时代起就维持了几乎一样的性状,因此有些物种曾经在广阔的空间里迁移,却未发生大的改变,或者竟根本不发生改变。

根据这种看法,同属的某些物种尽管在地球上相隔特别远的地方生活着,却由于都是传自共同的祖先,因此它们原来必定是在相同的原产地产生的。对于那些在整个地质时期中极少改变的物种,不难认为它们都迁自共同的地区;因为从古至今,在持续发生地理上与气候上的重大变化的时期,差不多一切大规模的迁移都是可能的。然而在相当多的别的情况中,我们有理由认为同属的诸物种形成于比较近代的时期内,解释这种情况就很困难了。同样明显的,同种的个体尽管如今生活在相隔十分遥远且孤立的地区,不过它们必定来自它们的双亲最开始产生的地方,因为,前面已经阐明,不同物种的双亲中形成完全一样的个体是不可信的。

假定的创造向单一中心——我们现在谈谈博物学家们曾经仔细探讨过的一个问题,那就是物种是在世界上某一个地区创造出来的呢,还是在多个地区创造出来的呢?至于同一物种怎样从同一地区迁移到现在所见到的那样相隔十分遥远且孤立的地方,无疑是极其难以理解的,但是每一物种起初形成在同一地区的这种观点的简单性都会让人着迷。不接受这一观点的人,也就不了解一般的形成以及其后迁移的确切原由,并且会认为那是奇迹的影响,一般认为在大部分情况中,某一物种居住的地区始终是连续的;倘若一种植物或者动物生活在相隔非常远的两个地区,或者生活于存在迁移时难以越过的中间地带的两个地区时,那么此类事实就被认为是值得关注的特例。迁移时越过大海的不可能性,对陆栖哺乳动物的影响可能比对所有别的生物都更为显著;所以我们还未见到相同哺乳动物生活在相隔十分遥远的诸地方而无法解释的例子。大不列颠拥有和欧洲别的地方一样的四足兽类,任何一个地质学家都认为这很好解释,因为那些地区曾经很长时间是连接在一块的。然而,倘若相同的物种能形成于分隔开的两个地方,那么为何我们在欧洲与澳洲或南美洲没有见到一种同有的哺乳动物呢?生活环境几乎是一样的,因此很多欧洲的动物与植物在美洲及澳洲已进化了,并且在南北两半球的这种相隔极其远的地区也有一些完全一样的土著植物。按照我所认为的,回答是:一些植物因为有种种散布方法,曾经在迁移时越过了宽广而中断的中间地带,不过哺乳动物无法在迁移时跨越这种地带。种种障碍物的主要而明显的影响,只有依据大部分的物种在阻碍物的一边形成、而无法迁移到对面的这种观点,才能得以成立。一小部分科,不少亚科,许多属,更多数量的属的分布,通常只局限于一个单一地区;一些博物学家曾经发现最自然的属,也就是它们物种的关联最紧密的那些属,往往都局限在相同地区,倘若它们扩散得很广,分布就是连续的。当我们在系列里更进一步,即深入到同种的个体时,倘若那里有一个恰好相反的规律在操纵着,而这种个体起码开始并不局限于同一地区,这将是多么奇异的反常啊!

因此,在我看来,如同别的很多博物学家所考虑的那样,各个物种只形成于一个地区,以后,在以往和如今的条件下依赖其迁移和生活所认可的力量,再自那个地区迁移出去,这是最有可能的一种看法。在很多情形下,我们无疑无法解释同一物种如何能够从此地迁到彼地。然而在最近地质时代确实产生过的地理及气候的改变,会使相当多物种的以前的连续分布变得不连续了。因此我们一定要研究,分布的连续性的例外是不是有这么多,并且是不是有这么严重的性质,使得我们必须抛弃从一般考察而言是可能的那一观点——也就是诸物种都是形成于同一地区,并且尽量地迁出那里。如讨论目前居住在相隔极远的地方的同一物种的全部例外情况,确实是很麻烦,我也从来不敢说能够给很多例子作出什么解释。然而,谈过几句引言之后,我必须对那些小部分最明显的情形,提出探讨;也就是,首先,有关生活在相隔极远的山顶上及在北极与南极距离极远的地方的同一物种的问题;其次,有关淡水生物的广泛分布(在下章探讨)的问题;再次,有关相同的陆栖物种出现在被数百英里大海分隔开的岛屿及与它相离最近的陆地上的问题。倘若同一物种在世界上相隔极远且孤立的地方生活这个事实,可以通过很多事例中按照每个物种系由一个单一的产地迁移去的观点得以解释,那么,考虑到我们不清楚以前气候的和地理的改变和种种临时的传输方式,我觉得相信单一产地是规律,是最为稳妥的了。

当探讨这个问题之时,我们应当同时研究对我们同样重要的一件事,也就是同属中的很多物种(根据我们的学说肯定都传自于同一祖先),能不能从一个地方开始迁移,并且在迁移时产生变异。如果在同一地方生活的大部分物种和别的地方的物种虽紧密相似却又不完全一样,倘若能够证明它们从此地迁移到彼地或许是在以前的某一时代发生过,则我们的一般观点便会越发牢固了;原因是根据伴随着变异的生物起源原理,这种现象的解释是显而易见的。比如,凸起的和产生于相隔陆地几百英里的地方的一个火山岛伴随时间的流逝,也许会从陆地接受小部分的生物,而其后代尽管已经发生改变了,但因为遗传仍旧会与陆地上的生物有关联,这种性质的情况是广泛存在的,而且就像我们往后还要说到的,是无法用独立创造的理论来解说的。某一个地方的物种与另一个地方的物种相关联的看法,与华莱士先生的观点并无多大差异。他断言,"诸物种的形成,在空间与时间上和以往存在的紧密相似的物种都是一致的"。现在已清楚知道,他把此种一致的原因归为与变异伴随的进化。

创造的中心是单独一个的还是多个的问题,不同于另一个相似的问题——另一个问题即同种的一切个体是不是传自于同一配偶、或某个雌雄同体的个体,或者与一些作者所假想的一样,传自于很多一起创造出来的个体。

对于根本不杂交的生物,倘若有的话,各物种必定是传自于连续变异了的变种,这些变种曾经彼此排挤,不过绝对不混同于同种的其余个体或变种;因此,在变异的每一个连续阶段,相同类型的任何个体都是传自于单一亲体。然而在一般情况中,也就是有关每次繁衍后代时习惯上必须进行交配的和偶尔杂交的任何生物,相同地方的同种的个体,会由于彼此杂交而基本上维持一致;很多个体会一起改变,而且在每一阶段变异的量不会都是单单传自于单一亲体。列举一个实际的事例来阐明,英国的赛马同别的任何马的品种都不一样,但是其不同点与优越性并非只传自于哪一对亲体,而是因为在每一世代中对于很多个体不断地进行了细致的挑选与训练。

上面我挑出了三类情况,作为"创造的单一中心"学说的最大难题,在探讨这些以前,我一定要附带说一下分散的方式。

散布的方式

莱尔爵士和其他作者曾已很好地探讨过这个问题,在这儿我仅仅只举出几个比较重要的事实和一些最简单的摘录。气候变化对迁徙一定有过极其强烈的影响。某个地方,目前因为气候的性质无法让某些生物所经过,可是在以前气候不相同的时候,也许曾经是迁徙的大路。目前将对这一方面的问题进行稍微详细的探讨。陆地的水平变化曾经肯定也有过重要的影响,例如,某条狭窄的地峡现在把两种海栖动物群就此隔开了;倘若这条地峡被水给淹没了,又或是以前曾沉没过,则这两种动物群就会混合,或者从前就已经混合过。目前的海洋所在的区域,在远古时代或有陆地接连了岛屿、甚至可能接连诸大陆,所以,陆栖生物就能从这个地方跑到那个地方去。陆地水平的巨大变化,在现今生物的存在时期也曾有发生,这一点地质学者从未争辩过。福布斯认为,大西洋的所有岛屿,在最近的过去肯定也曾与欧洲或非洲相连,而且欧洲同样也与美洲相接连。另外一些作者们就这般假想诸海洋都有过陆路可通,并且几乎每一个岛屿与某一大陆都被连接。假如福布斯的论点是确凿可信的话,则应当承认,在最近的过去基本上所有的岛屿都是与某一大陆相连接的,这一观点就能果断迅速地解决同一物种分布于相距甚远的地点的问题,并消除了很多难点;可是据我所能判断的而言,我们不允许去承认在现在物种存在的时期以前有过如此这般巨大的地理变化。就我而言,我们确实有丰富的证据来证明陆地水平或海洋水平的巨大变动;可是并无证据能证明我们的诸大陆的位置与范围曾经有过这样如此重大的变化,以致它们在近代彼此相连接,且与若干中介的海洋岛相连接。我直白地承认曾经有过许多岛屿现在沉入海里了,这些岛屿曾经可能作为植物和动物迁徙时的歇脚地点的。在珊瑚产生的海里就有这种下陷的岛屿,如今在它们之上有珊瑚环,即环礁的标志。未来总有一天诸物种曾是产生于单一的产地的将被承认,在充分承认了该点之时,而且随时间的推移,当我们在了解到关于分布的方法的某些实情时,我们即可稳妥地推测之前陆地的范围了。但我不认为在未来可以证明今日非常隔离的许多大陆在近代曾是连接起来的,或者基本上是连接起来的,而且是与许多现存的海洋岛相连接的。一些有关分布的事实——比如几乎在每个大陆两边的海栖动物群所存在的巨大差异——某些陆地的以至于海洋的第三纪生物和此处现存生物的亲近关系——栖息在岛上的哺乳动物与大陆上的哺乳动物的相似度,一部分决定于中介的海洋深度(以后还要谈到)——此类以及其他如此这般的事实都与之近代曾经有巨大的地理变化发生的说法恰恰相反,而这种说法对于福布斯所提出的并为其追随者所赞同并承认的观点是必要的。同样的,海洋岛生物的性质以及相对的比例也与海洋岛以前曾经与大陆相连接这一观点相对立,况且这类岛屿几乎差不多都有火山的成分,因而也无法支持它们都是大陆沉没后遗留物的这一说法——假如它们原来作为大陆上的山脉而存在的话,那么,最少有些岛会类似于其他的山峰一样是由花岗岩、变质片岩、古代的化石岩以及另外的岩石所构成,而并不是仅由火山物质叠积而成。

现在我不得不对什么叫做意外的方式来讲几句,其实称它为偶然的分布方法更准确些。在这里我仅谈植物。植物学的著作中往往会提及到,说此种或彼种植物不适宜于广泛传播;可是,对于越过海洋的难易可以说差不多是不清楚的。在伯克利先生帮助我做了几种试验前,甚至有关种子对海水的损伤作用终归有多大的抵抗力也不清楚。我惊讶地看到在87种的种子中有64种浸过28日后依旧能发芽,而且有少数浸过137天后还能成活。引人入胜的是,有些目所遭受的损害远远超出于其他目,曾对九种"英果植物"做过试验,除一种以外都无法很好地抵御盐水；属于近似目的田基麻科和花葱科的七个物种被浸泡过一个月后便都死了，鉴于方便，我侧重试验了没有蒴或果肉的小种子；由于这些种子在几天之后都沉下去了，因此不管其是否会受海水的损害，都没有办法漂浮过宽广的海面的。之后我对某些较大的果实和蒴等做了实验，在这之中的某些能漂浮很长时间。大家都知道，新鲜的木材与干燥的木材的浮力有着相当大的区别；并且我看到带有蒴或果实的干植物或枝条常被大水冲入海中。所以，这种想法引领我把94种植物的带有成熟果实的茎和枝对之进行干燥，然后放入海水中，大多数都迅速地沉下去了，可是有些在新鲜时只能漂浮很短时间，干燥后却能漂浮长时间；比如，成熟的榛子立即就会沉底但干燥后却能漂浮90天，并且以后这些种子还可以发芽；带有成熟浆果的石刁柏可以漂浮23天，干燥后却可以漂浮85天，并且以后这些种子还可以发芽；苦苳菜成熟的种子两天就会沉下去，干燥后大概可以漂浮90天，并且以后还可以发芽，总计来说，在这94种干植物中，约有18种可以漂浮28天，并且在这18种中有些还可以漂浮更持久的时间。换句话来说，这87种种子中，有64种种子在浸水28天后依然可以发芽；而且在94个带有成熟果实的不同物种中（不完全相同于上述试验的物种），大约有18个可以漂浮28天；因此，假如从这些极不丰富的事实可以作出任何推论的话，我们则可下结论，在任何地方的100个种类植物的种子中，有14种种子大约可以漂浮28天，并且还能保持其发芽力。约翰斯顿的"地文图"上表明某些大西洋海流的平均速率一昼夜达到33英里（有些海流的速率一昼夜达到60英里），依照这种平均速度，某地的100个种类植物的种子中或许有14种种子漂过924英里的海面而到达其他地区，并且假如搁浅之后有向陆风把它吹到一个适宜的地点，也许还将发芽。

在我的这些试验之后，马顿斯也进行了类似的试验，只是方法更恰当些，因为种子被他放在了一个盒子中，种子在海上漂浮，因此它时而被浸湿，时而被暴露于空气中，类似于真的漂浮植物一样。他试验了98类种子，大部分都与我试验的不同；不过他所选用的是一些大果实和海边植物的种子；这或许能延长其漂浮时间而且能加强它们对于海水损害的抵抗力。另一方面，带有果实的植物或枝条没有被他事先干燥：而干燥，正像我们曾经提到的，可以让某些植物漂浮时间更长久些。结果是,在 98 个相异种类植物的种子中,有 18 种类植物的种子漂浮了 42 天,并且以后还可以发芽,不过我并不怀疑在波浪中暴露的植物,与我们的试验中无激烈运动影响的相比,其漂浮的时间要短些,因而,或许可以更稳妥地假定,在某个植物区系的 100 个种类植物的种子中大概有 10 个种类植物的种子,在干燥以后,大约能漂过 900 英里宽的海面,并且之后还可以发芽。大果实一般比小果实漂浮得更长久,这是很有意思的事实;因为有大种子或大果实的植物,按照康多尔的说法,在分布范围上,一般是受拘束的,它们很难通过任何其他方法来输送。

有时候可通过另一种方法来输送种子。漂流的木材往往经常被冲到许多岛上去,又或者被冲到位于最广阔的大洋中央的岛上去;太平洋珊瑚岛上的土人专在漂流植物的根间寻求做工具用的石子,这样的石子竟被称为贵重的税品。我要是看到形状不规则的石子夹在树根之中,间隙与石子后面经常藏着小块泥土——它们是如此那般严密地藏在里边,以致在漫长的输送途中也不可能有一点被冲刷出去;在一棵约莫 50 年生的栎树的根间,严密地藏着一块小泥土,在这一小块泥土上发现三株双子叶植物发芽了,我敢肯定此观察是可靠的。我还能指出,鸟的尸体漂浮在海上,有时不一定马上被吃掉,许多种类的种子存在于这种漂流的死鸟嗉囊里,很久都保持有生活力,例如浸在海水里豌豆和大巢菜只要几天便死去;可是一只在人造海水中漂浮过 30 天的鸽子的嗉囊内的种子差不多都可以发芽,这让我惊叹不已。

活鸟在种子运输上可以说是相当有效的媒介者。我可以列举很多事实来说明有不少种类的鸟极其经常地被大风吹过到达很远的海面,让我们稳妥地假定一下,在此种情况下,飞行速度也许常常是一小时 35 英里;有些作者做过更高的估计。养分丰富的种子可以通过鸟肠的事例从不曾被我发现;可是果实的坚硬种子甚至可以通过火鸡的消化器官而不损坏。在两个月里,我在我的花园里从小鸟的粪里捡出了 12 个种类的种子,它们好像都是完好无缺的,我拿一些种子做了试验,还能发芽。下述事实似乎更为重要:鸟的嗉囊并不分泌胃液,并且依据我的试验,对种子的发芽力根本不会有损害;那么,当一只鸟发现食物并进食大量之后,我们能十分地断定,全部谷粒在 12 甚至 18 小时内,并不会都进入沙囊里。在这一段时间里一个鸟似乎不难被风吹到 500

英里之外,而且众所周知,鹰是找寻倦鸟的,它们被撕裂的嗉囊中的含有物可能这样被容易地扩散出去。有些捕获物被鹰和猫头鹰整个吞下,经过 12 到 20 小时的一段时间,在其吐出的食物团块中,依据在动物园里所做的试验,我观察,还有种子可以发芽。有些燕麦、小麦、粟、加那利草,大麻、三叶草与甜菜的种子,在不同食肉鸟的胃里经过十二到二十一小时以后,还可以发芽;两粒甜菜的种子过了两天又 14 小时后,还可以生长,我发现淡水鱼类吃食多种陆生植物与水生植物的种子,鱼一般被鸟吃掉,因而,种子就有从此处输送到彼处去的可能。我曾把许多种类的种子塞到死鱼的胃里,然后把它们拿给鱼鹰、鹳和鹈鹕去吃,过了很长一段时间之后,种子集在小团块中被这些鸟吐出来了,或者随粪排了出去;有一部分这些被排出的种子还保持了发芽力。可是一部分种子经过此种过程之后便死掉了。

有时候飞蝗在陆地上被风吹送到很远的地方;在距离非洲海岸 370 英里的地方有一只曾亲手被我捉到,据说在更远之处也有人曾经捉到过。洛牧师告诉莱尔爵士说,1844 年 11 月间大群飞蝗到过马德拉岛,它们是那样的多,一如暴风雪时的雪片一样,一直延展到用望远镜方能看到的高处。在两三天间,它们成群结队疾飞而过,一点点形成了一个有五六英里直径的大椭圆形,晚上在较高的树上下落,它们遮满了所有的树。随后它们就像出现那样的突然消失在海上了,而且以后在那里再没有出现过。现在,纳塔尔部分地方的某些农民相信,常常飞到那里的大群飞蝗的粪中把一些有害的种子留在其草地上,即便这种说法并无充分的证据。出于这种信念,怀尔先生曾在一封信里寄给我一小包干粪块,在显微镜下我检查出其中有几粒种子,种下后,有七株茅草植物长出,分属两个物种,两个属。据此,像飞到马德拉那样的一群蝗虫,把几个种类的植物输送到距离大陆非常远的岛屿上去是很容易的。

尽管鸟的喙和脚通常来说是清洁的,可是有时候也会沾上泥土;一次我曾从一只鹬鸪的脚上取出 61 英厘重的干黏土,另一次我取出 22 英厘,在泥土中还有一块似大巢菜种子那般大小的小石子。用一个更为恰当的例子来说:一位朋友寄给我一只丘鹬的腿,腿上黏着一块小干土,仅仅重 9 英厘,其中含一粒蛙灯心草的种子,并且还可以发芽与开花。布赖顿地方的斯惠司兰先生在这近四十年来仔细观察我们的候鸟,他对我说,他常趁某些鸟类才到我们岸边,还未下落之前,打下它们来;有好几次他注意到它们的脚上附着小块泥土,大量事实能证明泥土中含有种子是十分普遍的情形,例如,牛顿教授送给我一只因受伤所以无法起飞的红足石鸡的腿,一团泥土附着上面,达6盎司半重。这块泥土被保存了三年,可是将它打碎后,浸湿,放置到钟形玻璃罩下,至少有82株的植物从里面生长了出来:这些植物里面,有12株是单子叶植物,这其中包括普通的燕麦与至少一种茅草在内,而且还有70株双子叶植物,通过这些双子叶植物的幼叶判断而得出这样的结论,最少存在着三个不同的物种。有如此这般的事实摆在我们面前,就此而知每年大量的鸟类被大风吹过宽广的海洋,每年迁徙——比方说,几百万只三趾鹤从地中海飞过,它们绝对会偶然地分布出附着在脚或喙上的污物中的种子,是否我们对此还有所怀疑? 不过我以后还要讨论这个问题。

众所周知有时冰山载着土和石,甚至还携有树枝、骨头与陆栖鸟类的巢,毋庸置疑,就像莱尔所提出的那样,它们有时必定在北极区和南极区把种子从某个地方输送到另外一个地方;并且在冰期,在目前的温带把种子从某个地方输送到另外一个地方。在亚速尔群岛上,假如把接近大陆的大西洋的其他岛屿上的物种作比较,它有更多的地方与欧洲的植物共通,而拿纬度比较来看,这些植物具有一些北方的特性(如沃森先生所说的),从这一情况来看,我推测,这些岛屿上的部分种子是在冰期由冰带去的。我曾请求莱尔爵士让他给哈通先生写信,问他在那些岛上发现过漂石没有,他这样回答道,他曾经观看到花岗岩以及其他岩石的巨大碎块,可是这些岩石却并不本生存在于此群岛上。所有我们能稳妥地推论,带来的岩石曾被冰山卸在这类海中央的群岛的岸上,至少少数北方植物的种子可能是这些岩石所带来的。

考虑到这些传送方式以及今后将无疑会被发现的其他传送方法,从古至今,日复一日地起着作用,我觉得,倘若相当多的植物没有被这样广泛输送出去的话,那简直就让人觉得特别奇怪了。有时我们把这类传送方法称之为偶然的,可是这并非是特别严谨的说法;如果说海流并非偶然,那定期风的方向又怎能说不是偶然。值得注意的是,除了极少数,几乎所有的输送的方式都不能把种子输送到很远的距离:因为如果种子被海水浸泡太久的时间,则没法再保持其生活力;而且它们要在鸟类的嗉囊或肠子里长时间携带,那也不可能。可是这些方法却足以通过几百英里宽的海面、或者从这个岛到那个岛、或者从大陆到相邻的岛屿作偶然的传送,可是没有办法从一个大陆传送到相距甚远的另一个大陆。相距甚远的大陆上植物体系也不会因这种方法而混淆不清;它们依旧像目前一样,存在着显而易见的区别。海流,因为它们的走向,种子不会被其从北美洲带至不列颠,虽然它们很有可能而且事实上把种子从西印度带到我国的西部海岸,在那儿,假如它们没有因海水长久的浸泡而死去,可能也没法忍耐这里的气候,每年基本上总有几只陆鸟被风吹过整个大西洋,由北美洲至爱尔兰和英格兰的西部海岸;可是除了这一种没有别的方式能让这种稀有的漂泊者传送种子,即利用附着在其脚上或喙上的污物的办法,而这情况本身发生的概率特别的低。甚至在这种情况下,一粒种子能落在适宜的土壤上达到成熟,这种机会可真是微乎其微啊!可是,由于如大不列颠那样生物众多的岛,依照所能了解的,在最近的几世纪内从没通过偶然的传送方法由欧洲或者任何其他大陆容纳过移居者(证明这一点很难),由此就主张生物贫乏的岛,离大陆更远,就不会用类似的方式容纳移住者,要是这样想的话,就要犯重大的错误。假如要把一百个种类的种子或动物运送到一个岛,即便此岛的生物远不如不列颠的那样多,并能很好适应其新家乡并归化,或许不会比一个种类多。可是在悠久的地质时期内,当那个岛正处于隆起之时而且在那里没有栖息众多的生物之前,我们无法对偶然的输送方法的效果作出有说服力的反对议论。在一个几乎是冷清寂静的岛上只有少数或者没有破坏性的昆虫或鸟类在那里繁衍生息,基本上每一粒偶然来到的种子,假如有适宜的气候,应该都可以发芽并成活。

冰期中的散布

在被数百英里低地隔开的山顶上有许多相同的植物和动物生存,而高山种是不可以在低地上生活的,这是如今所知的关于相同物种在相距很远的地点生活而两者间明显不可能由一个地方迁徙到另一个地方的最显而易见的事例之一。在阿尔卑斯或比利牛斯的积雪区,以及欧洲极北部分,存在着如此多的同种植物,这个事实的确应当引起注意;可是美国怀特山上的植物与拉布拉多的植物完全一样,阿萨·格雷说,欧洲最高山上的植物与他们也差不多完全一样,这一点更值得让人注意。甚至早在 1747 年以前,这种事实就使葛美伦断言同一物种绝对是在很多距离很远的地方独立创造而成的;如果说不是阿加西斯和其他人士唤起了对于冰期的生物注意,我们或许要停留在这种信念中。就像我们以后马上要提到的,我们可以让冰期为这类事实提供一个清楚的解释。我们基本上有所有能想象到的有机及无机的证据来证明,在很近的地质时期内,欧洲中央部分以及北美洲都处在北极的气候之下,苏格兰和威尔士的山岳曾到处都是冰川是通过其山腰的划痕、表面的磨光及带去的漂石所证明的,这比火后的房屋废墟更显而易见地能说明以往的情形。欧洲有这般巨大的气候变化,使得位于意大利北部的古代冰川所留下的巨大冰碛上,如今已经长满了葡萄和玉米,在美国的大部分地方曾存在一个寒冷时期是由在当地所看见的漂石及有划痕的岩石所清楚地显示出来的。

按照福布斯所解释的有关古代冰期气候对于欧洲生物分布的影响,大概像这样。可是假如我们假定新冰期是一点一点到来的,随后就如曾经所发生的那般又一点一点地过去,就会更容易地追踪这类变化。当寒冷来袭,同时各个南方地带变得适合北方生物生存之际,北方生物将把温带生物以前的地位所占据,并且南方生物就会慢慢地南移,除非有阻碍它们的障碍物,否则它们将会死掉。雪和冰把山上都遮盖住了,曾经的高山生物差不多要降到平地。寒冷达到极致时,北极的动物群和植物群,就会遍布于欧洲的中央各地,向南一直延伸到阿尔卑斯和比利牛斯,甚至能到西班牙。北极的植物和动物现也同样将布满于美国的温带地区,并且它们与欧洲的那些植物和动物基本上一样;由于我们假定曾经迁向南方各地的现在北极圈的生物,在整个世界都有极其明显的一致性。

当气温变暖时,北极生物可能要向北退去,更温和地区的生物紧跟其后。当山脚下的积雪融化时,这个清洁的融化的地方便被北极生物占据了,气温逐渐升高,雪逐步向上方融化,它们也慢慢迁移到山上去,其部分兄弟们此刻则起程北去。如此一来,到了完全回转温暖之际,以前在欧洲和北美洲低地集体生活的同种生物,在"旧世界"和"新世界"的寒冷地区又将再次碰面,以及相距特别远的许多孤立的山巅上了。

因而,我们便可以理解在特别远隔的各地,像北美与欧洲的高山,许多植物为何是一样的。这样,我们还可以理解为何各个山脉的高山植物和它正北方或基本上是正北方的北极类型相当的有关系:由于寒冷来袭的第一次迁徙和回转温暖的又一次迁徙,常常是向着正南和正北的。比方说,像沃森先生所说的,苏格兰的高山植物,以及像雷蒙德所说的比利牛斯的高山植物,更是与斯堪的纳维亚北部的植物有着极其惊人的相似度;美国的与拉布拉多的相似;西伯利亚山上与俄国北极区的相似。由于这些观点的依据是从前确有的冰期,因此就我来看,用它来解释欧洲及美洲的高山植物和寒带植物现在的分布状况是极其充分具体的;所以,当我们在其他地区发现同一物种生活在相距甚远的山顶上,就算没有其他证据,我们基本上也能断言,曾经较冷的气候以前使它们可以通过中间低地进行迁徙,可是现在该中间低地已变得过于暖和,适宜不了它们的生活。

　　由于北极类型跟随气候的变化,一开始移向南方,后来又退回北方,因而在长途迁徙时,极其不同的气候根本不会被它们遇到;而且由于它们是集体迁徙的,因而它们的相互关系不会受到特别大的扰乱。所以,依照本书所诚恳说明的原理,如此类型将不会有非常大的变异发生。可是当回转温暖的时候高山植物就被隔离了,之前在山脚下,最后在山顶上,其情形就稍有不同了;由于一切相同的北极物种都在互相相距非常远的山脉中存留,并且能生存在那里,是极不可能的事;它们还十分可能与古代高山物种相混合,在冰期开始之前这些古代高山物种肯定已经在山上生长,而且在最冷的时期暂时地必定被驱逐到平地上来;气候对它们的影响也将稍有不同。在某种程度上它们的相互关系也因此受到扰乱,所以它们就容易产生变异;并且事实上它们也曾发生了变异;假如我们比较一下欧洲几个大山脉上的高山植物和动物,即使很多物种还是一样的,其中的一些却变成变种,还有的变成可疑的类型或亚种,更有一些变成代表诸山脉的密切相似的却不一样的物种了。

　　在上面所说到的例证里,我曾经假定这想象的冰期在起初的时候,环绕北极地方的北极生物和它们现如今是如此的一致。可是还应该假定,很多当时整个世界亚北极的以及其中的一些少数温带的类型,也是一样的,由于目前生存在北美洲、欧洲的平原上和低坡上的某些物种也是同样的。可以质问,我应当如何去解释在实际的冰期开始时整个世界的亚北极与温带它们类型的一致程度。目前整个大西洋和北太平洋把"旧世界"和"新世界"的亚北极带和北温带的生物分隔。冰期中,"旧世界"和"新世界"的生物栖息在比现如今更以南的地方,更加广阔的海洋必定把它们更完全地分隔了;因而很可以质问,同样的物种在当时或者曾经为何能够进入这两个大陆。我相信其原因在于冰期初始前的气候性质。在新上新世,世界上大多数生物的种别与现在生物的种别具有一致性,而且我有可靠的证据确信当时的气候要暖于现在的气候。因而,我们能假定,现如今栖息于纬度 60 度之下的生物,在新上新世时却栖息于纬度 66 度至 67 度之间的北极圈下的更北方;而现如今的北极生物在那个时候却生活在更靠近北极的中断陆地上。现在我们从地球仪上观察一下,便可了解在北极圈下,有几乎是连续的陆地由欧洲西部经西伯利亚直至美洲东部。此类环极陆地的连续性,能让生物自由迁徙于较为适当的气候下,如此一来就可以解释"旧世界"和"新世界"的亚北极生物与温带生物在冰期之前的假定一致性了。

上述理由可以让我们相信,尽管我们的大陆经过地面水平的巨大变动,可是长时间地保持了基本上相同的相对位置,我特别愿意引申上述观点,并作以下推论,也就是说在更早的和最热的时期,比方说旧上新世的时期,绝大部分一样的植物和动物都是栖息在基本上连续的环极陆地上的。并且,不论"旧世界"还是"新世界"的这些植物与动物,在冰期还未来临的许久以前,跟着气候的一点一点变冷,开始一步步地南移。正像我所相信的,我们在欧洲中部和美国能看到绝大部分其后代与之前已有所不同。依照这样的观点,我们就可以理解为何北美洲与欧洲的生物之间基本上都是不一样的——假如考虑到两个大陆的距离并且整个大西洋把它们分隔开,就能了解这等关系是值得让人高度注意的。我们还可以从深一层次理解一些观察者所提出的一件怪异的事实,第三纪末期的欧洲和美洲的生物之间彼此的关系与目前的相比来说更为密切;其原因在于在这些比较温暖的时期,"旧世界"和"新世界"的北部基本上被陆地连接起来,能作为一个桥梁提供两处生物的迁徙,后来因为气温变冷,这个桥梁便无法通行了。

在上新世的温度一点点下降的时期,在"新世界"和"旧世界"生活的共有物种即向北极圈以南迁徙,此后彼此间它们将完全隔绝。就比方说更温暖地方的生物,肯定在很久之前这种隔离就发生了,当植物和动物向南方迁移的时候,则会在某一处广大地区混合于美洲土著生物,并势必与之进行竞争;在其他一处大地区则混合于"旧世界"的生物,并势必与之竞争。结果,各种因数对它们发生大量变异都是有利的——比起高山植物发生的变异更为巨大,由于高山植物只在极其近代的时期内被欧洲和北美洲的若干山脉上和北极陆地上所隔离,因而,当我们把"新世界"与"旧世界"的温带现存生物与之比较时,只有很少数同样的物种被我们所发现(即便阿萨·格霄最近指出两地植物相同的情况多于从前的估计),可是我们在每一个大纲里能找到很多类型,某些博物学者把它们列为地理族,有些则被其他一些博物学者列为相异的物种;还有许多极其近似的或典型的类型被博物学者们一致列为相异的物种。

　　陆地上是这般,海里也是一样,海栖动物群在上新世、甚至在更早时顺着北极圈的连续岸边基本上一致地向南迁徙,依照变异的学说,现在完全隔离的海洋里生活的类型为何密切近似就能得到很好的解释。如此一来,我想我们就可以很清楚地明白在温暖的北美洲东西两岸到目前依然生存的和已经灭绝的类型之间的关系为何密切地近似;有一个更应当让人注意的一个事实可以被我们所理解,即在地中海和日本海栖息的许多甲壳类(就像代那的可称赞的著作所描述的)、某种鱼类和海栖动物的极其密切近似的关系——目前地中海和日本海已被全部的大陆和海洋的广阔空间分离开来。

　　我们无法用创造学说来解释如今或是早先栖息在北美洲东西两岸沿海的、地中海及日本海的和北美洲及欧洲的温带陆地的物种之间的密切关系。没法说,这个地区的物理条件是类似的。所以创造出来了相似的物种;其原因是,比如我们比较南美洲的一些部分及南非洲或者是澳洲的一些部分,我们就能了解这些地方的全部物理条件都是密切相似的,可是其生物却一点都不相似。

北方南方的冰期交替

　　我们应该回到更为直接的问题上。我觉得福布斯的观点可以大大扩展。在欧洲,从不列颠西海岸至乌拉尔山脉,而且南到比利牛斯山,我们发现冰期的最显著的证据。依照冰冻的哺乳动物以及山岳植被的性质,我们能作出西伯利亚也遭到过相似的影响的这种推断。胡克博士说,在黎巴嫩,以前长时期有积雪盖住了中脊,而且从这个地方出发的冰川冲入四千英尺的山谷。最近在非洲北部的阿特拉斯山脉的这位观察者看到了大冰碛。顺着喜马拉雅山,在与之相距九英里的各处,冰川留下了其曾经冲下的痕迹;在锡金胡克博士发现玉米生长在古代的巨大的冰碛上。亚洲大陆南的赤道那边,依照哈斯特博士及海克托博士的优秀研究,我们可以看出在新西兰以前曾存在于巨大的冰川并流入低地;在该岛上的距离很远的山上胡克博士发现有相同的植物,也表明了曾经在那儿曾有过一段寒冷时期。依照克拉克牧师写信告诉我的事实,澳洲东南角的山上也有明显的曾经冰川活动的痕迹。

我们来了解一下美洲;在它北半部大陆的东侧,南至纬度 36 度~37 度处,有冰川带来的岩石碎片曾被发现,在已发生了特别大的气候变化的太平洋沿岸,南至纬度 46 度之处也有同样的发现,落基山上也有漂石曾被发现过。在近赤道之下的南美科迪勒拉,冰川曾一度扩张至其现如今的高度以下很远的地方。我考察过在智利的中部的一个富含大漂石的巨大岩屑堆,横穿泡地罗山谷,无疑以前在那里一度有过巨大的冰碛;并且福布斯先生对我说,在南纬 13 度至 30 度之间的科迪勒拉山高约一万二千英尺的各处,一些沟痕相当深的岩石和包括凹槽的小砾石的大岩屑堆被他所发现,类似于与其在挪威所习见者。在科迪勒拉的所有的区域内,甚至最高的地方,目前也没有真正的冰川存在了。在此大陆两边的更南方,从南纬 41 度至最南端,有难以计数的漂石都来自遥远的原产地,在这个地方我们能发现曾经冰川活动的最显著的证据。

因为冰川的活动以前扩展至南北两半球的所有地区——因为依照地质学的意义南北两半球的冰期都属于近代——因为南北两半球的冰期持续的时间非常的长,我们可以从其所发生的影响来推论出——最后,因为冰川近期曾经沿科迪勒拉山全线降低到地平线——因为这样几种事实,我在之前一个时期曾觉得我们避免不了地要作出如下结论,说的是在冰期,全世界的温度,曾经一同降低。可是现在克罗尔先生曾在一系列优秀的文章里试图说明,气候的冰期是由于诸物理原因的结果,可是这种原因是因为地球轨道的离心性的增大才造成的影响。全部这些原因都会产生相同的结果；可是，最具影响性的，可能是海流受到轨道的离心性作用的间接影响。据克罗尔先生说，每一万年或一万五千年，寒冷时期都会有规律地循环出现；每隔长久的间歇时期，寒冷由于一些偶发事件，是非常严酷的；在这其中最重要的偶然事件，好似莱尔爵士所指出的，是水陆的相对位置。克罗尔先生觉得最近的一次大冰期是在二十四万年以前发生的，而且持续了约六万年，气候在此时期发生的变化仅是细微的，与更古的冰期有关的，一些地质学者依照直接的证据推断，相信它们在中新世和始新世的地质层曾经出现过，至于更古的地质层就没有必要提了。然而从克罗尔先生那里我们得到的最重要的结果是，当北半球通过寒冷时期的时候，南半球的温度关键因为海流方向的改变，事实上是回升了，其冬季气候是特别暖和的。与之相对，当南半球经过冰期之时，北半球也是如此。对说明地理分布问题这一结论提供了很大帮助，因而我坚定地倾向于相信它；不过首先我要举出一些应该说明的事实。

胡克博士曾阐明，在南美洲火地的显花植物（在此处稀有的植物群中它们构成了非常大一部分）在很多特别相似的物种以外，有四十到五十种与相距甚远的、且处于另一半球内的北美洲和欧洲的植物是一样的。在赤道下的美洲高山上，有非常多的属于欧洲属的特殊物种生长其中。在巴西的阿列山山上看到几种温带欧洲的属，某些南级的属，以及一些安第斯山的属，它们并不在低下的中间热带地方生长。在加拉加斯的西拉，著名的洪堡很早之前就发现了属于科迪勒拉山的特殊属的物种。

有某些欧洲的特有物种以及好望角的植物群的几个典型生长在非洲的阿比西尼亚的山上。在好望角，有极少的几个欧洲物种能认为不是人为引进的，而且在山上有某些在非洲热带地方没有的若干欧洲代表类型。近年胡克博士也曾说明，几内亚湾内极高的费尔安多波岛的高地上和相邻的喀麦隆山上的一些植物，和阿比西尼亚山上、温带欧洲的植物之间有密切的关系。依照胡克博士所说，在佛德角群岛上洛牧师看到了这些温带植物，相同的温带类型基本上在赤道之下横穿所有的非洲大陆，一直延伸至威德角群岛的山上。从存在植物分布记载到现今，这是让人最惊奇的事实之一。

位处喜马拉雅山脉与印度半岛的隔离于外界的山上，在锡兰的高地上，以及在爪哇的火山顶上，长有一样的、彼此代表的、而且同时代表欧洲的、却在中间炎热低地找不到的很多植物，从爪哇的高峰上采集到的各种植物的目录，居然成为欧洲小丘上采集物的一幅图画！另外更让人感动的事实是，要属生长在婆罗洲山顶上的一些植物，它们竟作为特殊的澳洲类型这一代表，一些这种澳洲类型，依照胡克博士所说，顺着马六甲高地延伸下去，一面疏散在印度扩散，一面向北去，直到到达日本。

米勒博士曾在澳洲南方的山上，观察到一些欧洲的物种；在低地生长的则是并非人为引进去的另外一些物种；胡克博士告诉我，在澳洲能看到的但在中部炎热地带所看不见的欧洲植物属能列出一个长的目录。在胡克博士杰出的那部《新西兰植区系概论》上面，也列举了有关此大岛的若干植物类似的以及动人的事实。因而，我们就能明白一些在世界各地热带的较高的高山上生长的植物，与在南北温带平原上生长的植物，若非相同物种，便是相同物种的变种，但值得注意的是，这些植物的类型并非严格的北极型；因为依据沃森先生所说，"高山植物群或山地植物群由北极退至赤道，事实上慢慢使北极的性质减少"。除却这些相同的和非常类似的类型外，还有很多在相同远隔地域生长的物种，归于如今中间热带低地所无的属。

这些简单的说明只对植物适用；不过在陆栖动物那儿，也能列举一些相似的事实。海栖动物也出现同样的情况；我能援引最高权威代拿教授的一段阐述作为例子，他说"在地球上新西兰与大不列颠正位处相反的位置，可是这两个地方的甲壳类的极其相似，甚于世界的一切其他部分，这确实是一件让人惊叹的事实"。理查森爵士同样说，在新西兰，塔斯马尼亚等一些海岸，重新出现了北方的鱼。胡克博士告诉我说，新西兰与欧洲有二十五个藻类是共通的物种，可是它们都没有在中间的热带海中出现。

依照上述事实——也就是在横穿全部赤道非洲的高地上，顺着印度半岛直至锡兰与马来群岛，以及在并没有这样显著地横穿热带南美洲的广阔地面上，都存在温带类型，基本上能够确定：在曾经的某一时期，毋庸置疑是在最严酷的冰期，这些大陆的赤道区域的各个低地曾借助了相当数量的温带类型,在这时期,海平面上赤道地带的气候几乎与现在同纬度的五千英尺至六千英尺高处的气候一样,甚至有过之而无不及。在最冷的时代,混生的热带植被和温带植被一定被赤道区域的低地遮盖,正如胡克所叙述的在喜马拉雅山高四千英尺至五千英尺的低坡上繁生的植物这般,不过温带类型可能占有较大的优势。而且,曼先生在几内亚湾中的费尔安多波的多山岛上,观察到在约五千英尺的高处有温带欧洲的类型开始出现。在巴拿马的山上,只在二千英尺的高处西曼博士就找到与墨西哥植被一样的植披,他觉得,"热带类型与温带类型和谐地融合在一起。"

我们现在来看一下克罗尔先生所下的结论——北半球在大冰期遭遇极端寒冷之时,南半球事实上要暖于平时;这一结论能否对于目前明显无法解释的两半球的温带地区与热带山岳上的诸生物的分布,给予什么明了的解释。假如用年代来计算,冰期必定是极其漫长的;倘若我们记得某些归化的植物与动物在数世纪内曾扩散到多么广阔的地带,则,此时期对于不论什么数量的迁徙将是十分足够的。当寒冷一点点增强的时候,我们就明白北极类型便侵入了温带地方;而且依照刚才列举的事实,几种较强壮的、优势的、分布最广的温带类型势必会入侵赤道地带的低地。这类炎热的低地生物同时会迁移至南方的热带与亚热带地区,因为在此时期南半球是相对温热的。当冰期即将结束的时候,由于两半球逐步恢复了以往的温度,因而在赤道下的低地生活的北温带类型又被驱逐到以前的生长地,或被消灭,而替代它们的是从南方回来的赤道地带类型。可是,某些北温带类型基本上一定会登上所有邻近的高地,倘若此地高度足够,它们就如同欧洲山岳上的北极类型一样的长期地在那里生存。即使气候不完全适合于它们,它们也将会生存,因为温度的变化肯定是十分缓慢的,而植物又具有一定的驯化能力,它们把抵抗寒冬烈暑的多种的能力传递给后代的事实证明了此点。

依照事情的常规进行,当轮到南半球遭受冰期的严酷时,北半球似乎会变得温暖些,因而南方的温带类型将袭入赤道地区的低地。这时之前留在山上的北方类型便要走下山来和南方类型相互混合。到温暖回升时,南方类型仍然要回到曾经所生长的地方,若干物种留在了山上,而且一些以前从山上险要处走下来的北温带类型也被携带着,共同向南方走去。所以,我们就会在南北温带及在中间热带的高山上看到为数不多的完全一样的物种。可是在这些山上或者相反半球上经过极长时间留下来的物种,必定和许多新类型相竞争,而且会在有些不同的物理条件之下生活;因而它们则会明显地易于变化,而且在目前常常都作为变种或典型种而存在;实际的情况便是这般。我们还应该记住,在两半球以前的冰期曾经出现过几次;因为这便能根据相同原理来说明差别很大的不同的物种栖息在同样的远离地区,并且它们都归属于目前中间炎热地带看不到的属。

胡克坚决主张美洲,得康多尔坚决主张澳洲,一样的或略微变异了的物种由北至南的迁徙,多于由南至北的迁徙,这一事实值得注意。可是,在婆罗洲与阿比西尼亚的山上我们依然看到南方的类型。我推断这种偏重于由北自南的迁徙,是因为北方陆地范围较大,而且因为北方类型在它的生长的地方的数量较多,因此,由于自然选择与竞争,它们完善化的阶段便高于南方类型,是占优势的力量。所以,在冰期的交替时期,当两群生物在赤道的地区融合时,因北方类型具有较大的力量,能占据山上的位置,而且之后可以与南方类型共同南移;可是南方类型对于北方类型却没法做到这样,目前这种情形依然存在,我们看到很多的欧洲生物在拉普拉塔、新西兰分布,在澳洲也较小程度的散布,并且战胜了那里的土著生物;可是,近两世纪或三世纪从拉普拉塔,近四十年或五十年从澳洲,尽管有大量的容易附着种子的兽皮、羊毛以及其他媒介物输入欧洲,可是在北半球全部地区归化的南方类型数量却特别少,但是印度的尼尔盖利山却供给了局部的例外;因为依照胡克博士所说,在那里澳洲类型快速地繁殖,并归服了。在最后的大冰期之前,热带山上毋庸置疑地散布了特有的高山类型;不过产生于北方的较广阔区和较完备的生物工厂的占优势的类型几乎到处都把这些类型压倒。在很多岛上,土著生物与外来的归化生物基本上一样,甚至已居少数:这是其走向灭亡的第一步,山是陆地上的岛,山上的生物已向在北方较广阔地域内产生的生物归属,这正如岛上生物已归属并进而归属于通过人力归化的大陆生物。

北温带、南温带与热带山上的陆栖动物以及海栖生物的分布能适用一样的原理。在冰期的鼎盛时期,当海流非常不同于如今时,有些温带海洋的生物也许到达了赤道;它们中的少数或许能乘着寒流立即再迁至南方,但其他则停留并在较冷的深海中生存,直至南半球遭受冰期的气候时,它们才可以更向前进;依照福布斯的意见,这种情况与北极生物到现在仍在北方的温带海洋深处的孤立地方生存基本上是相同的。

我远没有设想,现在居住在隔离得这样遥远的南方与北方、而且有时在中间山脉上居住的相同物种与近似物种的亲缘以及它们分布的一切难点,都能够用上述观点来解释。我们还无法指出迁徙的准确路线。我们没办法说明为何一些物种迁徙了,可其余物种并没有迁移;为何一些物种变异了而且产生了新类型,可其余物种却照样保持不变。直至我们不可以解释,为何某一物种可以凭借人力在它乡归化,而另外的物种不能这样,为何某一物种与之其原生地的另一物种相比分布得远到两倍或三倍,并且多到两倍或三倍,要不我们就没法能够解释上述事实。

还有很多特别的难点留待处理:比如,胡克博士所讲述的,在凯尔盖朗岛、新西兰与富其亚如此这般辽阔的地方,有相同的植物生长,可是根据莱尔的观点:冰山可能影响了这些植物的分布。在南半球的这类地区以及另外一些相隔甚远的地方生存的物种,即便是不同的,可是却肯定属于南方的属,这一情况更值得注意。某些物种是这般的不同,致使我们无法设想,从最近的冰期出现到现在,供它们迁徙并在此后进行必要程度的变异的时间绰绰有余。这样的事实好像表明了同属的不同物种是由一个共同的中心点迁徙至各个地方的;而且我觉得在南半球及北半球都一样,在最近的冰期来临之前,曾经存在一个较为温暖的时期,在那个时期,目前被冰覆盖的南级地区,支持了一个非常特殊却又孤立的植物群,能够想象,在最近冰期内这个植物群还未被消亡以前,为数不多的类型因为偶然的输送方法而且由于目前已沉没了的岛屿作其歇脚点的支持。就已经广泛地散布于南半球的各个地方了。因而,美洲的、澳洲的以及新西兰的南岸,也许会略微沾染上这种生物的特殊类型。

在一篇生动的文章里,莱尔爵士以基本上相同的说法来预测全世界气候的大转变对地理分布的影响。而且我们现如今又看到克罗尔先生的结论——

这个半球的连续冰期与那个半球的温暖期相一致——与物种缓慢变化的观点共同阐明了相同或相似的生物类型在地球各地分布的诸多事实。生命的水流在某一时期,由北至南流,但在另外一个时期,则由南至北流,这两种情况下都曾流至赤道,可是自北流的生命的水流,它的力量相比自南流者大,因而它就可以较自由地在南方泛滥。由于沿着水平线潮水留下漂流物,在潮水最高的岸边其继续上升,因而生命的水流顺着由北极低地至赤道上的高地慢慢上升的这一条线上让漂流的生物在我们的山顶上停住。如此这般,搁浅留下来的生物与人类的未开化种族极其类似,他们被驱逐到而且生存于基本上各个地方的山间险要之处,这些地方就是令我们有兴趣的某种记录,说明附近低地居住者的最初状态。

第十三章　地理分布（续前）

淡水生物之分布——论海洋岛上的生物——两栖类以及陆栖哺乳类之不存在——岛屿生物和邻近大陆上生物的关系——从附近原产地移居来的生物及其之后的变化——前章与本章的提要。

淡水生物

由于陆地障碍物把湖泊与河流系统分隔,因而可能会想到淡水生物不会在同一地区里广泛地分布,又由于海作为障碍物更难克服,因此可能会想到淡水生物不会向遥远的地区延伸。可是情形正好相反。不仅归属不同纲的很多淡水物种分布广泛,并且近似物种遍布于世界的方式也让人吃惊。在巴西各种淡水中第一次采集生物时,我非常清晰地记得,对于那个地方的淡水昆虫、贝类等非常相似于不列颠的,但周围陆栖生物和不列颠的却有很大的区别,感到特别惊奇。

可是,对于淡水生物广为分散的能力,我觉得在大多数情况下能作如此的解释:它们经由某种高度对自身有利的方式变得适宜于当地经一池塘、经一河流至另一河流经常进行短距离的迁徙;这样的能力随后被发展为宽广遥远的分布将是基本上肯定的结果。我们在此仅仅只能考虑为数不多的几个例子;在此之中难以解释的是鱼类。以前认为相同的淡水物种永远无法在两个相距甚远的大陆上生存。可布京特博士最近表明,在塔斯马尼亚、新西兰、福克兰岛和南美洲大陆有南乳鱼生活,这是一个惊奇的例子,它也许能够表明在从前的一个温暖时期中这种鱼由南极的中心至外扩散的情形,但是因为这一属的物种也可以以某种未知的方式渡过相距很远的大洋,因此在某种程度布京特的例子也就不让人觉得稀奇了：比如，新西兰与奥克兰诸岛约有 230 英里的距离，可是两地有一个相同的物种存在。在同一大陆上，淡水鱼一般分布特别广泛，并且变化多端；由于在相邻的两个河流系统中有一些物种是一样的，有些却一点也不相同。

可能由于所谓的意外方式使得淡水鱼类偶然地被输送出去。比方说，被旋风卷起的鱼落在遥远的地点依然存活，这样的事并非很难见到；而且卵从水里取出来后经过很长的时间还保有其生命力是我们所知道的。虽然这样，其分布大部分还是应归因于近代时期里陆地水平的变化使得河流能够互相流通。另外，洪水期中河流彼此流通的事也发生过，这个地方却缺少陆地水平的变化。大部分连续的山脉从古至今就肯定根本阻碍两侧河流相互汇集，两侧鱼类的差异非常大，也导致了同样的结论。某些淡水鱼属于特别古的类型，在此种情形下，就有足够的时间进行巨大的地理变化。所以也有充足的时间与方式进行大规模的迁徙。再者，布京特博士根据最近某些考察，推论出鱼类可以持久地保持同一的类型。倘若小心地处理咸水鱼类，它们就可以渐渐地习惯于淡水生活：依据法伦西奈的意见，基本上没有一类鱼，它所有成员都只生活在淡水里，因而属于淡水群的海栖物种能顺着海岸游得很远，而且又一次变得适应远地的淡水，可能也不太困难。

淡水贝类的一些物种分布十分广泛，而且近似的物种也在全世界散布，依照我们的学说，传承于同一祖先的近似物种，必定是来自单一源流。其分布情况开始令我深感疑惑，因为好像鸟类无法输送其卵；而且卵与成体一样，都会马上被海水淹死。我甚至没法理解一些归化的物种用什么方法能在同一地区迅速地分散开去。可是我所看到的两个事实——毋庸置疑另外的事实还会被观测到——对此问题给予了一些解释。在鸭子突然走出盖满浮萍的池塘时，我曾经两次观察到这些小植物附着于其背上；而且曾有这样的事情发生：把一些浮萍由一个水族培养器移至另一水族培养器中时，我无意之下曾把一个水族培养器里的贝类移至另一个。不过或许还有一种媒介物更具成效：我把一只鸭的脚挂在一个水族培养器内，有很多淡水贝类的卵正在其里面孵化：我观察许多非常细小的、刚刚孵化的贝类附着在这只脚上，而且在那里附着得特别牢固，以致脚离开水时，它们还没有脱离，不过它们再长大一些便会自行脱落。虽然这些刚孵出的软体动物在其本性上是水栖的，可是它们在鸭脚上，在潮湿的空气中，可以生存十二到二十小时；在这么长的一段时间里，鸭或鸳鸯最少能飞行六百或七百英里；假如风把它们吹过海面去至一个海洋岛或另外一些遥远的地方，必定会降落在一个池塘或小河里，莱尔爵士和我说，他曾捉到一只龙虱，有盾螺——一种像蹦的淡水贝在它的上面紧紧地附着；而且同科的水甲虫细纹龙虱，有一次飞至比格尔号船上，那个时候这只船离最近的陆地有四十五英里：无法判定，它能被顺风吹多远。

对于植物，早就了解到许多淡水的，甚至沼泽的物种散布得十分之远，在大陆上和在最遥远的海洋岛上，都是这样。依据得康多尔的说法，包含很少部分水栖成员的陆栖植物的大群明显地表现了此类情形；由于它们好像因为水栖，便马上得到了广大的分布范围。我想，此种事实能用有利的分布方法获得解释。曾经在鸟类的脚上和喙上有时会附着少量的泥土。涉禽类常常在池塘的污泥边上徘徊，倘若它们突然受惊起飞，脚上十分可能带着泥土。此目的鸟比所有其他目的鸟漫游更广，有时它们去到最遥远且凄凉的海洋岛上：它们可能不会在海面上降落，因而，它们脚上的所有泥土便不会被洗掉；到达陆地之后，它们必定会飞到其天然的淡水栖息地。我不相信植物学者能领会到在池塘的泥里含有如此众多的种子；我以前做过若干小试验，然可是在此只能举出一个最生动的例子：在二月里我在同一小池塘边的水下三个不同地点取出三勺污泥，使其干燥之后只有六又四分之三盎司重；我把它盖起来，放置在我的书房有六个月的时间，倘若一植株长出来，拔出它并加以计算；这些植物属于特别多的种类，共计 537 株，可是一个早餐杯就足以盛下那块黏软的污泥了！考虑到此般事实，我想，假如水鸟不把淡水植物的种子运送到地点遥远的、无植物生长的池塘与河流，倒是无法说明的事情了。相同的媒介对于一些小型淡水动物的卵或许也会起作用。

其他不知道的媒介可能也对其有过影响。我以前谈到淡水鱼类吃一些种类的种子，即便它们吞下许多其他种子后再吐出来；甚至小鱼也能把非常大的种子吞下，如黄睡莲与眼子菜属的种子。鹭鸶与其他鸟，一个世纪又一个世纪地天天在吃鱼;鱼吃完鱼后,它们便飞起,并走到另外的水中,又或被风吹过海面;而且我们明白在许多钟头以后随粪便排出的种子,还具有发芽力。曾经当我看到那精致的莲花的大型种子,又想到得康多尔有关此种植物分布的观点时,我想其分布方法必定是没法理解的;不过奥杜旁说,在鸳鸯的胃里他曾找到过南方莲花(依据胡克博士的意见,可能是大型北美黄莲花)的种子。此种鸟一定经常在胃里装满了食物之后又飞到远方的池塘,随后再饱吃一顿鱼,用类推的方法便让我相信,它会在成团的粪中排出适宜发芽的种子。

当考察这几种分散方法时,应当记住,一个池塘或一条河流,比如,在某个隆起的小岛上起初形成时,里面并无生物;因而一粒单个的种子或卵将得到成功的良好时机。在相同池塘的生物之间,即便生物种类非常少,还是存在生存斗争,只是与之生活在相同面积的陆地上的物种数目来说甚至充满生物的池塘的物种数目总是少的,因而,它们之间的竞争程度就远没有陆栖物种之间的竞争剧烈;所有外来的水生生物的入侵者对于取得新的位置比陆上的移居者有更好的机会。我们还应当记住,很多淡水生物在自然系统上是低级的,并且我们可以相信,这种生物的变异慢于高等生物;这就让水栖物种的迁徙有了时间。我们不应当忘记,很多淡水类型之前也许曾在广大面积上连续地散布,随后灭绝在中间地点,可是淡水植物与低等动物,不论其是否保持相同类型或在某种程度上发生了变化,它们的分布显然主要依赖动物,尤其是依赖于飞翔力强的、而且无拘无束地从此片水域飞到彼片水域的淡水鸟类来广泛地分散其种子与卵。

论海洋岛上的生物

不仅相同物种的全部个体都是从某地区迁徙来的,并且目前在最遥远地点生活的相类似的物种也都是从单一地区——其早期祖先的发源地迁徙出来的,依照这种观念,我曾选出关于分布的最为难解的三类事实,在此对其中的最后一类事实进行探讨。我已列举出我的理由,解释我不觉得在现存物种的时期内,大陆曾存在过这般规模巨大的延伸,以致这几个大洋中的所有岛

屿都曾因此被现在的陆栖生物布满了。此种意见解除了不少困难,可是与有
关岛屿生物的全部事实不相符合。在下面的论述中,我将不限于讨论分布的
问题,并且也将讨论到伴随独立创造学说与变异的生物起源学说之真实性有
关的一些另外的情形。

　　比起同样大小的大陆面积的物种在海洋岛上生活的全部类别的物种在
数量上是稀少的;植物方面有得康多尔,昆虫方面有沃拉斯顿,都承认了此事
实。比方说,包括高峻山丘与多种多样地形的、并且南北达 780 英里的新西
兰,加上外围诸岛奥克兰、坎贝尔与查塔姆也不过总共只有 960 种显花植物;
要是我们比较此种不大的数目,和繁生在澳洲西南部或好望角的同等面积上
的物种,我们应该承认有某种和不同物理条件没有关系的原因以前导致了物
种数目上差异这样巨大。甚至相同条件的剑桥还包括 847 种植物,盎格尔西
小岛包括 764 种,可是有几种蕨类植物与引进植物也包含在这些数目中,并
且从另外的方面来说,该比较也不算很恰当。我们有证据能够说阿森松这个
荒凉之岛本来只生有少于六种的显花植物;但是现在已有很多物种在那里归
化了,如同在新西兰以及任何别的能够举出的海洋岛上很多植物归化的情况
一般。在圣海伦那,能够相信归化的植物与动物已经差不多消灭了或者彻底
消灭了很多土著的生物。倘若承认每一物种是分别创造的学说,就应该承认
有数目极大的最适应的植物与动物并非为海洋岛创造的;原因在于人类曾以
前无意识地让生物布满了那些岛,他们在此方面远远比自然做得充分、完善。

　　尽管海洋岛上的物种数目不多,可是特有的种类(在地球上别的地方找
不到的种类)的比例常常是特别大的。例如,倘若我们比较马德拉岛上独有的
陆栖贝类,或加拉帕戈斯群岛上的独有的鸟类的数目与全部大陆上发现的它
们的数目,然后比较这类岛屿的面积和大陆的面积,我们将会发现这是正确
的。在理论上此种事实是能预料到的,因为,就像已经阐明过的,物种通过漫
长的间隔时期之后偶然去一个新的隔离地区,必定会和新的同住者相竞争,
特别容易发生变异,而且经常会产生出成群的变异后代。但是决不可以因为
一个岛上的某纲的物种差不多是特殊的,就认为其他纲的全部物种或相同纲
目的另外部分的物种也肯定是特殊的;此种不同,好像部分因为没有变化的

物种曾集体地移入,因而它们彼此的相互关系未受很大影响;部分因为没有变化过的物种常常从原生地移入,它们与岛上的生物进行了杂交。应当记住,此种杂交的后代的活力势必会增强;因而甚至某个偶然的杂交也将有大于预料的效果产生。我能举若干例子来说明上述论点:在加拉帕戈斯群岛上栖息着26种陆栖鸟,其中有21(或者23)种是独有的,可是在11种海鸟里只栖息着两种是独有的;显而易见,相比陆栖鸟海鸟可以更容易地、更经常地去往这些岛上。反之,百慕大与北美洲的距离,如同加拉帕戈斯群岛与南美洲的距离差不多,并且百慕大有一种十分特殊的土壤,可是它并无一种独有的陆栖鸟;据琼斯先生写的有关百慕大的杰出的报告中我们可以了解到,有许多北美洲的鸟类无意间地或者甚至常常到这个岛上。哈考特先生对我说,差不多每年都有非常多的欧洲的以及非洲的鸟类被风吹到马德拉,这个岛屿上生活着99种鸟,其中只有一种是独有的,即便它与欧洲的一个类型关系密切,可是三个或四个其他物种只见于这个岛屿以及加那利群岛。因而,百慕大与马德拉的诸岛被四周大陆来的鸟布满了,那些鸟极长时期以来曾在那儿进行了斗争,并且变得彼此适应了。因而在新的家乡定居以后,各种类将被另外的种类在其适宜地点上和习性中维持,结果就不易发生变化。所有变异的倾向,还会因为和常从原产地来的未经变异的移入者进行杂交因而受到抑制。还有,马德拉生活着数量惊人的独有陆栖贝类,但所有的海栖贝类都并不是此地的海洋所独有的:尽管我们目前不了解海栖贝类是如何分布的,但是我们可以了解它们的卵或幼虫,附着在海藻或漂浮的木材上或涉禽类的脚上,便能横跨三四百英里的海洋,在此方面它们比陆栖贝类要容易得多。在马德拉生活的不同目的昆虫显示出了基本上平行的情形。

海洋岛有时没有某些整个纲的动物,其他纲占据了其位置;所以,在加拉帕戈斯群岛上的爬行类,在新西兰的巨大的无翼鸟,就占据了或最近占据了哺乳类的位置。即便新西兰在此是被当做海洋岛论述的,可是它是否应该如此划分,在某一程度上还是有疑问的:其面积十分大,而且无极深的海把它与澳洲分开,依照其地质的特性与山脉的方向,克拉克牧师最近阐明,应当把此岛以及新喀里多尼亚作为是澳洲的附属地。对于植物,胡克博士曾经说明,在加拉帕戈斯群岛不是同一目的比例数，十分不同于它们在别的地方的比例数。全部这些数量上的差异与某些动物以及植物的整个群的缺乏，常常都是通过岛上的物理条件的假定差异来说明的；不过这种说明很值得怀疑。移入的便利与否好像与条件的性质有相同的重要性。

对于海洋岛的生物，还有很多小事情应该注意。比如，在一些无哺乳动物生活的岛上，本地的一些独有植物带有美妙的带钩种子；但是，钩的作用是让种子通过四足兽的毛或毛皮带走，这种关系再显著不过了，不过带钩的种子也许能由另外的方法被带到一个岛上去；因而，那种植物通过变异，便成为当地的特有物种了，其依然保持它的钩，此钩就变成一种没有用处的附属物。如同很多岛上的昆虫，在其愈合的翅鞘下仍存在萎缩的翅。此外，岛上常常生长着树木或灌木，它们所属的目在另外的地区只包含草本物种；但树木，依据得康多尔的论述，不论原因何在，通常分布的区域是有限的。所以，树木到达遥远的海洋岛的可能性不大；草本植物缺少机会可以和生长在大陆上的很多发展完善的树木进行强有力的竞争，所以草本植物一旦定居于岛上，就会生长得越来越高，相比另外的草本植物则高且占有优势。在此情况下，无论植物所属哪一目，自然选择就有增长其高度的倾向，因而就使它先变为灌木，再变为乔木。

在海洋岛上没有发现两栖类与陆栖哺乳类

对于海洋岛上整目的动物缺少的事实，圣樊尚很早之前就曾提及，大洋上分布着许多岛屿，可是从没有看到有两栖类(蛙、蟾蜍、蛛螈)。我曾费力地力图证实该说法，发现除了新西兰、新喀里多尼亚、安达曼这些岛，或者还有所罗门和塞舌尔这些岛以外，此种说法是正确的。可是我以前说过新西兰与新喀里多尼亚是否应被称之为海洋岛，依然令人怀疑；至于安达曼、所罗门诸岛与塞舌尔是否能归入海洋岛，就越发让人怀疑了。这样多的真正海洋岛上往往都没有蛙、蟾蜍以及蛛螈，是无法通过海洋岛的物理条件来加以说明的；诚然，岛屿好像非常适于此类动物；由于蛙曾经被带进马德拉、亚速尔以及毛里求斯去,在那个地方它们大量繁生,因而成为可厌之物。可是由于这类动物与其卵遭遇海水便马上死亡(依照我们所了解的,有一个印度的物种不包括在内),它们输送过海很不容易,因而我们能了解它们为何不在真正的海洋岛上生存。可是,它们为何不创造于那里,依据特创论不易说明了。

　　哺乳类显现出了另一种类似的情况。我曾仔细地搜索最古老的航海记录,从没找到过一个确切的事例能表明陆栖哺乳类(不包括土人饲养的家畜在内)生活在离开大陆或大的陆岛 300 英里以外的岛屿上;一样在很多离大陆更近的岛屿上也不存在。福克兰群岛生活着一种像狼的狐狸,似乎是一种例外;可是这群岛屿不可以称做是海洋岛,因为它位处和大陆相接的沙洲上,约 280 英里的距离;除此之外,漂石以前曾被冰川带至其西海岸,狐狸曾经也可能被其带过去,在北极地区这是经常发生的事。不过并不能说,小岛没办法养活至少是小的哺乳类,因为在世界上很多地方它们生活于临近大陆的小岛上;而且基本上无法举出一个岛,我们的小型四足兽不可以在那里归化且大量繁生。依据特创论的通常观点,可以说那里有充足的时间来创造哺乳类;很多火山岛是非常古老的,从它们经受到的巨大陵蚀作用和其第三纪的地层能够判断:那儿还有充足的时间产生出本地所独有的,属于别的纲的物种;众所周知,在大陆上哺乳动物的新物种在比别的低于它们的动物以较快的速率产生出来与消灭掉,即使海洋岛上没有陆栖哺乳类,空中哺乳类却基本上在每一岛上都存在。新西兰存在着两种在地球别的地方没有的蝙蝠:诺福克岛、维提群岛、小笠原群岛、加罗林以及马利亚纳群岛、毛里求斯,都有其特有蝙蝠。问题在于:在遥远的岛上为何那假定的创造力产生出蝙蝠而不产生出别的哺乳类呢?依照我的观点此问题不难解答:原因是陆栖动物渡过广阔的海洋是不可能的,可是蝙蝠却可以飞过去。曾经人们观察到蝙蝠白天在遥远的大西洋上飞翔;而且有两个北美洲的蝙蝠要么常常地要么偶然地飞到距大陆 600 英里的百慕大。依据专门研究此科动物的汤姆斯先生所说,此科的很多物种的分布范围十分广泛,而且能在大陆上遥远的岛上发现它们。因此,我们只要设想此类漫游的物种因为其新位置在其新家乡发生变异即可,而且我们据此就可以知道,为何海洋岛上即便有本地的特有蝙蝠,却没有全部其他陆栖哺乳类。

另外一种有意思的关系，即分开岛屿或分开岛屿和最近大陆的海水深度与其哺乳类亲缘关系的程度彼此之间有某种关联。埃尔先生对此问题做过某些生动的观察，后来华莱士先生在大马来群岛所做的杰出的研究又把此观点大大扩展了，马来群岛隔一条深海和西里伯斯相邻，这条深海分隔出两个特别不同的哺乳类世界。在这些岛的不管哪一边的海都十分浅，这些岛上生活着一样的或密切近似的四足兽，我还没来得及去研究此问题在世界任何地方的情况，不过据我研究所及，此种关联是对的。例如，不列颠与欧洲由一条浅海而隔开，两个地方的哺乳类是一样的；临近澳洲海岸的全部岛屿情况也是如此。另一方面，西印度诸岛位处十分深的沙洲上，它的深度几达 1,000 英尺，在那个地方我们找到美洲的类型，可是物种甚至属却非常不同。因为时间的长短决定了一部分全部种类的动物所发生的变化量，又因为由浅海隔开的或与大陆分隔的岛屿比被深海隔开的岛屿更有在近代连成一片的可能，因而我们可以知道，分隔两个哺乳类动物群的海水深度与其亲缘关系的程度这两者之间有着什么样的关联——这种关系依照独立创造的学说是无法解释的。

以上是有关海洋岛生物的解说——也就是，物种数目稀少，土著的独有类型占有多数——一些群的成员有变化发生，而相同纲的别的群的成员并没有变化发生——一些目，如两栖类与陆栖哺乳类，都不存在，即使能飞的蝙蝠是有的——一些植物目表现特殊的比例——草本类型进化为乔木，等等——对这些问题的说明存在两种信念，一是认为在漫长过程中偶然输送的方法是有其效力的，另一认为所有海洋岛以前曾与最近大陆相联，依我来说，前者较之后者更能和实际情况相符。因为依据后一观点，可能不同的纲会更一致地移入，并且因为物种的移入是集体的，其相互关系就不会产生多大的影响，结果它们要么都不产生变化，或者全部物种以较为一样的方式产生变化。

生活在较为遥远岛屿上的生物（或者依然保持相同物种的类型或者后来产生变化）终究有多少以前到达其目前的家乡，对此问题的理解，我承认存在不少严重难点。可是，决不能忽视，以前一度作为歇脚点的其他岛屿，现在大概没有一点遗迹留下，我能详细说明一个困难的例子。几乎全部海洋岛，甚至是最孤立与最小的海洋岛,生活着陆栖贝类,它们常常是本地独有的物种,可有时是别的地方也有的物种——古尔德博士以前在此方面举出一个太平洋的生动例子。我们了解,海水极易杀死陆栖贝类;它们的卵,至少是我试验过的卵,在海水里下沉且被杀死了。然而必定还有一些不知道的偶然有效的方法来输送它们,有没有可能刚孵化的幼体有时附着在地上生活的鸟的脚上而因被输送过去呢?我回想起处在休眠时期贝壳口上带着薄膜的陆栖贝类,在漂浮木材的隙缝中能浮过十分广阔的海湾,而且我观察有若干物种在此状态下沉没在海水中七天而没有受损害:某种罗马蜗牛经过此般处理之后,在休眠中又放入海水二十天,可完全复活。在这般长的时间内,此种贝类大约能被平均速度的海流带到 660 地理英里的远处。其因在于此种罗马蜗牛具有一片厚的石灰质厣,我把厣除去,待新的膜形成以后,我又把它侵入海水里十四天,它照样复活了,而且爬走了。后来奥甲必登男爵做过类似的试验:他把分属于十个物种的一百个陆栖贝,放置于有很多小孔的箱中,把箱子放入海里十四天。在一百个贝类中,复活了二十七个。厣的存在好像是重要的,由于在具有厣的十二个圆口螺中,有十一个存活下来。值得注意的是:我所试验的那种罗马蜗牛很善于抵抗海水,可奥甲必登所试验的另外四个罗马蜗牛的物种,在五十四个标本中无一个能复活。可是,陆栖贝类的输送决不会都依靠此种方式;一个更可能的方法是鸟类的脚提供的。

岛屿生物和邻近大陆上生物的关系

对我们而言最生动与最重要的事实是,在岛上生活的物种和最近大陆的事实并不一样的物种有亲缘关系。对此我们可以举出无数的例子来。在赤道下的加拉帕戈期群岛相距南美洲的海岸有 500 至 600 英里远。在那个地方基本上每一陆上与水里的生物都带有显著的美洲大陆的印记。有 26 种陆栖鸟居住在那里:其中有 21 种或者 22 种被归入不同的物种,并且通常都假定它们是在当地被创造出来的;不过这些鸟的绝大部分同美洲物种有着紧密亲缘关系,在每个性状上都有所表现,例如表现在其习性、姿势与鸣声上。别的动物也是这样，胡克博士在其所著的此群岛的出众的《植物志》中说，大部分植物也是此般。博物学者们在远离大陆几百英里远的这些太平洋火山岛上观察生物时，觉得自己好像是站在美洲大陆上一样。为何是这般情形呢？为何假定在加拉帕戈斯群岛创造而来的而不是在别的地方创造而来的物种如此这般明显地与美洲创造而来的物种存在着亲缘关系呢？在栖息条件方面，在岛上的地质性质方面，在岛的高度或气候方面，又或是说在共同栖息的几个纲的比例上，都和南美洲沿岸的很多条件十分不相似：实际上，在全部这些方面区别都是特别大的。从另一方面说，加拉帕戈斯群岛以及佛得角群岛，在土壤的火山性质、气候、高度与岛的大小上，则十分的相似：可是其生物却是那么完全的与绝对的不同呀！佛得角群岛的生物与非洲的生物上的联系，正如加拉帕戈斯群岛的生物与美洲的生物上的联系那般。对于此类的事实，依照独立创造的普通观点，是无法解释什么的；相反的，依照此书所扶持的观点，显而易见的，自美洲来的移住者十分可能被加拉帕戈斯群岛所接受，不论这是由于偶然的输送方法又或是由于以前连续的陆地（虽然这种理论不被我所相信）。并且佛得角群岛同样接受来自非洲的移住者；这样的移住者尽管极易发生变异——可是遗传的原理照样暴露出其原产地在哪个地方。

　　可以举出大量相类的事实：岛上的独有生物相关联于最近大陆上又或是最近大岛上的生物，确实是一个差不多每个地方都适用的规律。有少数是例外，而且大部分的例外是能够加以解释的。所以，即使克格伦陆地距离非洲近于美洲，不过我们从胡克博士的报告里能了解，其植物却和美洲的植物相关联，而且关联非常密切：通过岛上植物主要是借定期海流漂来的冰山把种子粘着泥土与石块一起带来的观点来看，就能解释此种例外了。新西兰本地独有的植物和最近的大陆澳洲之间的关联相比于别的地区之间的关联更为密切：这可能是能够预料得到的；可是它又明白地相关联于南美洲，即便说南美洲是第二个最近的大陆，但是距离那么遥远，因而此事实便成为例外了。不过依照下述观点看来，此难点就部分地消失了，即，新西兰、南美洲与其别的南方陆地的某些生物来自于某个近乎中间的但是又遥远的地点即南极诸岛，那是在比较温暖的第三纪与最后的冰期初始之前南极诸岛长有植物之时，尽管

物种起源

澳洲西南角与好望角的植物群的亲缘关系十分薄弱，不过胡克博士使我确信这种亲缘关系是确实存在的，这是更加令人注意的情形；然而这种亲缘关系仅限于植物，而且确信无疑，以后会得到解释。

栖息在相同群岛范围内的生物，时常能够小规模的却以有趣的方式表现出决定岛屿生物与最近大陆生物之间的亲缘关系的法则。例如，在加拉帕戈斯群岛的每个分开的岛上都生活着很多不同的物种，这一事实很奇特；不过这些物种彼此之间的关联比起它们和美洲大陆的生物又或是和地球上别的地区的生物之间的关联则更为密切。这应该是能够料想得到的，因为移住者基本上会被从同一来源相互如此接近的岛屿所接受，它们也彼此接受移住者。可是很多移住者在相互相望的、地质性质相同、高度和气候等相同的诸岛上为何会发生不同的（即使差别不大）变异呢？很久以来这对我是个难点；不过这主要是因为认为某地区的物理条件是最具影响的这一根深蒂固的错误观点导致的；可是，不能反驳的是，诸物种应该和别的物种进行竞争，所以别的物种的性质至少也是一样重要的，而且常常是更为重要的因素。现在，倘若我们观察生活在加拉帕戈斯群岛而且也见于地球上别的地方的物种，我们能够知道它们在几个岛上有特别大的差异。倘若岛屿生物曾因偶然的运送而来——比如说，某种植物的种子以前被带到这个岛上，另一种植物的种子以前被带到另一个岛上，即使全部种子都是来自于同一根源；则上述的差异确实是能够预料得到的。因而，某种移住者初始在以前时期内定居于许多岛中的某个岛上时，又或是它后来从一个岛分散到另一岛上时，它必定会碰到不同岛上的不同条件，所以它肯定会与一批不同的生物进行竞争，比如，某在不同的岛上某种植物会遇到最适合它的土地已被很多其他不同的物种所占据，而且有可能遭受不同的敌人的打击。倘若在那个时候此物种变异了，自然选择可能就会在不同岛上产生不同变种。虽然这样，某些物种还会分散开来且在整个群中保留相同的性状，就像我们发现在某个大陆上广泛分散的物种保留着相同性状一样。

在加拉帕戈斯群岛的此种情况下和在一些程度比较差的相似的情况下，确实奇特的事实是，不论是哪种新物种在任何一个岛上只要一形成，并不迅速地分散到别的岛上。可是，这些岛，即便彼此相望，但被非常深的海湾分离，在大部分情况下比不列颠海峡还要宽，而且无理由去设想它们在不论什么以前的时代是连续地相连接的。在很多岛之间海流快速且急，大风极其稀少；因此诸岛互相的分隔远比地图上所显示出的还要明显。即便这样，有些物种以和在地球上别的地方能够找到的与只见于这群岛的一些物种，是几个岛屿所共有的；我们依其目前分布的状态能够推想，它们是从某个岛上分散到别的岛上去的。可是，我想，我们常常对于密切近似物种在无拘束地往来时，就有可能互相侵占对方的领土，采用了错误的观点。毋庸置疑，假如某个物种比别的物种占有任何优势，它将在极短的时间内全部地或部分地挤对掉它；不过倘若两者能一样好地适应其位置，则两者也许都会保持其各自的位置到任何长的时间。通过过人的媒介作用而归化的很多物种以前以惊人的速度在广大地区里分散，熟悉了此种事实，我们便不难推想大部分物种也是如此散布的；可是我们必须记住，在新地区归化的物种和本地生物常常并非密切近似的，而是十分不同的类型，如像得康多尔所讲述的，在大多部分情况下是属于不同的属的。在加拉帕戈斯群岛，甚至很多鸟类，即便那么适于从一个岛飞至另一个岛，可是在不同的岛上还是有区别的；例如，效舌鸫含有三个密切近似的物种，每一物种只局限在其自己的岛上。现在，让我们假想查培姆岛的效舌鸫让风吹到查理士岛上，可后者已有另一种效舌鸫；为何它可以成功地定居在那儿呢？我们能够很有把握地推论，查理士岛已繁衍生息着原有物种，由于年年有比可以养育的更多的蛋生出来而且有更多的幼鸟孵化出来；而且我们还能推论，查理士岛所独有的效舌鸫对其自己家乡的良好适应就像查塔姆所独有的物种一般。莱尔爵士与沃拉斯顿先生以前写信告诉我一个关于本问题的值得注意的事实：那就是马德拉与周边的圣港小岛具有很多不一样且表现为典型物种的陆栖贝类，其中某些是在石缝里栖息的；尽管每年有大量的石块由圣港运至马德拉，可是并无圣港的物种移进马德拉；尽管这样，这两个岛上都生活着欧洲的陆栖贝类，必定这些贝类在某些方面比本地物种有优势。依照这些考察，我觉得，我们对于加拉帕戈斯群岛的一些岛上所独有的物种并未从一个岛上散布到另外的岛上的事，就不会感到惊奇了。再者，在相同大陆上,"先行占据"对于阻碍在同一物理条件下生活的不同地区的物种侵入,也可以起到重要的作用。例如,澳洲的东南部与西南部物理条件差不多相同,而且通过一片连续的陆地联系在一起,然而有数量巨大的不同哺乳类,不同鸟类与植物生活在那里;依照贝茨先生阐述的,在巨大的、开阔的、连续的亚马孙谷地生活的蝴蝶及别的动物的情况也是如此。

这同一支配海洋岛生物的通常特征的原理,即移住者和其最容迁出的原产地的关系,和其后来的变异,可以广泛应用在整个自然界中。不论在哪一个山顶上、湖泊以及沼泽里我们都能看到这个原理。因为高山物种,除相同物种在冰期已经广泛分散之外,都和附近低地的物种有关联;所以,南美洲的高山蜂鸟、高山啮齿类、高山植物等,全部都严格地属于美洲的类型;并且显然地,倘若一座山缓慢隆起,生物就会从附近的低地移来。湖泊与沼泽的生物也一样,除非极方便的运送允许相同类型分散到地球的大部分地区。从美洲与欧洲洞穴里的大部分盲目动物的性质也可看到此相同原理。还可以举出另外的相似的事实。我相信,以下情况将被当做是通常正确的,即在任何两个地区,不管相距多么远,只要有很多密切近似的或典型的物种存在,在那个地方便肯定也有一些相同的物种;而且无论在哪个地方,只要有很多密切近似的物种,在那里也肯定有被一些博物学者列为不同物种而被别的一些博物学者仅仅列为变种的很多类型,这些值得怀疑的类型给我们指明了变异过程的步骤。

在现在或以前时期中一些物种的迁徙能力以及迁徙范围,同密切近似物种存在于世界遥远地方有某种关系,此种关系还能以另外一种更加平常的方式表达出来。很久以前古尔德先生告诉我,分散于世界各地的那些鸟属中,许多物种有广阔的分布范围。我没法怀疑这条规律是通常肯定的,即便它不易证明。在哺乳类中,我们观察此条规律在蝙蝠中显著地表现出来,并在猫科与狗科里也以较小的程度表现出来,相同的规律在蝴蝶与甲虫的分布上也有所表现。大多数淡水生物,也是如此,由于在最相异的纲里有多属分散在地球各地,并且其很多物种分布范围十分广泛。这并非说在分布很广的属里全部种其分布范围都非常广阔,而是说其中一些物种分布范围很广阔。这也并非说在这样的属里物种平均的分布范围很广阔;因为这大多数要依照变化过程进行的程度；比如，相同物种的两个变种在美洲与欧洲生活，所有此物种的分布范围就非常广；可是，倘若变异进行得更远一些，那两个变种就将被列为不同的物种，因此其分布范围将大大地缩小。这更不是说可以越过障碍物而分散的十分广远的物种，像一些善飞的鸟类，就肯定分布得很广，因为我们永远不可以忽略，分布广远不但意味着拥有越过障碍物的能力，并且意味着拥有在遥远地区和异地居住者进行生存斗争而取胜的更为重要的能力。然而依照以下的观点——一属的全部物种，即使分布到地球上最遥远的地方，都传自于单一祖先；我们就必须找到，而且我觉得我们确能照例找到，至少有些物种是分布得非常广远的。

必须被我们所记住的是，在全部纲中很多属的起源都是十分古老的，在此种情况下，物种将有大量的时间可供分散与此后的变异。从地质的证据来看，也有理由肯定，在各个大的纲里较低等的生物的变化速率较之比较高等的生物的变化速率则更加缓慢；因而前者将存在分布广远却照旧保持相同物种性状的较好机会。这个事实加上大多数低级体制类型的种子与卵都特别细小而且适于较远的输送的事实，应该说明了一个规律，即任何群的生物越低级，其分布则越是广远：这是一个很早就被发现的、而且近期又经康多尔在植物方面阐述过的规律而印证。

刚刚讨论过的关系，即低等生物的分布相比高等生物更为广远——分布广远的属，其一些物种的分布也是广远的，高山、湖泊与沼泽的生物常常和在附近低地以及干地生活的生物有关联，岛上与最近大陆上的生物之间的关联十分明显，在相同群岛中每一个岛上的不同生物有更为密切的亲缘关系，一一依照诸物种独立创造的一般观点，这些事实都是不能得到解释的，可是倘若我们承认移居自最近的或最便利的原产地与移居者后来对其新家乡的适应，这便能够得到解释。

前章及本章提要

在这两章中我曾想办法说明，假使我们适当地估计到我们对于势必在近代发生过的气候变化与陆地水平变化及大约发生过的别的变化所导致的充分影响知之甚少，假使我们记得我们对不少奇妙的偶然输送方式是极其无知——假使我们记起来，并且这一点非常重要，某个物种在广大面积上不间断地分散，随后在中间地带灭绝了，是多么频繁发生的事情——那么，相信同一物种的全部个体，不论它们是在何地发现的，都传自共同的祖先，就无不能克服的困难了。我们依照各种普遍的论点，尤其是依照各种障碍物的重要性，而且依照亚属、属及科的类似的分布，得出上述结论，很多博物学者在单一创造中心的名称下也推断出此结论。

至于同一属的不同物种，依据我们的学说，都自同一原产地分散出去；假如我们像上述那样地了解到我们的无知，而且记得某些生物类型的变化非常缓慢，所以有充分时间可供其迁徙，那么难点是可以克服的；尽管在此情况下，如同在相同物种的个体的情况下一样，难点一般是特别大的。

为了说明气候变化对其分布的影响，我曾尝试说明最后的一次冰期以前产生过如何重要的影响，它甚至影响到赤道地区，而且使相对两半球的生物在北方与南方寒冷交替的过程中相互混合，并且让某些生物留在世界的任何部分的山顶上。为了说明偶然的输送方法是如何的多样，我曾比较详尽地讨论过淡水生物的分散方式。

假如承认相同物种的全部个体及相同属的几个物种在时间的漫长过程中以前从同一原产地出发，并无不能克服的难点；则全部地理分布的主要事实，都能够依照迁徙的理论，包括后来新类型的变异与繁生，获得说明。如此一来，我们就可以理解，障碍物，不管水陆，不但在分开而且在显然形成一些动物区域与植物区域方面，是有十分重要作用的。如此一来，我们还可以了解相同地区近似动物的集中化，比如说在南美洲、平原以及山上的生物，森林、沼泽与沙漠的生物，用奇妙的方式怎样相互关联，而且同样的和过去在相同大陆上生活的灭绝生物相关联。假如记住生物和生物间的相互关系是最为重要的，我们便可以了解为何具有差不多相同的物理条件的两个地区每每生活着十分不同的生物类型；因为依照移住者进入一个或两个地区后所需要的时间长度；依照交通性质所容许的一些类型而非另外的类型以或多或少的数量移入;依照那些移入的生物是否互相以及和本地生物进行某种程度的直接竞争;且依照移入的生物发生变异的快慢,因而在两个地区或更多的地区里便发生和其物理条件无关的无限多样性的栖息环境,依照这种情形,那个地方将有一个差不多无限量的有机的作用与反作用——而且我们会发现某些群的生物变异程度很大,某些群的生物只是略微地变异了——某些群的生物大量增长了,某些群的生物仅以十分小的数量生存着——我们确实能在地球上若干大的地理区见到此种情形。

依照这些相同的原理,就像我曾经想办法阐明的,我们就可以知道,为何只有极少数生物存在于海洋岛,但这些生物中大多数又是本地所独有的,即典型的;因为和迁徙方式的关系,为何一群生物的全部物种都是特殊的,而另一群生物,以至于同纲生物的全部物种都同于邻近地区的物种。我们可以了解,为何整个群的生物,如两栖类与陆栖哺乳类,在海洋岛上不存在。而且最孤立的岛也存在其本身独有的空中哺乳类即蝙蝠的物种。我们还可以了解,为何在岛上有的经过变异的哺乳类在某些程度上与这些岛同大陆之间的海洋深度存在某种关系。我们可以清楚地了解,为何某个群岛的全部生物,即便在几个小岛上具有不同的物种,可是互相有密切的关系;而且与最近大陆或移住者发源的别的原产地的生物一样的有关联,只是关系不是很密切。我们更可以了解,两个地区不管相距多么远,倘若存在非常密切近似的或典型的物种,为何在那个地方总能找到一样的物种。

就像已故的福布斯所常常提倡的,生命法则在时间与空间中有某种显著的平行现象存在;支配生物类型在过去时期内演替的规律与支配生物类型在现在不同地区内的差异的规律,基本上没有什么差异。通过许多事实我们能看到此种情形。在时间上各个物种与各个群物种的存在都是连续的;由于对此规律的明显例外是那样的少,使得这些例外能正当地归因于我们还未在某个中间的沉积物中找到一些类型,这些类型不见于此种沉积物之中,但见于其上部与下部;对于空间,也是这般,即,普通规律必定是,某个物种或某群物种所生活的地区是连续的,而例外的情况尽管很多,如我曾经试图说明的,都能够依照以前在不同情况下的迁徙,或者依照偶然的输送方式,或者依照物种在中间地带的灭绝进而得以说明。物种与物种群在时间和空间上都有其发展的至高点。在相同时期中生存的或者在相同地区中生存的物种群，每每有相同的细微特征，如花纹或颜色。当我们观察曾经漫长的连续时代时，就像观察整个地球的遥远地区，我们了解到一些纲的物种互相之间的差异不大，但另一纲的、或者只是相同目的不同组的物种彼此之间的差异却特别大。在时间与空间上，每一纲的低级体制的成员相比高级体制的成员变化通常较少；不过在这两种情况下，对于此条规律都有明显的例外。依据我们的学说，在时间与空间上的此类关系是能够理解的，因为无论我们观察在连续时代中有变化的近缘生物类型还是观察移入很远地区之后曾有变化的近缘生物类型，在这两种情况之下，它们都相连接普通世代的同一个纽带上；在这两种情况之下，变异法则都是同样的，并且变异都是经同一个自然选择的方式聚积起来的。

第十四章　各生物间的亲缘关系：
形态学、胚胎学、残迹器官

分类，群下有群——自然系统——分类的规则以及难点，依照伴随着变异的生物起源学说来解释——变种的分类——生物系统常用于分类——同功的或适应的性状——通常的、复杂的、放射状的亲缘关系——灭绝分开生物群且决定其界限——同纲中各个成员间的形态学，同一个体诸部分之间的形态学——胚胎学的法则，依照不发生在幼小年龄的、而在相应年龄遗传的变异来解释——残迹器官；其起源的解释——提要。

分类

自地球历史最远古的年代开始，已经发现生物互相类似的程度在慢慢递减，因而它们能在群下再分成群。此种分类并非如在星座中对星体进行分类那般随意。倘若说某一群完全适应生活在陆地上，而另一群完全适应在水里生活，某群完全适应吃肉但另一群完全适应吃植物性物质，等等。那样的话群的存在就太过简单了；可是事实和此大相径庭，众所周知，甚至相同亚群中的成员也有着不一样的习性，此现象极其的普遍。在第二和第四章讨论"变异"与"自然选择"时，我曾想说明，在任一地区里，变异最多的，是分布广、散布多、普遍的物种，即优势物种。由此产生的变种也就是初期的物种最后能转化成新但存在差异的物种；而且这些物种，依照遗传的原理，有产生另外的新的优势物种的倾向。这样，目前的大群，通常包含很多优势物种，并有不断增大的倾向。我还曾试着进一步说明，因为各个物种的变化着的后代都企图尽可能多且尽可能不同占领其在自然构成中的一些地位，它们就一直会有性状分歧的倾向。试着观察在一切小地区内类型众多，竞争剧烈，以及和归化相关的一些事实,便能了解到性状的分歧是有依据的。

我还曾试着想办法说明,在数量上增长的、在性状上分歧的类型某一种肯定的倾向来挤对且消灭之前的、分歧与改进较少的类型。请读者参看曾经解释过的用于说明这几个原理其作用的图解;就能看到无法避免的结果是,一个祖先传下的变异了的后代在群下再次分裂为群。在图解中,顶线上每一字母表示一个包含若干物种的属;而且以这条顶线上的所有的属共同组成一个纲,因为全部都是传自于同一个古代祖先,因而它们遗传了某些共同之物。然而,依照此原理,左边的三个属有非常多的共同之点,构成一个亚科,有别于右边相邻的两个属所构成的亚科,它们是在系统的第五个阶段经一个共有祖先分歧出来的。这五个属依旧有很多共同点,即便共同点比在两个亚科中少些:它们构成一个科,相异于更右边、更早时期分歧出来的那三个属所构成的科。全部这些都是传自于(A),组成一个目,相异于从(1)传下来的属。因而在此我们有经一个祖先传下来的很多物种构成了属;属构成了亚科,科以及目,这全部都归入同一个大纲里。生物在此种分成群的自然认同关系这个伟大事实(因为习惯了,并未时常引起我们充分的注意),依我来看,是能这般解释的。毫无疑问,生物像所有另外的物体一样能用很多方法进行分类,又或是依照单一性状而人为地分类,又或是依照很多性状而较为自然地分类。比方说,我们知道矿物及元素的物质是可以此般安排的。在此种情况下,肯定无族系连续的关系,现在也没有办法看出它们被此般分类的原因。可是关于生物,情况就有些不一样了,而上述观点和群下有群的自然排列是一致的,直到现在还未提出过别的解释。

我们看到,博物学者企图依照所谓的"自然系统"来排列全部纲内的物种、属以及科。可是这个系统的意义何在呢?一些作者觉得它仅仅是这样一种方案:把最相似的生物排列在一起,把最不相似的生物分离又或是认为它是尽可能明了地表示一般命题的人为方法——用一句话概括比如全部哺乳类所共有的性状,用另一句话来概括全部食肉类所共有的性状,再从另一句话概括狗属所共有的性状,然后再加一句话来全面地概括所有种类的狗。该系统的妙处及功效是毋庸置疑的。然而很多博物学者对"自然系统"的类含要考虑得更多;他们确信它揭露了"造物主"的计划,可是关于"造物主"的计划,除了可以详尽说明它在时间上或空间上的次序或这两方面的次序，或者详尽说明它还有别的意义以外，要不然，依我来看，我们的知识并未因为这而得到什么补益。正如林奈所说的那句名言，我们通常看到它通过一种多少隐晦的方式显现，即并非性状创造属，而是属产生性状，这好像意味着在我们的分类中含有相比单纯类似更为深层次的某种联系。我觉得实际情况就是这样的，而且相信共同的系统——生物密切相似的一个已知的原因——即此种联系，这种联系尽管表现有各种不同程度的变异，可是我们的分类一部分把它揭露出来了。

现在让我们考虑一下分类中所采取的规则，而且考虑一下依照以下观点所遭到的困难，此观点便是，分类或者体现出一种未知的创造计划，或者是一种简单的计划，用以表明通常的命题并把相互间最类似的类型归类。大概曾经认为（古代就此般认为）决定生活习惯的那些结构部分，以及任何生物在自然构成中的一般位置对分类有非常大的重要性，这种想法是不对。没有人认为老鼠和鼩鼱、儒艮和鲸鱼、鲸鱼和鱼的外在类似有怎样的重要性。此种类似，尽管如此密切地和生物的一切生活相连接。但只被列为"适应的或同功能的性状"；对于此种类似，以后再来探讨。任何部分的体制和特殊习性关联越少，它在分类上就越重要，这甚至能够认为是普遍的规律。例如，欧文讲到儒艮时说道："生殖器官作为和动物的习性及食物关系最少的器官，我一直认为其最直白地表明了真实的亲缘关系。在这些器官的变异中，我们一般不能仅仅把是适应的性状误当成为基本的性状。"至于植物，最不重要的是营养以及生命依靠的营养器官；但最重要的却是生殖器官和其产物种子与胚胎，这是何等让人注意的事！一样的，在以前我们讨论机能上一些不重要的性状，我们看到它们通常在分类上有很大的重要性。这决定于其性状在很多近似群中的稳定性；而其稳定性大都分因为任何微小的偏差并未被自然选择保存及累积起来，自然选择的作用只对有用的性状产生。

某种器官的单一生理上的重要性并没有决定其在分类上的价值。下述事实差不多证明了此点，即，尽管我们能够设想，在近似的群中，相同器官具有基本上一样的生理上的价值，可是在分类上其价值却大不一样。博物学者倘若长期研究过某一群，都被这一事实所打动；并且在每一位作者的著作中差不多都充分地承认了此事实。这里只需引用最高权威罗伯特·布朗的话便可了;他在谈到山龙眼科的一些器官时,提及它们在属上的重要性,"如同其一切器官一样,不单在此科中,并且据我所知在每一自然的科中都是十分不等的,而且在一些情况下,好像完全消失了"。另外在别的一本著作中他说道,牛栓藤科的各属"在一个子房或多子房方面,在胚乳的有无方面,在花蕾中花瓣做覆瓦状或镊合状方面,都是不一样的"。这些性状的任何一种,单独来讲,其重要性一般在属以上,即便合起来讲时,它们甚而不能够区分纳斯蒂属与牛栓藤。以一个昆虫为例:在膜翅目里的一个大支群中,依照韦斯特伍德所说,触角是最稳固的结构;在另一支群里却有很大的差异,并且在分类上这差异只有非常次要的价值;但是无人会说,在同一目的两个支群中,触角有着不同等的生理重要性。在分类上相同生物的相同重要器官没有同等的重要性,此方面的例子举不胜举。

还有,无人会说在生理上或生活上残迹器官具有高度的重要性;但是毋庸置疑,此种状态的器官在分类上常常有非常大的价值。无人会认为幼小反刍类上颚中的残迹齿与腿上一些残迹骨骼在表现反刍类以及厚皮类之间的密切亲缘关系上是没有用的。布朗曾经大力扶持,残迹小花的位置在禾本科草类的分类上有极大的重要性。

对于那些应该被认为生理上十分不重要的,却通常被认为在整个群的定义上特别有用的部分所表现的性状,有无数的事例可举出。比方说,由鼻孔至口腔是否存在通道, 依据欧文的观点, 这是区分鱼类与爬行类的唯一性状——有袋类下颚角度的变化——昆虫翅膀的折叠状态——一些藻类的颜色——禾本科草类的花在每一部分上的细毛——脊椎动物中的真皮覆盖物(比如毛或羽毛)的特性。假如鸭嘴兽外面覆盖的是羽毛而非毛,则此不重要的外部性状便会被博物学者看做在决定此种奇怪生物和鸟的亲缘关系的程度方面有极其大的帮助。

细小性状于分类上的重要性,大部分决定于其和很多别的不同程度重要的性状的关系。在博物学中性状总体的价值确是十分显著的。所以,如同常常指出的,某个物种能在若干种性状,不管它具有高度的生理上的重要性或具有基本上普遍的优势上和其近似物种相区别,但是关于它应该排列在哪个地方,我们却一点都不怀疑。所以,也已经了解到,依照任何单独某种性状来分类,无论此种性状多么重要,终究是要失败的,由于体制上无一个部分是永远一成不变的。性状的总体重要性,甚至当其中没一个性状是重要的时候,也能够单独解释林奈所阐释的格言,那就是并非性状形成属,而是属创造性状。因而这一格言好像是用很多略微的类似之点难于明确表示作为依据的。全虎尾科的一些植物有齐全的及退化的花;对于后者,朱西厄说:"物种、属、科、纲所固有的性状,大多数都不存在了,这对我们的分类是一种讽刺。"内当斯克巴属在法国的几年之间只生长这些退化的花,而与此目的固有模式在结构的很多最重要方面十分惊人的不一致时,朱西厄说,里查德敏锐地观察出此属还应该在全虎昆科里保留。这一例子相当好地说明了我们分类的精神。

　　事实上,在博物学者进行分类工作时,对于认定某个群的或是排列所有特殊物种所用的性状,并不注重它们生理的价值。假如他们找到某种差不多一致的为很多类型所共有的,但不被其他类型所共有的性状,他们就把它看成一个有十分高价值的性状来应用;假如为少数所共有,他们把它看成有次等价值的性状来应用。一些博物学者明确地认为这是正当的原则,而且没有哪一个像卓越的植物学者圣·提雷尔那样明确地如此认为。假如经常发现若干种微细的性状总是合在一起显示,即便它们之间未发现明显的联系纽带,也将给其以特殊的价值。在大部分的动物群中,重要的器官,比方说输送血液的器官或是给血液输送空气的器官,又或是繁殖器官,倘若基本上是一致的,它们在分类上将会被当成为是十分有用的;然而在一些群里,全部这些最重要的生命器官只可以提供非常次要价值的性状。如此,就像近期米勒指出的,在相同群的甲壳类中,海萤有心脏,但两个密切近似的属,也就是贝水蚤属以及离角蜂虻属,都不具备此种器官;海萤的某一物种拥有很发达的鳃,但另一物种却不长鳃。

　　我们可以知道为何胚胎的性状和成体的性状具备同样的重要性,因为自然的分类必定包括全部龄期。然而依照一般的观点,肯定没法明确地了解为何在分类上胚胎的结构比成体的结构更为重要,可只有成体的结构在自然组成中才可以充分发挥作用。但是卓越的博物学者爱德华兹与阿加西斯坚持认定在全部性状中胚胎的性状是最重要的;并且通常都觉得此种理论是正确的。即便这样，因为未排除幼体的适应的性状，有时其重要性被夸大了；为了解释这一点，米勒单单依照幼体的性状排列甲壳类这一个大的纲，结果证实这并非一个自然的排列。可是毋庸置疑，不包含幼体的性状在类，在分类上胚胎的性状有着最高的价值，不单单动物如此，植物也是这样。如此，区分显花植物主要是依照胚胎中的差异——那就是依照子叶的数目及位置，还有依照胚芽与胚根的发育方式。我们便会看到，为何在分类上这些性状有这么高的价值，这就是说，因为自然的分类是依照家系排列的。

我们分类通常显著地受到亲缘关系的连锁影响，确定全部鸟类所共有的很多性状是最容易不过的了；可是在甲壳类里，如此的肯定直到目前还被看成是不可能的。有一些甲壳类，它的两个极端的类型差不多无一种性状是共同的；但是两极端的物种，因为十分的近似于其他物种，但是这些物种又近似于另外的一些物种，如此关联下来，就能够明确地认为其属于关节动物纲，而非属于别的一些纲。

地理分布也经常被应用在分类中，尤其是被用在密切近似类型的大群的分类里，即便这并不算十分合理。爱明克主张此方法在鸟类的一些群中是有用的、甚至是不可缺少的；一些昆虫学者与植物学者也曾采用过此方法。

最后，对于每一物种群，如目、亚目、科、亚科及属等的相对价值，照我来说，至少在目前，差不多是随意估定的。某些最优秀的植物学者像本瑟姆先生和其他人士，曾都鲜明地主张其随意的价值。可以列举一些有关植物与昆虫的事例，比如，某一群开始被有经验的植物学者仅仅归类为一个属，后来其又被提升为亚科或科的等级：此般做并非由于进一程度的研究发现到以前开始没有看到的重要结构的差异，却是由于有着略微不同级进的各种相差无几的很多近似物种之后被找到了。

全部上述分类上的规则、根据与难点，假如我的看法无多大错误，都能依照下述观点得以说明，那就是，"自然系统"的依据是伴随着变异的生物起源学说的；博物学者们觉得两个或两个以上物种之间那些可以显现真实亲缘关系的性状都遗传自相同祖先，全部真实的分类都是依照家系的，共同的家系即博物学者们无意识地追求的不易发觉的纽带，而并非一些未知的创造计划，也并非普通命题的说明，更非简单地把多少相似的对象混合。

然而我应该更充分地说明我的观点。我确信每一纲中的群依据适当的从属关系和相互间关系的排列，应该是严格系统的，这样方能达到自然的分类；然而一些分支或群，近似程度虽和共同祖先血统的关系是等同的，但由于它们经历程度不一样的变异，它们的差异量却大有不同；这是由这些类型被归在不相同的属、科、部或目中而表现出来的。倘若读者不怕麻烦去参阅第四章的图解，便能非常好地理解这里所讲的意思。我们设定由 A 至 L 代表在志留纪生存的近似的属，而且其传自于某一更古老的类型。其中三个属（A、F 与 I）中，都有一个物种流传下变异了的后代至今，而在最高横线上的十五个属（a^{14} 至 z^{14}）就是其代表。那么，传自于单一物种的一切这些变异了的后代，血统上、及家系上都有着相同程度上的关系；可以把它们比作是第一百万代的宗兄弟；但是它们相互之间有着广泛及不同程度的差异。传自于 A 的、现在分为两个或三个科构成一目，但是传自于 I 的，也分为两个科，构成了其他的目。传自 A 的现存物种已不可以和亲种 A 归入相同个属；传自于 I 的物种也无法和亲种 I 归入相同个属。能够设定现存的属 F^{14} 只有相当少的改变；所以能够与祖属 F 同归一属，就如一些少数目前依旧存在的生物属于志留纪的属一样。因而，这些在血统上都经由相同程度彼此关联的生物之间所显明的差异的相对价值，就很不一样了。即便这样，其系统的排列不单单在目前是真实的，而且在后代的每一连续的时期中也同样是真实的。传自于 A 的全部变异了的后代，都在其共同祖先那遗传了一些相同之物，传自于 I 的全部后代也是如此；在每一连续的阶段上，后代的各个从属的分支也都是如此。可是倘若我们设定 A 或 I 的全部后代变异得这样的大，因而丧失了其出身的全部痕迹，在此情况下，它在自然系统中的地位被丧失了，一些少数现存的生物似乎以前发生过此种情况。F 属的全部后代，顺着其整个系统线，设定只有非常少的变化，它们便构成单独的一属。可是此属，尽管很孤立，就会占据它应有的中间地位。表示群，就像这里用平面的图解指出的，太过于简单了。分支应向各个地区分出去。假如把群的名称仅仅是简单地在一条直线上写出，该表示就更加不自然了；而且众所周知，我们在自然界中在同一群生物间所了解的亲缘关系，通过平面上的一条线表示出来，肯定是不可能的。因此自然系统就如宗谱一般，在排列上是按照系统的；可是不同群曾所经历的变异量，应该通过以下方法来显示,那就是把它们归于不同的所谓属、亚科、科、部、目和纲中。

通过一个语言的例子来说明此种分类观点,是很有用的。倘若我们拥有人类的完好的谱系,则人种的系统的排列将会对目前整个地球上全部不同语言提供最佳的分类;倘若把全部目前不用的语言及全部中间性质及慢慢变化着的方言也包含在内,则如此的排列将是唯一可能的分类。可是一些古代语言也许变化很少,而且新语言的产生也占少数,但另外的古代语言由于同宗的各族在分布、分隔以及形态方面的关系以前有很大的变化,所以产生了很多新的方言与语言。相同语系的每一语言之间的或多或少的差异,应该用群下有群的分类方法来加以说明;可是正当的、甚至唯一可能有的排列依然是系统的排列;这将是严格自然的,因为它依照最密切的亲缘关系连接了全部的古代与现代的语言,而且指出各个语言的分支及起源。

为了让此观点得到证实,我们来观察一下变种的分类,变种是已经明白或者确信传自于单独某个物种的。在物种之下这些变种群别集合,在变之下亚变种又被集合;在一些情况下,像家鸽,还有别的一些等级的差异。变种分类所依照的规则与物种的分类差不多一样。作者曾极力认为依照自然系统而非人为系统来排列变种的必要性;比如,我们被提醒不要纯粹因为凤梨的果实——尽管这是最重要的部分——碰巧基本一样,就把其两个变种归成一类;无人把瑞典芜菁与普通芜菁归为一类,即便其可供食用的、肥大的茎是那样类似。哪一部分是最稳固的,哪一部分就会应用于变种的分类:比如,大农学家马歇尔说,在黄牛的分类中角十分有用。由于其比身体的形状或颜色等变异要小;反之,在绵羊的分类中,角的用处则明显地减少了,由于其不算很稳定。变种的分类上,我觉得倘若我们有真实的谱系,将广泛地采用系统的分类;而且这在若干情形中已被试用过。因为我们能够确定,无论变异有多少,遗传原理常常会把那些类似点最多的类型聚集在一块。对于翻飞鸽,即便一些亚变种在喙长这一重要性状上有所差异,然而由于都有翻飞的共同习性,还是将它们聚合在一起;不过短面的品种已经差不多或者完全丧失了此种习性;尽管这样,我们并不考虑此点,还会把它同别的翻飞鸽归入一群,因为其血缘相近,并且在另外的方面也有相似的地方。

有关自然状态下的物种,事实上所有的博物学者都已依照血统进行分类;

由于他把两性全归纳在最低单位，也就是物种中，而在最重要性状上有时两性显明了这般巨大的差异，是所有的博物学者都了解的；某若干蔓足类的雄性成体与雌雄同体的个体之间差不多没有什么相同的地方，然而没有人梦想过把它们分开。三个兰科植物的类型那就是和尚兰、蝇兰和须蕊柱，曾经被归到三个不同的属，一旦发现有时它们会在同一植株上产生出来时，它们便马上被当做是变种，可是现在我可以说明它们是同一物种的雄体、雌体以及雌雄同体。相同个体的各种不同的幼体阶段被博物学者都归在同一物种中，无论其相互之间的差异以及和成体之间的不同之处有多大，斯登斯特鲁普所说的交替的世代也是这样，仅仅在学术的意义上它们才会被认为属于同一个体。畸形与变种又被博物学者归到同一物种，并非由于它们部分相似于亲类型，而是由于它们都是传自于亲类型的。

因为广泛的血统被用来把相同物种的个体归为一类，即便雄者、雌者以及幼体有时十分不相同，又由于血统曾被用来对发生过某种程度的变异、以及偶尔发生过极其大规模变异的变种进行分类，难道血统这相同因素曾经没有无意识地被用于集合物种为属，集合属为更高的群，把全部都在自然系统的下面集合吗？我确定它已被无意识地应用了；而且只有如此，我才可以理解我们最卓越的分类学者所运用的一些规则与指南。由于我们缺少记载下来的谱系，我们就必须通过任何种类的类似之点来寻找血统的共同性。因而我们才选择那些在各个物种近期所处的栖息条件中最难于产生变化的性状。由此观点来看，残迹器官和体制的别的部分在分类上一样的适用，甚至有时更为适用，我们无论某种性状多么细小——比方颚的角度的大小，昆虫翅膀折叠的方式，皮肤被覆盖着毛或羽毛——倘若它在很多不一样的物种中，特别是在生活习性有较大差异的物种里普遍存在，它的价值就很高；因为我们只能通过来自同一祖先的遗传去说明它为何在习性这样不同的这样众多的类型中存在。倘若只依照结构上的单独一点，我们便可能在此方面犯错误，然而倘若若干即便十分不重要的性状同时在习性不一样的一大群生物里存在，依据进化学说，我们差不多能够肯定这些性状是传自同一的祖先的；而且我们了解此种集合的性状在分类上有着特殊价值。

我们可以明白，为何某个物种或某个物种群能够在一些最重要的性状上离开其近似物种,可是还可以有把握地和它们分为一类。只要有数目充足的性状,不论它们如何不重要,只要泄露了血统共同性的不易发觉的纽带,就能极有把握地进行这样的分类,并且是经常这样做的。尽管两个类型无一个性状是相同的,可是,倘若有很多中间群的连锁在此些极端的类型之间把其连接起来,我们便能很快地推断出其血统的共同性,而且把它们放于相同的纲中。由于我们发现在生理上有着很高的重要性的器官——在相异程度很大的生存条件下用以保存生命的器官——往往是最稳定的,因而我们赋予其特殊的价值;然而,倘若这些同样的器官在别的一个群或同群的另一部分中被发现有非常大的差异,我们就马上在分类中降低其价值。我们将马上看到为何胚胎的性状在分类上有着如此高的重要性。有时地理分布在大属的分类中也能够有效地运用,因为生活在所有不同地区与孤立地区的同属的全部物种,大致都是传自于相同祖先。

同功的相似——依照上述观点,我们就可以知道真实的亲缘关系和同功的也就是适应的相似之间有十分重要的区别。拉马克第一个注意到此问题,其后的有麦克里与别的一些人士。儒艮与鲸鱼之间在身体形状与鳍状前肢方面的类似,还有两目的哺乳类与鱼类之间的相似,都是同功的。不同目的鼠与鼩鼱之间的相似也是同功的;米伐特先生所极力说明的鼠与某种澳洲小型有袋动物袋鼠之间的更为密切的相似也是如此。照我来说,最后这两种相似能够依照以下得以说明,即适宜在灌木丛与草丛中做类似的主动的活动并对敌人隐避。

在昆虫中也有很多类似的例子;比如,林奈以前被外部表象所迷惑,竟把某个同翅类的昆虫分到了蛾类。甚至在家养变种中,我们也能够见到大致一样的情况,比方说,在体形方面中国猪与普通猪之间的改良品种明显的类似,但是它们却传自于不一样的物种;又比方说普通芜菁与不同物种的瑞典芜菁类似于在肥大茎部上。细躯猎狗与赛跑马之间的类似比起一些作者对相异甚远的动物所描述的类似并没有更为奇特。

只有在揭示出血统关系之时,在分类上性状才具有确实的重要性,依照该观点,我们便可以清楚地理解,为何同功的或适应的性状,即便对于生物的繁荣相当重要,可是对于分类学者而言,却基本上没有什么价值。由于属于两个差异最大的血统的动物大约变得和相似的条件适应，所以获得外在的密切类似；可是此种类似不仅没法显示出它们的血统关系，反而产生了使其血统关系隐蔽的倾向。我们因此还可以理解下面的显著矛盾，即全部相同的性状，在一个群比较其他一个群时是同功的，但在同功的成员互相比较时却可以表现确实的亲缘关系：比如，身体形状及鳍状前肢在鲸和鱼类对比时只是同功的，是两个纲对于游泳的适应；可是在鲸科的一些成员内，身体形状与鳍状前肢往往是表现真实亲缘关系的性状；由于这些部分在全科中是这般类似，使得我们没法怀疑它们传自共同的祖先，鱼类也是如此的情况。

可以举出相当多的例子来说明，在非常不同的生物中，若个部分或器官之间因和相同的功能适应而明显相似。在自然系统上狗与塔斯马尼亚狼也就是袋狼是相距甚远的动物，但其颚却是密切类似的，这是一个很好的例子。可是此种类似仅限于通常外表，像大齿的突出与臼齿的尖锐形状。由于事实上牙齿之间差异很大：比如狗上颚的任何一边有四个前臼齿与两个臼齿；但塔斯马尼亚狼有三个前臼齿与四个臼齿。这两种动物的臼齿在尺寸与结构上差异也很大。成齿系之前的乳齿系也十分不同。诚然，所以人都能否认这两种动物的牙齿以前以连续变异的自然选择而适合于撕裂肉类；然而，倘若承认此曾发生在某个例子中，却是不承认它起作用于另一个例子中，依我来看是没法理解的。令我欣喜的是，像弗劳尔教授这样的最高权威也得出了相同的结论。

上一章所列举的特殊情况，如关于有着发电器官的极其相异的鱼类——带有发光器官的非常不一样的昆虫——带有粘盘花粉块的兰科植物与萝芦科植物都能够归入同功的类似这一项目之下。可是此种情况是这般奇异，使之被用于反对我们学说的难点或异议。在所有此种情况下，能够发现器官的生长或发育有本质的区别，其成年结构通常也是这样。达到的目的是一样的，可是所运用的方法从表面来看尽管相同，但本质却不一样。以往在同功变异此术语之下所提到的原理一般也在此种场合中产生影响，那就是同纲的成员，尽管只有疏远的亲缘关系，可是其体制却遗传有如此多的共同点，因而它们通常在类似的刺激原因用类似的方式产生变异，这明显有助于经过自然选择使其获得互相类似的部分或器官，但与共同祖先的直接遗传毫无关系。

物种起源

　　分属不同纲的物种,因为连续的、细微的变异一般适合栖息在差不多相似的环境中——比如,在陆、空以及水这三种条件下生活——因而我们或可以知道,为何有时会有非常多数字上的平行现象在不同纲的亚群中见到。某位被此种性质的平行现象所打动的博物学者,因为任意地提高或降低一些纲中的群的价值 (我们的全部经验显示, 关于它们的评价直到现在还是任意的),就不难把此种平行现象延伸至广阔的范围。如此,大约就产生了七项的、五项的、四项的以及三项的分类法。

　　存在着另一类奇异的情况,即外表的密切类似并非因为适应了相似生活习性,而是因为保护而获得的。我指的是贝茨先生最先描述的一些蝶类模仿别的相当不同物种的奇特方式。此位优秀的观察者阐明,在南美洲的一些地方,比方说,有某种透翅蝶,十分之多,大群聚居,在这些蝶群中通常发现另一种蝴蝶,即异脉粉蝶混于其中,后者在颜色的浓淡及斑纹方面甚至在翅膀的形状上都非常密切类似于透翅蝶,使得因采集了十一年标本而目光犀利的贝茨先生,即便处处注意,可也不间断地上当。倘若捕捉到这些模拟者与被模拟者,并对之比较时,便会知道在重要结构上它们是十分不同的,不但属于不一样的属,并且也一般属于不一样的科。假如此种模拟只见于一两个事例,这就能够看成奇怪的偶合而不予理会。可是,倘若我们离开异脉粉蝶模仿透翅蝶之处不中断往前去,还能够发现这两个属的别的模拟的与被模拟的物种,它们一样的密切类似。总计有不下十个属,其中的物种模拟别的蝶类。模拟者与被模拟者总是在同一地区生活的;我们从未发现过某个模拟者远离其所模拟的类型。模拟者基本上都是稀有昆虫,被模拟者基本上在所有情况下都是成群繁生的。在异脉粉蝶几乎完全模拟透翅蝶的处所,有时还有别的鳞翅类昆虫模拟相同一种透翅蝶;结果在相同地方,能发现三个属的蝴蝶的物种,甚至还包含某种蛾类,都非常类似第四个属的蝴蝶。应该相当注意的是,异脉粉蝶属的很多模拟类型可以用级进的系列显现出不过是相同物种的诸变种,被模拟的每一类型也是如此,但别的类型则肯定是不一样的物种。可是能够质问:为何把某些类型称做是被模拟者,而把别的类型称做是模拟者呢;贝茨先生非常好地回答了此问题,他说明被模拟者都保持那一群的惯常外形,而模拟者却改变了其外形,而且与其最近似的类型不类似。

再者，我们来探讨可以提出哪种理由来解释一些蝶类与蛾类如此常常地取得另一很不相同类型的外形；为何"自然"会堕落到采取欺骗手段，让博物学者迷惑不解呢？确信无疑，贝茨先生已有了正确的解释。被模拟的类型的个体数目常常是十分大的，它们肯定频繁地大规模地躲避了毁灭，要不它们就没法生存得那样众多；目前已经有大量的证据被搜集，能够证实它们是鸟类与另外一些食虫动物所不爱吃的。还有，在相同地方生活的模拟的类型，是较不多的，属于稀有的群；因而，它们肯定时常遭遇某些危险，否则，依据全部蝶类的大量产卵看来，它们将在三四个世代中在所有地区繁生。目前，假如某种如此被迫害的稀有的群，有某个成员获取一种外形，此种外形如此与某个有良好保护的物种的外形相似，使得它经常地骗过昆虫学家的经验十足的眼睛，因而它就会常常骗过掠夺性的鸟类与昆虫，如此就能避免毁灭。差不多能够说，贝茨先生事实上目击了模拟者变得这般密切类似被模拟者的过程：因为他发现异脉粉蝶的一些类型，一切模拟很多别的蝴蝶的，都以异常的程度产生变异。在某一地区存在若干变种，可其中只有某个变种或多或少相似于相同地区的常见的透翅蝶。在其他一地区存在两三个变种，其中一个变种比其他变种要常见得多，而且它密切地模拟透翅蝶的另一类型，依照此种性质的事实，贝茨先生主张断定：异脉粉蝶最先发生变异，倘若某个变种刚好在某种程度上与生活在相同地区的一切普通蝴蝶相似，则此变种因为与某个繁盛的极少被迫害的种类类似，便会有更多的机会免遭掠夺性的鸟类与昆虫毁灭，其结果就会更容易地被保存下来——"类似程度称不上完全的，就一代又一代地被消灭了，只有类似程度完全的，才可以保存下来繁殖其种类"。因而在此，对于自然选择，我们有一个非常好的例证。

一样的，华莱士与特里门先生也曾经依照马来群岛与非洲的鳞翅类昆虫和一些别的昆虫，描述过一些一样明显的模拟例子。在鸟类中华莱士先生还曾找到过一个此类例子，可是有关较大的四足兽我们还未找到例子。模拟的出现对昆虫而言，远多于别的动物，这可能是因为它们身体小的缘故：昆虫没法保护自己，除了确实有刺的种类，我从未听到过一个例子表现这些种类模拟别的昆虫，即便它们是被模拟的，昆虫又不易通过飞行来逃避吃食它们的较大动物；所以，用比喻来说，它们正如大部分弱小动物那般，只能求助于欺骗与模仿。

应当注意,模拟过程大约从未在颜色极不一样的类型中发生。可是从互相已经有些类似的物种开始,最密切的类似,假使是有益的,可以运用上述手段得到;倘若被模拟的类型后来慢慢由于什么因素而产生改变,模拟的类型也会顺同一路线发生改变,所以能够被改变到任何程度,因而最后它将取得与其所属的那一科的别的成员一点都不相同的外表或颜色,可是,在该问题上也有一些难点,因为在某些情况中,我们不得不设定,一些不同群的古代成员,在它们还未分歧到目前的程度之前,刚好与其他一有保护的群的某一成员类似到完全的程度,而得到某些极其微细的保护;这就为后来获得最完全的类似奠定了基础。

论接连生物的亲缘关系的性质——大属中优势物种的变异了的后代,有着继承某些优越性的倾向,该优越性曾经使其所属的群变得十分大并令其父母占有优势,所以它们差不多必定会广为散布,且在自然组成中得到渐为增多的地方。所有纲中较大的且较占优势的群如此就具有继续增大的倾向,因而它们会排挤掉很多较小的与较弱的群。如此,我们就可以说明全部现代的与灭绝的生物包括于少数的大目及更少数的事实。有一个惊人的事实能表明,较高级的群在数目上是怎样的少,可它们在整个地球上的分布又是如此的广泛,澳洲被发现后,没有增加过一种可立一个新纲的昆虫;且在植物界,依照胡克博士说,只增加了两三个小科。

在《论生物在地质上的演替》一章里,我曾经依照任何群的性状于长期连续的变异过程中通常分歧相当大的原理,试图揭露为何比较古老的生物类型的性状一般在某种程度上处在现存群之间。由于变异非常少的后代被一些少数古老的中间类型保留到现在,这些就构成了我们所称之的中介物种或畸变物种。任何类型越离开常规,则已灭绝且彻底消失的连接类型的数目必定越大。有证据可以表明,畸变的群由于灭绝而遭受很大程度的损失,因为它们基本上往往只包括极少数的物种,可这些物种按它们实际生存的情况来看通常彼此十分不同,这就意味着灭绝。比方说,鸭嘴兽与肺鱼属,假如每一属都不是像目前这样以单独一个物种或两三个物种来代表,而是通过十多个物种来代表,也许还不会使它们减少至脱离通常的程度。我想,我们只可以依照以下的情况来说明此事实，那就是当做畸变的群是被比较成功的竞争者所征服的类型，它们只有少数成员在十分有利的条件下依旧生存。

沃特豪斯先生曾指出，当某个动物群的成员和某个非常不同的群显示有亲缘关系时，此种亲缘关系在大部分情况下是一般的，并非特殊的；比如，依据沃特豪斯先生的观点，在全部啮齿类中，哗鼠和有袋类的关系最为亲密；不过在它同该"目"接近的很多方面中，其关系一般，即并不与有袋类的物种哪一个十分接近。由于亲缘关系的每一方面被相信是真实的，并非单单是适应性的，依据我们的观点，它们就应该归因于共同祖先的遗传。因而我们应该假定，又或是，一切啮齿类，包含哗鼠在内，分支于某种古代的有袋类，但此种古代有袋类在与一切现存的有袋类的关系中，一直都具有中间的性状；或是，啮齿类与有袋类两者都分支自同一祖先，且两者之后在不同的方向上都发生过十分多的变异。不管根据哪种观点，我们都应当假定哗鼠经过遗传比别的啮齿类曾经保留有更加多的古代祖先性状，因此它不会和哪一个现存的有袋类格外有关系，然而因为部分地保留了其同一祖先的性状，或者此群的某一种早期成员的性状，而间接地和全部或基本上所有有袋类有关系。另一方面，依据沃特豪斯先生所指出的，在全部有袋类中，袋熊并非和啮齿类的哪一物种，而是和所有的啮齿目最相似。可是，在此种情况下，极易猜测此种类似只是同功的，因为如啮齿类那样的习性袋熊已经适应了。老得康多尔在相异科植物中做过差不多类似的观察。

依照传自同一祖先的物种在性状上增多及慢慢分歧的原理，而且依照它们通过遗传保留一些相同性状的事实，我们便可以知道为什么同一科或更高级的群的成员都经由十分复杂的辐射形的亲缘关系互相联系在一起。由于通过灭绝而分裂成不同群与亚群的全部科的共同祖先，将会通过不一样的方式以及不同程度的变化，遗传若干性状给全部物种；结果它们将经由各种长度不一的迂回的亲缘关系线（就像在常常提起的那个图解中所看到的）互相关联起来，通过很多祖先而上升。因为，甚至依靠系统树的帮助也很难显示任何古代贵族家庭的很多亲属之间的血统关系，并且不借助此种帮助又基本上无法示明那种关系，因而我们就可以理解下述情况：在同一个大的自然纲里博物学者们已经发现很多现存成员与灭绝成员之间有各种各样的亲缘关系，可是缺乏图解的帮助,想要揭述此类关系,是十分困难的。

　　灭绝,就像我们在第四章里所了解的,在束缚与扩大每一纲中某些群之间的距离产生着重要的作用。如此,我们便可按照下述信念来说明整个纲互相界限分明的缘由,比方说鸟类与全部别的脊椎动物的界限。此信念即,很多古代生物类型已彻底消灭,但鸟类的早期祖先与当时相对不分化的别的脊椎动物被这些类型的远祖联系在一起,但是一度曾把鱼类与两栖类相连接的生物类型的灭绝就要少得多。在某一些纲中,灭绝得更少,比方说甲壳类,因为,最相异的类型仍旧能经由一条长的而只是部分断落的亲缘关系的连锁相连接。灭绝仅能分明群的界限:它绝对没有办法制造群,因为,倘若一度在这个地球上生活过的各个类型都一下子再一次出现,尽管无法给每一群以清晰的界限,作为区分,某个自然的分类,又或是至少一个自然的排列,依然属可能。我们参阅图解,就能理解此点:从 A 至 L 能够代表志留纪时期的十一个属,其中若干已经产生出变异了的后代的大群,它们的任何枝和亚枝的连锁目前依然存在,这些连锁与之现存变种之间的连锁并非更多。在此情况下,就相当不可能下一定义区别几个群的某些成员与其更加直接的祖先与后代。不过图解上的排列还是有效的,而且还是自然的;因为依照遗传的原理,比如,全部从 A 传下来的类型都具有若干共同点,就像在一棵树上我们可以区分出这一枝与那一枝,尽管在实际的分叉上,那两枝相连接而且相融合。依我说过的,我们不可以划清某些群的界限;然而我们却可以选出代表任何群的大部分性状的模式或类型,无论那群是大或是小,这样,对于它们之间的不一样的价值就给予了一般的概念。假如我们以前成功地搜集了曾在全部时间与空间栖息过的所有纲的一切类型,这便是我们应该依照的方法。当然,我们永远没法完成这般全面的搜集,尽管这样,在一些纲里我们正朝着此目标进行;最近爱德华兹在一篇写得非常好的论文里强调运用模式的极端重要性,无论我们是否可以把这些模式所隶属的群互相分开,并划定界限。

　　最后,我们已看到随生存斗争而来的、而且基本上不可避免地在一切亲种的后代中导致灭绝及性状分歧的自然选择,解释了任何生物的亲缘关系中的那一巨大而广泛的特点,那就是其在群之下还有群。我们通过血统这一要素把两性的个体与全部年龄的个体分类到一个物种之下,即便它们也许只有少数的性状是共同的，我们通过血统对于已知的变种加以分类，不论它们和它们的亲体差异有多大，我确信血统这一要素便是博物学者在"自然系统"这一术语下所求索的那个不易发现的联系纽带。自然系统，在其被完成的范围之内，它的排列是系统的，并且其差异程度是通过属、科、目等来体现的，依照这个概念，我们便可以理解我们在分类中应当遵循的规则。我们可以知道为何我们把一些类似的价值估量得远比其他类型高：何以我们要用残留的、不起作用的器官，或生理上重要性不高的器官，何以在寻找一个群和另外一个群的关系中我们立即排除同功的或适应的性状，但是在相同群的范围内又利用这些性状。我们可以清晰地看到全部现存类型与灭绝类型怎样可以归入少数几个大纲里；相同纲的一些成员又怎么通过最复杂的、放射状的亲缘关系线相联结。我们可能永远没法说明所有纲的成员之间错综的亲缘关系纲；可是，假如我们在观念中存在着一个明确的目标，并且不去祈求某种不易确知的创造计划，我们就能够希望得到确切的即便是缓慢的进步。

最近赫克尔教授在其"普通形态学"和别的著作里，通过他广博的知识与才能来讨论他所说的系统发生，即全部生物的血统线。在对若干系统的描绘中，他主要依照胚胎的性状，可是也借助于同原器官与残迹器官以及诸生物类型在地层中刚开始出现的连续时期。于是，他勇敢地走出了伟大的第一步，且对我们表明以后应该怎样处理分类。

形态学

我们了解到相同纲的成员，不管其生活习性如何，在通常体制设计上是互相类似的。此种类似性一般用"模式的一致"这一术语来表达；或者说，相同纲的相异物种的一些部分与器官是同原的。该全部问题能够包括于"形态学"这个总称内。这在博物学中是最有趣的部门之一，并且差不多能说就是其灵魂。适应抓与握的人手、适应掘土的鼹鼠的前肢、马的腿、海豚的鳍状前肢与蝙蝠的翅膀，都是在一样的形式下构成的，并且在相同的相当位置上有类似的骨，有什么可以比这更为奇怪的呢？举一个次要的即便也是动人的例子：那就是袋鼠的极其适于在广旷平原上奔跑的后肢——攀缘且食叶的澳洲熊的一样良好地适应抓握树枝的后肢——生活地下、食昆虫或树根的袋狸的后肢——以及一些别的澳洲有袋类的后肢——都是构成于相同特殊的模式下，即它们的第二与第三趾骨极其瘦长，被包在一样的皮内，结果看来仿佛是有着两个爪的一个单独的趾。虽然有此种形式的类似，显然，这几种动物的后脚在能够想象到的范围之内还是用于非常不同的目的的。该例因为美洲的负子鼠所以显得更为动人，其生活习性基本上相同于一些澳洲亲属，可其脚的结构却依照通常的设计。以上的叙述是依照弗劳尔教授的，他在结论中说："我们能够称这为模式的符合，不过对于此种现象并不能给予多少解释，"他接下去说，"这难道不是强烈地暗示着真实的关系及遗传自同一祖先吗？"

圣·提雷尔曾大力认为同原部分的相关位置或互相关联的程度极高的重要性；它们在形状与大小方面基本上能够相异到任何程度，但是依旧通过同一不变的顺序保持联系。比如，我们从没发现过肱骨与前臂骨，或大腿骨与小腿骨位置颠倒。因而，相同名称能够用于差异十分大的动物的同原的骨。从昆虫口器的结构中我们看到此同一伟大的法则：天蛾的非常长而螺旋形的喙、蜜蜂或臭虫的奇特折合的喙、以及甲虫极其大的颚，有什么比其更加互相不一样的呢？——但是用于这样极为不相同的目的的全部这些器官，是通过一个上唇、大颚以及两对小颚经由很多变异而形成的。甲壳类的口器与肢的结构也被此同一法则所支配。植物的花也是一样。

试图通过功利主义或目的论来说明相同纲的成员的此种型式的相似性，是根本不存在希望的。在《四肢的性质》这本最有趣的著作里，欧文直率地承认此种企图不存在希望。依据各种生物被独立创造的普通观点，我们只可以说它是如此——"造物主"喜欢把各个大纲全部动物与植物依照一致的设计建造起来；可这并非科学的说明。

依照持续微小变异的选择学说，其说明在极大程度上就简单了——一切变异都经由某种方式有利于变异了的类型，然而又常常因为相关作用对体制的别的部分产生影响。在此种特性的变化中，将非常少或没改变原始形式或改变部分位置的倾向。某种肢的骨能够缩短与变扁至任意程度，同时包以十分厚的膜，做鳍用；或者一种有蹼的手能让其全部的骨或某些骨拉长至任意程度，同时扩展接连各骨的膜，做翅膀用；然而全部这些变异并未改变骨的结构或改变器官的彼此关系的倾向。倘若我们设想全部哺乳类、鸟类与爬行类的某种早期祖先——这能够称为原形——有着依据现存的普通形式结构起来的肢，无论其用于哪种目的，我们将立即知道全纲动物的肢的同原结构的明确意义，昆虫的口器也一样。我们只要设想其共同祖先有着一个上唇、大颚以及两对小颚，但这些部分或许在形状上都十分简单，如此就行了；于是自然选择便能说明昆虫口器在结构方面与机能方面的无止境的多样性。即便这样，能够想象，因为一些部分的缩小与最后的彻底萎缩，因为和别的部分的融合，以及因为别的部分的重复或增加——我们知道这些变异都是在可能的范围之内的，某种器官的通常形式可能会变得十分模糊，以致最后不复存在。已经绝迹的巨型海蜥蜴的桡足，还有一些吸附性甲壳类的口器，其通常的形式好像已经因此而部分地模糊了。

　　我们的问题还有别的一样奇异的一个分支，那就是系列同原，即比较相同个体的不同部分或器官，并非相同纲相异成员的同一部分或器官。大部分生理学家都觉得头骨同原于一定数量的椎骨的主要部分——在数目上与彼此关联上是相互一致的。前肢与后肢在全部高级脊椎动物纲中明显是同原的。甲壳类的相当复杂的颚与腿也一样。基本上人人都熟知，一朵花上的萼片、花瓣、雄蕊与雌蕊的相互位置及其一般结构，依照它们是经呈螺旋形排列的变态叶构成的观点，是能够得以说明的。我们通过畸形的植物每每能得到一种器官可能变为另一种器官的直接证据；而且在花的早期或胚胎阶段中和在甲壳类及很多别的动物的早期或胚胎阶段中，我们可以真实地看到在成熟时期变得十分不一样的器官刚开始是完全类似的。

　　依据神造的普通观点，系列同原是很难理解的。为何脑髓包含在一个通过数目这般多的、形状这般奇怪的、明显代表脊椎的骨片所构成的箱中呢？就像欧文那样说的，分开的骨片有利于哺乳类产生幼体，可因此而来的利益肯定无法解释鸟类与爬行类的头颅的相同结构。何以创造出类似的骨来构成蝙蝠的翅膀与腿，可它们却用于这般相异的目的：即飞和走呢？何以具有由很多部分构成的极其复杂口器的某种甲壳类，最后总是只有相当少的腿；或者相反的，有着很多腿的甲壳类都有较之简单的口器呢？何以一切花朵的萼片、花瓣、雄蕊、雌蕊，即便适于十分不同的目的，却是处于相同形式下组成的呢？

　　依照自然选择的学说，我们就可以在一定程度上回答此类问题。我们无须在此讨论某些动物的身体如何起初分为一系列的部分，又或是它们如何分成有着相应器官的左侧与右侧，因为此些问题差不多是在我们的研究范围之外的。但是：某些系列结构也许是因细胞分裂而增殖的结果，细胞分裂引起通过此类细胞发育而来的每一部分的增殖。为了我们的目的，仅仅需要记住下面的事就可以了：即同一部分与同一器官的无穷尽重复，就像欧文所指出的，是全部低级的或相当少专业化的类型的共同特征；因而脊椎动物的未知祖先也许具有很多椎骨；关节动物的未知祖先带着很多环节；显花植物的未知祖先带着相当多排列成一个或多个螺旋形的叶。我们曾经还发现，常常重复的部分，不但在数量上，而且在外形上，极易产生变异。终于，这样的部分因为已经有相当的数量，而且带有高度的变异性，自然会给予材料来适应最不一样的目的；但是它们通过遗传的力量，通常会保留其原始的或主要的相似性的显著痕迹。此种变异能够经自然选择为其今后的变异提供基础，而且从起初就有类似的倾向，因而它们更加会保留此种类似性：那些部分在生长的初期是类似的，并且处在基本上一样的条件之下。这样的部分，不论有多大变异，除其共同起源根本模糊不清以外，也许是系列同原的。

在软体动物的大纲里，即便可以阐明不一样物种的每一部分是同原的，可只有相当少的若干个系列同原能够表现出来，像石鳖的亮瓣；换句话来说，我们差不多无法指出同一个体的某个部分和别的部分是同原的。我们可以理解这一事实，因为在软体动物，甚至在此纲的最低级成员中，我们不易找到任何一部分有如此多次的重复，如我们在动物界与植物界的别的一些大纲里所看到的一样。

可是形态学就像近期兰克斯特先生在某篇杰出的论文中充分阐述的，比起刚开始所表现的是一个远为复杂的学科。若干事实被博物学者们无一例外同等地列为同原，对此他划定重要的不同之处。凡是不一样动物的类似结构因为其血统都出自同一祖先，之后产生变异，他主张称此种结构为同原的；凡是不可以这般解释的类似结构，他主张称其为同形的。比如，他觉得鸟类与哺乳类的心脏整个来说是同原的——都是传自同一祖先；然而在这两个纲中心脏的四个腔是同形的——也就是独立发展起来的。兰克斯特先生还列举相同个体动物身体左右侧每一部分的严格相似性，以及持续诸部分的严格相似性；在这个地方，我们有了通常被称为同原的部分，但它们和从同一祖先而来的不同物种的血统无任何关系。同形结构和分类为同功变化或同功类似是同样的，不过我的方法十分不完备。其形成能够部分地归因于相异生物的每一部分或相同生物的相异部分以前通过类似的方式产生变异；而且能够部分地归因于为之共同的通常目的或机能而被保存下来的类似的变异——对于该点，已经列举过很多事例。

博物学者不止一次提及头颅形成于变形的椎骨；螃蟹的颚产生于变形的腿；花的雄蕊与雌蕊产生于变形的叶；然而就像赫胥黎教授所说的，在大部分情况下，更准确地说，头颅同椎骨、颚同腿等，并非一种从现存的另一结构变形而产生的结构，而是它们都来源于某种共同的、较为简单的原始结构，然而，大部分的博物学者只把此种语言运用在比喻的层次上；他们必定不是意味着在生物起源的悠远过程中，一切种类的原始器官——在一个例子中是椎骨，在另一例子中是腿——事实上以前转化为头颅或颚。但是此种现象的发生看来是这般可信，使得博物学者差不多没法避免地要运用含有此种显著意义的语言。依据本书所阐述的观点，该语言确实能够使用；并且下述无法想象的事实便能部分地得以说明，比如螃蟹的颚，假如真是由真实的即便极简单的腿变形而来，则其所保待的大量性状可能是经由遗传而保存下来的。

发生和胚胎学

在整个博物学中，此可称之为最重要的一个学科，所有人都熟悉昆虫的变态通常是经过少数若干阶段突然完成的；可是事实上却含有难以计数的、逐步的、即便是隐蔽的转化过程。正像卢伯克爵士所认为的，某种蜉蝣类昆虫在成长过程中要蜕皮 20 次以上，每一次蜕皮都要产生一定程度的变异；在该例中，我们了解到变态的动作是采用原始的、逐步的方式来进行的。很多昆虫，尤其是一些甲壳类向我们显示，在发生过程中进行了多么奇特的结构变化。但是此类变化在一些下等动物的世代交替里称得上是达到了最大值。比如，有一奇特的事实，那就是一种精致的分枝的珊瑚形动物，有着水螅体，而且依附在海底的岩石上，它起初由芽生，随后通过横向分裂，产生了悬浮的庞大水母群；随后这些水母产生卵，浮游的十分细微的动物就经卵孵化而来，它们附着于岩石上,发展成枝状的珊瑚形动物;如此永无止境地循环下去。认为世代交替过与普通意义上的变态过程几乎是相同的信念,瓦格纳的发现大大地强化了此点;他发现了一种蚊即瘿蚊的幼虫或蛆经由无性生殖的方式产生出另外的幼虫,这些另外的幼虫最终发育为成熟的雄虫与雌虫,再用通常意义上的方式由卵繁殖它们的种类。

让人注意的是,当瓦格纳的杰出发现起初宣布之时,就有人问我,关于此种蚊的幼虫有着无性生殖的能力,要怎样加以解释呢?只要此种情况是唯一的一个,那就无任何的解答。可是格里姆曾阐述,另外的一种蚊,也就是摇蚊,基本上用同样的方式进行繁殖,而且他觉得此方法经常见于该目,退蚊拥有这般能力的是蛹,并非幼虫;格里姆进一步阐明,该例在某种程度上"把瘿蚊和介壳虫科的单性生殖联系在一起";单性生殖这一术语意指介壳虫科的成熟的雌者无须和雄者交配便可以产生出能育的卵。目前认识到,若干纲的一些动物在非常早的龄期便具有普通生殖的能力;我们仅需经由渐进的步骤把单性生殖推到越早的龄期——摇蚊所表现的正是中间阶段,即蛹的阶段——大概就可以对瘿蚊的奇妙的情况作出解释了。

已经提到过的,在初期胚胎阶段相同个体的不同部分完全相似,在成体状态中才变得大为相异,而且用于大为相异的目的。一样的,也曾阐述,相同纲的最不一样的物种的胚胎通常是密切类似的,但完全发育之后,却变得截然不同。要证明最后提及的此事实。冯贝尔的讲述是最好的了,他说:"哺乳类、鸟类、蜥蜴类、蛇类,大约也包括龟类在内的胚胎,在其最早的状态里,所有的以及其诸部分的发育方式,都互相很相似;它们是这般的相似。实际上我们仅能采用比较其大小来区分这些胚胎。我有两种浸泡在酒精中的小胚胎,因我忘了贴上它们的名称,现在我就无法说出它们属于哪一纲了。它们大概是蜥蜴或小鸟,也可能是十分幼小的哺乳动物,这些动物的头与躯体的形成方式是这般类似。但是这些胚胎还无四肢。可是,甚至在发育的初始阶段假如有四肢存在,我们也没法知道什么,由于蜥蜴与哺乳类的脚、鸟类的翅及脚,和人的手与脚一样,都是来自于同一基本类型中的。"大部分甲壳类的幼体,在发育的相同阶段中,互相密切类似,不论成体或许变得如何不同;非常多的其他动物,也是这般。有时胚胎类似的规律直到相当迟的年龄还保存着痕迹:

比如，相同属与近似属的鸟在幼体的羽毛上通常相互相似；同我们在鹅类的幼体中所看到的斑点羽毛，就是这般。猫族中，大多数物种在长成时都有着条纹或斑点；狮子以及美洲狮的幼兽也都带着明显的条纹或斑点。在植物中我们也能偶然看到同类的事，只是数量极少；比如，金雀花的初叶与假叶金合欢属的初叶，都似豆科植物的普通叶子，为羽状或分裂状的。

相同纲中截然相异的动物的胚胎在结构上互相相似的诸方面，一般和其生存条件无直接关系。比如，在脊椎动物的胚胎里，鳃裂附近的动脉有某种特殊的弧状结构，我们没法设想，此种结构和在母体子宫内得到营养的年幼的哺乳动物、在巢中孵化出来的鸟卵、在水中的蛙卵所在的类似生活条件有关系，我们无理由可相信如此的关系，就如我们无理由相信人的手、蝙蝠的翅膀、海豚的鳍的类似的骨是和类似的生活环境有关。无人会想象对这些动物来说幼小狮子的条纹或幼小黑鸫鸟的斑点有什么样的作用。

但是，在胚胎生涯中的一切阶段，倘若某种动物是活动的，并且不得不为自己寻觅食物，情况就有所改变了。活动的时期能够在生命中的较早期或较晚期产生；然而无论它发生在何时期，幼体适应栖息条件的能力，将达到成体动物那般完善与美妙的境界。这是经由如何重要的方式实现的？卢伯克爵士最近作出了一个特别好的论述，他是依照其生活习性论述大为相异的"目"内一些昆虫的幼虫的密切类似性和同一"目"的别的昆虫的幼虫的非类似性来阐明的。因为这类适应，有时近似动物的幼体的相似性就十分隐蔽，尤其是当分工现象在发育的不同阶段中发生时，格外如此；比如相同幼体在某个阶段非得找寻食物，在另一阶段非得找寻附着之处。甚至能够举出此般的例子，那就是近似物种或物种群的幼体互相之间的差异要比成体大。但是，在大部分情况下，尽管是活动的幼体，也还多少密切地遵循着胚胎相似的普通法则；蔓足类为此种情况提供了一个非常好的例子；甚至声名赫赫的居维叶也没有发现藤壶是一种甲壳类：可是只要看一下幼虫，便会非常正确地知道它属于甲壳类。蔓足类的两个基本部分也是这般，就是有柄蔓足类与无柄蔓足类即便在外表上极为相异，然而其幼虫在所有阶段中的差别都不大。

胚胎在发育的过程中，其体制也普遍有所提高；即便我知道基本上没法清晰地确定哪是相对较高级的体制，哪是相对低级的体制，可是我依旧要使用此说法。也许无人会否认蝴蝶比之毛虫更高级，但是，在一些情况下，成体动物在等级上应当被认为低于幼虫，像一些寄生的甲壳类就是这样。再来说一说蔓足类，在第一阶段中的幼虫有三对运动器官、一个简单的单眼与一个吻状嘴，它们用嘴大量捕食，因为它们必须极大程度地增加体积。在第二阶段中，和蝶类的蛹期相当，它们长着结构精巧的六对游泳腿，一对巨大的复眼以及十分复杂的触角；可是它们都有一个不完全闭合的嘴，没法吃东西；在此阶段的任务就是他们用其十分发达的感觉器官去寻找、并运用其活泼游泳的能力去找到一个适宜的地点，好让他们在上面附着进行其最后变态。变态完成以后，它们就一直定居不移动了：随后它们的腿便转化为把握器官；它们重新拥有了一个结构精巧的嘴；可是触角消失了，其两只眼也转化为微小的、独自的、简单的眼点。在这最后形成的状态里，认为蔓足类比之其幼虫状态有相对较高级的体制或相对较低级的体制都可以。可是在一些属里，幼虫能够发育成有着普通结构的雌雄同体，还能发育成我谓之的补雄体，后者的发育的确是退步了，因为此种雄体仅仅是一个可以在极短时间内存在的囊，排除生殖器官，它没有嘴、胃以及别的某些重要的器官。

我们十分平常地看到胚胎和成体之间在结构上的区别，因而我们容易认为此种差异是生长上定然发生的事情。可是，比如，蝙蝠的翅膀或海豚的鳍，在其一切部分能判别时，何以它们的所有部分不立即显示出适当的比例，是无任何理由可讲的，在一些所有动物群中以及别的群的若干成员中，情况便是如此，无论在哪一时期胚胎都和成体差异不大：比如就乌贼的情况欧文曾指出，"没有变态；头足类的性状早在胚胎发育未形成以前就体现出来了"。在出生时陆栖贝类与淡水的甲壳类就有着固有的形状，可这两个大纲的海栖成员在其发育中都要历经相当的而且一般是巨大的变化。再者，蜘蛛基本上缺乏任何变态，大部分昆虫的幼虫都要经历一个蠕虫状的阶段，不论它们是活动且适宜于各种不同习性的，还是由于处在适宜的养料之中或得到亲体的哺育因而不活动的。然而在一些少数情况下，比如蚜虫，假如我们关注一下赫胥黎教授有关此种昆虫发育的卓越的绘图，我们基本上看不到蠕虫状阶段的一切痕迹。

有时只是相对早期的发育阶段还没出现，比如，依照米勒所完成的出众发现,一些虾形的甲壳类(近似对虾属)最先出现的是简单的无节幼体,随后经过 2 次或多次水蚤期,再经过糠虾期,最后得到了其成体的结构:在这些甲壳类所属的一切巨大的软甲目中,目前还不了解有另外的成员最先经过无节幼体从而发育,尽管很多是以水蚤出现的;虽然这样,米勒还举出若干理由来支持其信念,即倘若缺乏发育上的抑制,全部这些甲壳类起初都是以无节幼体出现的。

那么,我们该怎么解释胚胎学中的这些事实呢?——是胚胎与成体之间在结构上即便不是有着普遍的、而仅仅是有着十分普遍的差异——相同个体胚胎的最后变得十分不一样的将用于不同目的的多种器官在生长初期是类似的——相同纲里差异最大物种的胚胎或幼体通常是相似的,但并不绝对——胚胎于卵中或子宫里时,一般存留着在生命的那个时期或较后时期对自己毫无用处的结构;并且,不得不为本身的需要而供给食料的幼虫对于周边的环境是全部适应的——最后,一些幼体在体制的等级上比其将要发育成的成体要高。我觉得对于一切这些事实可作如下的解释。

大概由于在很早期胚胎受畸形影响,因而通常便以为极小的变异或个体的不同也肯定在相应的初期内出现。在此方面,我们的证据很是缺乏,而我们全部的证据的确都在相反一面的;众所周知,牛、马与各种玩赏动物的饲育者没法确定指出在动物出生后的若干时间内其幼体将有何优点或缺点。对于自己的孩子我们也明晰地看到了此种情况。我们没法说出一个孩子以后是高是矮,或者绝对会有怎样的容貌。问题不在于各种变异在生命的何时期发生,而在于何时期能显现出效果。变异的原因能够在生殖的行为之前起作用,而且我相信通常作用于亲体的一方或双方。应该注意的是,只要十分幼小的动物在母体的子宫内或卵内还留有,或者只要其亲体还为其提供营养及保护,则它的大多数性状不论是在生活的初始时期或较迟时期得到,对于它都没有什么关系。比如,对于某种凭借着非常钩曲的喙来觅食的鸟,只要它由亲体哺育,不管在幼小时它是否具有此种形状的喙,都毫无关系。

我曾经在第一章中说过,某种变异不管在哪一年龄首先在亲代显现,此种变异就有在后代的相应年龄中又一次显现的倾向。一些变异只可以在一定的年龄中显现:比如,处于幼虫、茧或蛹的状态时蚕蛾的特点;又或是,牛在完全长成角时的特点,就是这般。然而,据我们所了解的,最早出现的变异不管是在生命的早期或晚期,也存在在后代与亲代的一定年龄中又一次显现的倾向。我决非说事情总是这般,而且我可以举出变异(就这字的最广义言之)的几个例外,这些变异在子代产生的时期相对早于在亲代产生的时期。

这两个原理,就是轻微变异通常并非发生于生命的很早时期而且并非在很早时期遗传的,我觉得,这解释了所有上述胚胎学上的主要事实。可是,先让我们在家养变种中了解一下少部分相似的事实。曾经一些作者写论文谈及"狗",他们阐述,长躯猎狗与逗牛狗即便差异这样大,但是事实上它们都是密切类似的变种,都传自于同一个野生种;所以我很想知道其幼狗到底有多大不同:饲养者和我说,幼狗之间的差别和亲代之间的差别全部相同,仅从眼睛所见来判断,这好像是正确的;然而实际对老狗与六日龄的幼狗进行测计的时候,我了解到幼狗并未获得其比例差异的全量。再者,人们又把拉车马与赛跑马——这差不多是绝对在家养状况下通过选择形成的品种——的小马之间的不一样和完全成长的马一样这一事实告之于我,可是认真测计完赛跑马与重型拉车马的母马及其三日龄小马之后,我发现情况并非如此。

由于我们有确凿的证据能证实,鸽的品种传自于单独某个野生种,因而我把孵化后十二小时之内的雏鸽与之比较;我认真地测计了野生的亲种、突胸鸽、扇尾鸽、侏儒鸽、排字鸽、龙鸽、传书鸽、翻飞鸽(但在此不拟列出具体的材料)喙的比例、嘴的宽度、鼻孔和眼睑的长度、脚的尺寸还有腿的长度。这些鸽子中的某些品种,当成长时在喙的长度与形状及别的性状上经由十分异常的方式而相互不一样,使得倘若在自然状况下见到它们,绝对会被列为不同的属。可是把这些品种的雏鸟排成一列时,尽管大部分仅能勉强被区别开,然而在上述各要点上的相对差异与完全成长的鸟相比却是非常的少了。差异的一些特点——比如嘴的阔度——在雏鸟中差不多没法觉察。然而此法则有一个显著的例外,由于短面翻飞鸽的雏鸟差不多有着与成长状态时完全相同的比例,因而和野生岩鸽以及别的品种的雏鸟不大相同。

上述两个原理为这些事实作了解释。饲养者们在狗、马、鸽等快要到成长时期时挑选它们并对其进行繁育:他们对所需要的性质是在生长的较早期还是较晚期得到的并不注意,只要发育充分的动物具有它们就行了。在刚才所举的例子中，尤其是鸽的这一例，表明了经由人工选择所累积起来的且已给予其品种以价值的那些体现特征的差异，通常在生长的较早期并不显现，并且这些性状也并非相应的较早期所遗传。可是，短面翻飞鸽的例子，也就是刚生下十二小时就有着其固有性状，说明这并非一般的规律；由于在此，体现特征的不同或者必须出现在比惯常更早的时期，或者倘若并非如此，此种差异必须不是遗传自相应的龄期，而是遗传自较早的龄期。

现在我们来运用这两个原理来解释自然状况下的物种。我们观察一下鸟类的某个群，它们传自于某个古代类型，而且由于自然选择为适应不同的习性进行了变异。于是，因为某些物种的相当多细微的、持续的变异并非发生于很早的龄期，而是遗传自相应的龄期，因而幼体将较少发生变异，它们之间的相似比之成体之间的相似要密切得多——如同我们在鸽的品种中所见到的那样。我们能够把此观点引申至相差甚远的结构以及整个的纲。比方说前肢，曾经一度被遥远的祖先当做腿用，能够在漫长的变异过程中，在某一类后代中变得适宜于做手用；然而依据上述两个原理，在这些类型的胚胎中前肢不会产生多大的变异；即便在每一个类型中成体的前肢互相差异不小。无论长久连续的使用或不使用对于改变所有物种的肢体或别的部分能发生怎样的影响，基本是在或者只有在其近乎成长且必须运用其一切力量来谋生时，才对它产生影响；这样产生的效果将在相应的接近发育完全的龄期传递给后代。因而，幼体每一部分的增强使用或不使用的效果，将不变化，或只有一点点的变化。

就某些动物而言，持续变异能够产生在生命的早期，或者各级变异能够在比其首次出现更早的龄期获得遗传。在所有这些情况中，同我们在短面翻飞鸽所了解到的那样，幼体或胚胎就十分类似成长的亲类型；在若干全群中或者只在若干亚群中，像乌贼、陆栖贝类、淡水甲壳类、蜘蛛类还有昆虫这一类大纲里的若干成员，这是成长的规律。对于这些群的幼体不经由任何变态的最终缘由，我们可以看到这是经由以下的事实发生的：那就是因为幼体应该在幼年获得自己所需，而且因为它们遵循亲代那般的生活习性；因为在此情形下，它们必须依据与亲代一样的方式产生变异，这对于其生存基本上是没法缺少的。另外，非常多陆栖的与淡水的动物不发生任何变态，但同群的海栖成员却不得不历经种种不同的变态,对这一奇怪的事实,米勒曾经指出某种动物适应于在陆地上或淡水里栖息,而非在海水里栖息,此种缓慢的变化过程将因为不经由所有幼体阶段而大大地简化,因为这般新的、变化很大的生活习性下,找到既适于幼体阶段又适于成体阶段而还没有被别的生物所占据或占据得不好的位置很不容易。此种情况下,自然选择将会对在越来越幼的龄期中一步步获得的成体结构有利;因而以前变态的全部痕迹最后便消失了。

还有,倘若某种动物的幼体遵循着略微不同于亲类型的生活习性,因此其结构也稍有不一样,是有好处的话,又或是倘若某种和亲代已经不一样的幼虫又进一步变化,也是有好处的话,则依据在一定年龄中的遗传原理,因自然选择幼体或幼虫能够变得和亲体越来越不一样,以致到所有能够想象的程度。幼虫中的不一样也能和其发育的连续阶段相联系;因而,第一阶段的幼虫能够和第二阶段的幼虫截然不同,很多动物就出现此种情况。成体也能变得适应于那样的地点与习性——也就是在那里运动器官或感觉器官等都毫无用处;在此情况下,变态便退化了。

依照上述,因为幼体在结构上的变化相同于变异了的生活习性,还有在相应的年龄中的遗传,我们便可以明白动物所经过的发育阶段为什么和其成体祖先的原始状态根本不一样。现在大部分最杰出的权威者都相信,昆虫的各种幼虫期与蛹期就是此般经由适应而获得的,并非经由某种古代类型的遗传而得到的。芜菁属——某种经由某些异常生长阶段的甲虫——的奇异情况也许能够说明此种情况是如何发生的。依据法布尔描写其第一期幼虫形态,是一种活泼的细小昆虫,长着六条腿、两根长触角与四只眼睛。在蜂巢里这些幼虫被孵化出来,当春天雄蜂早于雌蜂羽化出室时,幼虫就跳到其身上,随后在雌雄交配时又爬到雌蜂身上。当雌蜂在蜂的蜜室上面产卵的时候,芜菁属的幼虫就立即跳到卵上,而且把它们吃掉。之后,一种彻底的变化在它们身上发生:眼睛消失,腿与触角变为残迹的了,而且以食蜜为生;此时它们才密切类似于昆虫的一般幼虫;最后它们进一程度地转化,以完美的甲虫最终出现。现在,假如有某种昆虫,其转化方式如芜菁属的转化一样,而且成为昆虫的某个新纲的祖先。则此新纲的发育过程也许和我们现存昆虫的发育过程十分不一样;而第一期幼虫阶段绝对不会代表任何成体类型与古代类型的先前状态。

另一方面,相当多的动物的胚胎阶段或幼虫阶段或多或少地向我们彻底体现出全群的祖先的成体状态,这是十分可能的。在甲壳类该大纲中,相互非常不同的类型,即附着性的寄生种类、蔓足类、切甲类、以致软甲类,最早都是在无节幼体的形态下作为幼虫来产生的;由于这些幼虫栖息与觅食于广阔海洋里,而且不适应所有特殊的生活习性,又依照米勒所举出的别的一些理由,也许在某一古远的时代,存在过某种与无节幼体相类似的独立的成体动物,后来顺着血统的一些分支路线,产生了上面所说庞大的甲壳类的群。除此之外,依照我们所拥有的关于哺乳类、鸟类、鱼类与爬行类的胚胎的了解,可能这些动物属于某一古代祖先的变异了的后代,该古代祖先在成体状态中有着十分适于水栖生活的鳃、一个鳔、四只鳍状肢与一条长尾。

　　因为任何以前存在过的生物,不论灭绝的还是现代的,都可归入少数若干大纲中;因为各个大纲中的全部成员,依据我们的学说,都被细微的级进所接连,倘若我们的采集差不多是完全的,则最优的、唯一可能的分类应该是依照谱系的;因而血统是博物学者们在“自然系统”此术语下所寻求的相互联系的不易发觉的纽带。依照此观点,我们就可以理解,在大部分博物学者的眼中为何在分类上胚胎的结构的重要性甚至大于成体的结构。在动物的几个或更多的群中,不论在成体状态中其结构与习性互相有多大的差别,倘若它们经由十分相似的胚胎阶段,我们便能确定它们都传自于一个亲类型,所有互相有密切的关联。如此一来,胚胎结构中的共同性便显露了血统的共同性;可是胚胎发育中的不相似性并不能说明血统的不一致,由于在两个群之一群中,可能发育阶段曾被抑制,或者也许由于要适应新的生活习性而被改变很多,使得没法再被辨认。甚至在成体产生了完全变异的类群中,起源的共同性通常还会通过幼虫的结构显露出来。比方说,我们看到尽管蔓足类在外表上十分像贝类,然而依照它们的幼虫就马上能够知道它们属于甲壳类这一大纲。因为胚胎通常能够多少明白地给我们示明某个群的变异较少的、古代祖先的结构,因而我们可以了解何以古代的、灭绝的类型的成体状态常类似于相同纲的现有物种的胚胎。阿加西斯觉得,这是自然界的一般规律:我们能够期望以后发现此条规律被证明是正确的,但是,只有在下面的情况下它才能被证明是正确的,那就是此群的古代祖先并未因为生长的很早期发生连续的变异，也未因为此种变异遗传自早于它们首次出现的较早龄期而全部湮没。还应该记住，此条规律可能是对的。然可因为地质纪录在时间上延伸得还不非常久远，此条规律也许长期地或永远地没法得到证实。假如某种古代类型的幼虫状态和某种特殊的生活方式相适应，且已把相同幼虫状态向整个群体的后代传递，则在该情况下，那条规律也没法严格的有效：因为此等幼虫不会类似于一切更为古老类型的成体状态。

因而，照我来说，胚胎学上的此些尤为重要的事实，依据以下的原理便能得到说明，该原理是：某一古代祖先的非常多的后代中的变异，在生命的不太早的时期曾出现，而且以前在相应的时期遗传。倘若我们把胚胎看成一幅图画，即便多少有些模糊，但反映了相同大纲的全部成员的祖先，或是其成体状态，或是其幼体状态，则胚胎学的意义便会提高很多。

残迹的、萎缩的及不发育的器官

在此种奇怪状态中的器官或部分，有着废弃不用的鲜明印记，十分常见于整个自然界中，还可以说是普遍的。没法举出某种高级动物，其某一部分不是残迹状态的。比如哺乳类的雄体有着退化的奶头；蛇类的肺存在一叶是残迹的；鸟类"小翼羽"能够可靠地被看成是退化，一些物种的全部翅膀的残迹状态是此般明显，使得它没法用于飞翔。鲸鱼胎儿有牙齿，可当它们发育后却无任何牙齿；又或是，还没生出的小牛的上颚长有牙齿，但是从来没穿出牙龈，还有其他东西比这还要奇怪吗？

残迹器官明了地运过各种方式表现了其起源与意义。密切类似物种的、甚至相同物种的甲虫，或者仅仅有着相当大的与完全的翅，或者仅仅有着残迹的膜，处在牢固结合的翅鞘之下，在此般情况下，没法怀疑那种残迹物便是代表翅的。有时残迹器官还保持其不易发觉的能力：此偶然出现于雄性哺乳类的奶头，人们曾观察到它们发育得非常好且分泌乳汁。黄牛属的乳房也是此般，它们通常有四个发达的奶头与两个残迹奶头；可是有时后者在我们家养的奶牛中十分发达，且分泌乳汁。有关植物，在相同物种的个体中，有的时候花瓣是残迹的，有的时候是发达的。在雌雄异花的一些植物中，科尔路特了解到，让雄花带有残迹雌蕊的物种和自然带有十分发达雌蕊的雌雄同花的物种与之杂交，那残迹雌蕊在杂种后代中就极大地增大了；这明确地表明残迹雌蕊与完全雌蕊在性质上差不多是类似的。某种动物的每一部分或许是在完全状态中的，但它们在某种意义上则或许是残迹的，原因在于它们是无用的，比如一般蝾螈即水蝾螈的蝌蚪，同刘易斯先生所说的一般："有鳃，在水中栖息；可是山蝾螈在高山上栖息，也产出完全发育的幼体，该动物从来不在水中栖息，但是倘若我们剖开其怀胎的雌体，我们便发现其体内的蝌蚪长有精致的羽状鳃；倘若把其置于水中，它们可以如水蝾螈的蝌蚪那般游泳。明显的，此种水生的机制无关于此种动物的未来生活，且也并非对于胚胎条件的适应；它必定和祖先的适应有关，只是重演了其祖先发育中的某一阶段而已。"

　　具有两种功能的器官，对于其中的一种功能，甚至是相对重要的那种功能，也许变成残迹或彻底不发育，但对于另一种功能却全部有效。比方说，在植物里，雌蕊的功能在于让花粉管到达于子房的胚珠。雌蕊有着一个柱头，被花柱所支持；可是在一些聚合花科的植物中，必定没法受精的雄性小花有着一个残迹的雌蕊，因为其顶部无柱头；可是，其花柱仍旧非常发达，而且以普通的方式被有细毛，用来刷下四周的、邻接的花药里的花粉。除此之外，一种器官对于固有的功能或许变为残迹的，而被用于不一样的目的。在一些鱼类中，鳔对于漂浮的固有机能仿佛变为残迹的了，可是它转变成原始的呼吸器官或肺，还可以举出非常多类似的事实。

　　有用的器官，不论它们多么不发达，也不能认为是残迹的，除了我们可以设想它们曾经曾更充分发达过以外，或许它们是在某种初生的状态中，正朝更加发达的方向前进。可是，残迹器官或者毫无用处，比如从未穿过牙龈的牙齿，或者是基本上无用，比如只能用作风篷的驼鸟翅膀。由于该状态的器官在曾经较不发达的时候，甚至比如今的用处还少，因而它们从前决不会是依据变异与自然选择而产生的，自然选择的作用只是存留有用的变异。它们是经由遗传的力量局部被保存下来的，和事物的从前状态有关。尽管这样，要区分残迹器官与初生器官通常是不容易的，因为我们只可以经由类推的方法去判断某种器官是否还能进一步地发达，只有在其可以进一步发达的情况下，才可以叫做初生的。该状态的器官一般是很稀少的：因为有着如此器官的生物往往会被有着更加完美的相同器官的后继者所排挤，所以它们早就灭绝了。

企鹅的翅膀有相当大的用处,可做鳍用;因而它或许代表翅膀的初生状态:这并非说我觉得这是事实;它更有可能是某一缩小了的器官,为适应新的机能所以产生了变异。可是,几维鸟的翅膀是完全没用的,而且的确是残迹的。欧文觉得肺鱼的简单的丝状肢是"于高级脊椎动物中,达到充足机能发育的器官的起点";可是依照最近京特博士提出的观念,它们也许是通过继续存在的鳍轴组成的,这鳍轴长有不发达的鳍条或侧枝。鸭嘴兽的乳腺如比起黄牛的乳房,能够称为是初生状态的。若干蔓足类的卵带已没法作为卵的附着物,非常不发达,这些便是初生状态的鳃。

相同物种的每一个体中,在发育程度上与别的一些方面残迹器官相当容易发生变异。在密切类似的物种中,有时相同器官缩小的程度也存在非常大的差异。相同科的雌蛾的翅膀状态强有力地证明了后者。残迹器官也许全部萎缩掉,这意味着一些器官在某些动物或植物中,已彻底不存在,尽管我们原希望按照类推能找到它们,且在畸形个体中确实偶然能够见到它们。比方说玄参科的大部分植物,其第五条雄蕊已彻底萎缩,然而我们能判定曾经第五条雄蕊存在过,由于能在此科的非常多的物种中发现其残迹物,而且有时该残迹物会充分发育,同我们有时在一般的金鱼草里所见到的那般。当在相同纲的不同成员中找寻一切器官的同原作用时,最常见的是找到残迹物,又或是为了完全理解这些器官的关系,残迹物的发现是最为有益的。欧文所绘的马、黄牛以及犀牛的腿骨图充分地表现了此点。

这是一个具有重大影响的事实,也就是残迹器官,像鲸鱼与反刍类上颚的牙齿,一般见于胚胎,可后来又彻底消失了。我肯定,这也是一条常规的法则,即残迹器官,如运用相邻器官来比较,则在胚胎中要大于在成体里:因而此种器官初期的残迹状态是不太明显的,甚至在任何程度上都不可以说是残迹的。因而,成体的残迹器官一般被说成是还存留在胚胎的状态。

在上面我已举出了关于残迹器官的某些重要事实。当细心考虑这些事实时,不管什么人都会感到惊喜:因为它告诉我们大部分局部与器官巧妙地和某种功能相适应的相同推理能力,也一样明了地告诉我们这些残迹的或萎缩的器官是缺损的,毫无用处的。在博物学著作里,通常把残迹器官说成是"为了对称的理由"或者是为了要"完成自然的设计"而被创造出来的。可这并非一种说明，而仅仅是事实的复述，本身就存有矛盾：比方说王蛇有后肢及骨盘的残迹物，倘若说这些骨的保存是为了"完成自然的设计"，那么就如同魏斯曼教授所提问的，何以另外的蛇不保存这些骨，甚至于它们缺乏这些骨的残迹？倘若相信卫星"为了对称的缘故"循着椭圆形轨道绕着行星运行，由于行星是这般绕着太阳运行的，则对于如此阐明的天文学者，将有何感想呢？有一位著名的生理学者假定残迹器官是用于排除过剩的或不利于系统的物质的，他依据该假定来说明残迹器官的存在；可是我们可以假定那微小的乳头——它一般代表雄花中的雌蕊且只通过细胞组织构成——有如此的作用吗？我们可以假定今后绝对不存在的、残迹的牙齿移走像磷酸钙这等珍贵的物质能够有利于快速生长的牛胚胎吗？当人的指头被截断时，我们明白在断指上会有残缺的指甲，倘若我判断这些指甲的缺损是为了排除角状物质而发育的，那么就应该认为海牛的鳍上的残迹指甲也是为了一样的理由而发育的。

依据伴随着变异的生物起源的看法，残迹器官的由来较为简单；而且在极其大的程度上我们可以理解控制它们不充分发育的规律。在我们的家养生物中，我们看到相当多残迹器官的例子——像无尾绵羊的尾的残迹——无耳绵羊的耳的残迹——无角牛里面，依尤亚特所说，尤其是小牛的下垂的小角的再次出现——还包括花椰菜的完全花的状态。在畸形生物中我们通常看到各种局部的残迹；可是我怀疑一切这些例子除了明示残迹器官可以产生出来之外，能否表明残迹器官自然状况下的起源：由于估量证据，可以明了地体现出物种在自然状况下并不发生强烈的、突然的变化，可是我们从我们家养生物的研究中了解到，器官不被使用导致了其缩小；并且该结果是能够遗传的。

不使用也许是器官退化的最关键的因素。它刚开始以缓慢的步骤令器官逐步全部地缩小，直至最终变成残迹的器官——同在暗洞里生活的动物眼睛一般，还包括在海洋岛上生活的鸟类翅膀，就是这般。另外，某种器官在一种条件下是有用的，在别的条件下或许是不利的，比方说在开阔小岛上生活的甲虫的翅膀就是这般；此情况之下，自然选择将会促进那种器官缩小，直至它成为没有害处的及残迹的器官。

一切可以由微小阶段完成的变化在结构上与机能上都处在自然选择的势力范围以内；因而某种器官因为生活习性的变化而对某种功能成为没有用

处或不利的时候，也许能被改变而适应于另一功能。一种器官或许还能只保存它的先前的机能之一。以前凭借自然选择的帮助而组成的器官，当不起作用的时候，能够发生相当多的变异，缘由是它们的变异再也不受自然选择的抑制了。一切这些都符合我们在自然状况下了解到的。再者，不论在生活的何种时期，不使用或选择能够让某种器官缩小，这通常都发生在生物到达成熟期且必定发挥其一切活动力量之时，而在起作用于相应年龄中的遗传原理就有一种倾向，使缩小状态的器官再次出现于相同成熟年龄中，可是此原理对胚胎状态的器官影响很少。如此我们便可以理解，在胚胎期内的残迹器官相比邻接器官，前者较之要大一些，但在成体状态中前者较之却要小些。比如，倘若某种发育动物的指在很多世代中因为习性的某一变化而使用得慢慢减少，又或是倘若在机能上某种器官或腺体使用得慢慢减少，则我们就能推论，在此种动物的成体后代中它将缩小，然而在胚胎中却差不多依旧保持其原来的发育标准。

但是还存有下述的难点。在某种器官已不再使用而缩小十分多之后，它如何可以进一步地缩小，直至仅剩下一点残迹呢？最终它何以能够彻底消失呢？一旦在机能上那器官变为没用的之后，"不使用"基本上没法继续产生何种进一步的影响。某种补充的说明在此是不可缺少的，可我没法提出。比如，倘若可以证明体制的各个部分有如此一种倾向：它朝着缩小方面比朝着增大方面能够产生更多的变异，则我们便可以理解已成为无用的某种器官何以还受不使用的影响而变为残迹的，以致最终彻底消失。由于自然选择不再朝缩小方面产生的变异进行抑制。在前一章里说明过的生长的经济的原理，可以有作用于某种无用器官变为残迹的；依照此原理，形成所有器官的物质，假如对于所有者无用，就应该尽可能地被节省。可是该原理基本上必定只可以在缩小过程的较早阶段应用。因为我们不能想象，比如在雄花中表示雌花雌蕊的而且只经由细胞组织组成的某种细微突起，为了使养料节省，可以进一程度地缩小或吸收。

最后，不论残迹器官通过哪种步骤退化到它们目前那样的无用状态，因为它们都属于事物以前状态的记录且都是经由遗传的力量被存留下来——依照分类的系统主张，我们便可以理解在把生物放于自然系统中的恰当地位时，分类学者怎么会普遍发现残迹器官和生理上极其重要的器官一样的有用。残迹器官能够同一个字中的字母相比，它在发音上已没有用处，但在拼写上依旧存留着，可这些字母还能够被用作于该字的起源的线索。依照伴随着变异的生物起源的主张，我们能断定，残迹的、缺损的、没用的或者极其萎缩的器官的存在，对于以前的生物特创说而言，绝对是一个难点，但就本书说明的观点而言，这是一个特别的难点甚至是能够预料得到的。

提　要

我曾试图在本章里说明：无论在哪个时期里，所有生物在群之下还分成群的此般排列——任何现存生物及灭绝生物被复杂的、放射性的、曲折的亲缘线接连而成为若干大纲的此种关系的性质——在分类中博物学者所采用的法则及遇到的难题——那些性状，无论它们有着相对大的重要性或是相对很小的重要性，或如残迹器官那般完全没有重要性，倘若是稳定的、普遍的，对于其所提供的评价——相同作用的即在价值上的适应的性状与有着真实亲缘关系的性状之间的广泛对立以及别的一些此类法则——假如我们承认近似类型有相同的祖先，而且它们经变异与自然选择而产生变化因而使灭绝以及性状的分支产生，则，上述全部就是自然的了。在考虑该分类观点时，应当记住血统这个因素曾广泛地被用于把相同物种的性别、龄期、类型与公认变种归为一类，不论在结构上它们相互有多大差异，倘若扩大使用血统这个因素——这是生物相似的一个确知缘由——我们便能理解什么是"自然系统"：它是按谱系来排列的，经由变种、物种、属、科、目与纲等术语来表示所得到的差异的各级。

依照相同的伴随着变异的生物起源学说，"形态学"中的大部分事实就成为能够理解的了——不论我们去了解相同纲的相异物种在无论有哪种用处的同原器官中所体现的相同形式；还是去了解相同个体动物与个体植物中的系列同源及左右同源，都能得到解释。

依照持续的、细小的变异不一定在或通常不在栖息的很早时期发生且在相应时期遗传的原理，我们就可以理解"胚胎学"中关键的事实：那就是在个体胚胎中成熟时在结构与机能上变得相异甚远的同原器官是密切类似的；在近似而非常不同的物种中那些即便在成体状态中和大为不同的习性相适应的同原部分或者器官是相似的。幼虫是活动的胚胎，它们因为生活习性的变化而或多或少地发生不同一般的变异，而且相应地把它们的变异遗传给了很早龄期的幼虫。依照相同的原理——且要记住，因为器官的不被使用或因为自然选择的缩小，往往发生在生物不得不满足自己所需的生活时期，而且还须记住，遗传的力量是这么强大——则残迹器官的产生甚至是能够预料的了。从自然的分类应当依据谱系的观点来看，胚胎的性状与残迹器官在分类中的重要性就不难被理解了。

最后，我觉得这一章中已经讨论过的诸多事实是如此清楚地明示，生活在这个地球上的无数的物种、属与科，在它们各自的纲或群的范围以内，都传自于相同的祖先，而且都在生物演化的进程中产生了变异，如此，虽然缺少另外的事实或论证的支持，我也会坚定不移地持该观点。

第十五章　重述与结论

对自然选择学说的相异观点的重述——支持自然选择学说的普通的与特殊的情况的重述——相信物种不变的一般原因——自然选择学说能够引申到哪种程度——自然选择学说的应用对于博物学研究的影响——结束语。

由于全书是一篇冗长的争论，因而把重要的事实与推论简要地重述一遍，或许能给读者一些方便。

我不否认，有相当多显著的异议能够用来反对伴随着变异的生物起源学说，此学说的根据是变异与自然选择。我曾经竭力地让这些异议可以尽量发挥其力量。较之复杂的器官与本能的完善并不凭借超越于、甚至相似于人类理性的途径，却是凭借对于个体有利的非常多的微小变异的积累，起初看来，无任何东西比这更让人难以相信的了。即便这样，这虽然在我们的想象中似乎是一个难以克服的大难点，然而我们一旦承认下面的命题，这就不是一个与事实相符的难点，这些命题是：体制的所有部分与本能至少体现出个体差异——生存斗争使得结构上或本能上对偏差得以保存有利——最后，在各个器官的完善化的状态中有很多等级存在，各个级都有利于它的种类，我想这些命题的正确性是无可争议的。

诚然，就连猜想一下很多器官是经由什么样的中间级进而成熟与完善的，也相当有困难，尤其对于已经大量绝迹了的、中断的、衰败的生物群来说，更是这样；可是我们看到大自然中有如此多奇特的级进，因而当我们说一切器官或本能，又或是整个结构不可以由很多级进的步骤而达到目前的状态时，必须相当的小心。我们得有许多难办的事例可用来反对自然选择学说，其中最奇异的一个就是同一蚁群中存在两三种工蚁也就是不育雌蚁的显著等级;可是,我已经企图说明过这些难点是如何得到解决的。

在首次杂交中的物种近乎普遍的不育性,和在杂交中的变种近乎普遍的能育性,构成相当鲜明的对比,对于此点我应该请读者参阅第九章末所提出的事实重述,这些事实,照我来看,起决定作用地体现了此种不育性并非特殊的禀赋,如同两个相异物种的树木不可以嫁接在一起决非特别的禀赋一般,这仅是基于杂交物种的生殖系统的不同所产生的偶然情况。我们在互交相同的两个物种——先用某个物种做父本,后再用其做母本——的结果中所取得的大量不同中,可交接到以上结论的正确性,经由二型与三型的植物的研究用来类推,也能够显著地产生一样的结论,由于当各种类型非法地结合时,它们就只能产生少数种子或不产生种子,其后代也或多或少是不育的;可这些类型肯定是相同物种,互相仅在生殖器官与生殖机能上有区别而已。

变种杂交的能育性与它们的混种后代的能育性即便被这样众多的作者们认定是普遍的,可是自从最高权威该特纳与科尔路特列举一些事实之后,这就不可以被看做是相当确切的了。大部分被试验过的变种产生于家养条件下;并且由于家养条件(我不是单从圈养方面来说)基本上必定有消除不育性的倾向,依据类推,在亲种的杂交过程中此种不育性会受到影响,因而我们就不该希望家养条件一样可以在其变异了的后代杂交中引起不育性。此种不育性的消失明显是通过允许我们的家畜在相当多差异极大的环境当中自由生育的同一原因而来的;而这又显明地是从它们现已慢慢适应了生活条件的频繁变化而来的。

有两类平行的事实好像对物种首次杂交的不育性和它们杂种后代的不育性提出了十分多的说明。一方面,有很好的理由能够让我们相信,生活条件的微小变化会提供全部生物以活力与能育性。我们还知道相同变种不一样的个体之间的杂交及不相同的变种之间的杂交能使得它们后代数量增加,且肯定会让它们的大小与活力增加。其关键是因为进行杂交的类型以前在多少存在着差异的生活条件下暴露;由于曾经我依照一系列艰辛的实验确定了,倘若相同变种的所有个体在某些世代中都处于同等的条件下,则杂交所带来的好处往往会大减甚至彻底消失,这是事实的一面。另一方面,我们知道曾长时期在几乎相同的条件下栖息的物种，当圈养在差异非常大的新条件之时，有些死亡，有些可以存活，可虽然保持非常的健康，也要成为不育的了。而就长时期在变化不定的条件下栖息的家养生物来讲，此情形并不会发生，或者仅在微小的程度上发生。所以，当我们发现两个不同物种进行杂交，因受孕后不久或在相当早的年龄夭折，从而产生非常少的杂种数量时，又或是即便活着它们也在一定程度上变得不育时，很可能此种结果是由于这些杂种好像融合了两种不同的体制，实际上已经经受生活条件中的强烈变化。谁可以用明确的方式来说明，例如，在它的故乡象或狐狸遭到圈养时何以不可以繁殖，但家猪或猪在极不一样的环境里何以还可大量地繁殖，因而他就可以确切地答复以下问题，那就是两个相异的物种当杂交时以及它们的杂种后代何以往往都是不育的，可当杂交时两个家养的变种以及它们的混种后代何以都是可育的。

伴随着变异的生物起源学说从地理的分布来看，所遇到的难点是非常麻烦的。相同物种的全部个体、相同属或甚至更高级的群的全部物种都是传自于相同的祖先，因而，目前它们无论在世界上多么遥远的与彼此隔离的地点被发现，它们肯定是在世代不间断的进程中从某一地点迁徙至全部其他地点的。这是如何发生的，甚至通常连猜也猜不到。可是，我们既然有理由相信，曾经在十分长的时间内某些物种保持着相同物种的类型（这时期倘若用年代来计算是相当长久的），则就不应过分强调相同物种的不经常的广泛分散；为何这样呢，由于在相当长久的时期里总会有良好的机会经由诸多方法来进行范围广大的迁徙。不连续或中断的分布通常能够经中间地带的物种的绝迹来说明。应当承认，对于在现代时期内以前影响世界的诸多气候与地理变化的所有范围，我们还是十分不了解的，但这些变化则一般有利于迁徙。作为一个例证，我曾试图说明对相同物种与近似物冰期在地球上的分布的影响曾是多么的有效，关于诸多偶然的输送方法我们还是相当不了解的。对于在遥远且彼此隔离的地区栖息的同属的相异物种，由于变异的过程定然是缓慢地产生的，因而迁徙的全部方法在长远的时期中就成为可能：使得同属物种的广泛分散的难题就或多或少减小了。

依据自然选择学说，必然曾经有相当多的中间类型存在过，这些中间类型以微小的级进把各个群中的全部物种相联结，这些微小的级进就同现存变种那般，因而我们能够问：何以在我们的四围看不到这些联结的类型呢？何以全部生物并未混淆成不可分解的混乱状态呢？有关现存的类型，我们必须记住在它们之间我们无权希望（除极少的例子之外）能够发现直接接连的链条，我们只可在诸多现存类型与某一灭绝的、被排挤掉的类型之间发现此种链条。倘若在长时期内某个宽广的地区曾保持了不间断的状态，而且其气候和另外的生活条件从未被某个物种所占据的区域慢慢不知不觉地变化成为某个极其近似物种所占有的区域，尽管在此般的地区内，我们也无正当的理由去希望在中间地带通常可以发现中间变种。由于我们有理由相信，各个属中曾经只有少部分的物种经历过变化；另外的物种则全部绝迹，却没有把已经变异的后代留下。在确实产生变化的物种里，仅有少部分在相同地区内同时产生变化；并且全部变异都是缓慢产生的。我还示明，最早在中间地带生活的中间变种也许会轻易地被全部方面的近似类型排挤掉；由于后者因为生存的数量较大，相对生存数量不多的中间变种来说，往往能以较快的速率发生变化与改进；使得最终中间变种就要被排挤与消灭掉。

地球上现存生物与灭绝生物之间，还包括诸持续时期内灭绝物种与更为古老的物种之间，均有非常多连接的链条已绝迹。依照该学说，何以在各个地质层中没能填满此等链条类型呢？何以有关生物类型的逐渐级进和变化，化石遗物的每次采集均未给予显著的证据呢？即便地质学说的研究相当肯定地揭示了曾经一度存有的很多链条，让非常多的生物类型更为紧密地接连起来，然而它所提供的之前物种与现存物种之间的无止境多的微小级进且不可以满足该学说的要求；这是反对此学说的相当多异议中的最鲜明的异议。另外，何以整群的类似物种仿佛是偶然出现在不间断的地质诸阶段之中呢？（即便这通常是一种假象）。即便现今我们了解，早在寒武纪底层沉积之前的某个没法计量的极其古老时期生物就出现在这个世界上了，可是我们何以没发现庞大的地层含有寒武纪化石的祖先遗骸在该系统之下呢？由于，依照此学说，在世界历史上的这般古老的与完全未知的时代里，这样的地层肯定已经在某个地方沉积了。

我仅能依照地质纪录比大部分地质学家所肯定的更为不完全的此般假设出发来回复上述的问题与非议。博物馆内的全部标本数目和必定以前存在过的数不尽物种的无数世代比较来说，是毫不足道的。在其全部性状上一切两个或更多物种的亲类型不可能都直接地介乎它的变异了的后代之间，就像岩鸽在囊与尾方面不间接介于它的后代突胸鸽与扇尾鸽之间一般。倘若我们研究两种生物，尽管此研究是严密进行的，倘若我们得不到大部分的中间链条，我们就没法分辨另外的一个物种是否是另一变异了的物种的祖先；且因为地质纪录的不完全，也无正当的权利支持我们去希望找到此般多的链条。倘若找到两三个又或是甚至更多的接连的类型，博物学者就会简单地把它们列为那般多的新物种，它们倘若是在不同地质亚层中被发现的，不论其差异如何微细，就更加这样。能够举出诸多现存的可疑类型，基本上都是变种；然而没有人敢说今后会发现这般众多的化石链条，使得博物学者可以判断这些可疑的类型是否该叫变种？地球上只有少数地方以前作过地质勘探。在化石状态中仅有某些纲的生物才可以以大量的数目被留存下来，相当多的物种一旦形成之后倘若再也不产生任何变化，便会绝迹而没能留下变异了的后代；且物种产生变化的时间，即便用年来计量是漫长的，可较之物种保持相同类型的时间来说，可能还是短的。分散广的与占优势的物种，极易产生变异，且变异最多，最初变种又通常是区域性的——因为这两个原因，不是很容易在无论哪一个地层里找到中间链条。区域变种未经过多多少少的变异与改进，是不可能分散到另外的遥远地区的；当它们分散开来，而且被发现在一个地层中的时候，看起来他们似乎是在那个地方突然被创造出来一样，因而就被简单地列为新的物种。有关沉积过程大部分地层是断断续续的；其持续的时间也许比物种类型的平均延续时间要短。一般，长久的空白间隔时间把不间断的地质层分离：由于有着化石的地质层，其厚度足够用来抵御今后的腐蚀作用，依照惯例，仅在海底下降且有诸多沉积物的地方，这样的地质层才可以得以堆积，通常在水平面上升与静止交替的时期，是无地质纪录的。在后者中，生物类型可能会有更多的变异性；在下降时期，通常有更多的绝迹。

　　有关寒武纪地质层以下富含化石的地层不足的问题，我仅有回到第十章中提出的假设,也就是,在长时期内我们的大陆与海洋尽管保持了和目前基本上相似的相对位置,可是我们无理由去假设一直都是这般;因而在大洋之下或许还埋藏着比现今已知的一切地质层更为古老的地质层。有人觉得从我们这个行星凝固之后所历经的历史,并不可以让生物实现所设想的变化量,就像汤普森爵士所竭力阐述的,此异议可能是以前提出来的最有力的异议。对于此点我仅能说:首先,倘若用年计算,我们对物种以怎样的速率产生变化不了解;其次,诸多哲学家仍旧不愿意承认,我们对宇宙与地球内部的构成已有了充足的认知,能够用以稳妥地估测地球既往的时间长度。

对地质纪录不完全大家都不否认;可是极少的人愿意承认其不完全已达到了我们的学说所需要的那种程度。倘若我们观察到足够长久的间隔时间,地质学说就明了地表明所有物种都产生了变化;且是依据学说所要求的那种方式产生变化,由于它们都是慢慢地而且经由渐变的方式产生变化。在连续地质层中的化石遗骸中我们能够清晰地看到此种情况,较之于间隔十分远的地质层中的化石遗骸之间的相互关系,此类地质层中化石遗骸之间的相互关系还要密切些。

上述便是能够正当地提出来否认该学说的若干关键异议与难点的概述,现今我已就我所了解的简单地重述了我的回答与说明。很久以来我深感这些困难是此般严重,使得我不能够怀疑其分量。可尤其值得让人注意的是,更有分量的异议有关于我们公认的无法知道的那些领域;并且我们还不明白自己无知到哪种地步。我们还不明白由最简单的至最完善的器官之间的所有可能的过渡级进;我们也不能假装已经了解,在悠长岁月里"分布"的五花八门的方法,又或是地质纪录是哪般的不完全。即便这若干异议是有力的,可依照我的判断它们还未能达到推翻伴随着后代变异的生物起源学说的地步。

现在让我们说说争论的另一方面。在家养环境下,我们了解到经由变化了的生活环境所产生的或者至少是所激起的相当多的变异性;然而它通常以如此不清晰的方式产生,使得我们极易把变异当成是自然发生的。变异性被诸多复杂的法则所支配,此等法则涵盖有关生长、补偿作用、器官的增强使用与不使用、还包括附近条件的一定作用。我们不易确定曾经家养生物发生过多少变化,可我们能够有把握地推论,变异量是非常大的,并且变异可以相当长时间地遗传下去。只要生活环境保持稳定,我们就可以确信,已遗传了诸多世代的变异能够继续遗传到近乎数不清的世代。另一方面,我们有理由能说明,变异性一旦产生作用于家养环境下就能够在相当长的时期内继续下去;我们尚不了解它什么时候停止过,因为就算是最古老的家养生物时不时也会产生新变种。

事实上变异性并非由人引起;把生物置于新的生活环境之下仅是人类的某种无意识行为,这样生物的体制自然就被作用,因而使得它产生变异,然而人可以并且的确选择了自然赠与他的变异,因而依据所有需要的方式使变异积累。此般,他就能够让动物与植物和他自己的利益或者爱好相适应。他能够有计划地或者无意识地这样做,该无意识选择的方法即他把对其最有用或最适合自己的爱好的那些个体存留下来,可是并不试图改变品种。他必定可以借助训练有素的眼睛,在各个持续世代中选择那些相当微小的个体差异,来强有力地影响某个品种的性状。在最明显的与最有用的家养品种的产生过程中这一无意识的选择过程一度发挥了非常大的作用。在相当大的程度上人所造就的很多品种有着自然物种的状态,相当多的品种竟是变种或本来是相异的物种这一很难解决的疑难问题已经明示了该事实。

无理由能够说明在家养环境中曾是这样有效地产生了作用的原理何以不可以在自然环境下产生作用。在持久反复发生的生存斗争中有利的个体或种族可以存活下来,因而我们了解到某种强有力的与时常发挥作用的"选择"的形式。全部生物都依据几何级数快速地增长,这肯定会导致生存斗争。此快速的增加率能够用计算来证明——诸多动植物在不间断的特殊季节中与在新地区归化时都会急剧增加,此点就能够证明快速的增加率。产生出来的个体多于可以存活的个体,天平上的微小之差就可决定哪些个体将生存而哪些个体将灭绝——哪些变种或物种将大量繁衍,哪些将衰败以致绝迹。在诸多方面相同物种的个体相互之间进行着最为密切的竞争,所有它们之间的斗争往往最为激烈,相同物种的变种之间的斗争基本上也是一样激烈的,其次就是位于一个属的物种之间的斗争。另一方面,在自然系统上距离比较远的物种之间的斗争一般也是激烈的。一些个体在一切年龄或一切季节和同它相竞争的个体相比只要占有最微小的优势,又或是对附近物理环境有着些许微小程度的较好适应能力,结果就能让平衡改变。

有关雌雄异体的动物中,大部分情况下雄性为了占有雌性,通常会发生斗争。最强有力的雄性,或和生活环境斗争最成功的雄性,常常会有着最多的后代。可成功一般有赖于雄性有着特殊的武器,或是防御方法,又或是魅力;微弱的优势便能够产生胜利。

地质学明了地显示,曾经诸陆地都产生过沧海桑田的物理变化,因而,我们能够断定在自然条件下生物产生过变异,就像它们在家养环境下一度产生过变异一般。在自然状况下倘若有某种变异的话,则再说自然选择未曾产生作用,就没法解释了。总有人主张,在自然环境下变异量是某种严格有限制的量,可该主张得不到证实。人,即便仅是作用于外部性状且其结果是莫测的,却可以在十分短的时间内经由积累家养生物的个体差异产生强有力的后果;且所有人都不否认物种表现出个体差异。可是,除个体差异之外,全部博物学者都不否认存在自然变种,这些自然变种被当成区别十足而值得记载于分类学著作力。无人在个体不同与微小变种之间,或在特征比较显著的变种与亚种之间,还有亚种与物种之间划定过任何明确的界限。在分隔的大陆上,在相同大陆却被某一种类的障碍物分隔的相异区域,包括在遥远的海岛上,存在着众多的生物类型,它们被某些有经验的博物学者列成变种,而被其他一些博物学者列成地理族或亚种,甚至还被一些博物学者列为尽管密切相似却相异的物种。

倘若动物与植物确实产生变异,不论其多么微小或者缓慢,只要该变异或个体差异有利于任何一方面,就会经由自然选择即最适者生存而被存留与积累起来。既然人可以耐心地选择有利于他的变异,何以对自然生物有利的变异在复杂而变化的生活环境下不会经常产生,且被存留,也就是被选择呢?有关此种在长久年代中发挥作用并严格检阅各个生物的整个体制、结构与习性——帮助好的并灭绝坏的——的力量可以用来限制吗?对于此种缓慢而美妙地让各个类型和最复杂的生活条件相适应的力量,我不易看到有任何限制。甚至倘若我们不朝更远处看，自然选择学说仿佛也是十分可信的。我已竭力公正地重述了对方提出的难点与非议；让我们现在回头来说一说支持该学说的特殊事实与论点吧。

物种不过是特征十分明显的、稳定的变种罢了，且各个物种首先作为变种存在，我们依照此观点便可理解，在一般假设经特殊创造行为产生出来的物种与公认为经由第二性法则产生出来的变种之间，何以无一条界线可定。从此相同观点出发，我们还可以理解在相同属的相当多物种曾经产生出来的且现在仍旧非常繁盛的地区，何以这等物种要出现诸多变种；由于在物种形成非常活跃的地区，依据通常的规律，我们能够推测它仍在进行，倘若变种是早期的物种，情况就必定如此。另外，大属的物种倘若产生较大数量的变种，也就是早期物种，则它们或多或少就可能保持变种的性状；缘由是它们之间的差异量较之小属的物种之间的差异量要小。在分布上大属的密切近似物种明显地要受到限制，且它们经由亲缘关系围绕着另外的物种聚集成小群——这两方面都类似于变种。依照各个物种都是独立创造的观点，这些关系就没法说明，然而倘若各个物种都是首先作为变种而存在的话，则这些关系就能被理解了。

每一物种均有依据几何级数繁殖率而过度增加数量的走向；并且每一物种变异了的后代依照它们在习性上与结构上更为多样化的程度，能够在自然组成中攫取相当多十分相异的场所而增加其数量，所以自然选择就一般趋向于存留任何一个物种的分支最大的后代，因而在长期不间断的变异进程中，相同物种的每一变种所独有的微小差别便倾于增大并成为相同属的诸物种所独有的较大差别。新的、改进了的变种不能避免地要排挤与消灭掉旧的、改进较少的与中间的变种；因而，在相当大程度上物种就成为肯定的、界限明晰的了。各个纲中属于较大群的优势物种趋向于产生新的与优势的类型，最终各个大群便趋向于变得更大、同时在性状上更为不同。然而一切的群不可能都如此不断增大，因为这地球容纳不了它们，因而略微占优势的类型不得不击败不占优势的类型，此种大群不断增大与性状不断分支的走向，加之没法避免的诸多灭绝的事实，体现了全部生物类型都是依据群之下又有群来排列的,一切这些群都被包括在曾经一直占有优势的数目较少的大纲之中。把全部生物都归于所谓"自然系统"之下的该伟大事实,倘若依据特创说,是定然不能解释的。

自然选择只能依靠细微小的、不间断的、有利的变异的积累而产生作用,因此它不可引发强烈的或突然的变化;它仅能依据暂时的与缓慢的步骤产生作用。所以,"自然界中无飞跃"这一格言,已一次次被新增加的知识所证明,依照该学说,它便能够被理解了。我们可以说明,何以能够通过近乎无限多样的方式在整个自然界中实现同样的普通目的,因为各个特点,只要获得,便能久远遗传下去,且已在诸多相异方面变异了的结构肯定适应一样的普通目的。总而言之,我们可理解,即便自然界在革新上是小气的,何以它在变异上是浪费的。可是倘若各个物种都是独立创造出来的,则就没人能说明何以这应该是自然界的一条法则了。

我觉得,依照此学说,还能够解释非常多另外的事实。自然界这样奇妙:某种啄木鸟长相的鸟能在地面上觅食昆虫;不多或永不凫水的高地的鹅有着蹼脚;某种像鸫的鸟可以潜水并捕食水中的昆虫;某种海燕有着适于海雀栖息的习性与结构。还有数不清的另外的例子也是如此的。可是依照下述的观点,也就是诸物种都往往在力求增加数量,且自然选择不间断在让各个物种缓慢变异着的后代和自然界中未被占据或占据得不完全的区域相适应,则以上事实就不足为怪,且是能够推想到的了。

我们在某种程度上,可以理解整个自然界中为什么会产生此般多的美;因为这大多数是选择作用的结果。根据我们的感觉,美并非通常,所有看见过一些毒蛇、一些鱼、一些有着丑恶得如歪扭人脸那般的蝙蝠的人都会承认该点。性选择曾经赠与雄者最鲜艳的颜色、最优美的样式,以及另外的装饰物,偶尔也赠与相当多鸟类、蝴蝶与别的动物的两性。有关鸟类,性选择一般让雄性的鸣唱不但能取悦于雌性,而且可取悦于人类的听觉。由于彩色相衬于绿叶、花与果实显得很鲜明,所以花就极易被昆虫发现、并被访问与传粉,且种子也会被鸟类分散开来。一些颜色、声音与形状何以让人类与低于人类的动物产生快感——也就是最简单的美感在起初是如何产生的——我们不得而知，如同我们不了解一些味道与香气最初如何让人适意一般。

由于自然选择经由竞争产生作用，它让所有地方的生物得以适应与改进，这仅是对其同位者来说；因而无论哪个地方的物种，即便依照普通的观点被假定是为那个地区创造且相当适应该地区的，却被来自于另外的地方的归化生物所击败与排挤掉，对此我们用不着惊讶。自然界里的全部设计，甚至如人类的眼睛，依据我们的判断，并不是一定完全的；又或是它们有些和我们的适应观念相对立，对此也不用觉得奇怪。蜜蜂的刺，当用作进攻敌人时，会使得蜜蜂自己死亡；雄蜂为了一次交配而被繁殖众多，交配完后就被其不可生育的姐妹们杀死；枞树花粉的令人吃惊的浪费；后蜂对其可育的女儿们所有着的本能仇恨；姬蜂在毛虫的活体内觅食；以及别的类似的例子，也不用觉得奇怪，从自然选择学说来说，事实上奇异的事情反倒未曾发现更多的缺乏绝对完全化的事例。

支配产生变种的复杂而不易理解的规律，依我们的判断来看，相同于支配产生明确物种的规律。在这两种情形下，物理环境仿佛产生了一种直接的与确定的效果，可这效果到底有多大，我们却说不明白。这般，当变种进入任何新地点之后，偶尔它们便获得当地物种所固有的一些性状。对于变种与物种，使用与不使用这些性状仿佛产生了特别大的效果：倘若我们看到下述情况，就不易反驳此结论。比如，有着不能飞翔的翅膀的大头鸭所处的环境基本上和家鸭一样；有时穴居的栉鼠是失明的，一些鼹鼠一般是失明的，且眼睛被皮肤所遮盖；在美洲与欧洲暗洞里生活的诸多动物也是失明的。有关变种与物种，相关变异仿佛产生了强有力的影响，所以，当某个部分产生变异时，另外的部分也必定随之产生变异。对于变种与物种，长久失掉的性状偶尔会在变种与物种中再次出现。马属的诸多物种与其杂种的肩上与腿上有时会出现条纹，依照特创说，此事实又怎样解释呢！倘若我们确信这些物种都是传自于有着条纹的祖先，如同鸽的非常多的家养品种都是传自于有着条纹的蓝色岩鸽那般，则以上事实的解释将是多么简单呀！

根据各个物种都是独立创造的普通观点，何以物种的性状，也就是相同属的许多物种互相区别的性状较之其所共有的属的性状的变异要多呢？例如,某个属的任意某种花的颜色,何以当另外的物种具有不一样色彩的花时,要比当全部的种的花都有着一样的色彩时,更易产生变异呢?倘若说物种仅是特征十分明显的变种,并且其性状已经变得非常的稳定了,则我们就可以理解此种事实;因为此等物种自相同一个祖先分支出来之后,在一些性状上它们已经产生了变异,这就是此等物种互相加以区分的性状;因此这些性状就比长期遗传下来而无变化的属的性状更易产生变异。依照特创说,便没法说明在相同属的单独某个物种中,经由相当异常的方式发育起来的,因此我们能够自然地推测对于那个物种有相当大重要性的器官,何以明显地容易产生变异;可是,依照我们的观点,自从诸多物种经由一个祖先分支出来之后,此种器官已经产生了诸多的变异与变化,因而我们能够推测该器官往往还要产生变异。然而一种器官,同蝙蝠的翅膀一般,也许以最不寻常的方式发育起来,但是,倘若该器官为相当多附属类型所共有,即又倘若它曾是在非常长的时期内被遗传下来的,该器官并不会比另外的结构更易产生变异:因为在此种情况下,长期不间断的自然选择就会使它变得稳定了。

看一看本能,一些本能即便很奇特,然而依照不间断的、微小的、有益的变异之自然选择学说,它们供给的难点并没肉体结构大,此般,我们就可理解何以自然在将若干本能赋予相同纲的相异动物时,是经由级进的步骤来活动的。我曾打算说明级进原理对蜜蜂令人赞美的建筑能力给予了如何重要的解释。在本能的改变中,毋庸置疑习性通常产生作用;然而它并非绝对不可或缺的,同我们在中性昆虫的情况中所见到的那般,中性昆虫并不给后代留下遗传有长远持续的习性的效果。依照同属的全部物种都传自于相同个祖先且遗传了非常多共同性状的观点,我们就可以知道当处在差异相当大的环境之下时,近似物种如何还有着基本上一样的本能,何以南美洲热带与温带的鸫同不列颠的物种都是用泥土涂抹它们的巢的里侧。依照本能是经由自然选择而缓慢得到的观点,我们对一些本能并不完全,极易出现错误,并且诸多本能会让另外的动物遭受损失,就不用惊奇了。

倘若物种仅是特点很明显的、稳定的变种,我们就可以立即看出何以其杂交后代在类似亲体的程度上与性质上——在经不断杂交而彼此吸收方面以及在另外的此种情况方面——就同公认的变种杂交后代那般地依照着相同的复杂规律。倘若物种是独立产生的，而且变种是产生于第二性法则，此种类似就是奇怪的事了。

倘若我们承认地质纪录不完全达到顶点，则地质纪录所供给的事实就相当有力地支持了和变异相伴随的生物起源学说。新的物种慢慢地在不间断地间隔时间当中出现；而相异的群历经一样的间隔之后所产生的变化量是很不一样的。在有机世界的历程中，物种与整个物群的绝迹，产生了尤其突出的作用，这基本上是无法避免的自然选择规律的结局；由于以前的类型要被新而且改进了的类型排挤掉。单独的某个物种也好，整群的物种也罢，一旦通常世代的联系断绝，便不会再出现。优势类型不断分散，以及其后代慢慢产生变异，导致生物类型经历长久的间隔之后，看上去似乎是在整个地球同时产生变化一样。在一定的程度上每一地质层的化石遗骸的性质和状态是介乎上下地质层的化石遗骸之间的，此事实能够容易地经由它们在系统链条中处于中间地位来说明。全部灭绝的生物都能和全部现存的生物分成一类，此一重大事实是现存生物与绝迹生物都经共同祖先繁衍的一般结果。由于在它们的缘由与变化的漫长历程中物种往往已在性状上产生了变异，因而我们就可以理解何以较为古代的类型，或各个群的早期祖先，在一定程度上这样频繁地处于现存群之间的位置。终归，在体制等级上现代类型往往被视作高于古代类型；且它们肯定是较高级的，因为在生存竞争中将来产生的，相对改进了的类型击败了较老的与改进较少的类型；它们的器官往往也更为专门化，以与不一样的机能相适应。该事实和诸多生物依旧存留简单且改进很少的与简单生活环境相适应的结构是完全一致的；一样，这与在系统的不同阶段中某些类型为了更好地和新的、进化的栖息习性相适应而在体制上退化了的情况是相同的。最终，位于相同大陆的近似类型，像澳洲的有袋类、美洲的贫齿类与别的类似例子——的持久连续的奇怪法则也是能够理解的，由于在相同区域中，现存生物与绝迹生物因为系统的关系一般是密切相似的。

研究一下地理分布，倘若我们承认，因为曾经的气候变化与地理变更以及因为诸多偶然的与不知道的分散方式，在悠久的岁月中曾有过区域间的数目巨大的迁徙，则依照和变异相伴随的生物起源学说，我们就可以理解大部分关于"分布"方面的关键事实。我们可以知道，何以在整个空间上的分布与在整个时间内的地质变化发展过程中生物会产生这般动人的平行现象；由于在此情况中，世代的纽带一般把生物连接在一起，并且变异的方式也是同样的。我们也领会了曾经引起所有旅行家关注的怪异事实的一切意义，也就是在相同大陆，即便在最不相异的环境下，在严冬酷暑里，在高山洼地上，在沙漠沼泽里，全部大纲的生物大多数都有显著的关联；因为它们要么是相同祖先要么是早期移民的后代。依照从前迁徙的相同原理，在大部分情况下，它和变异相结合，我们经由冰期，便可以理解为何在最遥远的高山上以及在北温带与南温带中的一些少部分植物会类似，以及特别多另外的生物的近似性；我们一样还可以理解，尽管被整个热带海洋分隔开来，北温带与南温带海里的若干生物仍然相似。尽管两个地区都有着相同物种所要求的极为相似的物理因素，倘若这两个地区长时期相互分离，则我们就不用诧异于其生物的区别；因为，由于生物间的关系是最本质的关系，且在不同时期内这两个地区会从另外的地方或者互相接受数量不同的移居者，从而使得这两个地区中的生物变异过程极为相异。

根据迁徙产生变化的观点，我们就可以理解只有少部分物种在海洋岛上生活，而且其中有诸多物种是不同一般的即为本地独有的类型。我们清楚地了解那些无法逾越万里波涛的动物群的物种，像蛙类与陆栖哺乳类，何以不在海洋岛上生活；另一方面，还能够理解，同蝙蝠一般的这些可以横渡海洋的动物，其奇特的变种为何在大海中的孤岛上可见。蝙蝠的特殊物种可见于海洋岛上，却无任何另外的陆栖哺乳类，倘若用独立创造的学说来说明此种情形，就完全得不到说明。

倘若两个地区存在密切近似的或典型的物种，则依照伴随着变异的生物起源学说的观点来说明，这意味着从前同一种亲类型曾生活在这两个地区，而且，一旦在两个地区我们找到有密切近似的物种生活，我们绝对还能找到两个地区所共有的另外的物种。无论何地，在那里倘若找到诸多密切近似的而差异显著的物种，则在该地一样也能找到同一群的可疑类型与变种。诸地区的生物定然同移入者的最近根源地的一些生物存在关联,这是一个通常规律。经加拉帕戈斯群岛、胡安·斐尔南德斯群岛以及别的美洲岛屿上的差不多全部的动植物和相邻的美洲大陆的动植物的生动关系中,我们极易体会到此点;在佛得角群岛以及另外的非洲岛屿上的生物和非洲大陆生物的关系中我们也可以看到这点。不能否认,依照特创说,此等事实是没法解释的。

我们已经看到,全部过去的与现代的物种都可以群下分群,且绝迹的群一般介乎现代诸群之间,在这般情况下,它们都能够归入为少部分的大纲内。依照自然选择以及自然选择所导致的灭绝与性状差别的学说,该事实是能够理解的,而且依照相同的原理,我们还可以理解,各个纲里诸类型间亲缘关系错综复杂的缘由。我们一样可以理解,为何在分类上一些性状比另外的性状更为有用——为何某种适应的性状尽管对于生物相当重要,然而在分类上却基本上毫无价值,为何经残迹器官而来的一些性状,尽管对于生物毫无用处,可在分类上通常却有着高度的价值;另外,胚胎的性状何以一般有着最高价值。与其适应性的类似相反,全部生物的真实的亲缘关系能够归因于遗传或系统的共同性。"自然系统"是某种依据谱系的排列,经所得到的差别诸级,通过变种、物种、属、科等术语来表示的;我们应当经由最稳定的性状去找寻系统线,不论它们是什么,也不论在生活上它们如何不重要。

形成人的手、蝙蝠的翅膀、海豚的鳍以及马的腿的骨骼都是相似的——长颈鹿颈与象颈具有着相同数目的脊椎——以及数不清另外的类似事实,依照和缓慢的、微细而不间断的变异相伴随的生物起源学说,立即能够得以解释。蝙蝠的翅膀与腿——螃蟹的颚与腿——花的花瓣、雄蕊与雌蕊,即便使用目的不一样,可它们都有着相似的结构样式。此等器官或部分在诸纲的早期祖先中曾经是相似的,可后来慢慢产生了变异,从此观点出发,在大体上上述的相似性还是能够解释的。不间断的变异不一定产生在早期年龄中,而且其遗传发生在相应的而并非是更早的栖息时代;依照该原理,我们能够更为清楚地理解,何以哺乳类、鸟类、爬行类与鱼类的胚胎会这样酷似,而其成体类型又完全不同。如不得不借助非常发达的鳃来呼吸溶解在水里的氧气的鱼类那般,呼吸空气的哺乳类或鸟类的胚胎有着鳃裂与弧状动脉,对于此点,我们不必讶异。

时而由于生物的自然选择,长期不使用某些器官使得这些器官会在改变了的栖息习性或生活环境下失去作用且慢慢缩小;依照此观点,残迹器官的意义就被我们所理解。然而在生存斗争中不使用与选择往往是在各个生物成熟而且必定在充分发挥作用时,才可以对生物产生影响,可是对早期生活中的一些器官不会产生何种影响;所以在这初期年龄那些器官不会缩小或变为残迹。比如,小牛从某个有着十分发达牙齿的早期祖先那儿遗传了牙齿,可其牙齿却从不穿出上颚的牙床肉;我们应该相信,由于在自然选择的作用下,舌与颚或唇变得十分适于吃草,而不用借助于牙齿,因而从前成长动物的牙齿就因为不使用而缩小了;然而在小牛中,牙齿却未受到影响,而且依照遗传在相应年龄的规则,它们从遥远的时期一直遗传到现在。那些一点用处都没有的器官,比如小牛胚胎的牙齿或者是诸多甲虫的连合鞘翅下的萎缩翅,既然会数目众多地存在,倘若用各个生物以及它的所有相异部分都是被特别创造出来的观点来说明的话,这是无法说通的。能够说"自然"曾经想方设法地运用残迹器官、胚胎的以及同原的结构来泄露其造物的设计,只不过我们太粗心,因而无法明白它的苦心。

依照上面的论述,我完全相信,在系统的漫长历程中物种一度产生变化,就这我已进行了复述。这基本上是经由对数之不清的不间断的、微小的,有利的变异进行自然选择来实现的;而且采用重要的方式;也就是借助器官的使用与不使用的遗传效果;还有不重要的方式,即有关于不管过去或现今的适应性结构。其产生依赖于两个方面,一方面是外界条件的直接影响,另一方面是对我们来说仿佛是无知的自发变异。看来以前在自然选择以外使得结构上永久变化的此种自发变异的频率与价值,是被我低估了。可是由于近来我的结论曾被极度歪曲,而且有人说我把物种的变异全部归因于自然选择,因而请允许我指出,在本书的第一版,以及在今后的若干版中,这样一段话曾被我放在最显著的地位——《绪论》的结尾处:"我相信,'自然选择'是变异的最关键的但并非独一无二的手段。"此话并未产生什么作用,可尽管根深蒂固的误解力量这样之大,科学的历史亦会说明,此力量是不会长久延续的。

让人无法想象的是，某种虚假的学说竟然也可以如同自然选择学说那般给上述几大类的事实以这样令人满意的解释。有人近来反对说，此种讨论方法存在欠缺；然而，该方法是用以判断一般生活事件的，而且频繁地被最伟大的自然哲学者们所运用。光的波动理论就是这般而来；而地球环绕中轴旋转的看法，至今还未找到直接的证据。倘若谁要说科学对于生命的本质或起源这一更高深的问题还未提出解释的话，这并非有力的异议。谁可以说清地心引力的本质是何呢？但是无人会反对依据地心引力这一未知条件得出的结论；虽然以前列不尼兹曾经对牛顿发难，说他把玄妙的性质与奇迹引进到哲学里来了。

我无法找到好的理由来说明本书所提出的观点何以会震动一切人的宗教感情，记住下面情况，你就会明白此种印象是多么短暂——人类曾有过的最伟大发现，也就是地心引力法则，曾经也被列不尼兹攻击为"自然宗教的覆灭，因而推理也是启示宗教的覆灭"。某位知名的作者兼神学者给我写信说，"他已慢慢感到相信'神'创造出某些少部分原始类型，它们自己可以发展成另外的必要类型，与相信'神'需要某种新的创造作用以补充'神'的规律作用所产生的空虚，一样都是崇高的'神'的观念"。

能够质问，物种的可变性为何直到最近仍然被几乎一切在世的最杰出的博物学者与地质学者所质疑。在自然状况下生物不会产生变异是不可主张的，在历史长河中变异量是某种有限的量是不可证明的，无法在物种与特征明显的变种之间找到明清的界限。物种杂交必定导致不育是不可主张的，但变种杂交却肯定能育；或者扶持不育性是创造的某种特殊禀赋与标志。一旦地球的历史被想成是短暂的，差不多无法避免地就会得到物种是不变的产物的结论；而目前对于时间的推移我们已得到了某种概念，我们就不能毫无依据地假定地质的纪录是那么的完全，因而一旦曾经物种有过变异，关于物种变异的显著证据它就会为我们提供。

可是，因为我们总是不想立刻承认强烈的变化所历经的步骤，而此些步骤又不被我们所了解，所以我们本能地不想承认某个物种会产生另外的变种。这与下面的情况相同：起初莱尔曾经主张长行的内陆岩壁的构成与巨大山谷的凹陷都是因为我们现今看到的依旧在起作用的因素产生的,非常多的地质学者对此都觉得很难接受。对于尽管是一百万年此种用语的充分意义思想可能也不能掌握,则对于历经漫长时期所积累的相当多的微小变异,其一切效果如何更是不可以综合领会。

即便我相信该书经以提要的形式提出来的观点是完全正确的,可是,对于因经历漫长的岁月而装满了大量事实的经验丰富的博物学者的思想来说,其观点和我的观点恰恰相反,我从没指望说服他们。在"创造的计划"、"计划的一致"此类说法下,我们的无知那么容易地被遮盖,且还会仅把事实重述一遍就认为自己似乎已经给出了某种解释,不论是谁,只要他的性情侧重于还没被解释的难点,而对诸多事实的解释不予重视他就肯定要否认此学说。思想被赋予相当大的适应性且已经开始怀疑物种不变性的少部分博物学者也许会受到本书的影响;可是我信心满怀地看着未来——期望那些年轻的、后起的博物学者,他们能毫无偏见地去看待此问题的两方面。经由引导已确信物种是可变的人们,不论哪一个,倘若自觉地表示出他的确信,相当于他便做了好事;因为唯有此般,才可以移去对此问题所持的深刻偏见。

若干位著名的博物学者最近阐述他们的观点,肯定在各个属中都包含着诸多公认的却并非真实的物种:而肯定另外的一些物种才是真实的,就是单独被创造出来的。我觉得,这是一个稀奇的论断。他们深信,有一些至今还被他们自己认为是特别创造出来的,而且大部分博物学者也是此般看待它们的、因此它们有着真实物种的全部外部特征的物种,是通过变异产生的,可是他们不想把这相同观点延展到别的略有差异的类型。即便这样,他们并不假装他们可以确定,又或是甚至可以猜测,哪些生物类型是因创造而来的,哪些生物类型又是因第二位法则产生而来的。在某一种情况下他们肯定变异是真实原因,可在别的一种情况下却又断然否认它,可又不指出这两种情况的不同之处在哪。在未来的某一天这将作为怪异的事例来阐明祖先见解的盲目性。对奇迹般的创造行为,这些作者并没有表现出比对一般的生殖更加大的惊奇,然而他们是不是真正的肯定,一些元素的原子在悠久的地球历史时期中,会突然被变成活的组织呢?在每次假定的创造行为中他们是否肯定都会产生出某个个体或多个个体呢？全部无法计数种类的动物与植物被创造出来时到底是卵还是种子还是完全长成的成体呢？倘若是哺乳类的话，是否它们是带着营养的虚假印记被创造在母体子官呢？毋庸置疑，那些确信只会出现或创造少部分生物类型或一种生物类型的人是没法解答此类问题的。若干位作者曾主张，确信创造成百万种生物和创造一种生物是同等容易的；然而莫波丢伊的"最小行为"的哲学名言会指引更愿意去接受不多数目的思想；可是我们绝对不应相信，生物在创造出来时，各个大纲里的数之不清就有着遗传自单独某个祖先的显著的、骗人的印记。

作为事物早先状态的纪录，我在上面各个节及另外的的地方记下了一些博物学者们相信各个物种都是被分别创造的语句；我由于此般表达意见而遭到很大责难。然而，不用怀疑，当本书第一版出现之时，这是当时通常的观点。从前我同诸多博物学者讨论过关于进化的问题，可无一次遇到过何种的赞同。那时可能一些博物学者确实相信进化，可是他们要么闭口不言，要么叙述得相当模糊使得很难理解他们所表达的意义。目前的情形完全不一样了，基本上一切的博物学者都不否认伟大的进化原理。即便这样，依旧有一些人，他们相信曾经物种经由令人无法解释的方式而忽然产生出新的、差异极大的类型；可是，就像我以前竭力说明的，诸多证据能够提供反对该种巨大而忽然的变化，从科学的观点看来，便于进一步研究，深信新的类型可以以难以理解的方式忽然从旧的、非常相异的类型当中发展出来，和深信物种由尘土中创造出来的旧信念比较起来，并没有优越的地方。

人们或许会问，究竟我要把物种变异的学说延伸到多远。回答该问题非常困难，因越是我们所谈论的类型不一样，对系统一致性有好处的论点的数量就越少，它的说服力也便越弱，可是最有力的论点能够延伸得很远。一条亲缘关系的链子将整个纲的全部成员相联结，全部都可以依群下分群的相同原理来与之分类。有时化石遗骸有某种可以将现存诸目之间的巨大空隙填充起来的倾向。

残迹状态下的器官明了地显示，某种早期祖先的此类器官是相当发达的；在某些情况当中这意味着其后代已产生了相当多的变异。整个纲中，一切结构都是在相同式样下产生的,且初期的胚胎互相之间密切相似,因而我不得不相信相同大纲或同一界的全部成员都被变异相伴随的生物起源学说所包括是正确的。我肯定动物最多是传自于四种或五种祖先,而植物也是传自于相同数目或较少数目的祖先。

经类比方法让我更进一步肯定,全部动物与植物都传自某一种原始类型。然而又或许我们被类比方法引入歧途。即便这样,全部生物在其化学成分上、细胞结构上、生长规律上、对于不利影响的易感性上,它们都存在诸多的相同之处,甚至经由下面好像不重要的事实我们也能够发现此点,也就是同一毒质通常可以一样地对各种植物与动物产生影响;瘿峰分泌的毒质可以让野蔷薇或橡树出现畸形。在全部生物中,除一些最低等的生物之外,从根本性质上看有性生殖好像都是类似的。在全部生物中,就目前所了解的而言,起初的胚胞是一样的,因而全部生物都起源于共同的根源。我们只要了解一下这两个主要部分——也就是动物界与植物界——我们会观察到一些低等类型这样具有过渡的性质,使得在确定它们到底应该属于哪一界的问题上竟引发了博物学者们的争论。就像阿萨·格雷教授所说的,"可以说最初在特性上诸多低级藻类的孢子与另外的生殖体有着动物的生活,今后又不用怀疑地有着植物的生活"。因而,从伴随着性状分支的自然选择原理来看,动物与植物起源于如此一些低级的中间类型,应该是可信的;并且,倘若我们承认了此点,则我们就应当一样地承认在这世界上栖息过的全部生物都传自于某一原始类型。可是该推论主要根据类比方法,它可不可以被接受是无关紧要的。就像刘易斯先生所主张的,不用怀疑,在生命的开端期也许就会产生诸多不一样的类型;然而,倘若真是这样,那我们就能推断,仅有少部分类型曾经有变异了的后代被遗留下。因为,就像最近我所提出的有关各个大界、像"脊椎动物"、"关节动物"等成员的观点,在其胚胎上、同原结构上、残迹结构上,我们都可以提供显著的证据用来证明各个界里的全部成员都传自于单独某一个祖先。

在本书里,我和华莱士先生提出的看法,又或是和物种起源相关的相似的看法,如果被普遍接受,我们就可以或许预料到将会有重大革命产生在博物学中。分类学者仍旧能够始终如一地工作；然而相似这个或那个类型是不是为真实物种此种可怕的疑问对他们不再产生干扰。由我的经验来说，对于各种难点的解脱将是不值一提的。对于不列颠树莓类的五十个物种是不是真实的物种这一永不停止的争端将会结束。分类学者所做的仅是确定（这并不容易）无论哪种类型是否有着充分稳定性且能不能和别的类型区别开来，而后给其下一个定义；倘若可以给它下一个定义，则就要决定那些差异是不是有着充分的重要性，值得被称为物种。后者将比它目前的情况远为重要；因为无论哪两种类型，不管它们之间有着如何轻微的差异，倘若不是因为中间诸级将其混在一起的话，大部分博物学者便会觉得这两种类型已经能够上升到物种的地位。

今后，我们只能承认物种与有着明显特征的变种之间的唯一不同之处是：变种已被人所了解或肯定如今被中间级进联结起来，但物种却是在从前就被如此联结起来的。所以，在考虑任何两种类型之间如今有着中间级进的情形下，我们将被指引更为认真地去衡量、更为高度地去估量它们之间的真正差异量。目前往往被认为仅是变种的类型，将来被确信值得给以物种的名称的可能性相当大；此般情况下，科学的语言与普通的语言就毫无差异了。总之，对待物种我们不得不持以博物学者对待属那般的态度，他们不否认属仅是为了方便而作出的人为组合。该展望或许并不令人愉快；可是，至少我们不会再徒劳无功地去探索物种这一术语的还没被发现的以及不可能发现的本质。

博物学的另外的更为通常的部门将会引起人们非常大的兴趣。比方说亲缘关系、模式的同一性、父性、形态学、适应的性状、残迹的及萎缩的器官等，此等博物学者所用的术语将不再是隐喻的，其将会有确切的意义。当我们不再如同未开化的人一般把船当做毫不理解的东西那般来看待生物之时；当大自然的各个产品都被我们看成是有着悠久历史之时；当各种复杂的结构与本能都被我们看成是一个个分别有利于所有者的设计的综合，如同全部伟大的机械发明都是诸多工人的劳动、经验、理性甚至错误的综合之时；通过经验而谈，当我们如此这般观察各个生物的时候，博物学的研究就会变得如此的有趣。

在变异的缘由与规则、相关规则、使用与不使用的功效、外界环境的直接作用许多方面,将会开辟出一片宽广的、差不多是处女地的研究领域。关于家养生物的研究价值便会极大地提高。培育某个新品种,较之于在已有记录的许多物种中添加某个新物种,就会是一个更重要也更有趣的研究课题。就其所获得的安排而言,我们将按谱系与之分类;那个时候它们才会真正地表现出所谓"创造的计划"。在我们的目标明确之时,分类的法则必定会变得更为简单。因为我们还没拥有任何谱系或族徽,所以我们仅能依据各种长时间遗传下来的性状去发现与追踪自然谱系中存在着的相当多分支的系统线。消失之久的结构的性质将会被残迹器官准确地表明。被称之为异常的、又或是能够想象力十足地被称之为活化石的物种与物种群,对我们建构一张古代生物类型的图画将十分有利。胚胎学通常会向我们表现出各个大纲内原始类型的结构,仅仅稍微有些模糊而已。

倘若我们可以肯定相同物种全部个体以及大部分属的全部密切近似的物种,曾在很近的时期传自于第一个祖先,而且从某个诞生地迁出;倘若我们更确切地了解迁移的很多方式,且依照地质学目前对于从前的气候变化与地平面变化所说明的观点与将来会继续说明的观点,则我们就必定可以通过令人惊奇的方式恢复出全地球生物的以前迁移的情况。甚至在现在,倘若对大陆两岸的海栖生物之间的不同之处进行比较,并且对大陆上各种生物和其迁移方式显著有关的性质也比较一番,则我们就可以或多或少了解一些古代的地理状况。

地质纪录的极度缺失损失了地质学此门高尚科学的光辉。把埋藏着生物遗骸的地壳看做一个很丰富的博物馆是不应当的,因为它收藏的不过是些偶然的、片段的、贫乏的物品罢了。应该把各个含有化石的巨大地质层的堆积看做是由偶然的有利条件来决定的,而且应该把不间断阶段之间的空白间隔看做是相当长久的。然而经比较以前及将来的生物类型,我们便可以多少可靠地测出这些间隔所持续的时间。当我们企图依照生物类型的通常演变,把两个并不含有很多同样物种的地质层当做严格地属于相同时期时,必定要慎重。由于物种产生与绝迹的原因是缓缓产生作用的且至今仍旧存在,而并非是出于创造的奇迹行为;而且由于引起生物变化的全部原因中最关键的是某种基本上无关于变化的或者突变的物理条件的原因,也就是生物与生物之间的彼此关系——某种生物的改进会使得别种生物改进或灭绝;因而,包含于不间断地质层的化石中的生物变化量尽管不能够作为某种测定实际的时间进程的尺度,可也许能够作为某种测定相对的时间进程的尺度。然而,诸多物种也许在集体中长时期里保持不变,但是在相同时期中,相当多的由于迁徙到新的地区且与外地的同住者产生竞争的物种,也许出现变异;因而我们没有必要过高地评价把生物变化当成时间尺度的准确性。

我看到了以后会更为重要的宽广的研究领域。心理学将坚固地建在赫伯特•斯活塞先生所已奠立的良好基础上,也就是,各个智力与智能都是经级进必然得到的。这样,人类的起源及历史也会得到诸多说明。

有关所有物种都是被独立创造出来的观念,最优秀的作者们好像感到特别满意。照我来说,正如决定个体出生与死亡的原因一般,过去与目前地球上的生物的产生与灭绝也是因为第二性的原因,这与我们所了解的"造物主"在物质上打下印记的原理更为相符。当全部生物不被我看做是特别的创造物,却仅看做是远在寒武系第一层沉积下来之前就栖息的一些少部分生物的直系后代,我认为它们由此变得尊贵了。按过去的事实来推断,我们能够稳当地推测,无论哪一个现存物种都不可能把它的未改变的外貌遗传给遥远的以后。而且栖息在现今的物种相当少地把任何种类的后代遗传给非常遥远的将来,由于依照全部生物分类的方式来看,各个属的大部分物种以及很多属的全部物种都未曾留下后代,而是已全部灭绝了。遥望未来,我们能够断言,诸纲中较大的优势群的一般的、分布广泛的物种,最终将取得胜利且可以产生占有优势的新物种。既然全部现存生物类型都是远在寒武纪之前就有着的生物的直系后代,则我们能够肯定,普通的世代演替一直没中断过,并且还能够确定,从无任何灾变曾使整个地球变成生命的荒漠,所以我们多少能够安心地去展望一个悠远的、安定的将来。由于自然选择仅是依照而且也是为了所有生物的利益而工作,因而全部肉体的与精神的天赋都倾向于向完善化演进。

凝忘树木繁盛的河岸,覆盖着诸多的种类众多的植物,群鸟在灌木林里歌唱,昆虫飞来飞去,蚯蚓在湿润的泥土之中爬行,静想一下,此等结构巧妙的类型,互相这般迥异,以此般复杂的方式互相依存,但它们都产生于我们四周起作用的法则。这应该是有趣的事情。这些法则,由广义上来说,就是和"生殖"相伴随的"生长";差不多包含于生殖以内的"遗传";因为生活环境间接与直接的作用以及因为使用与不使用所产生的变异;生殖率这样之高使得引起"生存斗争",以致导致"自然选择"、并导致"性状分歧"以及较少改进的类型的"灭绝"。此般,经由自然界的战争,经由饥饿与死亡,我们就可以体会到最令人赞美的目的,也就是高级动物的产生,直接随之而来。此种认为生命以及生命的某些能力原来是经"造物主"注入给少部分类型或一个类型的,而且认为在该行星依据引力的既定准则持久运行的时候,最绚丽的与最惊奇的类型从此简单地萌发,过去,以前并且至今依旧在进化着的观点是相当瑰丽的。

图书在版编目（CIP）数据

物种起源/（英）达尔文著；赵娜译. — 北京：北京联合出版公司，
2014.12（2018.9重印）
（中小学生必读丛书）
ISBN 978-7-5502-4032-2

Ⅰ.①物… Ⅱ.①达… ②赵… Ⅲ.①达尔文学说—青少年读物
Ⅳ.①Q111.2-49

中国版本图书馆CIP数据核字(2014)第258842号

物种起源

出版统筹：新华先锋
责任编辑：孙志文
封面设计：王　鑫
版式设计：先锋设计

北京联合出版公司出版
（北京市西城区德外大街83号楼9层　100088）
三河市龙大印装有限公司印刷　新华书店经销
字数367千字　787毫米×1092毫米　1/16　24印张
2018年9月第2版　2018年9月第2次印刷
ISBN 978-7-5502-4032-2
定价：36.00元